Robert Grassmann

Die Erdgeschichte oder Geologie

Robert Grassmann

Die Erdgeschichte oder Geologie

ISBN/EAN: 9783741136290

Manufactured in Europe, USA, Canada, Australia, Japa

Cover: Foto ©Klaus-Uwe Gerhardt /pixelio.de

Manufactured and distributed by brebook publishing software
(www.brebook.com)

Robert Grassmann

Die Erdgeschichte oder Geologie

Die

WELTWISSENSCHAFT

oder

Physik.

Von

Robert Grassmann.

Zweiter Theil.

Die Erdgeschichte oder Geologie.

———————— ••• ————————

Stettin, 1873.

Druck und Verlag von R. Grassmann.

Die

Erdgeschichte oder Geologie.

Von

Robert Grassmann.

Stettin, 1873.

Druck und Verlag von R. Grassmann.

Ueberſicht des Inhalts.

I. Vorwort.

Die Erdgeschichte oder Geologie ist eine sehr junge Wissenschaft. Die Mythen der alten Völker über die Entstehung der Welt und der Erde haben weder wissenschaftlichen Werth, noch beanspruchen sie einen solchen; auch die Erzählung des Moses, so genau sie, wie sich im Verlaufe des Werkes ergeben wird, mit den Thatsachen übereinstimmt, ist eine so kindlich naive, so fern von jedem Anspruche auf Wissenschaftlichkeit, dass sie nicht als ein wissenschaftlicher Versuch der Erdgeschichte gerechnet werden kann.

Die ersten wissenschaftlichen Beobachtungen in der Erdgeschichte machten die alten Griechen. Es sind bei der Geschichte der Erde zwei Kräfte, welche sich geltend machen, das Feuermeer des Innern mit seinen Feuerkratern oder Vulcanen, und das äusere Wassermeer und Luftmeer mit seinen Regen und Gasen. Nach den Mythen der alten Griechen und Römer waltet Ploutōn, röm. Plúton über dem erstern, Poseidōn, röm. Neptunus über dem letztern. Nach diesen beiden Göttern nennt man die Männer, welche alles aus den Wirkungen des Innern Feuermeeres ableiten, die Plutonisten oder Feueranhänger, die, welche alles aus den Wirkungen des Wassers ableiten, die Neptunisten oder Wasseranhänger.

Schon zu den Zeiten der Griechen traten beide Richtungen hervor. Die alten Griechen, welche wie Thalēs aus Milētos 640 bis 548 v. Chr. Egypten und die grosen Ablagerungen gesehen hatten, welche der Nil erzeugt, bauten alles auf die Thätigkeit des Wassers. Xenophánēs von Kolophon um 540 v. Chr. beobachtete bereits Versteinerungen von Seethieren. Heródotos aus Halikarnassós, geb. 440 v. Chr., stellt bereits aus den Versteinerungen Lybiens fest, dass dies Land früher vom Meere bedeckt gewesen sein müsse. Diesen Neptunisten traten als Plutonisten die Männer entgegen, welche die Feuerberge und die heisen Quellen der alten Welt kennen gelernt hatten, Zénon aus Eléa in Unteritalien um 460 v. Chr. und Empedoklēs aus Agrigentum in Sicilien um 440 v. Chr. Namentlich leitete Strábōn aus Amásela in Asien um Christi Geburt aus dem Feuermeere der Erde die Hebung Siciliens und der liparischen Inseln ab. Zu weiteren Entwicklungen

gelangten die alten Griechen jedoch nicht. Dann ruhete die Wissenschaft lange Zeiten.

Erst um 1500 mit dem Beginne der neuen Zeit gewinnt auch
die Erdgeschichte wieder Leben. Der berühmte Leonardo da Vinci
aus Vinci in Toscana 1452—1519, der in den Jahren 1502—1509
technische Reisen durch Italien machte und Grabenbauten leitete,
beobachtete wieder die Ablagerung von Schichten am Grunde des
Meeres, die Bildung von Versteinerungen und erkannte bereits richtig, dass die Theile, von denen Abschwemmungen stattfinden, und
welche deshalb leichter werden, sich heben, die Theile, wo Ablagerungen stattfinden, welche deshalb schwerer werden, finken
müssen, wenn beide auf dem Feuermeere schwimmen. In Deutschland förderte Georg Bauer, gen. Agricola, 1494—1555 die Wissenschaft durch feine Untersuchungen über die Merkmale der Gesteine
und die Verhältnisse der Erzgänge, mit ihm beginnt die beobach-
tende Wissenschaft.

Als die eigentlichen Gründer der Erdgeschichte kann man
aber Nicolaus Stenson aus Kopenhagen 1638—1686 und Gottlieb
Wilhelm Leibnitz aus Leipzig 1646—1716 bezeichnen, welche zuerst klare Ansichten über die Entstehung der Erde entwickeln und
von denen der erstere mehr Neptunist, der letztere mehr Plutonist
ist. Die Anmerkungen geben einen Auszug ihrer überaus geistreichen Darstellungen[*]).

———

[*]) Anmerkungen.
Auszug aus Stenson's Prodromus 1669.

1) Die Schichtgesteine der Erde find aus einer Flüssigkeit abgesetzt
worden. Der pulverförmige Stoff der Schichtgesteine musste nothwendig zuerst in einer Flüssigkeit aufgeschlämmt fein, aus welcher
er fich durch fein eigenes Gewicht niederschlug. Die Bewegungen
dieser Flüssigkeit breiteten den Niederschlag aus und gaben ihm
eine ebene Oberfläche.

2) Die Körper von beträchtlicherm Umfange, welche fich in den Schichten finden, gehorchen im Allgemeinen, fowohl hinsichtlich ihrer
befondern Lagerung als auch in Beziehung zu einander, den Gefetzen der Schwere.

3) Der pulverförmige Stoff der Schichten hat fo vollkommen die Gestalt der Körper angenommen, die er umhüllt, dass er die kleinsten
Höhlungen derfelben ausfüllt und auf der Berührungsfläche fogar
den Glanz derfelben angenommen hat, obgleich er im Allgemeinen
zu der Annahme dieses Glanzes nur fehr wenig geeignet war.

4) Im Augenblicke, wo fich eine Schicht bildete, musste fich unter
derfelben ein anderer Körper befinden, der das fernere Niederfallen
des pulvrigen Stoffes verhinderte. Es musste also im Augenblicke,
wo die unterste Schicht fich bildete, unter derfelben ein anderer

Seit jener Zeit hat die Erdgeschichte stets Bearbeiter gefunden. Füchsel unterschied in seiner Historia terrae et maris 1762 bereits bestimmte Epochen in der Erdgeschichte. Alle durch Wasser abgelagerten Schichten liegen nach ihm zuerst wagerecht und er-

fester Körper sich befinden. Die untere Schicht war schon fest geworden, sobald sich eine obere Schicht darauf niederschlug.

5) Eine Schicht, die sich bildete, musste freilich durch einen andern festen Körper eingezwängt sein oder aber die ganze Erde bedecken. Daraus folgt denn, dass man überall, wo man Abschnitte von Schichten entblösst sieht, entweder weiterhin ihre Fortsetzung oder aber einen festen Körper finden muss, welcher die Schicht verhinderte, sich auszubreiten und wegzufliessen.

6) Wenn eine Schicht sich bildete, so war darüber nur Flüssigkeit, und deshalb konnte noch keine der oberen Schichten vorhanden sein, als die unterste sich bildete.

7) Was die Gestalt der Schichten betrifft, so entsprachen sicherlich zur Zeit der Bildung einer Schicht ihre Unterfläche und Seitenflächen der Oberfläche der Körper, auf welchen sie ruhte, und von welchen sie eingeschlossen war. — Die Oberfläche aber war im Allgemeinen wagerecht. Folglich sind alle Schichten, ausgenommen die unterste, von zwei wagerechten Ebenen eingeschlossen, und daraus folgt wieder, dass die geneigten oder senkrecht gestellten Schichten zu einer andern Zeit wagerecht waren.

8) Die Lagenänderung der Schichten kann einerseits durch hebende Kraft des Feuers, andrerseits durch das Ausspülen und Wegführen der untern Schichten bewirkt sein. Jedenfalls sind die Berge durch solche Aenderungen erzeugt und sind nicht ursprünglich.

9) Findet man in einer Schicht Spuren von Seesalz, Ueberreste von Seethieren, und überhaupt eine Zusammensetzung ähnlich derjenigen des heutigen Meeresgrundes, so war sicherlich einst zu einer gewissen Zeit das Meer an jenem Orte.

10) Findet man in einer Schicht Kohlen, Asche, Bimssteine, Erdpech und verbrannte Körper, so hat sicherlich in der Nähe der Flüssigkeit ein Brand stattgefunden, und dies ist besonders dann ganz gewiss anzunehmen, wenn die Schicht einzig aus Kohle und Asche besteht.

Auszug aus Leibnitii Protogaea 1698 (1740).

1) Die Erde ist im Anfange eine durch Feuer flüssige Kugel gewesen (§. 2)

2) Fixsterne und Sonne sind noch heute feurig flüssige Sterne, dagegen sind die Planeten und die Erde durch Abkühlung Schalsterne geworden, welche unter der Schale ein feurig flüssiges Meer haben. (§. 3). Den Beweis für dies innere Feuer liefern die Erdbeben, welche weite Länder erschüttern wie das von 1691, ferner die Feuerberge und Harzquellen (§. 19).

3) Der Kern der Erde ist gediegenes Erz, die Hülle der Erde ist Kieselschlacke, welche beim Erstarren die Gestalt der Spatgesteine (Krystallgesteine) annimmt. Diese Spatgesteine aber werden durch chemische

halten erst durch Hebung oder Senkung eine geneigte Lage. Die Hebungen bilden die Epochen, die Schichten zwischen zwei Epochen eine Formation. Er unterschied bereits Meeres- und Süswasser-Bildungen und zeichnete die erste geognostische Karte von Thüringen. Pallas unterschied in seinem Werke Observations sur la formation des montagnes 1777 zuerst die Urgebirge aus Granit, der die höchsten, hebenden Gipfel der Bergketten bildet und die geschichteten Gesteine. Saussure voyages dans les alpes 1779—1796 stellte zuerst die Alpen und ihre Gletscher dar.

Einen neuen Abschnitt in der Darstellung der Erdgeschichte bildete A. G. Werner aus Wehrau 1750—1816, Professor an der Bergschule zu Freiberg, der zuerst in seiner kurzen Klassifikation und Beschreibung der Gebirgsarten 1787 genaue Kennzeichen für jede Felsart, und für die Lagerung jeder Schicht feststellte und wissenschaftlich bestimmte. Er unterscheidet die Urgesteine, die Uebergangsteine, die Secundär- oder Flösgesteine und die Tertiärgebilde oder das Schwemmland, und leitete in seiner Neuen Theorie über die Entstehung der Gänge 1791 alle Gesteine aus Niederschlägen des Wassers ab, auch den Granit, Porphyr und Basalt. Er ist also entschiedener Neptunist. Alle Erdbeben stammen nach ihm nur von Erdrutschen her.

Thätigkeit in Schlamm und lose Erde (in Sand und Thon) zerkleinert und bilden das Erdreich für die Pflanzen (§ 3).

4) So lange die Erde feurig flüssig war, war alles Wasser der Erde ein Bestandtheil des Luftmeeres und ist erst, als die Erde eine Schale befas und sich weiter abkühlte, als Nebel und Regen verdichtet auf die Erde gekommen, und hat hier das Meer gebildet und, indem es die Erde durchspülte, die Langensalze des Kali und Natron in sich aufgenommen. (§ 4).

5) Durch das verschiedene Gewicht der Massen und durch Ausbrüche des Dampfes sind dann Senkungen und Hebungen, sind Erdbeben und Zertrümmerungen entstanden, durch welche die Schale bald aus dem Meere gehoben, bald unter das Meer versenkt ward. Aus den Trümmern aber sind am Grunde des Meeres Niederschläge gebildet, welche durch Kitt versteinernd die geschichteten Gesteine der Erde in ihren übereinander liegenden Schichten gebildet haben. (§. 4)

6) Den Beweis dieser wechselnden Senkungen und Hebungen bieten die Meeresmuscheln und Fischgerippe, welche in den Schichten auf hohen Bergen gefunden werden (§. 6), sowie die Steinkohlen, welche uns unter das Meer verfunkene und verschüttete Wälder zeigen (§. 46). Die Ursache derselben bilden Aushöhlungen der Erde durch Zusammenziehung der Masse bei der Abkühlung oder durch Auslaugung der Erde (§. 6).

7) Die bauende Thätigkeit der Flüsse können wir auch heute noch beobachten. Beweise derselben bietet der Nil, der Rhone, der Rhein und der Po (§. 39 und 41).

Im Gegenfatze zu Werner lehrte Hutton in Edinburg Theorie of the earth 1795 den Plutonismus. Alle ungeschichteten Gesteine find nach ihm ohne Ausnahme im geschmolzenen Zustande aus dem Innern der Erde hervorgedrungen und haben die Erdrinde mannigfach zertrümmert, Sandsteine und Trümmergeschiebe gebildet. Alle Krystalle oder Gespate find nach ihm aus feuerflüssiger Schmelzung entstanden. Hall fuchte dies durch Verfuche zu beweifen.

Alexander von Humboldt aus Berlin (1769—1859) und Leopold von Buch aus Preußen (1777—1853), beide Schüler Werners, verliessen auch den Neptunismus ihres Lehrers und huldigten mehr dem Vulcanismus. Der erstere unterfuchte auf feinen grosen Reifen nach Amerika 1799—1804 die Feuerberge der Andes und der Cordilleras, und wies nach, daß diefelben grosen Erdspalten angehören, welche die Länder mächtig heben. Der letztere onterfuchte 1815 die canariechen Infeln und erkannte die Eigenthümlichkeit der dortigen Feuerberge, welche er meisterhaft beschrieb. Er leitete aus der Richtung der Gebirgsketten, aus der Hebungslinie der geneigten Schichten, aus dem Alter der gehobenen und der erst nach der Hebung entstandenen wagerechten Schichten das Alter der Hebung ab und unterschied bereits vier Hebungsfysteme. Elie de Beaumont hat dann später die weiteren Hebungsfysteme hinzugefügt.

W. Smith, geb. 1769, wies gleichzeitig nach, daß jede Schicht der Erde ihre eigenthümlichen Versteinerungen befitze, aus denen man mit Sicherheit auf die Pflanzen- und Thierwelt jener Zeit schliessen könne. Viele bedeutende Forscher find gefolgt und haben die Petrefaktenkunde oder Versteinerungskunde zu einer strengen Wissenschaft gemacht.

Die Entstehung der ungeschichteten Gesteine aus feurigflüssiger Schmelzung ward feit jener Zeit ebenfo allgemein angenommen, als die Bildung des geschichteten Gesteins aus Niederschlägen des Wassers für alle Zeiten ficher festgestellt ist. Das letztere kann auch von Niemandem mehr bestritten werden, gegen die erstere Annahme ist dagegen Gustav Bischof, Professor in Bonn, zuerst in feiner Geologie 1847—1851 aufgetreten. Derfelbe huldigt wieder ganz dem Neptunismus und leitet in der zweiten Ausgabe feiner Geologie 1863—1866 den Granit, Porphyr, ja felbst den Basalt aus den Niederschlägen des Wassers ab, und erklärt auch die Erdbeben fämmtlich in Folge von Erdrutschen. Bei der grosen Wichtigkeit der Frage und bei der Tüchtigkeit der Arbeiten Bischofs werden wir noch oft auf feine Geologie zurückkommen müssen,

Beide einander gegenüberstehende Ansichten leiden übrigens noch mehrfach an Einseitigkeiten; die Wahrheit liegt in der Mitte. Für die Entwicklungsgeschichte der Pflanzen und Thiere hat C. Darwin über die Entstehung der Arten durch natürliche Zuchtwahl 1870 sehr anregende und viel versprechende Gedanken vorgetragen, welche für die Geschichte der Erde reiche Früchte versprechen, bis jetzt sind dieselben jedoch für die Geschichte der Erde nur sehr wenig benutzt und wissenschaftlich verwerthet, haben vielmehr vielfach zu Dichtungen Anlass gegeben, welche der Wissenschaft keinen Segen bringen.

Die Sprache ist in dem vorliegenden Buche durchweg deutsch gehalten mit möglichster Beseitigung der Fremdwörter. Bei Bezeichnung der chemischen Stoffe behielt ich die üblichen, wenn auch fehlerhaft gebildeten Namen bei, doch habe ich für Calcium und Magnesium die deutschen Namen Kalk und Talk eingeführt und ihre Oxyde als solche bezeichnet. Die Maassangaben sind in Metern, bezüglich in geographischen Meilen zu 7420,158 Metern gemacht. Die Rechnungen sind in die Anmerkungen verwiesen, um einem grösseren Kreise von Lesern verständlich zu bleiben. Die Berechnung bestimmter Zeiträume für die Abkühlung und für das Eintreten bestimmter Wärmegrade ist nach den Hülfsmitteln jetziger Wissenschaft mit möglichster Sorgfalt ausgeführt; dennoch bietet sie meist nur erste Annäherungen, welche von der Wirklichkeit vielleicht nicht unbedeutend abweichen. Es möchte diese Berechnung daher manchem verfrüht und unberechtigt erscheinen, ist es aber nicht. Denn ohne eine solche Berechnung ist ein Bild der Vorgänge und Verhältnisse gar nicht zu gewinnen und wie grob auch die Annäherung nur sein möge, immer ist sie doch unendlich genauer als die Dichtungen und Träume unserer Geologen, welche ohne Rechnung die Vorgänge zu deuten versuchen. Möge denn auch dies Buch das Seine zur Förderung der Wissenschaft und zur Verbreitung derselben beitragen.

Ausser der Erdgeschichte sollte dieser Theil eigentlich auch die Sterngeschichte oder Astrologie umfassen; denn erst die Erde und die Gestirne gemeinsam bilden die Welt, deren Geschichte uns der vorliegende Theil vorführen soll. Aber die Kunde von den Sternen ist noch zu unvollkommen, als dass sich jetzt schon eine wissenschaftliche Geschichte derselben schreiben liesse. Was darüber zu berichten ist, wird in dem Sterngemälde oder in der Astronomie seine Stelle finden.

Erstes Buch:
Die Erdgeschichte zur Zeit der Zelllosen.

2. Die Gestalt und die Größe der Erde.

Das Erste, was wir für die Geschichte der Erde feststellen müssen, ist die Beschaffenheit der Erde, ihre Gestalt und Größe, ihre physischen und chemischen Eigenschaften, mit der Betrachtung derselben beginnen wir daher die Unterfuchung.

Schon ein einfacher Rundblick auf unfre Umgebung zeigt uns, dass die Erde keine Ebene bildet, dass fie eine gewölbte Oberfläche befitzt. Wäre die Erde eine Ebene, fo müsste man von einem erhöhten Standpunkte, z. B. von einer Bergspitze, die ganze Ebene überfehen, müsste von jedem Punkte der Ebene die Gebirge der Erde, namentlich die höchsten Gipfel der Erde erblicken können; da man dies nicht kann, fo ist die Erde keine Ebene, fondern ein Körper mit gekrümmter Oberfläche.

Die Linie, bis zu welcher wir fehen können, heist der Gefichtskreis (horison). Die Entfernung des Auges von diefer Linie oder der Halbmesser des Gefichtskreifes giebt uns ein Mas für die Krümmung der Erdoberfläche. Ein Mensch, dessen Auge 1,6 Meter über dem Erdboden ist, kann nun, wenn er auf der hügellosen Erdoberfläche steht, 4500 Meter, wenn er auf einem Berge von 100 Meter Höhe steht, 35'700 Meter, wenn er auf einem Berge von 400 Meter Höhe steht, 71'400 Meter weit fehen. Von den fernern Gegenständen erscheinen nur die Spitzen (z. B. die Spitzen der Thürme, die Segel der Schiffe, die Flügel der Windmühlen), und zwar können wir die Spitzen nur fehen, wenn z. B. bei einem 25 Meter hohen Gegenstande diefer nicht volle 17'850 Meter jenfeits des Gefichtskreifes liegt. Die Erde hat, wie eine leichte Rechnung in der Anmerkung ergiebt, hiernach eine Krümmung, welche einem Durchmesser von 12'744'600 Metern entspricht, und da auf allen Punkten der Erdoberfläche, auf dem Lande wie dem Meere, dieselbe Erscheinung stattfindet, fo kann man fagen: die. Erde ist eine Kugel, deren Durchmesser 12'744'800 Meter gros ist

Für jeden Ort heist dann der Punkt des Himmels, welcher
fenkrecht über dem Kopfe des Beobachters steht, der Scheitelpunkt (zenith) des Ortes, der entgegengefetzte Punkt der Fuspunkt (nadir), der Kreis, welcher einen rechten Winkel oder 90
Grade von diefen Punkten absteht, der Gefichtskreis (horizon),
des Ortes, der Kreis, welcher a Grade über dem Gefichtskreife
steht, ein Höhenkreis (almucantharat) von a Grad Höhe. Endlich heißen die Kreife, welche durch Scheitel- und Fuspunkt geben,
die Scheitelkreife (verticale), und zwar zählt man diefe von
der Mittagslinie des Ortes ab nach West und nach Ost und fagt,
der Scheitelkreis von b Grad Abstand habe b Grad Weite (azi-
muth). Das ganze Netz nennt man ein Scheitelnetz.

Indeßen ist diefe Bestimmung über die Grüse der Erde aus
dem Gefichtskreife doch nur eine ungenaue. Will man zu einem
genauern Ergebnisse gelangen, fo muss man einen andern Weg
einschlagen, der genauere Messungen zuläßt, und diefer Weg ist
die Beobachtung der Sterne. Denken wir uns zwei Orte A und
B auf der Erde, einen auf der nördlichen und einen auf der füdlichen Halbkugel, und beobachten wir von diefen aus die Sterne,
fo bemerken wir, dass es für jede der beiden Halbkugeln einen
Punkt am Himmel giebt, der festisteht, und um den die Sterne am
Himmel einen Kreis beschreiben. Man nennt diefe beiden Punkte,
die Erdpole des Himmels, und zwar den einen den Nordpol,
den andern den Südpol. Die Kreife, welche diefe Pole verbinden,
nennt man die Mittagslinien oder Meridiane, die Kreife, welche
die Sterne am Himmel beschreiben, nennt man Sternkreife oder
Parallelkreife.

Beobachtet man nun von beiden Orten denfelben Stern, wenn
er in der Mittagslinie steht, und misst man in dem Orte A den
Winkel, welchen die Linie nach diefem Sterne mit der nach dem
Nordpole, und in dem Orte B den Winkel, welchen die Linie nach
demfelben Sterne mit der nach dem Südpole bildet, fo ist die
Summe diefer Winkel genau 180°, d. h. genau ebenfogros, als
wenn wir die Sterne vom Mittelpunkte der Erde aus beobachtet
hätten. Mit den neuesten Fernrohren können wir die Winkel bis
auf $1/10$ Sekunde meßen; es ergiebt fich alfo, dass die Summe der
Winkel noch nicht um $1/10$ Sekunde von 180° abweicht, und dass
alfo auch der einzelne Winkel, welcher an einem Orte der Erdoberfläche durch die Linien nach 2 Sternen gebildet wird, noch
nicht um $1/10$ Sekunde von dem Winkel abweicht, welchen die
Linien nach den beiden Sternen am Mittelpunkte der Erde bilden.

Statt der Winkel an der Oberfläche der Erde kann man daher, wenn Sterne in der Mittagslinie des Ortes stehen, auch die gleichen Winkel am Mittelpunkte der Erde setzen.

Dies giebt ein treffliches Mittel zur Gradeintheilung der Erde. Die beiden Punkte der Erdoberfläche, deren Scheitelpunkt ein Pol des Himmels ist, nennt man die Erdpole der Erde, und zwar den Nordpol und den Südpol, den Kreis der Orte, deren Scheitelpunkt einen rechten Winkel oder 90 Grade von den Polen absteht, nennt man den Erdgleicher (Aequator). Den Kreis der Orte, deren Scheitelpunkt a Grade nördlich (bez. südlich) von dem Gleicher absteht, nennt man einen Breitenkreis (Parallelkreis) von a Grad nördlicher (bez. südlicher) Breite. Der Pol steht für diesen Ort a Grade hoch über dem Gesichtskreise des Ortes, die Polhöhe ist mithin der Breite gleich. Den Kreis der Orte, deren Scheitelpunkte gleichzeitig in derselben Mittagslinie (Meridiane) liegen, nennt man einen Längenkreis (Meridian) der Erde. Der Längenkreis, welcher durch die Sternwarte von Greenwich bei London geht, ist der Anfangspunkt für die Zählung der Längengrade. Von ihm aus theilt man jeden Breitenkreis von Westen nach Osten in 360° oder besser in 24 Stunden, wie auch die Sonne diesen Raum in 24 Stunden durchläuft. Alle Orte, welche b Stunden Länge haben, haben also b Uhr Nachmittag, wenn in Greenwich Mittag ist. Das ganze Netz nennt man das Erdnetz.

Die Größe und Gestalt der Erde läßt sich nun sehr genau ermitteln, es bedarf nur noch, dass die Größe eines Grades auf der Oberfläche der Erde genau gemessen wird. Eine Reihe von Gradmessungen sind zu diesem Zwecke mit großen Kosten veranstaltet, unter denen die in l'eru, die in Lappland, die in Frankreich, in England, in Dänemark, in Preußen, in Russland und die zwei in Ostindien die wichtigsten sind. Aus ihnen ergiebt sich, wenn der Grad des Gleichers gleich 15 deutschen Meilen (60 Seemeilen) gesetzt wird, jede Meile (vier Seemeilen) gleich 7420,₁₁₅ Meter, der Durchmesser des Gleichers (Aequators) gleich 1718,₄₇₃₄ Meilen oder gleich 12'753932 Meter, die Achse der Pole gleich 1713,₃₁₅ Meilen oder gleich 12'713164 Meter, die Abplattung der Erde an den Polen also gleich $\frac{1}{29.1155}$, die Oberfläche der Erde gleich 9'281870 Quadermeilen oder 511,₀₄₅ Billionen Quadermeter, der Raum der ganzen Erde gleich 2650'187000 Würfelmeilen oder 542,₄₅₅ Trillionen Würfelmeter.

Alle Thatsachen dieser Nummer sind schlechthin sicher und von allen wissenschaftlichen Männern anerkannt.

Anmerkungen.

1. Berechnung des Gesichtskreises.

Sei h die Höhe des Berges in Metern, sei c die Entfernung, bis zu welcher man von der Höhe des Berges sehen kann, sei d der Durchmesser der Erde, so ist $d + h$ Sekante, h der ausserhalb des Kreises liegende Abschnitt, c Tangente am Kreise und nach einem bekannten Satze der ebenen Raumlehre das Quader der Tangente gleich der Sekante mal dem ansern Abschnitte, d. h.

$$c^2 = (d + b) h \quad \text{und} \quad d = \frac{c^2}{h} - h.$$

Ist also $b = 100$ Meter, $c = 35700$ Meter, so ist $d = 12'744800$ Meter. In Wirklichkeit hat der Gleicher der Erde einen Durchmesser von 12'752932 Meter oder von 1718_{2724} geogr. Meilen zu 7420_{164} Meter.

Die Entfernung, bis zu welcher man sehen kann, ist bei

1 Meter Höhe	3571_{14} Meter.		20 Meter Höhe	16971_{12} Meter.	
2	"	"	5050_{17}	"	30	"	"	19661_{14}	"
3	"	"	6185_{29}	"	40	"	"	22587_{14}	"
4	"	"	7142_{8}	"	50	"	"	25253_{9}	"
5	"	"	7985_{29}	"	60	"	"	27664_{4}	"
6	"	"	8748_{11}	"	70	"	"	29860_{12}	"
7	"	"	9449_{3}	"	80	"	"	31943_{4}	"
8	"	"	10101_{2}	"	90	"	"	33891_{3}	"
9	"	"	10714_{2}	"	100	"	"	35714_{9}	"
10	"	"	11293_{9}	"					

Bei der 100fachen Höhe ist die Entfernung, bis zu welcher man sehen kann, zehnfach.

2. Die Grösse der Erde.

Die deutsche Meile, von der 15 auf einen Grad des Gleichers gehen, hat eine Grösse von 7420_{164} Metern.

Für die Breite b des Polnetzes ist dann in Metern die Grösse des Breitengrades $= 1,949037 (57013_{269} - 286_{097} \cos 2b + 0_{611} \cos 4b - 0_{001} \cos 6b)$, des Längengrades $= 1,949037 (57156_{383} \cos b - 47_{837} \cos 3b + 0_{036} \cos 5 b)$.

Der ganze Gleicher hat dann $15 \times 360 = 5400$ deutsche Meilen. Der Durchmesser des Gleichers ist $d = 5400 : \pi = 1718_{2734}$ deutsche Meilen. Die Achse zwischen den Polen c ist $= 1713_{039}$ deutschen Meilen.

Die Erde ist eine Umdrehungslinse oder ein Rotations-Ellipsoid, deren Inhalt $\frac{1}{6} \pi c d^2 = \frac{1}{6} \pi \cdot 1723_{039} (1718_{2734})^2 = 2650'157000$ Würfelmeilen ist.

3. Die physischen Eigenschaften der Erde.

Die erste und wichtigste physische Eigenschaft eines Körpers ist sein Gewicht. Hängt man in einer Drehwage an einem einfachen Seidenfaden einen wagerechten Stab auf, der an beiden Enden kleine Kugeln trägt und nähert einer dieser Kugeln eine grössere Kugel, so wird die kleine Kugel von der grossen angezogen

und geräth in Pendelſchwingungen. Sowohl durch Rechnung als
durch Beobachtung läſſt ſich das Geſetz ermitteln, nach dem Pendelſchwingung, Entfernung und Gewicht der anziehenden Kugel von
einander abhängen und läſſt ſich aus zweien derſelben das dritte
berechnen. Das Geſetz der Anziehung iſt folgendes:

Je zwei Körper ziehen ſich gegenſeitig an. Die
Anziehungskraft iſt das Zeug oder Product aus
den Gewichten der beiden Körper, getheilt durch
das Quader (Quadrat) ihrer Entfernung; dieſelbe
wirkt augenblicklich bis in die weiteſten Fernen.
Bei der Erde iſt nun die Entfernung des Pendels vom Schwer-
punkte, dem Mittelpunkte der Erde bekannt, ebenſo iſt das Gewicht,
die Länge des Pendels und die Dauer der Pendelſchwingung bekannt, es läſſt ſich alſo das Gewicht der Erde aus den Verſuchen
an der Drehwage durch Rechnung finden.

Der erſte, welcher zu dieſem Behufe Verſuche mit der Drehwage anſtellte, war Cavendiſh. Er umſchloſs die Drehwage mit
einer groſen Glaswand, um die Einwirkung der Luftbewegung auf
die Schwingung der Kugeln aufzuheben, beobachtete mit dem Fern-
rohre aus groſer Entfernung die Schwingungen, um jede Einwirkung
des Leibes des Beobachters auf die Kugeln unmöglich zu machen,
brachte die Anziehung der Glaswand in Abrechnung und fand nun
im Mittel aus 24 Verſuchen das Raumgewicht (ſpeciſiſche Gewicht)
der Erde gleich $5_{,44}$. Später fand Reich in Freiberg aus 19 noch
ſorgfältigeren Verſuchen das Raumgewicht der Erde gleich $5_{,44}$;
endlich hat Baily umfaſſende Verſuche angeſtellt, aus denen ſich ein
Raumgewicht der Erde von $5_{,44}$ ergiebt. Dieſe Zahl muſs als die
am meiſten verbürgte angeſehen werden. Die ganze Erde iſt alſo
$5_{,44}$ mal ſo ſchwer, als ob ſie ganz aus reinem Waſſer beſtände, und
da ein Würfelmeter Waſſer eine Tonne oder 2000 Zollpfund wiegt,
ſo hat die ganze Erde ein Gewicht von $6149_{,817}$ Trillionen Tonnen
oder $12_{,3}$ Quadrillionen Zollpfund.[*)]

Dieſe gewaltige Maſſe der Erde hat nun eine dreifache Bewegung,
wie dies in dem Sternengemälde ausführlich nachgewieſen iſt; denn

1) dreht ſie ſich täglich, genau in $0_{,9972656}$ Tagen einmal um
   ihre Achſe am Gleicher, mit einer Schnelligkeit von $5414_{,4}$
   Meilen im Tage oder $465_{,811}$ Metern in der Sekunde;

[*)] Anm. Das Raumgewicht der Erde iſt $5,68$, der Rauminhalt 2650187000
Würfelmeilen, jede zu $(7420_{,45})^3$ Würfelmetern, das Gewicht eines Würfel-
meters Waſſer iſt eine Tonne oder 2000 Zollpfund. Das Gewicht der Erde
iſt demnach $5,68 (7420_{,45})^3 2650187000$ Tonnen.

2) bewegt fie fich in einem Jahre, genau in 365,₀₁₆₃₇ Tagen
einmal um die Sonne mit einer mittlern Schnelligkeit von
29219 Metern in der Sekunde;

3) bewegt fich die Erde mit der Sonne um die Achfe des
Milchstrafsen-Reiches nach Mädler mit einer Schnelligkeit
von 54253,₁₇₇ Metern in der Sekunde, welche Zahl aber fehr
unficher ist.

Die Arbeit, welche die Erde hienach leistet, ist eine gewaltige.
Sehen wir von der Drehung um die Achfe ab, bei welcher jeder
Theil der Erde eine verfchiedene Schnelligkeit befitzt und die im
Verhältnisse zu den andern Bewegungen nur gering ist, fo bleiben
noch zwei Bewegungen übrig. Von diefen ist die Bewegung um
die Sonne fo bedeutend, dass, wenn die ganze Bewegung in Wärme
umgewandelt würde, die ganze Erdmasse dadurch um 102250 ° C.
erwärmt würde. (Die Bewegung um die Achfe des Milchstrassen-
reiches ist, wenn wir die obige Bewegung zu Grunde legen, fogar
fo bedeutend, dass fie die ganze Erdmasse um 352529 ° C. erwärmen würde, beide zufammen würden demnach die ganze Erdmasse
um 454779 ° C. erwärmen, d. h. bis zu einem Grade, von dem man
gar keine Vorstellung befitzt). *) Alle diefe Thatfachen find übrigens auf ganz fichere Beobachtungen gegründet, von allen Phyfikern
anerkannt und find daher wissenschaftlich ganz ficher.

Doch wir kehren zur Betrachtung der Verhältnisse auf unferer
Erde zurück. Die mittlere Wärme der Erde beträgt auf der
Oberfläche 15° C. Wollen wir die Wärme im Innern der Erde
kennen lernen, fo müssen wir in die Tiefe der Erde eindringen.
Eine allgemeine Zunahme der Wärme ist das Erste, was uns bei
diefem Eindringen entgegentritt. Freilich reichen die Bergwerks-
schachte und Bohrlöcher bis jetzt nicht tiefer als 607 Meter unter
den Meeresspiegel; indessen hat doch auch fchon dicfe geringe
Tiefe des Eindringens in die Erde die Thatfache erwiefen, dass
die Wärme im Innern der Erde zunimmt, und zwar in 100 Meter
Tiefe jedesmal um 3° C. **). Diefe Zunahme ist eine ganz all-

---

*) Die Wärme oder die Arbeit einer Bewegung ist gleich dem Quader
der gchnelligkeit, getheilt durch die Arbeit der Wärmeeinheit, d. h. durch
(91,ₛₙₐₐ)² Meter. Die Wärme, welche der obigen Bewegung entspricht, ist
demnach (29219)²:(91,ₛₙₐₐ)², bezüglich (54253,₁₇)²:(91,ₛₙₐₐ)².

*) Nach den 12936 Beobachtungen, welche Reich in den Silberberg-
werken Freibergs während der Jahre 1829—1831 in Bohrlöchern der Fels-
wände angestellt hat, nimmt die Wärme erst in 133,₃ Metern Tiefe um 3° C.
zu; es darf aber hier nicht unbenehtet bleiben, dass das Erz diefer Berg-

gemeine, für die verſchiedenſten Gegenden der Erde beobachtete; nur im Meerwaſſer und ſoweit der Boden gefroren iſt, findet ſie nicht Statt. Nach den Geſetzen der Wärme kann man mit Sicherheit auf eine weitere Zunahme der Wärme nach dem Innern der Erde zu ſchließen. Die warmen Quellen, welche aus dem Innern der Erde kommen, beweiſen überdies die Wärme-Zunahme unmittelbar. Nimmt man demnach an, daß auch für größere Tiefen daſſelbe Geſetz gelte, daß die Wärme auf je 100 Meter Tiefe um 3° C. zunehme; ſo erhält man für die verſchiedenen Tiefen der Erde folgende Wärmegrade.

An der Oberfläche der Erde 15° C. Wärme.

In	500 Meter Tiefe	30° C.	-	
-	2633	-	-	100° C.	-	Schwefel ſchmilzt.
-	6167	-	-	200° C.	-
-	9500	-	-	300° C.	-	Zinn ſchmilzt.
-	12833	-	-	400° C.	-	Blei u. Zink ſchmelzen.
-	26167	-	-	800° C.	-	Glaſige Lava ſchmilzt.
-	32833	-	-	1000° C.	-	Silber u. weiſes Guſs- eiſen ſchmelzen.
-	39500	-	1200° C.	-	Baſalt, Gold u. graues Guſseiſen ſchmelzen.
-	49500	-	-	1500° C.	-	Lava u. Eiſen ſchmelzen.

Die Feuerberge oder Vulcane, welche geſchmolzene Lava auswerfen, ſtammen alſo mit ihren Adern aus 49500 Meter oder 6⅔ Meilen Tiefe. Solcher Feuerberge giebt es aber in allen Theilen der Erde, theils noch ſpeiend, theils erloſchen, überaus viele, die Anmerkung giebt eine Ueberſicht der bekannten. Dies beweiſt, daß überall auf der Erde die Wärme nach der Tiefe zu bis 1500° C. zunimmt, und daß wir in 6⅔ Meilen Tiefe dieſe Wärme überall vorausſetzen dürfen. Beſteht demnach das Innere der Erde in dieſer Tiefe aus Lava, und bereits die nächſten Nummern werden den Beweis führen, daß es ſich alſo verhält, ſo iſt die Lava in 6⅔ Meilen Tiefe überall geſchmolzen, die Erde ſelbſt iſt dann eine feurig flüſſige Kugel, welche nur eine feſte Schale von 6⅔ Meilen Dicke trägt.

---

werke ein beſſerer Leiter iſt, als andre Felſen, und daß daher der Wärme-Unterſchied im Erzs geringer ſein muß, als in anderm Geſteine. In dem Bohrloche von Grenelle war in 573 m. Tiefe 28° C., während in den 29,6 m. tiefen Kellern ebenda 11,7° C. herrſchte; hier nimmt alſo die Wärme auf je 100 m. um 3° C. zu. In Steinkohlenbergwerken nimmt ſie auf 99,5 m., in dem Genfer Bohrloche des de la Rive auf 94,6 m. um 3° C. zu.

Ist diese Thatsache richtig, so muss eine Reihe von Erscheinungen daraus hervorgehen, welche die nothwendige Folge dieser
Thatsache, zugleich der sicherste Beweis derselben ist. Eine flüssige
Masse nimmt, wenn sie in Rube ist, die Gestalt einer Kugel, wenn
sie in drehender Bewegung ist, die Gestalt eines Rotations-
Ellipsoides oder einer Drehungslinse an, die an den Polen
der Drehungs-Achse abgeplattet ist. Nach den ausgezeichneten
Rechnungen von Laplace in seiner méchanique céleste 1800—1806
beträgt diese Abplattung für die Erde $\frac{1}{308}$, nach der späteren,
genaueren Berechnung von Ivory $\frac{1}{300}$. Die ausgezeichneten Gradmessungen bestätigen diese Abplattung, sie ergeben $\frac{1}{304}$, doch ist
diese Zahl nicht sicher. Ebenso ergeben die Beobachtungen der
Pendelschwingungen eine Abplattung von $\frac{1}{289}$, und stimmen also
genau mit der Rechnung. Die Erde ist demnach eine feurig flüssige
Kugel.

Auf diesem feurig flüssigen Meere des Erdinnern ruht nun die
feste Schale von $6\frac{2}{3}$ Meilen Dicke. Die Oberfläche dieser festen
Schale beträgt, wie wir oben sahen, 9'281870 Quadermeilen; bei
solcher Flächenausdehnung ist eine Dicke von $6\frac{2}{3}$ Meilen überaus
gering. Die feste Schale kann sich daher nicht in sich selbst tragen,
sie schwimmt auf dem Feuermeere des Innern und wird von dem
Feuermeere getragen. Werden auf einem Theile Schichten von der
Schale weggespült oder Theile aufgelöst und fortgetragen, so wird
dieser Theil steigen, werden auf einem andern Theile Schichten
abgelagert, so wird dieser Theil sinken müssen. Kurz, wenn die
feste Schale auf dem Feuermeere schwimmt, werden alle Theile
der Erde theils Hebungen, theils Senkungen erfahren; da aber
die Veränderungen sehr allmälige sind, so werden auch die Hebungen und Senkungen einen langsamen Verlauf nehmen und erst in
längern Zeiträumen sichtbar werden. Die Anmerkung giebt uns
einen Ueberblick der beobachteten Hebungen und Senkungen. Es
ergiebt sich daraus, dass alle Küsten, an denen man bisher allein
Beobachtungen über diese Vorgänge angestellt hat, in steter Bewegung sind. In Schweden beträgt die Hebung z. B. an den Ufern
des bothnischen Meerhusens 1 bis 2 Meter in 100 Jahren. Die feste
Schale der Erde schwimmt also auf dem Feuermeere des Innern.

Das Feuermeer des Innern bildet demnach die bei weitem
grösste Masse der Erde. Nur der $\frac{1}{132}$te Theil des Durchmessers
ist fest, $\frac{131}{132}$ sind noch feurig flüssig, nur $\frac{1}{16}$ des Raumes, nur
$\frac{1}{91}$ des Gewichts der ganzen Erde ist fest, alles Uebrige ist noch
feurig flüssig. Oder mit andern Worten, während nur 58 Millionen

Würfelmeilen des Erdkörpers zur feſten Schale gehören, bilden
noch 2592 Millionen Würfelmeilen das Feuermeer der Erde. Dies
gewaltige Feuermeer der Erde iſt aber auch noch nicht eine
gleichmäßige Maſſe. Die Lava, welche die Oberfläche dieſes Feuermeeres bildet, hat nur ein Raumgewicht von 2$_{,91}$, dagegen hat die
ganze Erde ein mittleres Raumgewicht von 5$_{,44}$, oder hat etwa
das doppelte Raumgewicht. Das Feuermeer der Erde hat mithin
in der Tiefe ein größeres Raumgewicht, als an der Oberfläche,
und da nur die reinen Erze oder Metalle ein ſo großes Raumgewicht beſitzen, ſo ergiebt ſich, daß die Tiefe des Feuermeers
der Erde von einem Erzmeere gebildet wird, und daß über dem
Erzmeere ein Steinmeer geſchmolzener Lava lagert. Die Erze ſind
in dieſem Meere wegen ihres größern Raumgewichtes untergeſunken
und umgeben den Mittelpunkt der Erde, die leichtere Lava ſchwimmt
auf denſelben, und auf dem Lavameere endlich ſchwimmt die feſte
Schale mit einem Raumgewichte von 3 bis 2$_{,}$ und mit zahlreichen
Spalten, welche die Felſen der Schale nach allen Richtungen durch-
ſetzen.

Die Wärme in dem Feuermeere iſt im Ganzen eine gleichmäßige. In jedem gleich zuſammengeſetzten Theile des Feuermeeres
ſteigen nämlich die wärmeren Theilchen nach oben, da ſie durch
die Wärme leichter werden, und theilen den Theilchen des oberen
Meeres ihre Wärme mit. Die Theilchen des oberen Meeres ſteigen
demnächſt, wenn ſie dadurch wärmer werden, abermals ſoweit
auf, als das Raumgewicht der Theilchen das gleiche iſt, und theilen
hier wieder ihre höhere Wärme den Theilchen des demnächſt
oberen Meeres mit und ſofort bis zur Oberfläche des oberſten Feuermeeres. Das geſammte Feuermeer der Erde hat alſo nahe die
gleiche Wärme von 1500° C.

In der feſten Schale der Erde nimmt nun dieſe Wärme allmälig, und zwar auf je 100 Meter im Mittel um 3° C., ab, bis ſie an
der Oberfläche der Erde 15° C. beträgt. Die Erdmaſſe aber hat
mit dieſer feſten Schale noch nicht ihr Ende erreicht. Auf der
feſten Schale wogt nämlich einerſeits noch ein Waſſermeer, andrer-
ſeits ein Luftmeer.

Das Waſſermeer der Erde bedeckt ungefähr ³/₄ der Erd-
oberfläche. Von den 9'281870 ☐Meilen der Erdoberfläche ſind
6'813384 ☐Meilen mit Waſſer bedeckt und nur 2'468486 ☐Meilen
Land, wo die feſte Schale aus dem Meere hervortaucht, d. h. das
Waſſer beträgt 73$_{,403}$ Hundertel der Oberfläche der Erde. Die
Tiefe des Meeres iſt leider erſt zum geringen Theile ermittelt.

Laplace hatte früher in feiner mécanique céleste 1800—1806 die mittlere Tiefe der Wassermeere aus den Gefetzen der Ebbe und Flut auf 2½ Meile geschätzt. Später gab er diefe Schätzung auf und folgerte aus der Abplattung der Erde an den Polen, dass die Oberfläche der Erde fehr nahe im Gleichgewichte stehen müsse, und dass daher die mittlere Tiefe der Wassermeere nicht beträchtlich von der mittlern Höhe des Landes über dem Meeresspiegel abweichen könne. Da nun die letztere nach A. v. Humboldt's Unterfuchungen höchstens 953 Fus beträgt, fo würde das Wassermeer hienach höchstens 1000 Fus tief fein können. Aber beide Folgerungen stimmen nicht mit der wirklichen Tiefe der Meere überein, diefe wechfelt nämlich nach der Karte, welche Maury für das atlantische Meer giebt, von 0 bis 6000 Meter Tiefe und kann im Mittel auf 2200 Meter Tiefe angenommen werden. Diefelbe ist in dem vorliegenden Werke auf 2200 Meter, oder, wenn man das Wasser über die ganze Erde, über Festland wie Meer, gleichmässig vertheilt denkt, im Mittel auf 1600 Meter Tiefe angenommen.

Das Wasser durchdringt aber ferner alle Spalten der Gesteine, ja durchzieht und tränkt felbst die feste Masse des Gesteines, wie Bischof dies im zweiten Bande feiner Geologie, erste Auflage, ausführlich durgethan hat, und dringt fo tief in das Innere der Erdschale ein, bis die Hitze das Wasser in Wasserdunst verwandelt und die Spannkraft des Wasserdunstes im Stande ist, die ganze auf demfelben lastende Wassermasse zu tragen. In der Tiefe von 20000 Metern ist gegenwärtig diefer Hitzegrad erreicht, wie dies die Berechnung der Anmerkung beweist. Die Felfen haben jetzt in diefer Tiefe eine Hitze von 600° C.; der Wasserdunst oder der Dampf hat dafelbst eine Spannkraft von 2007 Luftfäulen (Atmosphären) oder, da eine Luftfäule soviel wie eine Wasserfäule von 10½ Meter wiegt, von 20739 Meter Wasserhöhe und trägt mithin die ganze auf ihm lastende Wasserfäule. Das tropfbar flüssige Wasser kann mithin gegenwärtig nicht tiefer dringen. Alle Felfen bis 20000 Meter Tiefe find alfo gegenwärtig von Wasser durchspült, und nimmt man den Wassergehalt diefer Felfen auch nur auf vier Hundertel des Raumes an, fo ergiebt fich _dermals eine Wasserfäule von 800 Meter Tiefe, welche in den Felfen vorhanden ist. Alles Wasser der Meere und der Erdschichten wird alfo auf die ganze Erde gleichmäsig vertheilt eine Wasserhülle von 2400 Meter Tiefe darstellen, welche einerfeits die Meere der Erde füllt, andrerseits bis 20000 Meter in die Erdspalten eindringt und in dem Luftmeere Dünste und Wolken bildet, welche Regen herabgiesen, das Land trinken, Quellen, Bäche und Flüsse speisen und die Spalten der Felsen auf dem Festlande füllen.

Auf dem Feuermeere der Erde schwimmt also die feste Schale der Erde, die zwar zahlreiche Spalten trägt, aber das Wasser gelangt nicht in diesen Spalten bis zu dem Feuermeere der Erde, nur 20000 Meter dringt es von oben in die Erdschale von 49500 Meter Dicke ein und bleibt also noch etwa 29500 Meter vom Feuermeere getrennt. Den Zwischenraum zwischen beiden Meeren aber erfüllt in den Spalten der Erde der Wasserdunst oder das Dampfmeer, das einerseits auf dem Feuermeere ruht, während es andrerseits das Wassermeer trägt.

Ueber dem Wassermeere der Erde wogt endlich das Luftmeer der Erde. Die Erdluft drückt auf das Wassermeer mit dem Drucke einer Luftsäule oder Atmosphäre, welche einer Säule von 10½ Meter Wasser das Gleichgewicht hält oder auf jeden □Meter Oberfläche mit einem Gewichte von 10½ Tonne drückt.

Die ganze Erde zerfällt hiernach in 5 Sphären: ein Erzmeer, ein Lavameer, ein Dampfmeer in den Spalten der festen Schale, ein Wassermeer und ein Luftmeer.

Um die Stoffe kennen zu lernen, aus denen die Erde in den verschiedenen Schichten besteht, muss man aus diesen Schichten die Stoffe herbeischaffen und diese chemisch unterfuchen. Auf der Erde kann man auf diese Weise nur die obersten Schichten der Erdschale unmittelbar unterfuchen, soweit fie durch tiefere Schichten gehoben und blosgelegt find. Man lernt auf diese Weise auser dem Luftmeere und Wassermeere der Erde die durch beide gebildeten geschichteten Gesteine und unter denselben die gespaleten Gesteine: den Gneis, den Granit, den Porphyr und ähnliche, kennen, deren Ursprung bereits zweifelhaft ist, indem die einen diese Gesteine aus dem Feuermeere, die andern aus dem Wassermeere ableiten.

Will man tiefer bis zu den unzweifelhaft aus dem feurig flüssigen Steinmeere erstarrten Gesteine vordringen, so muss man sich zu den Quellen wenden, welche aus diesen Gesteinen bis zur Oberfläche aufst*igen, d. h. zu den warmen Wasserquellen oder zu den feurigen Lavaströmen der Feuerberge. Die erstern kommen höchstens aus einer Tiefe von 20000 Metern, die zweiten aus einer Tiefe von 49500 Metern. Beide zeigen uns die Beschaffenheit in jenen Tiefen nicht rein, da fie auf dem Wege mit mannigfuchem andern Gesteine in Berührung gekommen und verändert find.

In das Feuermeer der Erde selbst kann man nicht eindringen.

Man weis nur aus dem Raumgewichte der Erde, dass es in seinen tieferen Schichten aus geschmolzenem Erze bestehen muss. Um auch über diese Schichten Aufschluss zu gewinnen, wird man sich demnach an andere Sterne wenden müssen, deren Bau man genau kennt und unterfuchen kann, d. h. an die Meteorsterne oder Steinsterne, wie wir sie nennen wollen; erst, nachdem wir diese kennen gelernt, werden wir dann auch die Erde erforschen können.

Alle Thatsachen dieser Nummer sind sicher und werden allgemein anerkannt.

Anmerkungen zu den physischen Eigenschaften der Erde.

1. Die Feuerberge der Erde.

Europa ist der an Feuerbergen ärmste Erdtheil; doch hat es im Norden die Insel Island mit dem Feuer speienden 1600 m. hohen Hekla und den Feuerbergen Snaptar-Jökul, Oeräfa-Jökul, Herdubreid, Leirhnukur, Trolladyngiar und Snaefells-Jökul, welche eine Reihe von SSW. nach NNO. bilden, in deren Verlängerung die senergesteinige Insel Jan-Mayen unter 70° 50′ Breite liegt. In Deutschland liegen am Rheine in der Gegend von Laach und Rieden und bei Bonn in der Eifel alte erloschene Krater von Feuerbergen. Ebenso liegen in Frankreich bei Clermont und weiter südlich und südöstlich die Erhebungskegel des Montdor, Cantal und Mezène, sowie viele andere Punkte im Velay und Vivarais, wie bei Agde und Béziers im Dep. Hérault (Comptes rendus Th. 18 S. 155) und mehre Punkte in der Provence, welche erloschene Krater von Feuerbergen darstellen. In Spanien finden sich dergleichen bei Olot und Castel-Follit in Catalonien und auf den Colombretes-Inseln bei Valencia. In Italien tragen das Albaner Gebirge bei Rom und die Roccamonfina bei Teano nordwestlich von Neapel, sowie Sardinien erloschene Krater. In Italien ist aber ausserdem der Vesuv 1200 m. hoch noch thätig, und zeigen die Insel Ischia noch 13, die phlegräischen Felder bei Pusznoli westlich von Neapel auf 3 □Meilen noch 27 Krater von Feuerbergen, von denen die Solfatara noch gegenwärtig heisse Dämpfe aushaucht und der 140 m. hohe Monte nuovo im Jahre 1538 innerhalb 48 Stunden gebildet wurde, endlich liegen östlich von diesen und vom Vesuv, mit ihnen in einer geraden Linie von 21 Meilen Länge, in Apulien bei Melfi der Krater des Vultur und der Lago d'Ansanto, welche beide nach Daubeny noch Gase aushauchen. Auf Sicilien erhebt sich der höchste Feuerberg Europas, der Aetna, 3400 m. hoch. Nördlich davon zeigen die Liparischen Inseln mehrere theils thätige, theils erloschene Feuerberge, und zwar Volcano den beständig dampfenden, 406 m. hohen Volcano, mit einem 1000 m. breiten und 200 m. tiefen Krater, Volcanello nördlich davon drei Krater, Lipari nördlich davon die erloschenen Feuerberge Monte Guardia, M. S. Angelo und M. Campobianco mit einem Krater von 1000 m. Durchmesser, Stromboli nördlich davon den 923 m. hohen, fortwährend Lava ergiessenden Stromboll, endlich Saline nordwestlich von Lipari die beiden erloschenen Feuerberge Monte Salvatore und M. della Valle di Spina. Südwestlich von Sicilien liegt ferner gegen Tunis zu die Insel Pantellaria mit erloschenem Krater und stieg im Juli 1831 die Feuerinsel Julia oder Ferdinandea zwischen Pantellaria und Sciacca bis 71 m. hoch aus dem Meere hervor, ward aber nach einem halben Jahre vom Meere wieder zerstört. In Griechenland endlich ward nach Strabon etwa 360 Jahre v. Chr. auf der Halbinsel Methône ein 1330 m. hoher Fenerberg gebildet. Von hier aus erstreckt sich in einer nach SO. bis OSO. geneigten Linie ein Reihe von Inseln: Poros, Antimilo, Milo, Argentiera, Polino, Policandro und Santorin, welche aus Fenergestein bestehen, zum Theile noch Dämpfe aushauchen, und deren letzte mehrfach seit 184 v. Chr. bis jetzt Bildung kleiner Inseln, Auswürfe von Bimsstein und Dampf-Ausbaachungen gezeigt hat.

In Afrika zeigt Abyssinien 14 Meilen östlich von Ankober eine Gruppe erloschener und einen noch thätigen Feuerberg, den Dofane, und zeigt sich an der Küste im innersten Winkel von Guinea eine 4000 m. hohe Gruppe von Feuerbergen, der grösste Theil des Innern ist noch nicht untersucht. Dagegen sind die Inseln dieses Erdtheils sehr reich an Fenerbergen. Die Azoren sind sämmtlich aus Fenergestein gebildet und tragen Fenerberge, welche wiederholt thätig gewesen sind. Sie bilden zwei Reihen, eine nördliche: Corvo, Graciosa, Tarceira, St. Mignel und Formigas, und eine südliche von 80 Meilen Länge: Flores, Fayal, Pico mit dem Pico alto von 2430 m. Höhe und Santa Maria. Die Insel Madeira hat einen schönen, 1330 m. hohen Krater. Die Canarischen Inseln bilden einen Kranz von 60 Meilen Länge: Palma, Gomera, Teneriffa mit dem 3800 m. hohen Pico de Teyde, Gran Canaria, Fuerteventura und Lanzerotte mit den grossartigsten und schönsten Kratern. Von den Capverdischen Inseln trägt Fuego einen Krater; ebenso sind die Inseln Ascenfion und Tristan da Cunha westlich von Afrika von Fenergestein gebildet. Oestlich von Afrika trägt die Insel St. Paul einen Krater, der Flammen speit, und die Insel Amsterdam südlich davon einen Fenerberg; die Insel Bourbon zeigt einen noch thätigen Krater von 2560 m. Höhe, und St. Mauritius einen erloschenen Feuerberg, ebenso ist die Insel Theil im rothen Meere ein noch thätiger Fenerberg von 280 m. Höhe, die Insel Perim ein erloschener.

In Vorder-Asien begegnen uns in Arabien. grose erloschene Krater bei Aden, und in Hadrsmaut fogar ein noch thätiger, stets Dampf ausstosender Feuerberg Bir-Babut, fowie viele alte Lavaströme bei Mocha, Sana, Medina, ebenso finden wir in Syrien und Palästina die deutlichsten Spuren früher thätiger Feuerberge. In Klein-Asien finden wir zwei erloschene Fenerberge, den Argbl-Dagh bei Käsarca 4100 m. und den Hassan-Dagh 2670 m. Der Kaukafus hat im Elbrus 5760 m. und im Kasbek 5100 m. zwei riesige erloschene Fcuerberge, zwischen denen mehrere niedrigere liegen. Armenien ist ausserordentlich reich an meist erloschenen Fcuerbergen. Das Hochland zwischen Araxes und Kur trägt in einer Strecke von 64 Meilen eine Menge von Feuerbergen: Am obern Kur den Krater von Akbalaik und den Krater des Tschyldir, dann den des Alaghes 4300 m., den des Agmangan 3700 m. mit einem Kraterfee von 3100 m. Höhe, die Krater des Agdagh und Bosdagh, anschliessend hieran südöstlich die Hochebene von Agridja mit drei grosen Kratern, von denen der Karanlyschdagh noch 3476 m. hoch, und fudlich endlich ein Hochland von 2800 m. Höhe mit 4 Kratern, von denen der Kissalldagh über 3200 m. hoch. Südlich vom Araxes sind die Fenerberge Takal-Tau und der 5400 m. hohe Ararat, an dessen Fuse sich 1840 ein fürchterlicher Ausbruch ereignete. Am Wanfee ist nördlich der Selban-

Dagh, füdlich der Sindsjar. Südlich vom Kaspi-See find der Sawalan im Westen ein erloschoner, der Domawend 4600 m. boch bei Teheran und der Ablachtscha im Osten zwei Dampf aushauchende Feuerberge. Auch Vorder-Indien zeigt auf der Halbinfel Cutsch viele einzelne und am westlichen Fuse der Ghats eine Reihe erloschener Feuerbergo.

In Hinter-Aften beginnen die Feuerreihen der ostafiatischen Infeln, zuerst die Sumatra-Reihe. Die aus Feuergesteln gebildeten Infeln Rambri 1000 m boch, Tschedoba und Regnaln beginnen füdlich der Küste von Arracan, dann folgt nach 80 Meilen die aus demfelben Geseine gebildeto Infel Norcondam und 17 Meilen füdlicher die Infel Barren Island mit einem 660 m. hoben, stets thätigen Krater, wieder 108 Meilen füdlich folgen dann die Feuerberge Sumatra's. Im Westen 1 Meile nördlich vom Gleicher der Pasaman 4300 m., dann östlicher unter dem Gleicher der Kafumbra 4690 m., wieder östlicher 2 Meilen füdlich vom Gleicher der Sinkalang und der Berapl, letztoror 4100 m. und stets dampfend, dann 1½° füdlich vom Gleicher der Onoorg-Apl und der Gunong-Dempo, letzterer 3950 m. und fast beständig Dämpfe anshauchend, endlich östlich anf der Infol Cracatao in der Sunda-Strase der im Jahre 1680 noch speiende Feuerberg diefer Infel. Die Sunda-Reihe streicht 360 Meilen nach Osten. Sie beginnt auf Java an der Sunda-Strasse mit dem Djunging, zählt füdlich Batavia 7 Feuerberge, ferner westlich Batavia 16 bis 3000 m. hohe Feuerberge, unter denen der Gede stets, der Sumbing bisweilen dampft und der 1500 m. hohe Lamongang übernus thätig ist. Dann folgen östlich von Batavia noch 16 Feuerberge in zweien nach OSO. streichenden Reihen, unter ihnen der Galungang verrufen durch feinen verheerenden Ausbruch von 1823 und der Papandayang 2300 m., der 1772 bei feinem Ausbruche 40 Dörfer zerstörte. Dann folgen östlich von Java die kleinen Sunda-Infeln: Bali-Pik und Lombock, Sumbawa mit dem Tomborn, der durch feinen fürchterlichen Ausbruch im Jahre 1815 berüchtigt ist, Gunong-Api jede mit einem, Flores mit 3, Lomblen und Pantar, der stets thätige Gunong-Apl II. und Domme jede mit einem Feuerberge. Die Molukken-Reihe streicht 450 Meilen nach Norden. Diese Reihe beginnt auf der westlichsten Spitze Neu-Guinea's mit einem fehr hoben, dampfenden Feuerberge, dann folgen die Feuerberge von Nila und Biros, der noben Banda aufsteigende Gunong-Apl III. mit tusenst heftigen Ausbrüchen und die bei Amboina füdlich von Ceram gelegene Infel Illito mit dem Wowaul. Nördlich vom Gleicher folgt auf Gilolo der Feuerberg Gammacanore, nördlich auf Mortay der Feuerberg Tolo, bei Ternate drei Infeln aus Feuergesteln und auf Ternate ein 1280 m. hoher Feuerberg mit fehr heftigen Ausbrüchen, auf der nordöstlichsten Spitze von Celebes der Feuerberg Klobat, dann die Infeln Siao und Abu, auf Mindanao drei Feuerberge, die Infeln Fuego und Ambil. Auf der Infel Luzon trägt die füdliche Halbinfel Camarines auf 30 Meilen Länge allein 10 Feuerberge, unter denen der Yfarog der bedeutendste ist, die andere Infel noch 4 Feuerberge. Nördlich davon find die Infeln Camiguln und Claro-Babuyan aus Feuergestelu gebildet, und hatte letztere noch 1831 einen bedeutenden Ausbruch; Formofa endlich trägt wenigstens 4 Feuerberge.

Oestlich der Molukken-Reibe streicht die Nipon-Reihe 435 Meilen nach Norden. Nördlich von den Feuerbergen im östlichen Guinea beginnt die Reihe mit den Marianen, welche mehrere Feuerberge theils noch thätig

zeigen, daun folgen in der Reihe los Volcanos nnd die Bonin-Inſeln mit 7
Feuerbergen, dann die drei aus Fenorgeſteln beſtehenden Inſeln Faſſiſio,
Nokiſioıs und Vries. Nördlich davon erhebt ſich auf Nipon der mit ewigem
Schneo bedeckte Fuſi, der nach japaniſcher Urkunde 285 vor Chr. in einer
Nacht gebildet ſein ſoll, während gleichzeitig eine Landſchaft von 8 Meilen
Länge und 2 Meilen Breite verſank und in den See Mitſunnmi verwandelt
wurde. Nördlich desſelben ſind auf Nipon noch der Aſama und im Norden
der Teſan, der Pic Tileſlus und der Yake-yama zu nennen. Weiter nördlich
liegt in derſelben Linie bei Ochozk eine an Fenergeſteln reiche Gegend Sibiriens. Mit dieſer Reihe ſtößt die Kiuſiu-Reihe zuſammen, welche nach
NNO. ſtreicht. Sie beginnt mit der Dampf aushauchenden Schwefelinſel,
dann folgen die Feuerberge auf Jewoſims und Tanegaſims, dann auf Kiuſiu
folbet die zum Theile in furchtbarer Weiſe thätigen Feuerbergo Miyi, Bin-
ſonokobl, Unſengadake und Aſono, dann die Fenerberge auf Sikolf und der
Sira auf Nipon, welcher uns bis zum Fuß geleitet. Die Kurilen-Reiho
ſtreicht von Jeſo aus 230 Meilen nach NNO. Die Inſeln Onſims und Kooſims
ſüdlich von Jeſo, letztere mit ſtets dampfendem Feuerberge, eröffnen die
Reihe, dann folgen die Feuerberge von Jeſo, dann die der Kurilen, der
dampfende Fenerberg von Starup, der Fenerberg, der die ganze Inſel Süd-
Tſchirpoei mit Auswürfen beſchüttet hat, der dampfende Saruiuſcheß auf
Matua, der ſeit 1760 ſtets thätige Rankoko, die drei Fenerberge von Aus-
kutan, endlich der Feuerberg von Poromuschir und der Alaid weſtlich vom
Cap Lopatka, welche beide 1793 heſtige Ansbrüche hatten. Die Kami-
ſchatka-Reihe ſtreicht 75 Meilen in drei Reihen nach ONO. und zählt 21
noch thätige Fenerberge. Unter ihnen der Klintſchewskaja 4930 m, ſtets
thätig und mit mächtigen Ausbrüchen, der Tolbatſchinskaja 2600 m, der
1739 durch glühende Laven furchtbare Verheerungen erzeugte.

In Nord-Amerika ſchließt die Aleuten-Reihe an die Kurilen-Reihe an.
Die Aleuten-Reihe ſtreicht von West-Sitkin 170 Meilen nach Ost und ONO.
und enthält 38 Feuerberge. Unter dieſen heben wir hervor die zwei brennenden Berge von Umnak, die im Jahre 1796 neu entſtandene Inſel Joanna
Bogoeslowa, welche noch im Jahre 1819 den Umfang einer deutſchen Meile
und 700 m. Höhe hatte, den thätigen 1700 m. hohen Makuschin auf Una-
laſchka und des thätigen 2800 m. hohen Schlschaldin auf Unimack, ſowie
die drei Fenerberge der Halbinſel Alaska. Die Cordilleren Nordamerikas
zeigen nur wenige Fenerberge. An der Weſtküste von Cooks Einfahrt liegt
der 3770 m. hohe Fenerberg Pik Jlämän. Ob der Ellas nnd der Cerro de
buen tiempo Feuerberge ſind, iſt zweifelhaft; dagegen iſt nördlich der Inſel
Sitka auf dem Festlande unzweifelhaft ein Feuerberg, und ſollen zu den
Seiten des Columbia-Fluſſes die Fenerberge St, Helens und Hood und auf
der Halbinſel Californien der Fenerberg de las Virgines liegen. In Mexico
tritt dann wieder eine Reihe von Fenerbergen auf. Die Mexico-Reihe
ſtreicht hier 119 Meilen nach Osten und enthält 7 Feuerberge, im Westen
den Dampf und Asche auswerfenden Collima 3400 m., dann den 1759 ent-
ſtandenen Jorullo, dann 22 Meilen öſtlich den erloschenen Toluca und den
5500 m. hohen Popocatepetl und nördlich von demſelben den erloschenen
Istaccihuatl, dann den Cofre de Perote und den Citlaltepetl, endlich im Osten
den kleinen, durch ſeinen gewaltigen Ausbruch von 1793 bekannten Tuxtla.
Die Guatemala-Reihe ſtreicht von Popocatepetl nach SO., beginnt 85

Meilen von diefem, ſtreicht 170 Meilen weit und enthält 38 Feuerberge, namentlich bei Guatemala. Im NW. beginnt der Soconusco, dann nach 22
Meilen folgen n 18 Meilen 10 Feuerberge von 4000 m. Höhe, unter ihnen
der unmittelbar bei Guatemala liegende, nur Waſſer ſpeiende Volcan d'Agua.
Jenſeit Guatemala folgen 6 Feuerberge bis zum Meerbuſen Amapala, unter
denen drei, der de Pacaya, der Iſalco und San Miguel ſehr aufgeregt und
thätig. Dann folgen 9 Feuerberge bis Nicaragua, unter ihnen der durch den
fürchterlichen Ausbruch von 1834 bekannte Coſiguina und der äuſſerſt thätige
Maſaya. An der Südſeite des Sees von Nicaragua folgen 6, im See ſelbſt
einer, der ununterbrüchlich arbeitende Ometepe, im Staate Coſtarica endlich
folgen noch 6 Feuerberge. Die Antillen-Reihe liegt öſtlich von dieſer
Reihe und zeigt mehre erloſchene Feuerberge auf den kleinen Antillen.)

In Süd-Amerika zeigen uns die Galopagos etwa 2000 Krater, unter ihnen
zwei, auf Albemarle und Narborongh, noch in voller Thätigkeit. Auf den
Andes beginnen nun die Gipfel der höchſten Feuerberge. Zuerſt die Quito-
Reihe 105 Meilen nach SSW. ſtreichend mit 17 Feuerbergen. Nördlich beginnt auf der mittlern Andenkette der Tolima 5630 m., dann folgen der
Puracé und Sotara, und auf der öſtlichen Kette der ſtets dampfende de la
Fragna. Bei Paſto beginnt mit dem 4200 m. hohen Feuerberge von Paſto
die weſtliche Kette von 7 Feuerbergen, zuletzt der 5860 m. hohe Pinchincha
und der 4900 m. hohe Cargoairszo, deſſen Gipfel 1698 zuſammenbrach.
Die öſtliche Reihe endlich beginnt nun nach Süden zu und zählt 6 Feuerberge, namentlich den 5960 m. hohen, fortwährend thätigen Cotopaxi und
den ſtets dampfenden, 5360 m. hohen Sangay. Die Bolivia-Reihe beginnt
225 Meilen ſüdlicher mit dem Feuerberge Chnquibamba, ſtreicht 85 Meilen
weit nach Süden und zählt 8 bis 9 Feuerberge, unter ihnen den beſtändig
thätigen Vulcan von Arequipe und zuletzt den von Atacama. Nach einem
Zwiſchenraume von 165 Meilen folgt nun die Chile-Reihe mit 24 Feuerbergen in 165 Meilen. Im Norden der 7260 m. hohe Aconcagua, die ſtets
dampfenden Feuerberge von Peteroa und von Antueo, von Villarica und von
Oſorno. Auch in Patagonien ſieht man noch weite Lavafelder, Feuerberge
ſind hier aber nicht bekannt.

In Auſtralien ſtreicht die Hebriden-Reihe von Neu-Guinea über die
Neuen Hebriden bis nach Neu-Seeland, 12 Feuerberge ſind darauf bereits
beobachtet.

Im Weltmeere ſind die Sandwichsinſeln faſt alle durch Feuergeſteine
gebildet. Auf Hawai iſt der 4960 m. hohe Mauna Roa ein alter Feuerberg,
an deſſen Abhang der 1210 m. hohe, ⅓ Meilen breite Krater Kirauea mit
g. wen Seen glühender Lava und ſteten Ausbrüchen und die beiden thätigen
Feuerberge Mauna Hararoi 3460 m. und der Ponahohoa. Von den Freund-
ſchaftsinſeln ſind wenigſtens 3, von den Geſellſchaftsinſeln wenigſtens Otaheiti mit Feuerbergen verſehen, die auch auf den Marquefas-
Inſeln und der einſamen Oſterinſel nicht fehlen. Auſerdem aber ſind
ganz im Süden unweit Victorialand Inſeln von Feuergeſteln und hohe Feuerberge beobachtet, der Erebus 3900 m. hoch, noch in voller Thätigkeit, und
ſind auch an der Küſte von Alexandersland und auf Younge Inſel Feuerberge gefunden.

Auf der ganzen Erde ſind alſo bis jetzt mehre Tauſende auf die verſchiedenſten Länder und Zonen vertheilte Feuerberge aufgefunden, die groſen-

theils noch gegenwärtig thätig ſind. Die Zahl derſelben würde ſich noch bedeutend vermehren, wenn man die Baſalte hinzurechnete, welche ohne Zweifel durch Feuer gebildet ſind. Da jedoch Biſchof in der zweiten Aus- gabe ſeiner Geologie, wo er einſeitiger Neptuniſt geworden iſt, behauptet ſie ſeien durch Waſſer gebildet, ſo übergehe ich ſie hier, um nicht den obigen Beweis abzuſchwächen.

2. Die Hebungen und Senkungen der Erdschale.

In Europa ſind die Hebungen und Senkungen der Erdſchale am längſten in Schweden beobachtet, und zwar ſeit 1743. Die Linie von Sölvitsborg nach Helſingborg bezeichnet die Scheide beider. Das Land ſüdlich von dieſer Linie bis Yſtadt und Trälleborg ſenkt ſich. So liegt das alte Steinpflaſter von Trälleborg 1 m. tief, ein Torfmoor ⅓ m. tief unter dem Meere und der Staß- ſteen iſt in 67 Jahren ſeit Linné's Zeiten um 127 m. näher an das Meer ge- rückt. Dagegen heben ſich die Küſten nördlich von jener Linie. So hebt ſich die Küſte von Gothenburg bis Uddewalla und die von Stockholm bis Geße in 100 Jahren um ⅔—1 m., die Küſte des Bothniſchen Meerbuſens in 100 Jahren um 1—1⅓ m. Dieſem Umſtande iſt es denn auch zuzuſchreiben, daß Luleå in 28 Jahren ¼ Meile, Piteå in 45 Jahren 1/15 Meile ins Land gerückt iſt und frühere Hafenſtädte jetzt Binnenſtädte ſind. Zu Uddewalla findet man überdies Balanen jetzt noch lebender Arten, die nur im Meere haben leben können, an den Felſen in einer Höhe von 67 m. Über dem Meere, zu Hellefaaen ſogar dieſelben in einer Höhe von 140 m. über dem Meere. Im Thale bei Södertelje liegen die Schichten, welche Muſcheln jetzt in der Oſtſee lebender Arten führen, 20 m. über dem Meere. Man fand in denſelben Ueberreſte alter Kähne, Anker, eiſerne Nägel und beim Auswerfen des Gra- bens von Södertelje in 21 m. Tiefe mitten im Sande eine Holzhütte, und in der Mitte derſelben einen Steinheerd mit Kohlen und Bränden. Die Schich- ten, welche dieſe Hütte bedeckten, enthielten gleichfalls Muſcheln und be- wieſen, daß das Land mit der Hütte erſt unter das Meer geſunken und dann zu ſeiner jetzigen Höhe gehoben iſt. Ebenſo wird in Norwegen die Küſte gehoben, nördlich von Drontheim ſitzen blaue Mergelthone mit Muſcheln jetzt lebender Arten in 130—160 m., ſtellenweiſe ſelbſt 200 m. über dem Meere; in Spitzbergen findet man ſie 40 m. über dem Meere. Im nörd- lichen Rußland findet man dergleichen 36 Meilen von der Küſte in 50 m. Höhe, ſo beim Einfluße der Wage in die Dwina, an der Petſchora findet man ſie 45 Meilen von der Küſte. In Großbritannien findet an der Oſt- und Südküſte Senkung, an der Weſtküſte Hebung Statt. In Schottland findet man am Firth of Forth, in Yorkſhire am Humber untermeeriſche Wälder und Torfmoore, welche 5 bis 8 m. hoch mit Meeresmuſcheln führen- dem Thone bedeckt ſind, am Waſh ſind die Stämme und Stubben eines unter- meeriſchen Waldes bei niederem Waſſerſtande noch ſichtbar, und auf Corn- wall hat man bei Boßn-Bridge 4 m. unter dem Meeresſpiegel alte Töpfer- geſchirre und in 2 m. Tiefe römiſche Straßenbauten gefunden. Dagegen ſteigen im Weſten die Muſchellager jetzt lebender Arten in Nord-Devonſhire bis 40 m., und zwar erheben ſie ſich unmittelbar an der Küſte am Severn und den Küſten von Lancaſhire kaum merklich, ſteigen aber im Innern des Landes bis 200 m., ja am Moel-Tryfano in Caernarvonſhire und in Shropſhire bis 400 m., und ähnlich in Schottland, wo ſie bei Glasgow und bei Gamrie

bis 110 m. ansteigen. In Irland hat man die Muschellager 70 m. hoch
über dem Meere beobachtet. In Frankreich finden die Lande am Kanal.
Bei Beauport und Cancale findet man untermeerische Wälder mit Trümmern
von Gebäuden bis 20 m. unter dem jetzigen Hauptwasserstande, und zwar
sind diese Wälder im Anfange des 8. Jahrhunderts plötzlich versunken. Dagegen hebt sich die Westküste Frankreichs in der Vendée. So liegen unweit
La Rochelle die Ueberreste eines 1752 auf einer Austerbank gescheiterten
Schiffes gegenwärtig 5 m. über dem Meere mitten in einem angebauten Felde
von Bourgneuf, und hat die Gemeinde des Ortes in 25 Jahren 500 Hektare
Land gewonnen. Port Babaud, wo sonst die holländischen Schiffe ihre Salz-
ladungen nahmen, liegt jetzt 3000 m. vom Meere. Im südlichen Frankreich
liegt sogar eine Ablagerung jetzt noch im Meere lebender Muscheln mitten
in Frankreich unweit Autun im Dep. Saone et Loire bei Tournus 67 Meilen
vom Mittelmeere und 180 m. über dem Spiegel desselben. In Spanien
finden sich am Felsen von Gibraltar in den Höhen von 16, 23, 56, 88 und
200 m. Muschelablagerungen jetzt lebender Arten. Auf Sardinien finden sich
dergleichen in 50 m. Höhe, die Austern rippenweise geordnet fest auf dem Kalksteine, auf dem sie lebten, häufig mit Scherben eines groben, schlecht gebrannten Töpfergeschirrs gemengt. Auf Sicilien findet man bei Palermo Muschelablagerungen 60 bis 80 m. hoch, am Aetna 60 m., bei Cifall 100 m., bei
Nizzeti 200 m. und an der Catira selbst über 300 m. hoch. In Italien
zeigt der Serapistempel bei Puzzuoli unweit Neapel noch 3 aufrecht stehende
Marmorsäulen von 13 m. Höhe. Diese sind, nach der Römer Zeit (wahrscheinlich im Jahre 1198 bei dem letzten Ausbruche der Solfatara) bis 7 m.
unter das Meer gesunken, die unteren 4 m. von Schwemmschichten umhüllt,
welche Muscheln enthalten, die obern 3 m. aber von Bohrmuscheln vielfach
durchlöchert. Dann ist der Tempel wieder gehoben (wahrscheinlich 1538
bei der Bildung des Monte nuovo) und steht jetzt über dem Meere. Die
Küste sinkt jetzt aber wieder. Auch in Dalmatien ist die Küste jetzt
wieder im Sinken begriffen.

　Von den andern Erdtheilen fehlen noch genaue Beobachtungen über
die allmäligen Hebungen und Senkungen der Erdschale. Hier sind es nur
die plötzlichen Hebungen, bezüglich Senkungen, welche, in die Augen fallend,
zu genaueren Beobachtungen Veranlassung gegeben haben. Am wichtigsten
von allen die plötzliche Hebung, welche in der Nacht vom 18. zum 19. November 1822 plötzlich die Gegend um Valparaiso in Südamerika hob. Ungefähr 1000 Quadratmeilen wurden in dieser Nacht ½ Meter, Valparaiso selbst
1, Quintero 1½ Meter hoch gehoben, so dass Austern, Patellen und andere
dem Felsen aufsitzende Muscheln nebst zahllosen Fischen ins Trockne ge-
rathen waren.

　Beschränkt man jedoch den Blick nicht blos auf die letzten Zeiten
der Erde, zieht man die Bildungen der Sandsteine und Kalksteine mit in
den Kreis der Betrachtung, so ergeben sich für jeden Theil der Erde die
zahlreichsten Beweise wiederholter Hebungen und Senkungen, indem die über
einander lagernden Schichten bald Pflanzenwuchs ausserhalb des Meeres,
bald Meeresmuscheln, dann wieder Süsswasserbildungen u. s. w. nachweisen.
Weiterer Beweise für die wechselnden Hebungen und Senkungen bedarf es
also nicht.

3. Die Tiefe, bis zu welcher das Wasser in die Spalten der Erd-schale eindringt.

Bezeichnet e die Spannkraft des Wasserdunstes in Luftsäulen, t den Cent. Wärmegrad desselben, so ist nach der Dulong'schen Formel, welche für höhere Wärmegrade am besten gilt,

$$e = [1 + 0_{,00713} (t - 100)]^5.$$

Gegenwärtig nimmt die Wärme auf je 100 Meter Tiefe um 3° C. an, mithin ist die in 20000 Meter Tiefe 600° C., und ist bei dieser Wärme e = 2007 Luft-säulen oder = 20739 Meter Wasserdruck, d. h. der Wasserdunst trägt in 20000 Meter Tiefe den ganzen Druck der Wassersäule.

4. Die chemischen Eigenschaften der Himmelssteine oder Meteorsteine.

Aus dem Himmelsraume sind zu verschiedenen Zeiten Steine, die Meteorsteine oder Himmelssteine*) auf die Erde nieder-gefallen. Dieselben sind sorgfältig gesammelt und in neuester Zeit chemisch untersucht. Man unterscheidet nach ihrem Raumgewichte zwei Arten: das Meteoreisen oder Himmelseisen und das Meteor-silikat oder den Himmelsbasalt.

1. Das Himmelseisen oder Meteoreisen.

Das Himmelseisen hat ein Raumgewicht von 7,13 bis 7,9 im Mittel 7,51 und bildet zum Theile recht grose Massen. Die folgende Tafel zeigt uns die Zusammensetzung desselben, doch konnten in die Tafel nur diejenigen Angaben aufgenommen werden, bei wel-chen alle Stoffe geschieden sind.

---

*) Da die Meteorsteine mit den Meteoren oder den Erscheinungen im Luftmeere der Erde nichts zu thun haben, so ist der Name unpassend, überdies undeutsch. Das Eigenthümliche dieser Steine ist, dass sie aus dem Himmelsraume zur Erde kommen. Im Gegensatz zu den irdischen Steinen heissen sie daher passend Himmelssteine. Der Name ist genau und ganz unzweideutig. Das Meteoreisen heisst dann ebenso Himmelseisen. Das Meteorsilikat ist dem Basalte nahe gleich zusammengesetzt und wird daher passend Himmelsbasalt genannt. Dasselbe hat Adern von Eisen und daneben ein reines Silikat, welches ganz der Lava entspricht, und welches ich daher Himmelslava nenne.

Die Zusammensetzung der Himmelseisen.

	Fundort.	Quelle.	Land.	Fe.	Ni.	Co.	Cu.	Sn.	Mg.	P.	C.	Si.	Rück-stand.	Betrag.
1.	Arva	Bergemann: Pogg. Ann. 100, 256		81_{60}	7_{17}	0_{46}				0_{40}	3_{50}		8_{43}	100
2.	Atacama a.	Damour: Eisen von Juakal		92_{41}	7_{00}	0_{47}				0_{11}				99_{44}
3.	dgl. b.	Frapolli: Jahrb. Min. 1857, 764		88_{90}	10_{25}	0_{19}			0_{20}	0_{42}				99_{52}
4.	Bear Creek	Smith: Am. J. (2) 43, 341		81_{50}	14_{00}	0_{41}								100
5.	Bobumilitz	Berzelius: Pogg. Ann. 27, 118		93_{77}	3_{01}	0_{11}							2_{11}	100
6.	Burlington	Clark: Wien. Ak. Ber. 42		99_{02}	8_{00}	0_{40}							0_{10}	99_{95}
7.	Cambria	Rammelsberg: Monatsb. 1870, 443		88_{10}	10_{40}	0_{40}	0_{40}			0_{40}				99_{33}
8.	Capland	Baumhauer: Jahresb. 1867, 1050		82_{17}	14_{20}	2_{15}				0_{00}			0_{41}	99_{40}
9.	dgl.	Böcking: Ann. Ch. Ph. 96, 246		81_{50}	15_{10}	2_{00}				0_{05}			1_{11}	99_{30}
10.	Carthego	Boricky: Jahrb. Min. 1866, 608		90_{30}	7_{41}	0_{51}				0_{00}				100
11.	Coopertown	Smith: Am. J. (2) 31, 264		89_{50}	9_{11}	0_{22}				0_{40}		0_{41}		99_{10}
12.	Cosby Creek	Bergemann: Pogg. Ann. 100, 254		90_{00}	6_{33}	0_{41}				0_{00}			2_{10}	99_{41}
13.	Cumberland Mills	Smith: Am. J. (2) 19, 153		97_{11}	0_{15}	0_{00}				0_{11}	1_{15}	0_{10}		99_{00}
14.	Denton County	Riddell: Wien. Ak. Ber. 41		94_{02}	5_{13}									99_{01}
15.	Durango	Damour: Eisen von Juakal		93_{50}	5_{00}	0_{30}				0_{10}			0_{41}	99_{53}
16.	Elbogen	Berzelius: Pogg. Ann. 33, 135		88_{12}	8_{02}	0_{36}			0_{20}	0_{00}			2_{11}	100
17.	Franklin County	Smith: Am. J. (2) 49, 331		90_{54}	8_{35}	2_{40}				0_{00}				99_{31}
18.	Greenville	Clark: Ann. Ch. Ph. 82, 367		80_{41}	17_{11}	0_{7}				0_{41}			0_{11}	99_{12}
19.	Ilraschins	Webrle: Baaing. Zischr. 3, 222		85_{54}	8_{9}	0_{41}								99_{16}
20.	Knoxville	Smith: Am. J. (2) 19, 153		82_{40}	14_{42}	0_{40}	0_{30}			0_{10}				98_{14}
21.	Lagrange	Smith: Am. J. (2) 32, 264		91_{40}	7_{41}	0_{10}				0_{41}		0_{30}		99_{30}
22.	Lenard?	Clark: Ann. Ch. Ph. 82, 367		89_{40}	6_{00}	0_{11}	0_{11}							100
23.	Madison County	Smith: Am. J. (2) 32, 264		90_{30}	7_{12}	0_{11}				0_{40}			1_{11}	99_{41}
24.	Marshall County	Smith: Am. J. (2) 32, 264		90_{12}	8_{11}	0_{22}				0_{00}				99_{00}
25.	Nelton County	Smith: Am J. (2) 30, 240		93_{10}	8_{11}	0_{11}				0_{00}				99_{11}
26.	Niakornak	Forchhammer: Pogg Anz0.93,155		93_{02}	1_{01}	0_{10}	0_{41}			0_{10}	1_{10}	0_{00}		98_{00}
27.	Oaxuca, Mintes	Bergemann: Pogg. Ann. 100, 248		87_{32}	10_{11}	0_{11}	0_{33}			0_{01}			1_{00}	100

Land.:
- 4. Denver, Colorado
- 5. (Darlington)
- 6. (Oticgo Co., Newyork
- 7. (Lockport, Newyork
- 10. Tennessee
- 11. Robertson Co., Tennessee
- 12. Corke Co., Tennessee
- 13. Campbell Co., Tennessee
- 14. Texas
- 15. S. Francisco del Mezquital
- 16. Kentucky
- 17. Green Co., Tennessee
- 18. Agram
- 19. Tazewell Co., Tennessee
- 20. Oldham Co., Kentucky
- 23. N. Carolina
- 24. Kentucky
- 25. Kentucky
- 26. Grönland

No.	Ort	Autor	Fe	Ni	Co								Summe	Bemerkung
28.	Rangeia	Wöhler: Ann. Ch. Ph. 82, 243	92,49	6,33					0,24			100,41	(Rangeia)
29.	Russel Gulch	Smith: Am. J. (2) 32, 264	90,98	7,63								99,90	Bogota, Colorado
30.	Santa Rosa	Wichelhaus: Pogg. Ann. 118, 634	95,53	2,33			0,24					98,44	Tocavita
31.	dgl.	Smith: Am. J. (2) 19 und 47	92,13	6,63					0,10			100,05	seit 1857 gefallen fein
32.	Schweiz	Rammelsberg: Pogg. Ann. 84, 153	83,16	5,07			1,00		0,15			100,55	
33.	Tabarz	Eberhard: Ann Ch. Ph. 96, 286	92,54	5,09			0,74		1,31			99,60	Chile
34.	Tempeca	Darlington: Phil. Mag. (4) 10, 12	93,81	4,40			0,99		4,10			93,72	
35.	Toluca	Tricocches: Ann. Ch. Ph. 90, 249	90,48	5,09			0,94		0,38			100,44	
36.	dgl.	Taylor: Am. J. (?) 22, 374	90,57	8,19			0,11		0,69			99,49	
37.	dgl.	Pugh: Ann. Ch. Ph. 98, 363	89,13	7,43			0,23		0,53	0,36		99,43	
38.	dgl.		87,49	9,90			1,95					99,13	
39.	(Jotiabuacan)	Böcking: Jahrb. Min. 1856, 257	90,49	7,43	0,11		1,44				0,09	100	
40.	(Ocotitlan)	Bergemann: Pogg. Aun 100, 244	85,49	8,13	0,82	3,86	0,56				0,30	99,02	
41.	(Tejupilco)	Böcking: Jahrb. Min. 1856, 257	88,53	10,40	0,43		5,49					100	Washington Co., Wisconsin
42.	dgl.		87,49	2,90	0,40		2,49		0,11	0,45		100	Sonora
43.	Trenton	Smith: Am. J. (2) 47, 271	91,49	7,95	0,55		0,19		0,41			99,31	Netschaewo
44.	Tucson	Genth: Am. J. (2) 20, 119	89,1	8,1	1,54				0,13			99,01	
45.	Tula	Auerbach: Pogg. Ann. 118, 363	96,1	2,0			2,0					100	
46.	Zacatecas	Müller: J. Chem. Soc. 11, 206	90,91	5,49	0,48		0,41		0,10		2,46	1,030	
47.		Bergemann: Pogg. Ann. 100, 255	85,41	9,21	0,08						2,33	97,41	
	Mittel von No. 1—47		89,40	7,70	0,39	0,40			7,40		0,40	98,90	

32   Erdgeschichte.   4.

Das Himmelseifen enthält alfo in Hundert Theilen nahe 90 Theile Eifen, nahe 8 Theile Nickel, $0{,}_{55}$ Kobalt, $0{,}_{11}$ Kohle, $0{,}_{12}$ Phosphor, $0{,}_{55}$ Kupfer, $0{,}_{5}$ Zinn und $0{,}_{50}$ Talk (Magneflum). Von diefen find Eifen und Nickel die Hauptbeslandtheile und kommen auf 1 Korb (Atom) Nickel 7 bis 25, im Mittel 9 bis 10 Korb Eifen. Dies Himmelseifen hat in den Steinslernen wegen feines grosen Raumgewichtes unzweifelbaft den Kern, die liefsten Schichten des Sternes gebildet. Der leichtere Himmelsbafalt mit einem Raumgewichte von $2{,}_{7}$ bis $3{,}_{4}$ hat offenbar auf diefem Eifenmeere geschwommen. Als der Himmelsbafalt dann erstarrte, musste er, wie jeder erstarrende Körper, fich zufammenziehen und Hohlräume, felbst Spalten erhalten, wie man fie deutlich am Monde beobachten kann, und musste das Eifen in diefe Spalten eindringen und Adern im Himmelsbafalte bilden, wie wir dies fogleich fehen werden.

2. Der Himmelsbafalt oder das Meteorfilikat.

Der Himmelsbafalt lagert mit einem Raumgewichte von $2{,}_{7}$ bis $3{,}_{4}$ auf dem Himmelseifen. Er besteht aus zwei Theilen, dem Himmelseifen und der Himmelslava. Das Himmelseifen bildet zunächst die Grundmasse (fo bei der Pallasmasse), in welche die spatige oder krystallinische Lava porphyrartig eingewachfen ist: der Himmelsporphyr. Bald aber, und zwar in den weit überwiegenden Fällen, bildet die Lava die Grundmasse, das Eifen erscheint nur in Adern bis feinen Blättchen: der Himmelsbafalt. Die folgenden Tafeln zeigen uns die Zufammenfetzung diefes Himmelsbafaltes.

Die Zusammensetzung des Himmelsteine.

	Fundort.	Quelle.	Himmels-eisen.	Schwefel-eisen.	Chrom-eisen.	Graphit.	Lava.	Land.
1.	Alexandria	Miemgbi: Pogg. Ann. 118, 361	20,45	10,45	1,45		67,03	
2.	Bachmut	Wöhler: Wien. Ak. Ber. 48	11,0	2,57	2,57		81,0	
3.	Blanko	Berzelius: Pogg. Ann. 33, 8	20,41	0,53	0,52		76,07	
4.	Borkut	Nerifimy: Wien. Ak. Ber. 20, 398	21,07	2,57	0,11	0,13	73,11	
5.	Bremervörde	Wöhler: Pogg. Ann. 98, 609	23,11				76,11	
6.	Buschhof	Grewingk u. Schmidt: Meteoritenfälle[1]	5,0	5,0	0,52		87,50	
7.	Cafelo	Bertolini: Pogg. Ann. 126, 594	23,11	1,07	0,52		73,11	
8.	Chantonnay	Berzelius: Pogg. Ann. 126, 594						
	dgl. b.	Rammelsberg: Chemische Natur[2]	7,50	5,53	0,51		82,07	
9.	Chateau Renard d. b.	Dufrénoy: Pogg. Ann. 53, 411	6,13	0,53			86,53	
10.	Daca	Hein: Wien. Ak. Ber. 54, 656	10,43	2,41	2,41		87,50	
11.	Danville	Smith: Am. J. (2) 49, 1	3,1	5,53	4,11	0,51	98,1	Alabama
12.	Dhurmsala	Haughton: Pogg. Ann. 136, 447	8,11	4,53	1,53		81,41	
13.	Dundrum	dgl. 136, 456	20,45	5,51	0,1		73,53	Irland
14.	Enßheim	Crook: On the chem. constit.[3]	8,0	5,53	1,1		84,0	
15.	Girgenti	vom Rath: Pogg. Ann. 138, 541	8,1				85,11	
16.	Guernsey Co.	Smith: Am J. (2) 30, 31						
	dgl. a.	Madelung: Dissertation, Göttingen 1862	6,11	5,11	2,53		92,54	Ohio
17.	Harrison Co. b	Smith: Am. J. (2) 28, 409	5				95	New Concord
18.	Honolulu	Kuhlberg: Pogg. Ann. 135, 445	4,11	5,41	1,53		86,11	Indiana
19.	Kakova	Harris: Ann. Ch. Ph. 110, 121	1,0	0,07	0,41		98,40	
20.	Klein Wenden	Rammelsberg: Pogg. Ann. 62, 449	22,53	5,51	1,53		70,11	
21.	Krähenberg	vom Rath: Pogg. Ann 137, 328	3,0	5,51			89,40	
22.	Lion County	Rammelsberg: Monatsb. 1870, 457	10,53	8,57	0,52		83,50	Iowa
23.	Lixna	Kuhlberg: Pogg. Ann. 135, 444	15,53	6,11			77,11	Dünaburg
24.	Mauerkirchen	Crook: On the chem. constit.[4]	3,11	1,53	0,11		92,40	
25.	St. Mesnin	Pisani: Compt. rend. 62, 1326	4,53	3,51	2,11		89,40	Dpt. Aube
26.	Mezö Madaras	Wöhler: Ann. Ch. Ph. 96, 251	19,1			0,53	80,11	

3

No.	Fundort		Quelle	Unlösliche-silicate alten	Schwefel-eisen alten	Chrom-eisen	Graphit	Lava	Land
28.	Montefiascon	a.	Damour: Compt. rend. 49, 31	11,46	—	0,4	—	87,9	Ansseo, H. Garonne
30.	dgl.	b.	Harris: Ann. Ch. Ph. 110, 181	8,30	4,21	1,12	—	84,82	
31.	Muddoor		Crook: On the chem. consti. [3]	7,46	4,12	0,52	—	85,16	
32.	Murcia		Meunier: Compt. rend. 66, 639	15,10	20,21	0,29	—	63,42	gefallen 24./12. 1858
33.	Nashville		Baumhauer: Pogg. Ann. 66, 498	11,13	4,17	1,77	—	81,10	Sumner Co., Tennessee
34.	Nerft		Kohlberg: Pogg. Ann. 136, 444	6,36	5,91	0,42	—	85,48	
35.	Oesel		Goebel: Pogg. Ann. 99, 642	14,03	5,46	7,16	—	78,04	
36.	Othaba		Bukelien: Wien. Ak. Ber. 31	23,01	13,44	0,44	—	63,11	
37.	Ornans		Pisani: Compt. rend. 1868	1,45	6,94	—	—	90,08	
38.	Parnallee		Pfaffer: Wien. Ak. Ber. 47	6,43	7,46	0,71	—	85,10	
39.	Pillistfer		Grewingk u. Schmidt: Meteoritenfälle [1]	21,47	9,31	—	—	68,12	
40.	Pultusk		vom Rath: Festschr. d. niederrh. Gef. [4]	10,45	3,21	1,48	—	86,08	
41.	dgl.	a.	Werther: J. f. pr. Chem. 105, 1	21,46	4,44	1,30	—	72,44	
42.	dgl.	b.	Rammelsberg: Monatsb. 1870, 418	21,17	2,17	—	—	74,17	
43.	Richmond	c.	dgl. 1870, 453	8,93	3,01	—	—	87,01	Virginien
44.	Saegate		Meunier: Compt. rend. 85, 639	—	—	0,36	—	90,44	St. Etienne, Bas. Pyren., gef. 7./9. [1868]
45.	Seres		Kerxellon: Pogg. Ann. 16, 611	—	—	—	—	—	Macedonien
46.	Shergotty		Crook: On the chem. consti. [3]	6,12	1,22	0,30	—	87,90	
47.	Skye		Ditten: J. f. pr. Chem. 64, 121	10,25	2,44	—	—	86,03	Norwegen
48.	Staurepol		Abich: Bullet. Petersb. 2, 439	8,32	8,44	0,50	—	81,43	
49.	Tadjera		Meunier: Compt. rend. 68, 639	4,01	6,16	0,11	—	84,10	Bes. Setif, Algerien, gef. 9./8. 1867
50.	Toornane-la-Grosse		Pisani: Compt. rend. 58, 169	1,17	0,12	0,16	—	96,11	Belgien
51.	Uden		Banmhauer: Pogg. Ann. 116, 184	9,04	6,10	0,12	—	85,13	Niederlande
52.	Utrecht		dgl. 66, 465						
			Mittel von No. 1—52	11,30	4,43	0,11	0,01	83,07	

¹) Meteoritenfälle von Pillistfer, Buschhof und Jamst. Dorpat 1864. — ²) Chemische Natur der Meteoriten. Berlin 1870, 148. — ³) On the chem. consti. of met. stones. Göttingen. — ⁴) Festschrift der niederrh. Gef. z. Jubil. d. Univ. Bonn.

Das Schwefeleisen ist hier FeS, das Chromeisen FeCr²O⁴, das Himmelseifen in den Adern zeigt nahe dieselbe Zusammensetzung wie das im Eisenmeere, wie dies die folgende Tafel zeigt.

Die Zusammensetzung des Himmeleeifens in den Adern

Fundort.	Fe.	Ni.	Co.	Cu	Sn.	Mg.	P.	C.	Si.	Rückstand.
a. Pallasmasse[1]	78,13	10,73	0,68	0,07	—	0,08	—	0,08	—	0,41
b. Rittersgrün[2]	87,03	9,48	0,52	—	—	—	1,37	—	—	—
2. Bachmut	90,00	9,09	0,94	—	—	—	0,07	—	—	—
17. Guernsey County	86,94	12,6	0,85	—	—	—	0,01	—	—	—
19. Harrison County	86,79	13,14	0,34	0,23	—	—	0,03	—	—	—
21. Kakova	82,73	14,11	1,06	0,16	—	—	0,13	—	—	—
28. Mező Madaras	97,33	7,10	0,73	—	—	—	—	—	—	—
30. Montréjean	b.	86,16	12,41	0,16	0,13	—	—	—	—	—	—
33. Nashville	85,0	13,8	1,1	—	0,47	—	—	—	—	—
Mittel	87,139	11,84	0,49	0,04	0,66	0,07	0,17	0,01	—	0,40

Wir ergänzen diese Tafel durch eine zweite, wo Nickel und Kobalt nicht gesondert sind, und trennen beide im Verhältnisse der obigen Tafel von 11,84 zu 0,49, dann ergiebt sich die folgende Tafel.

Die Zusammensetzung des Himmeleeifens in den Adern

	Fundort.	Fe.	Ni. u. Co.	Cu.	Sn.	Mg.	P.	C.	Si.	Rückstand.
5	Bremervörde	91,86	8,04	—	—	—	—	—	—	—
6.	Buschhof	73,76	26,57	—	—	—	0,49	—	—	—
10	Chateau-Renard	86,82	13,16	—	—	—	—	—	—	—
11	Dacca	84,18	14,49	0,04	0,47	—	—	—	—	—
13	Dhurmsala	81,71	18,79	—	—	—	—	—	—	—
14.	Dundrum	95,4	4,6	—	—	—	—	—	—	—
15.	Ensisheim	78,11	12,0	—	—	—	—	—	10,0[*]
16.	Girgenti	87,3	12,7	—	—	—	—	—	—	—
20.	Honolulu	62,4	37,0	—	—	—	0,13	—	—	—
22.	Klein Wenden	89,40	10,11	0,21	0,22	—	0,11	—	—	—
23.	Krähenberg	84,1	15,3	—	—	—	—	—	—	—
25.	Lixna	88,08	11,13	—	—	—	0,9	—	—	—
27.	St. Mesmin	87,3	12,7	—	—	—	—	—	—	—
29.	Montréjean	a.	89,83	10,17	—	—	—	—	—	—	—
31.	Muddoor	87,13	12,18	—	—	—	—	—	—	—
32.	Murcia	90,93	0,07	—	—	—	—	—	—	—
34.	Nerft	78,03	20,97	—	—	—	0,04	—	—	—
35.	Oesel	82,48	16,33	—	—	—	1,17	—	—	—
36.	Ohaba	92,74	7,24	—	—	—	—	—	—	—
38	Parnallee	84,01	15,04	—	—	—	0,96	—	—	—
39.	Pillistfer	91,77	8,47	—	—	—	—	—	—	—
	Mittel	85,04	14,33	—	—	—	—	—	—	0,43
	Mittel aus allen 30 Fällen	82,33	12,83	0,04	0,04	0,05	0,00	0,17	0,00	—	0,33

---

[1] Berzelius: Pogg. Ann. 33, 128. — [2] Rube: Berg- u. Hütten-Ztg. 1862, 72.
[*] Der Rückstand soll Phosphor sein.

Die Zusammensetzung des Himmelseisens ist also in den Gängen nahe dieselbe wie im Eisenmeere. Es bleibt endlich noch die Zusammensetzung der Himmelslava festzustellen; dafür dient uns die folgende Tafel.

Die Zusammensetzung der Himmelslava oder des Chondrits.

	Fundort.	SiO_2	Al_2O_3	FeO.	MgO.	CaO.	Na_2O.	K_2O.	Summe.
1.	Alessandria	59,43	13,78	8,78	17,41	5,29	—	—	
2.	Bachmut	46,10	3,56	18,46	29,48	1,78	0,53	0,97	
3.	Blansko	48,95	2,94	11,54	32,46	1,73	0,88	0,91	
4.	Borkut	46,54	3,51	15,44	26,94	2,54	2,51	0,91	
5.	Bremervörde	59,78	3,99	6,78	29,46	—	1,94	0,91	
6.	Buschhof	40,46	2,41	23,43	30,41	0,91	0,50	0,91	
10.	Chateau Renard	42,66	4,24	32,45	19,72	0,20	0,46	0,91	
11.	Dacca	37,90	8,04	26,90	27,41	1,54	2,47	1,16	
12	Danville	48,71	1,88	21,47	24,44	2,47	0,91	0,29	
13.	Dhurmsala	50,27	0,76	15,18	32,10	—	0,44	0,39	
14.	Dundrum	51,46	1,19	11,45	30,54	2,90	0,90	0,47	
15.	Enfield etc	42,51	1,74	36,44	15,43	1,98	0,55	0,29	
16.	Girgenti	46,91	2,98	19,72	28,98	1,98	1,91		
18.	Guernsey Co. b.	43,40	2,44	26,79	25,47	2,71	—	—	
19.	Harrifon County	47,96	2,98	26,00	27,41	0,91	0,12	0,43	
20.	Honolulu	46,44	2,14	22,34	28,44	—	1,92		
21.	Kakova	41,94	2,43	24,40	27,94	1,41	1,72	0,98	
22.	Klein Wenden	46,15	5,125	11,31	32,14	3,40	0,41	0,43	
23.	Krähenberg	48,97	0,87	22,44	27,118	2,44	1,43		
24.	Linn County	45,44	2,40	17,47	31,44	1,41	0,46	—	
25.	Lixna	46,17	3,21	16,90	32,17	—	0,41	—	
26.	Mauerkirchen	44,41	1,44	24,13	26,40	2,18	0,43	0,45	
28.	Mezö Madaras	54,43	3,97	6,14	29,71	2,44	2,41	0,49	
29.	Montréjean a.	47,42	2,47	20,47	27,30	0,46	0,46	0,44	
30.	dgl. b.	44,91	2,41	20,44	29,71	—	1,41	0,49	
31.	Muddoor	41,76	2,90	20,97	32,49	0,44	0,32	0,41	
32.	Murcia	46,14	0,90	8,94	44,10	0,44	0,45	—	
33.	Nashville	47,44	6,11	17,99	27,39	0,44	0,10	0,91	
34.	Nerft	46,47	4,10	18,44	29,19	0,46	0,14	0,40	
36	Oefel	49,44	2,41	14,19	29,35	2,44	1,90	1,44	
38	Parnallee	46,44	2,74	19,97	27,11	0,71	1,44	0,44	
39.	Pillistfer	58,44	3,44	3,40	34,74	0,410	0,40	0,44	
40.	Pultusk a.	46,44	1,71	16,11	31,44	0,43	1,44	—	
42.	dgl. c.	45,44	2,41	20,90	30,44	1,47	—	—	
43.	Richmond	46,15	2,43	15,43	32,41	3,44	—	—	
44.	Sanguis	50,33	—	4,43	44,40	0,44	—	0,40	
45.	Seres	39,44	2,70	22,47	26,44	1,44	1,41	0,44	
46.	Shergotty	41,43	2,94	21,90	30,118	0,14	0,43	0,44	
47.	Skye	46,44	2,41	21,72	26,43	2,41	—	—	
48.	Staaropol	43,17	5,114	14,43	31,47	2,43	1,113	0,74	
49.	Tadjera	47,44	1,41	16,47	30,43	3,44	—	—	
51.	Uden	46,11	4,41	24,44	21,44	2,44	0,44	0,41	
52.	Utrecht	46,44	2,44	18,41	26,41	1,113	1,44	0,47	
	Mittel	46,41	2,44	18,47	29,41	1,44	0,41	0,44	99,44
	O.-Mittel	25,97	1,44	4,94	11,41	0,44	0,92	0,44	42,11
	Körbe-Mittel	12,41	0,44	4,44	11,44	0,44	0,42	0,44	29,44

Die Himmelslava bildet eine grüne bis schwarze, körnige Masse und besteht aus Angitarten, in denen aber der Kalk zurücktritt oder meist ganz fehlt, wie im Broncit, aus Olivin, neben denen auch Anorthit mit Thonerde vorkommt. Die Zusammensetzung dieser Stoffe ist folgende:

1. Augitarten: Augit (Fe, Mg, Ca) Si O³,
   Diopsid (Mg, Ca) Si O³,
   Broncit (Fe, Mg) Si O³, wo 1 Korb Fe auf 1 bis
   11 Mg,
   Enstatit Mg Si O³,
2. Olivin: (Mg, Fe)³ Si O⁴, wo 1 Korb Fe auf 1 bis 8 Mg,
3. Anorthit: (Ca, Al²) Si O⁶, wo 1 Korb Al auf 1 bis 18 Ca*).

3. Die Himmelssteine vor dem Falle.

Die Himmelssteine erscheinen zuerst als Feuerkugeln, welche erst dann sichtbar werden, wenn sie in das Luftmeer der Erde gelangen. Man beobachtet dieselben in 1 bis 30 Meilen Höhe, wo sie oft als feurige Kugeln von 160 bis 800 Metern Durchmesser erscheinen. Gelangen sie in die tiefern Schichten unsers Luftmeeres, so zerspringen sie bisweilen unter furchtbarem Krachen und schleudern erhitzte Bruchstücke bis zur Grösse von 2½ Meter Länge auf die Erde herab. Diese Bruchstücke haben von jeher als Himmelssteine oder Meteorsteine die Aufmerksamkeit der Menschen auf sich gelenkt; sie zeichnen sich aus durch ihre eckige, bruchartige Gestalt, durch ihr inneres spaltiges (krystallenes) Gefüge und häufig durch eine äussere, einige Zehntel Millimeter starke Rinde von pech- oder glasartiger, glänzender Beschaffenheit.

Diese Steinsterne gelangen aus dem Weltenraume zur Erde Jedenfalls sind sie nicht ein Erzeugnis der Erdluft. Denn da sie in wenigen Sekunden das ganze Luftmeer der Erde durchfliegen, so können sie nicht innerhalb desselben gebildet sein, indem zur chemischen Vereinigung und Schmelzung, wie zur demnächst folgenden Abkühlung und Spaltbildung Monate erforderlich sind.

Diese Steinsterne müssen ferner bei ihrer geringen Grösse längst die Wärme des Weltraumes, d. h. eine Wärme von — 60° C. angenommen haben. Mit dieser Kälte treten sie in das Luftmeer der Erde ein, erfahren aber hier sofort eine bedeutende Erhitzung.

---

*) Beachten wir, dass in dem Himmelseisen der Anorthit und der Augit ebensoviel Korb Basen als Säure hat, dass aber der Olivin doppelt soviel Korb Basen als Säure hat, so ergiebt sich für die Himmelslava folgende Zusammensetzung: Es kommen auf 4,₅₁ Korb Olivin, 0,₄₄ Korb Anorthit und 7,₄₇ Korb Augit.

Die Feuerkugeln treten nämlich in das Luftmeer ein mit einer Geschwindigkeit von $3\frac{1}{2}$ bis $23\frac{3}{4}$ Meilen oder von 26000 bis 176000 Metern in der Sekunde. In dem Luftmeere der Erde finden fie nun einen bedeutenden Widerstand, indem die Luft nicht fo schnell ausweichen kann und daher vor der Feuerkugel zufammengepresst wird. Die Bewegung der Feuerkugel wird dadurch langfamer, da aber Bewegung nicht verloren gehen kann, fo verwandelt fich die verlorene Bewegung in Wärme. Gehe alfo von der Bewegung die Hälfte verloren, fo würden die Steine dadurch auf 46948° C. bis 1'854900° C. erwärmt werden können). Da diefe Wärme aber nur an der Oberfläche der Steine dort, wo die Pressung stattfindet, entstehen kann, und die Lava felbst ein fehr fchlechter Wärmeleiter ist, fo wird das Innere des Steines wenig erwärmt werden, die Oberfläche und die umgebende Luft dagegen werden glühend heis.

Die Folge diefer Erhitzung ist, dass die Feuerkugel in der Erdluft als eine leuchtende, glühende Feuerkugel von 160 bis 600 Meter Durchmesser erscheint, obwohl (nach den Bruchstücken zu urtheilen) ihr wirklicher Durchmesser nur etwa 10 Meter messen dürfte. Die zweite Folge ist, dass die Bruchstücke felbst fich deshalb fofort nach dem Falle erhitzt anfühlen. Die pechartige, glasähnliche Haut der Oberfläche von einigen Zehntel Millimeter Dicke beweist überdies im Gegenfatze zum inneren spatigen Gefüge, dass der Stein durch die äuserliche Erhitzung oberflächlich geschmolzen und dann schnell wiederum erkaltet ist. Diefe oberflächliche Erhitzung erzeugt überdies in den obersten, aus schlecht leitender Lava bestehenden Schichten eine fo plötzliche Ausdehnung und Erhitzung, während die tiefer liegenden Schichten in eifiger Kälte verharren, dass durch diefe ungleiche Ausdehnung die Feuerkugel nothwendig zerspringen muss. Die Feuerkugel zerspringt alfo unter furchtbarem Krachen; einzelne Bruchstücke werden auf die Erde geschleudert, während andre in den weiten Weltraum zurückgeworfen werden. Wenn die Feuerkugeln kurz vor dem Platzen bisweilen in dunkler Wolke erscheinen, fo kann dies bei der heftigen Bewegung der Luft in den mit Wasserdunst gefättigten untern Schichten unfers Luftmeeres kein Erstaunen erregen.

Die Himmelssteine, welche zur Erde fallen, find demnach nur

) Die Wärme oder die Arbeit einer Bewegung ist gleich dem Quader der Schnelligkeit, getheilt durch die Arbeit der Wärmeeinheit, d. h. durch $(91_{grau})^2$ Meter. Die Wärme, welche der obigen Bewegung entspricht, ist demnach $(26000)^2 : (91_{376,1})^2$, bezüglich $(176000)^2 : (91_{376,1})^2$.

Bruchstücke der Feuerkugeln. Um diese selbst wieder herzustellen, muss man diese Bruchstücke in der Weise zusammenfetzen, dass die Steine vom grösten Raumgewichte, d. h. das Himmeleeifen, den Kern, der Himmelsporphyr die mittlern Schichten, die Himmelslava die oberflächlichen Schichten bilden. Das Ganze stellt dann eine Kugel oder einen Stern dar von etwa 10 Meter Durchmesser und zeigt uns einen Stern im Kleinen.

' Die Thatsachen der Nummer find auf die besten Unterfuchungen gegründet, schlechthin ficher und allgemein anerkannt. Die Auffassung über das Zerspringen der Steinsterne ist neu und wenn auch, wie mir es scheint, ficher, fo doch noch nicht allgemein anerkannt.

5. Die chemischen Eigenschaften der Erdschichten.

Die Erde zeigt nun mit den Himmelssteinen eine auffallende Uebereinstimmung im Baue der innern Schichten, soweit fie dem Feuermeere der Erde angehören. Wie bei den Himmelssteinen muss man auch hier das den Kern bildende Erzmeer von dem Lavameere unterscheiden, welches auf dem Erzkerne' schwimmt.

1. Das Erzmeer der Erde.

Wie wir schon oben fahen, ist das Raumgewicht der Erde $5_{,81}$, das der Erdlava aber $2_{,8}$ bis 3, im Mittel $2_{,91}$; das der Erdschale, welche auf der Erdlava schwimmt, ist jedenfalls nicht gröser als das der Erdlava. Die Erdlava und die Erdschale haben mithin ein viel geringeres Raumgewicht als die Erde im Ganzen, der Kern der Erde, auf dem die Lava schwimmt, muss demnach ein gröseres Raumgewicht als die Erde im Ganzen, d. h. gröser als $5_{,81}$ haben. Von allen Stoffen der Erde haben im Ganzen aber nur die gediegenen Erze ein gröseres Raumgewicht als $5_{,81}$*). Hieraus folgt:

---

*) Anm. Ueberficht der Stoffe, welche ein gröseres Raumgewicht haben als $5_{,81}$.

Antimon $6_{,615}$—$6_{,712}$.	Himmeleeifen $7_{,15}$—$7_{,9}$.
Arfenik $5_{,70}$—$5_{,96}$.	Gold gediegen $14_{,491}$—$18_{,000}$.
Arfenikkies $6_{,121}$—$7_{,179}$.	Gold gegossen $19_{,324}$—$19_{,663}$.
Blei $11_{,300}$—$11_{,415}$.	Iridium $15_{,449}$—$18_{,567}$.
Bleiglätte $8_{,731}$—$9_{,5}$.	Kadmium $8_{,604}$.
Bleiglanz $7_{,940}$—$7_{,544}$.	Kobalt $8_{,11}$.
Bleispath $6_{,445}$.	Kobaltglanz $6_{,700}$.
Bleivitriol $6_{,200}$—$6_{,10}$.	Kupfer gediegen $8_{,641}$.
Calomel $7_{,14}$—$7_{,19}$.	Kupfer gegossen $8_{,607}$—$8_{,727}$.
Chrom $5_{,900}$.	Kupferglanz $5_{,922}$—$5_{,782}$.
Eifen gegossen $7_{,19}$—$7_{,15}$.	Kupferoxyd $6_{,407}$—$6_{,40}$.

Den Kern der Erde bildet ein Meer feurigen Erzes
von einem Raumgewichte, das über $5_{\text{..}}$ beträgt.
Auf der Erde giebt es aber nur ein Erz, das allgemeine Verbreitung findet, das ist das Eisen. Die Erden der obersten Schichten,
die geschichteten Steine, Sandsteine wie Kalksteine, die Urgesteine,
der Gneis und Porphyr, die aus den Feuerbergen ausgeworfene Lava,
sie alle enthalten Eisen in nicht unbedeutender Menge und verdanken
diesem Eisen sämmtlich ihre Färbung. In der Lava der Erde und
im Basalte der Erde ist das Eisen sogar noch reichlicher vorhanden als in der Himmelslava. Da nun auch bei den Himmelssteinen
das Eisen den Kern der Sterne bildet, so kann man mit ziemlicher
Sicherheit schliessen, dass auch auf der Erde das Erzmeer überwiegend aus geschmolzenem Eisen bestehen wird.

Nehmen wir demnach als überaus wahrscheinlich an, dass das
Erzmeer der Erde aus Eisen vom Raumgewichte $7_{,1}$ bis $7_{,9}$, im
Mittel also $7_{\text{..}}$ bestehe, so kann man die Gröse des Eisenmeeres
berechnen, und ergiebt sich, dass das Eisenmeer einen Halbmesser
von $727_{\text{..}12}$ d. M. oder 5'394460 Meter oder $84_{\text{..}12}$ Hundertel des
ganzen Erdhalbmessers hat, und dass das Erzmeer $60_{\text{..}\text{...}}$ Hundertel des Raumes, $80_{\text{..}\text{...}}$ Hundertel des Gewichtes der ganzen
Erde ausmacht*).

Kupferoxydul $6_{\text{..}}$.	Silberglanz $6_{,9}{-}7_{,3}$.
Mangan $8_{\text{..}}$.	Silberoxyd $7_{,143}{-}7_{,25}$.
Mennig $9_{,014}{-}8_{,19}$.	Speiskobalt $8_{\text{..}}$.
Molybdän $8_{\text{..}}$.	Tantalit $6_{,\text{..}1}{-}7_{,\text{...}}$.
Nickel $8_{,371}$.	Tellur $6_{,313}{-}6_{,234}$.
Osmium $10_{\text{...}}$.	Thorerde $9_{,\text{...}}$.
Palladium $11_{,\text{..}}{-}11_{,\text{..}}$.	Tungstein $8_{,0}{-}8_{,\text{...}}$.
Phosphoreisen $6_{,7\text{..}}$.	Uran $9_{,\text{...}}$.
Phosphorkupfer $7_{,22}$.	Wismuth gediegen $9_{,\text{..}11}{-}9_{,7771}$.
Platinerz $16{-}18_{,\text{...}}$.	Wismuth gegossen $8_{,\text{..}2}{-}9_{,\text{..}0}$.
Platin geschmolzen $20_{,\text{...}}$.	Wolfram $6_{,0}{-}7_{,\text{..}}$.
Quecksilber gefroren $14_{,\text{...}}$.	Wolframmetall $17_{,22}{-}17_{,\text{..}}$.
Quecksilberoxyd $11_{,\text{...}}{-}11_{,\text{...}}$.	Woots $7_{,\text{...}}$.
Quecksilberoxydul $11_{,\text{..}}$.	Zink $6_{,\text{..}1}{-}7_{,\text{..}1}$.
Rhodium $11_{\text{..}}$.	Zinn $7_{,\text{...}}$.
Schrifttellur $5_{,723}{-}5_{,\text{..}}$.	Zinnstein $6_{,\text{..}}{-}8_{,\text{..}}$.
Selenblei $7_{,\text{...}}$.	Zinnober $8_{,\text{..}1}{-}8_{,\text{...}}$.
Silber $10_{,\text{...}}$.	

*) Berechnung der Gröse des Erzmeeres

Sei V der Raum, E das Raumgewicht, R der Halbmesser, G das Gewicht der ganzen Erde, sei v der Raum, e das Raumgewicht, r der Halbmesser, g das Gewicht des Erzmeeres, sei endlich v_1 der Raum, e_1 das Raumgewicht des Lavenmeeres und der Schale, so ist $v_1 = V - v,$

2. Das Lavameer der Erde.

Ueber dem Erzmeere der Erde wogt nun ein Lavameer*), auf welchem die Schale der Erde schwimmt. Die Schale taucht in diefes Meer fo tief ein, dass fie von dem Lavameere getragen werden kann, gerade wie ein Flos oder ein Schiff, das auf dem Waller schwimmt. Die flüssige Lava steigt in den Spalten der Erdschale bis dahin auf, wo eigentlich die Oberfläche des Lavameeres fein müsste, aber bei dem Auffteigen kühlt fie nun ab und erstarrt, nur in den breiteren Adern erhält fie fich flüssig und wird hier in den Schloten der Feuerberge fichtbar.

Die Erdlava ist zum Theile aus diefen Feuerbergen ausgeflossen, wenn zu Zeiten Wasserstrahlen zur Erdlava gedrungen find. Durch die Hitze find diefe Strahlen dann in Wasserdampf verwandelt, die Lava ist gehoben, Schlacken, Asche und ähnliche leichtere Stoffe find nebst reichlichem Wasserdampfe ausgeworfen. Die ausgeflossene Lava, welche wir zur Unterscheidung von der Lava des Lavameeres Kraterlava nennen wollen, kann man dann chemisch unterfuchen, die folgende Tafel zeigt uns das Ergebnis der Unterfuchung.

$$VE = ve + v_1 e_1 = ve + (V - v) e_1 = v (e - e_1) + V e_1,$$

mithin $V (E - e_1) = v (e - e_1)$ und $v = V \dfrac{E - e_1}{e - e_1}$. Ferner aber ist $V : v = R^3 : r^3$

oder $r^3 = \dfrac{vR^3}{V} = R^3 \dfrac{E - e_1}{e - e_1}$, $r = R \sqrt[3]{\dfrac{E - e_1}{e - e_1}}$, $v = V \dfrac{R^3}{r^3}$. Endlich ist $\dfrac{g}{G} = \dfrac{ve}{VE}$

$= \dfrac{r^3 e}{R^3 E}$.

Setzen wir demnach $E = 5_{769}$, $R = 859_{nut}$ d. M. $= 6'376466$ Meter, $G = 1$. ferner $e = 7_{44}$, $e_1 = 2_{91}$, fo ergiebt fich $r = 0_{84441}$ R oder $r = 727_{901}$ d. M. $= 5'394460$ Meter, $v = 0_{999184}$ V und $g = 0_{904598}$ G.

*) Lava ist aus it. lava das flüssige Gestein entlehnt und stammt vom Verb lav, gr. lou-ō, fin. lov-ū, lat. lav-are baden, waschen.

Die Zufammenfetzung der Kraterlave.

	SiO^2	Al^2O^3	Fe^2O^3	FeO	MnO	MgO	CaO	Na^2O	K^2O	HO	Sonſt	Summe
1.	$49_{,93}$	$15_{,62}$	—	$12_{,42}$	—	$4_{,46}$	$10_{,44}$	$4_{,27}$	$2_{,24}$	—	—	$99_{,91}$
2.	$51_{,44}$	$17_{,82}$	—	$11_{,16}$	$0_{,82}$	$8_{,70}$	$10_{,42}$	$1_{,73}$	$0_{,34}$	—	—	$101_{,79}$*
3.	$49_{,43}$	$22_{,47}$	—	$10_{,46}$	$0_{,63}$	$2_{,44}$	$9_{,75}$	$3_{,67}$	$0_{,49}$	—	—	$99_{,77}$
3b.	$43_{,61}$	$15_{,46}$	$3_{,43}$	$10_{,35}$	$3_{,00}$	$3_{,61}$	$10_{,13}$	$3_{,75}$	$2_{,03}$	$0_{,206}$	—	$90_{,34}$
4.	$55_{,73}$	$15_{,06}$	—	$15_{,19}$	—	$4_{,21}$	$6_{,54}$	$2_{,51}$	$0_{,43}$	—	—	$100_{,39}$
5.	$60_{,00}$	$16_{,56}$	—	$11_{,37}$	—	$2_{,40}$	$5_{,59}$	$3_{,60}$	$1_{,45}$	—	—	$101_{,43}$
6.	$5f_{,63}$	$14_{,93}$	—	$13_{,43}$	—	$4_{,10}$	$6_{,41}$	$3_{,16}$	$1_{,07}$	—	—	$100_{,50}$
7.	$54_{,70}$	$13_{,61}$	—	$15_{,60}$	—	$1_{,35}$	$6_{,44}$	$3_{,41}$	$1_{,31}$	$0_{,97}$	$1_{,72}$	$98_{,51}$*
8.	$49_{,31}$	$18_{,97}$	—	$11_{,44}$	—	$7_{,42}$	$13_{,01}$	$1_{,26}$	$0_{,30}$	—	—	100
9.	$49_{,40}$	$16_{,46}$	—	$11_{,92}$	—	$7_{,54}$	$13_{,07}$	$1_{,52}$	$0_{,30}$	—	—	$100_{,03}$
10.	$50_{,64}$	$19_{,07}$	$8_{,53}$	—	—	$4_{,01}$	$8_{,49}$	$4_{,52}$	$3_{,07}$	$0_{,18}$	$0_{,129}$	$99_{,07}$
11.	$46_{,29}$	$16_{,43}$	$11_{,01}$	$8_{,46}$	—	$2_{,23}$	$3_{,73}$	$6_{,07}$	$1_{,04}$	—	$1_{,90}$	$98_{,45}$*
12.	$68_{,35}$	$13_{,07}$	$2_{,34}$	—	—	$2_{,70}$	$0_{,44}$	$4_{,29}$	$3_{,14}$	—	$4_{,04}$	$98_{,78}$
13.	$51_{,11}$	$14_{,10}$	—	$8_{,11}$	—	$7_{,11}$	$12_{,10}$	$3_{,4}$	$3_{,4}$	—	—	100
14.	$52_{,19}$	$14_{,33}$	—	$14_{,41}$	—	$4_{,19}$	$9_{,07}$	$3_{,07}$	$0_{,04}$	—	—	$99_{,79}$
15.	$54_{,58}$	$15_{,38}$	—	$8_{,41}$	—	$1_{,49}$	$6_{,04}$	$8_{,53}$	$3_{,44}$	—	—	100*
16.	$46_{,41}$	$27_{,44}$	$4_{,45}$	$5_{,06}$	—	$1_{,18}$	$5_{,71}$	$1_{,34}$	$8_{,44}$	$0_{,12}$	$0_{,53}$	$97_{,67}$*
17.	$49_{,94}$	$17_{,19}$	$6_{,49}$	$6_{,47}$	—	$1_{,77}$	$7_{,47}$	$1_{,09}$	$7_{,45}$	$0_{,10}$	$0_{,40}$	$98_{,43}$*
18.	$52_{,90}$	$18_{,53}$	—	$8_{,53}$	—	$1_{,40}$	$6_{,97}$	$8_{,79}$	$3_{,07}$	—	—	100*
19.	$49_{,13}$	$15_{,11}$	—	$11_{,45}$	—	$6_{,01}$	$6_{,07}$	$5_{,53}$	$4_{,01}$	—	—	$99_{,40}$*
20.	$48_{,03}$	$20_{,19}$	$4_{,72}$	$3_{,27}$	—	$1_{,19}$	$10_{,19}$	$3_{,45}$	$7_{,13}$	$0_{,07}$	$0_{,06}$	$99_{,71}$*
21.	$46_{,04}$	$13_{,43}$	$17_{,07}$	—	—	$2_{,01}$	$7_{,77}$	$1_{,44}$	$6_{,07}$	$2_{,16}$	—	$100_{,04}$
22.	$47_{,44}$	$20_{,6}$	—	$9_{,4}$	$0_{,2}$	$1_{,0}$	$8_{,6}$	$8_{,4}$	$0_{,3}$	$0_{,0}$	—	$98_{,00}$
23.	$50_{,3}$	$23_{,3}$	—	$10_{,3}$	$0_{,9}$	$2_{,0}$	$6_{,1}$	$5_{,4}$	$0_{,3}$	—	—	$99_{,3}$
24.	$50_{,33}$	$15_{,49}$	$3_{,59}$	$7_{,59}$	—	$3_{,11}$	$7_{,07}$	$2_{,30}$	$8_{,43}$	—	—	$98_{,00}$*
25	$43_{,57}$	$13_{,37}$	$8_{,53}$	$8_{,41}$	—	$6_{,00}$	$10_{,04}$	$3_{,03}$	$5_{,17}$	—	—	100*
26.	$44_{,04}$	$21_{,40}$	—	$9_{,44}$	—	$5_{,01}$	$8_{,93}$	$2_{,07}$	$8_{,31}$	—	—	$100_{,57}$
27.	$47_{,69}$	$19_{,29}$	$3_{,10}$	$6_{,40}$	—	$3_{,76}$	$8_{,97}$	$2_{,47}$	$7_{,58}$	—	$0_{,49}$	$99_{,11}$*
28	$47_{,49}$	$18_{,19}$	$3_{,35}$	$8_{,91}$	—	$3_{,44}$	$8_{,70}$	$7_{,12}$	$4_{,54}$	$2_{,4}$	$2_{,4}$	$99_{,77}$*
Mittel	$50_{,17}$	$17_{,44}$	$2_{,49}$	$8_{,90}$	$0_{,47}$	$3_{,67}$	$8_{,07}$	$3_{,44}$	$3_{,50}$	$0_{,23}$	$0_{,14}$	$99_{,52}$
O.Mittel	$27_{,07}$	$8_{,65}$	$0_{,19}$	$1_{,90}$	$0_{,25}$	$1_{,67}$	$2_{,41}$	$1_{,40}$	$0_{,55}$	$0_{,17}$	$0_{,13}$	$43_{,49}$
Körbe	$13_{,53}$	$2_{,94}$	$0_{,23}$	$1_{,90}$	$0_{,44}$	$1_{,67}$	$2_{,41}$	$1_{,90}$	$0_{,59}$	$0_{,13}$	—	$24_{,16}$

Anmerkungen.

Fundorte, Beſchreibung und Unterſuchung der Kraterlave.

1—8. Aetna auf Sicilien. Dolerit-Maſſe.

1. Lava nördlich von Catania vom Jahre 124 vor Chr. Raumgewicht $2_{,964}$ (Sartorino). Joy in Rammelsberg Handwörterb. Suppl. 5, 158. 1853.

2. Lava bei Catania vom Jahre 1669. Raumgew. $2_{,847}$. Graue Grundmaſſe. Labrador $54_{,40}$, Augit $34_{,16}$, Olivin $7_{,40}$, Fe^2O^4 $8_{,40}$ %. Löwe in Pogg. Ann. 88, 160 neu berechnet von Roth.

3. Lava vom Jahre 1852. Raumgew. $2_{,44}$. Maſſe dunkelgrau, porig, ſchwach magnetiſch. Labrador und Augit 95, Olivin $1_{,40}$, Fe^2O^4 $2_{,44}$ %. K. v. Hauer in Wien, Ak. Ber. 11, 89.

3b. Capverdiſche Inſeln. Baſalt-Maſſe. Fogo, ſüdöſtlicher Strom, wohl vom Jahre 1769. Schwärzlich dichte Maſſe. Labrador 54, Augit 19, Olivin 19, Magnet und Titaneiſen 7 %. Deville in Zeitſchr. d. geol. Geſ. 5, 693.

4·2. Island. Pyroxen-Andesit-Masse, etwas magnetisch, zu schwarzem Glase schmelzend.

4. Lava bei Hals. Raumgew. $2_{,81}$ bei $5°$ C. Masse grauschwarz, körnig bis spathig, voll von Blasenräumen. In Salzsäure unlöslich. Sparsam schlackiges Fe^2O^3 und Oligoklas. Genth in Ann. Ch. Ph. 66, 22.

5. Lava von Efrahvolshraun. Ranmgew. $2_{,778}$ bei $6°$ C. Masse schwarz ins Graue, ungespathet, blasig, scheinbar fast dicht. Masse Oligoklas $71_{,371}$, Augit $29_{,01}$ %, darin wenig Olivin und schlackiges Fe^3O^4. Genth in Ann. Ch. Ph. 66, 24.

6. Hekla-Lava vom Jahre 1845 oberhalb Naefurholt. Ranmgew. $2_{,818}$ bei $5°$ C. Masse schwarz ins Graue, blasig bis dicht. Wenig Oligoklas sichtbar. Genth in Ann. Ch. Ph. 66, 25.

7. Hekla-Lava vom Jahre 1845. Ranmgew. $2_{,803}$ bei $18°$ C. Masse schwarz. Hin und wieder Oligoklas sichtbar, TiO^2 $1_{,173}$ % der Masse. Damour in bullet. geol (2) 7, 85.

8. Hekla, alter Lavastrom. Masse grauschwarz, blasig, leicht schmelzbar. Bunsen in Pogg. Ann. 83, 202.

9. Hekla, Strom WNW. bis zur Thjorsa. Ranmgew. $2_{,641}$. Masse grauschwarz, blasig, leicht schmelzbar, zeigt Anorthit und Olivin. Anorthit $55_{,431}$, Augit $40_{,461}$, Olivin $4_{,41}$. Genth in Ann. Ch. Ph. 66, 17.

10–11. Laacher-See. Nephelinit-Masse. Lava von Niedermendig.

10. Die Masse enthält SO^3 $0_{,23}$ und Spuren TiO^2 und FeS^2. Ranmgew. $2_{,1906}$ O. Hesse in J. pr. Chem. 75, 218.

11. Die Masse enthält Augit, Fe^2O^3 $13_{,331}$, Apatit $3_{,99}$, PO^5 $1_{,90}$ % und Spuren von Cl. Bergemann in Karsten und v. Dechen Archiv 21, 41

12. Lipari. Liparit-Masse. Lava vom Monte Guardia. Die Masse thonsteinähnlich, röthlich braun; die Masse giebt beim Glühen $4_{,41}$ Verlust, meist 8 und SO^3. Abich vulkan. Erscheinungen 1841, 25.

13. St. Miguel, Azoren-Insel. Dolerit-Masse. Lava des Pico do Fogo vom Jahre 1852. Masse grauschwarz, höchst feinkörnig, mit Labrador theilchen von Hirsekorn-Grösse und ziemlich vielen Augit- und Olivinkörnern. Bunsen in Hartung die Azoren 1860, 97.

14. Teneriffa, Canarische Inseln. Dolerit-Masse. Lava von Los Majorquines. Raumgew $2_{,841}$. Masse dunkelgrau, fahr blasig. Labrador $48_{,47}$, Augit $51_{,81}$, etwas Fe^2O^4. Ch. St. Cl. Deville in Zeitschr. d. geol. Gesellschaft 5, 692.

15–27. Vesuv. Leucitophyr-Masse.

15. Lava von der Punta del palo. Graue Masse mit hellgrünen Augiten und glänzenden Blättchen. Dufrénoy Mémoire pour servir à une descr. géol. 4, 368. Neu berechnet von Rothe.

16. Lava vom Jahre 1811 Masse granporig mit $37_{,8}$ °/₀ Leucit. Rammelsberg in Pogg. Ann. 96, 160.

17. Dieselbe, Leucit zum Theil abgesondert, mit 36 °/₀ Leucit. Rammelsberg in Zeitschr. d. geol. Gesellsch. 11, 503.

18. Lavastrom vom Jahre 1834 vom Piano. Masse dunkelgrau, schlackig, mit Holdräumen und kleinen grünen Augiten. Dufrénoy la Mémoire p. servir à une descript. géol. 4, 368.

19. Derselbe Lavastrom aus dem Krater. Raumgew. $2_{,33}$. Masse matt grün-

lichgran mit vielen glaßgen Leneltan. Ahich vulkanische Erscheinnngen 1841, 137.

20. Derfelbe Lavastrom, Mitte des Stromes (ans den Steinbrüchen von Gra. natello). Masse hellgran mit Augit, Lenclt, Olivin, Fe²O⁴, fehr wenig Glimmer, Soladith, Gyps and mit NaCl 0_{sh}, 80^3 0_{ss}. Wedding in Zeitschr. d. geol. Gef. 10, 395.

21. Derfelbe Strom, Schlacke. Masse schmutzig rotb, fehr porig, mit schwarzem Glimmer. W. Flight in Queenwood Obs. vol. 7, 1.

22. Lava vom Mai 1855. Masse gran, spatbig. Cb. St. Cl. Deville in Bull. géol. (2) 13, 612.

23. Diefelbe Lava. Masse schwarz, etwas glaßg. Cb. St. Cl. Deville ebenda.

24. Diefelbe Lava, Strom bis S. Giorgio a Cremona. Masse gran, porig, mit Leneltkörnern. Rammelsberg in Zeitschr. d. geol. Gef. 11, 503.

25. Diefelbe Lava, Leneit zum Theil abgefondert. Rammelsberg ebenda.

26. Lava vom Jahre 1858. Masse schwarz, höchst porig. Rammelsberg in Zeitschr. d. geol. Gef. 11, 503.

27. Diefelbe Lava. Rammelsberg ebenda.

28. Vultur, Lava von Melfi bei Neapel. Hanynophyr. Masse gran, felnporig, mit vielen blauen and braunen Hanynen 21_{s7} %, Cl 0_{sh} 80^3 2_{ss} %. Rammelsberg in Zeitschr. d. geol. Gef. 12, 275.

Die Zufammenfetzung der in diefen Laven vorkommenden Verbindungen ist

Andefin (Ca, Na) SiO^2 + $Al^2Si^4O^3$,
Anorthit $CaSiO^3$ + Al^2SiO^4,
Apatit $CaCl$ + $3 Ca^2PO^2$,
Angit (Ca, Mg, Fe) SiO^2,
Hanyn R^2SiO^4 + $Al^4Si^4O^{12}$,
Labrador (Ca, Na) SiO^2 + $Al^2Si^2O^3$,
Leneit $KSiO^2$ + $Al^2Si^4O^2$,
Magneteifen Fe^2O^4,
Nephelin (⅓ Na, ⅓ K) $^4Si^4O^{10}$ + $2 Al^4Si^4O^{11}$,
Oligoklas (Na, Ca, K, Mg) $^4Si^4O^2$ + $Al^4Si^4O^{12}$,
Olivin (Mg, Fe) $^2SiO^4$.

Die Tafel ergiebt, dass die Kraterlava der Himmelslava in der Zufammenfetzung wefentlich entspricht. Der Sauerstoff der Bafen verhält fich zum Sauerstoffe der Säure bei der Himmelslava wie 100 : 141, bei der Kraterlava wie 100 : 166.

Noch mehr tritt diefe Uebereinstimmung bei der ältern Lava, d. h. bei dem Bafalte, hervor. Bei diefem verhält fich der Sauerstoff der Bafen au dem der Säuren wie 100 : 142, alfo fast genau wie bei der Himmelslava. Die folgende Tafel zeigt uns dies Verhältnis.

Die Zuſammenſetzung des Erdbaſaltes*).

	SiO^2	Al^2O^3	Fe^2O^3	FeO	MnO	MgO	CaO	Na^2O	K^2O	H^2O	Sonst.	Summe
1.	47,0	14,8	—	14,1	—	7,8	10,4	4,1	1,8	—	—	100
2.	49,0	7,4	—	17,4	—	10,1	12,7	2,0	1,2	—	—	100
3.	47,0	14,6	—	12,8	—	7,8	12,4	1,3	4,3	—	—	100
4.	51,42	15,27	—	21,44	—	3,65	4,09	2,73	1,97	0,53	—	99,41*
5.	50,06	18,44	—	14,17	—	0,98	8,04	7,45	1,85	—	—	100
6.	45,72	10,06	8,46	26,42	0,17	11,30	8,98	1,87	1,44	3,11	0,14	100,33*
7.	45,04	13,19	3,81	8,44	—	10,44	11,56	2,49	1,21	1,54	0,18	98,32*
8.	44,2	12,3	3,8	12,1	—	9,11	11,7	2,7	0,8	4,8	—	100,4
9.	42,16	6,54	28,73	—	—	—	13,44	10,41	—	—	—	101,29
10.	46,07	9,07	7,06	13,44	—	7,38	10,43	2,70	0,84	0,73	—	100*
11.	46,11	13,2	—	16,4	—	7,48	7,9	2,71	1,8	4,0	—	99,4
12.	53,0	16,0	—	9,5	—	3,5	6,4	3,1	2,7	3,7	—	100,3
13.	40,44	9,46	10,40	3,96	—	11,47	14,79	2,07	0,74	4,07	1,16	98,09*
14.	37,39	7,42	16,97	—	—	4,33	16,97	0,49	1,01	7,40	3,70	97,04
15.	40,32	11,46	4,50	7,35	0,16	11,07	10,43	4,40	2,10	1,76	0,47	100,45
16.	45,42	12,311	—	15,30	—	7,05	12,44	3,17	1,44	2,12	—	100,40
17.	48,41	15,03	3,79	8,44	—	8,79	7,45	3,42	1,12	2,11	—	98,51*
18.	51,46	13,71	6,47	10,44	0,24	6,40	5,97	0,44	—	2,49	0,01	98,44*
19.	55,44	16,48	6,09	5,47	—	4,16	9,24	0,11	—	0,74	—	98,42*
20.	49,34	25,40	11,09	—	—	3,94	4,01	1,33	—	1,41	1,44	98,43
21.	48,34	12,47	15,04	—	—	16,37	4,40	—	—	2,44	0,11	100
22.	45,40	16,2	—	13,0	0,3	6,3	10,3	3,34	1,12	2,44	1,0	100,43
23.	51,40	10,33	23,33	—	—	1,47	6,44	—	—	3,40	0,34	97,40
24.	36,44	14,34	27,40	—	—	9,41	15,59	3,43	0,17	—	—	102,16
25.	43,111	13,41	16,41	—	—	8,40	14,33	2,01	1,38	1,47	—	101,17
26.	47,40	13,47	16,35	—	—	7,30	10,40	3,74	1,40	0,44	—	100,40
27.	39,42	11,44	17,47	—	—	11,44	16,40	3,40	0,41	1,70	—	100,40
28.	45,74	17,32	9,44	4,35	—	6,47	11,09	3,40	1,42	1,44	—	100,40*
29.	43,34	17,09	7,44	15,09	—	8,16	10,40	0,16	1,15	0,43	1,44	100*
30.	42,44	17,41	5,70	4,40	—	7,44	14,09	3,44	1,44	2,44	2,43	101,34
31.	42,72	16,40	5,40	4,40	—	8,16	13,41	3,44	1,44	2,44	2,01	100
32.	44,43	17,34	—	13,75	1,43	9,74	12,43	0,21	—	0,44	—	101,78
33.	51,121	11,06	6,40	12,19	—	7,43	6,44	2,23	2,40	1,47	—	100,41*
Mittel	46,43	13,41	7,09	8,64	0,06	7,39	10,44	2,44	1,20	1,46	0,44	100,36
O-Mittel	24,46	6,34	2,30	1,43	0,07	2,43	3,04	0,44	0,20	1,44	0,72	44,40
Körbe	12,33	2,112	0,17	1,43	0,01	2,42	3,04	0,44	0,13	1,40	0,04	25,17

Anmerkungen.

Fundorte, Beschreibung und Unterſuchung des Baſaltes.

1—3. Aſoren. St. Miguel. Bunſen in Hartung Aſoren 1860, 97.
1. Zwiſchen Pico da Cras und Pico do Corvaô. Maſſe ſchwarzgrau mit einzelnen Olivinkörnern.
2. Nordküſte beim Dorfe Maja. Maſſe bräunlichgrau mit ſehr vielen Augit- und Olivinkörnern.

___

*) Baſalt iſt entlehnt aus dem lat. baſaltes, und dies Wort ſtammt (Plin. 36, 7. 11) aus Afrika und bezeichnet eine ſchwarze und ſehr harte Marmorart Aethiopiens.

3. Pica da Mufra bei Montalros. Masse grau, weissfleckig, etwas porig, mit ziemlich vielen Spathen von Augit und Olivin.

4. Baden: Steinsberg bei Sinsheim. Masse mit Olivin, Mesotyp, Glimmer, selten Hornblende. C. Gmelin in Leonhard Beiträge zur miner. Kenntnis von Baden 3, 43.

5—9. Böhmen. No. 6 Struwe in Pogg. Ann. 7, 349.

6. Engelhaus bei Carlsbad. Masse mit $0_{,41}$ PO^3, $0_{,94}$ SrO und $5_{,99}$ Fe^2O^4; Augit und Olivin treten sichtbar hervor. Rammelsberg Handwörterb. Suppl 4, 18.

7. Petschau. Masse mit $3_{,16}$ Fe^2O^4 und $0_{,15}$ CuO, reich an Olivin. Kübler in Rammelsberg Mittheilungen 1860.

8. Kammerbühl bei Eger. Masse mit sichtbarem Labrador, Olivin, Augit. Ebelmen in Ann. min. (4) 7, 40.

9. Ebenda, Schlacke. Liebig in Leonhard Basaltgebilde I. 271.

10. Fichtelgebirge. Bollenrenth. Masse reich an Olivin, mit $11_{,44}$% Fe^2O^4. Baumann in Rammelsberg Handwörterb. Suppl. 4, 14.

11—12. Haute-Loire. Ebelmen in Ann. min. (4) 7, 26 und 34.

11. Cronzet, Canton de Loudes. Masse schwarz mit Labradorblättchen und Olivin, schwach magnetisch.

12. Polignac. Masse blaugrau mit Spur TiO^2, etwas zerfetzt.

13—14. Hegau.

13. Stetten. Masse mit $9_{,43}$ Fe^2O^4, $1_{,99}$ Mn^2O^3 und $0_{,07}$ SrO. C. G. Gmelin in Leonhard Basaltgebilde 1, 296.

14. Hohenhöwen. Masse schlackig, durch Brauneisenstein braun, in den Hohlräumen Aragonit und Apatit. J. Schill Jahrb. Mineral. 1857, 44.

15—16. Hessen Grossh. Engelbach in Geol. Specialk. Sect. Schotten 1869, 53.

15. Gelfelstein Südseite. Masse grauschwarz, dicht mit dunkelgrünem Olivin, $0_{,441}$ Apatit, $6_{,137}$ Fe^2O^4, $0_{,077}$ Cl, $0_{,417}$ PO^5 und Spur von Fl und TiO^2.

16. Salzhausen. Masse blau mit gelbem Olivin.

17—19. Hessen Provinz. Meissner. No. 19 zu Rosenbleichen bei Eschwege. No. 17 Girard in Pogg. Ann. 54, 567.

18—19. Gräger in Brandes und Wackenroder pharm. Archiv (2) 19, 98.

20. Java Gede. v. d. Boon Meesch in Leonhard Basaltgeb. I. 260.

21. Mähren. Köhlerberg bei Freudenthal. Masse mit $0_{,12}$ KPO^4, $0_{,41}$ NiO und Spur von Co. Zulkowsky Wien. Ak Ber. 34, 44.

22. Rhein bei Linz. Masse mit 54 Labrador, 24 Augit, 10 sichtbarem Olivin, 10 Fe^2O^4, 2% H^2O stark magnetisch, 1 TiO^2. Ebelmen in Ann. min. (4) 12, 638.

23. Rhône, Beaulieu bei Aix. Gueymard Ann. min. (4) 18.

24—27. Rhön. E. Schmid in Pogg. Ann. 89, 291.

24. vom Kreuzberg, 25. von der Felskuppe am Pferdekopfe, 26. vom Steinernen Haase, 27. vom Beier. Alle mit kleinen Spathen von Olivinen.

28—31. Sachsen.

28. Stolpen. Masse mit $7_{,43}$ Fe^2O^4. Sinding in Pogg. Ann. 47, 184.

29. Grosser Winterberg. Masse mit $11_{,99}$ Fe^2O^4, $3_{,43}$% Apatit, $1_{,99}$ PO^5. Kittredge in Rammelsberg Mittheilungen 1860.

30—31. Bärenstein südlich von Annaberg. Pagels de basalte transmutatione 1858, 19 und 20.

32. Schlesien. Kreuzberg nordwestlich von Striegau. Streng in Pogg. Ann.
90, 120.

33. Thüringen. Steinsberg bei Suhl. Peterſen in Rammelsberg Wört. 1, 84.

Der Erdbafalt zeigt uns alfo fehr nahe daſelbe Verhältnis,
welches die Himmelslava und die Kraterlava bieten, kein anderes
Gestein der Erde zeigt uns eine fo vollständige Uebereinstimmung
mit jenen Laven. Da nun beide Laven unzweifelhaft aus feurig
flüssiger Masse hervorgegangen find, da der Bafalt auch mit den
Laven das Gefüge, die Einschlüsse an Olivin u. f. w. gemein hat,
fo muss man auch den Bafalt für ein auf feurig flüssigem Wege
entstandenes Gestein anerkennen, wie dies allgemein geschieht.
Die Einwürfe, welche Bischof in feiner neuen Ausgabe der Geologie dagegen erhebt, find ohne Bedeutung und zeigen nur, wie
weit auch ein tüchtiger Mann fich verirren kann, wenn er gewisse
Lieblingsanfichten verfolgt.

Der grösere Gehalt der Kraterlava an Kiefelfäure erklärt fich
daraus, dass die Kraterlava in der Erdschale lange Zeit mit Gesteinen in Berührung gestanden welche, wie der Granit, reich an
Kiefelfäure find. Auch die Wände der Krater, noch die Aschen,
die Obfidiane, Bimsteine und Schlacken, welche die Feuerberge
auswerfen, und welche unzweifelhaft aus den Wänden der Krater
abstammen, zeigen einen fehr hohen Gehalt an Kiefelfäure und
lassen über den Ursprung des höhern Kiefelfäure-Gehaltes der
Kraterlava keinen Zweifel.

Für die Meereslava im Lavameere der Erde werden wir demnach den Gehalt der Lava an Kiefelfäure etwas zurückführen und
das Verhältnis der Himmelslava, in welcher der Sauerstoff der
Bafen zu dem der Säuren wie $17_{171} : 25_{193}$ steht, zu Grunde legen
können, dann erhalten wir folgendes Verhältnis:

Zufammenfetzung der Laven.

Mittel der	SiO^2.	Al^2O^3.	Fe^2O^3.	FeO.	MnO.	MgO.	CaO.	NaO.	KO.	H^2O.	Sonst
Himmelslava ···	46,01	2,96	—	16,17	—	29,87	1,56	0,97	0,36	—	—
Meereslava ·····	47,11	13,49	2,13	9,116	0,116	4,93	8,44	4,36	3,04	—	0,38
Bafalt ·········	46,03	13,05	7,16	8,90	0,00	7,30	10,44	2,03	1,00	1,00	0,44
Kraterlava ·····	50,77	17,01	2,43	8,70	0,117	3,47	8,07	3,79	3,48	0,30	0,44

Für den Sauerstoff ergiebt fich dann das folgende Verhältnis:

Das Sauerstoffverhältnis in den Laven.

Mittel der	SiO_2	Al_2O_3	Fe_2O_3	FeO	MnO	MgO	CaO	Na_2O	K_2O	H_2O	Sonst.	Summe.
Himmelslava · · · · · · ·	26,07	1,40	—	4,40	—	11,41	0,44	0,07	0,08	—	—	42,77
Meereslava · · · · · · · · ·	25,42	8,47	0,47	2,47	0,40	1,41	2,45	1,13	0,43	—	—	42,44
Basalt · · · · · · · · · · · ·	24,40	6,40	2,30	1,03	0,47	2,47	3,44	0,41	0,70	1,44	0,77	44,40
Kraterlava · · · · · · · · ·	27,07	8,46	0,78	1,34	0,40	1,47	2,31	1,40	0,40	0,77	0,12	43,40

Es kommen demnach auf 1 O der Basen bei der Himmelslava, bei der Meereslava und bei dem Basalte 1,44 O der Kieselsäure und enthalten überdies bei den Erdenlaven die Basen mit 1 Korb Sauerstoff und die mit 1½ Korb Sauerstoff nahe gleichviel Sauerstoff, während erstere bei der Himmelslava sehr vorherrschen.

3. Die Lavenschale der Erde.

Die feste Schale der Erde ist in ihren unteren Schichten offenbar aus demselben Gesteine gebildet, welches das Lavameer erfüllt, der Unterschied beruht allein darin, dass dies Gestein in der Erdschale nicht mehr feurig flüssig, sondern bereits erstarrt ist.

4. Die Granitschale der Erde.

Die Schichten der Erde, welche an die Oberfläche der Erdschale treten, zeigen freilich eine wesentlich andere Zusammensetzung. Sehen wir zunächst von den unzweifelhaft durch Wasser abgesetzten, geschichteten Gesteinen ab, welche sämmtlich aus Geröllen und Geschieben der tiefer liegenden Urgesteine gebildet sind, und welche erst später ihre Erörterung finden werden, so wird die Erdschale in ihren oberen Lagen aus Urgestein gebildet. Dieses Urgestein besteht aus Granit oder aus Porphyr und ähnlichen Gesteinen. Von den Plutonisten werden dieselben für feurigen Ursprunges, von den Neptunisten für wässerigen Ursprunges gehalten. Ehe wir eine Entscheidung über diese Ansichten treffen, geben wir eine Uebersicht ihrer Zusammensetzungen.

Die Zusammensetzung des Granits*).

	SiO^2	Al^2O^3	Fe^2O^3	FeO	MnO	MgO	CaO	Na^2O	K^2O	H^2O	$CaCO^3$	Summe
1.	73_{13}	12_{40}	—	2_{48}	0_{43}	0_{12}	2_{31}	2_{31}	4_{12}	0_{43}	—	98_{71}
2.	71_{30}	12_{43}	—	4_{44}	0_{30}	0_{35}	2_{42}	2_{43}	4_{18}	0_{43}	—	99_{39}
3.	78_{42}	12_{51}	—	1_{23}	0_{31}	0_{13}	1_{30}	2_{33}	4_{40}	0_{13}	—	99_{43}
4.	71_{43}	12_{46}	—	5_{43}	0_{10}	0_{43}	1_{31}	1_{43}	4_{44}	0_{15}	—	99_{47}
5.	73_{41}	14_{47}	—	1_{73}	0_{20}	0_{34}	1_{79}	2_{13}	4_{33}	0_{37}	—	99_{42}
6.	72_{11}	15_{40}	—	1_{13}	0_{20}	0_{34}	1_{16}	2_{27}	5_{40}	0_{13}	—	99_{30}
7.	69_{31}	16_{44}	—	4_{30}	0_{43}	0_{43}	3_{74}	3_{23}	2_{47}	0_{73}	—	100_{43}
8.	68_{30}	17_{47}	—	2_{40}	0_{46}	0_{94}	3_{12}	3_{43}	2_{44}	1_{40}	—	100_{44}
9.	71_{48}	15_{47}	—	1_{41}	0_{40}	0_{14}	1_{43}	2_{43}	6_{49}	0_{14}	—	100_{13}
10.	81_{17}	7_{43}	—	2_{74}	1_{41}	—	0_{31}	2_{44}	3_{42}	—	—	99_{47}
11.	70_{13}	14_{16}	—	3_{73}	—	—	0_{40}	1_{43}	2_{44}	5_{47}	1_{10}	98_{41}
12.	70_{30}	12_{44}	3_{16}	—	—	—	0_{43}	2_{41}	3_{13}	5_{40}	1_{14}	89_{34}
13.	73_{40}	13_{14}	2_{44}	—	—	—	0_{11}	1_{44}	3_{43}	4_{11}	1_{34}	94_{47}
14.	70_{70}	16_{44}	2_{40}	—	—	—	2_{44}	2_{13}	5_{79}	—	—	99_{92}
15.	70_{43}	16_{13}	3_{70}	—	—	—	1_{34}	3_{39}	4_{43}	0_{44}	—	99_{44}
16.	74_{43}	13_{44}	1_{44}	—	—	—	1_{44}	2_{73}	3_{40}	1_{39}	—	98_{40}
17.	70_{43}	14_{40}	3_{47}	—	—	0_{31}	2_{43}	2_{31}	4_{41}	1_{39}	—	99_{49}
18.	73_{34}	15_{43}	1_{40}	—	—	—	0_{99}	3_{04}	4_{34}	1_{40}	—	100_{13}
19.	73_{40}	15_{44}	1_{73}	—	—	—	0_{44}	3_{16}	4_{40}	—	—	99_{44}
20	73_{79}	12_{44}	2_{40}	—	—	—	1_{43}	2_{47}	4_{70}	1_{74}	—	98_{43}
21.	70_{43}	11_{44}	4_{40}	—	—	0_{73}	3_{41}	3_{40}	2_{47}	1_{43}	1_{44}	98_{13}
22.	66_{40}	13_{79}	7_{43}	—	—	1_{43}	3_{44}	3_{41}	2_{31}	2_{31}	—	100_{41}
23.	68_{40}	14_{44}	5_{44}	—	—	0_{43}	3_{43}	3_{34}	2_{70}	1_{40}	—	99_{44}
24	71_{40}	11_{73}	3_{46}	—	—	—	2_{41}	3_{40}	4_{11}	0_{47}	—	98_{40}
25.	75_{40}	13_{41}	2_{43}	—	—	—	0_{47}	3_{74}	4_{43}	0_{40}	—	99_{43}
26.	70_{43}	14_{44}	3_{73}	—	—	0_{40}	1_{43}	3_{43}	4_{34}	1_{43}	—	99_{43}
27.	71_{41}	12_{44}	—	4_{73}	—	—	0_{43}	1_{70}	3_{43}	5_{47}	—	98_{74}
28.	71_{34}	14_{40}	3_{34}	—	—	—	0_{44}	1_{44}	3_{43}	4_{78}	1_{34}	99_{40}
29.	72_{40}	14_{30}	3_{47}	1_{34}	—	—	0_{34}	1_{47}	2_{41}	5_{44}	—	100_{44}
30.	71_{40}	13_{40}	3_{43}	1_{40}	—	—	0_{41}	1_{40}	3_{47}	5_{73}	—	99_{73}
31.	64_{40}	14_{44}	6_{44}	—	—	2_{40}	3_{46}	4_{43}	3_{43}	1_{43}	—	99_{44}
32.	74_{40}	10_{44}	1_{44}	—	—	—	2_{44}	4_{73}	3_{43}	0_{43}	—	98_{47}
33.	62_{40}	15_{43}	7_{43}	—	—	2_{44}	5_{43}	3_{34}	2_{40}	0_{40}	—	99_{43}
34.	68_{43}	13_{43}	6_{73}	0_{44}	—	1_{73}	1_{30}	8_{43}	2_{73}	2_{43}	—	98_{71}
35.	80_{44}	12_{43}	0_{73}	—	—	—	0_{40}	5_{44}	0_{40}	—	—	100_{47}
36.	70_{74}	16_{43}	—	2_{43}	—	0_{43}	1_{43}	6_{73}	3_{40}	0_{43}	—	102_{40}
37.	74_{47}	16_{44}	—	1_{43}	—	0_{11}	1_{44}	8_{43}	3_{43}	—	—	104_{30}
38.	67_{44}	17_{43}	—	3_{44}	—	1_{17}	1_{44}	2_{73}	5_{74}	2_{44}	—	101_{34}
39.	75_{44}	13_{40}	2_{40}	—	—	0_{24}	0_{43}	2_{41}	3_{47}	1_{40}	—	100_{31}
40.	71_{44}	13_{79}	3_{40}	—	—	0_{76}	1_{73}	3_{43}	4_{34}	1_{40}	—	99_{40}
41.	70_{40}	15_{44}	8_{43}	—	—	—	1_{73}	3_{47}	4_{13}	—	—	101_{43}
Mittel	71_{40}	14_{40}	2_{73}	1_{44}	0_{14}	0_{34}	1_{44}	3_{47}	4_{14}	0_{44}	0_{40}	99_{43}
U-Mittel	38_{14}	6_{43}	0_{40}	0_{73}	0_{03}	0_{40}	0_{44}	0_{44}	0_{73}	0_{73}	0_{41}	4_{73}
Körbe	19_{44}	2_{14}	0_{43}	0_{73}	0_{03}	0_{30}	0_{44}	0_{41}	0_{71}	0_{73}	—	24_{41}

*) Granit ist gebildet aus dem lat. granum s. Korn und bezeichnet
den aus sichtbaren Körnern gebildeten Stein. Das lat. granum steht für
garanum und ist ein uraltes Wort, goth. kaarns s., kel. sruno s. und stammt
vom Urverb gar zerreibe.

Anmerkung. Fundorte.

1—8. Schlesien: 1. Striegau, Streitberg. 2. Ebenda Ganggranit.
3. Nordostseite der Sturmhaube. 4—5. Harz: 4. Holzemmenburg. 5. Plessburg in der Nähe des Ilfensteins. 6. Heidelberg: Ganggranit. 7—9. Tatra:
7. Mœrauge im Flschenthal. 8. Kleines Kohlbachthal. 9. Völkerthal, Südabhang des Tatra. No. 1—9 Streng in Pogg. Ann. 90, 122—130. 10. Oestreich: Teufelsmauer SW. von Krems. Hornig Wien. Ab. Ber. 7, 586. 11. Tyrol: M. Molatto bei Predazzo. Kjerulf Christiania Silurbecken 1855, 7.
12—36. Irland. Haughton Quaterly Journ. geol. soc. 12, 177 und 14, 301
12. Dublin, Dalkey Quarries. 13. Dublin, Fox Bock. 14—15. Dublin, Three
Bock Mountain. 16. Wicklow, Enniskerry. 17. Wicklow, Ballykroghen.
18. Carlow, Kilballyhugb. 19. Wexford, Blackstairs Mountain. 20. Wexford,
Ballyleigh. 21. Wicklow, Cushbawohill. 22. Wexford, Ballymotymore.
23. Wexford, Ballinamuddagh. 24. Wexford, Carnsore. 25. Mourne-District,
Slieve Corragh. 26. Carlingford-District, Fns des Slieve na glugh. 27. dgl.,
Grange Irish. 28. Newry-District, Wellington Inn. 29. Oestlich von Newry,
Fathom Look. 30. Südlich von Newry, Jonesborough. 31. Newry-District,
Newry-Quarry. 32. dgl. Elvangranit. 33. dgl. Goragh Wood Stat. 34. dgl.
südlich der Station. 35. Wexford, Croghan Kinshela. 36—38. Bunsen, Mittheilung 1861. 36. Schweiz, Gottharthospiz. 37. Piemont, Baveno.
38. Elba. 39—40. Baden, König Geol. Beschr. der Geg. von Baden 1861.
39. Zwischen dem Converfationshanfe und dem höhern Rondel. 40. Westfelte des Friefenberges. 41. Schlesien: Thaer. Mittheilungen von Rofe
1861, Warmbrunn, Granitit.

Fast dieselbe Zufammenfetzung zeigt uns der Porphyr, wie die
folgende Zufammenstellung ergiebt.

Die Zufammenfetzung des Porphyrs*).

	SiO^2	Al^2O^3	Fe^2O^3	FeO	MnO	MgO	CaO	Na^2O	K^2O	HO^2	CO^2	Summe
1.	81	11	—	2	—	0	0	2	2	0	—	101
2.	78	10	—	1	0	0	0	0	8	0	—	100
3.	77	10	—	2	—	0	0	1	5	1	—	99
4.	77	12	—	1	—	0	0	1	6	0	—	100
5.	77	12	2	—	—	0	0	1	3	0	—	100
6.	76	13	—	1	0	0	0	2	5	0	—	101
7.	76	12	1	—	—	0	0	0	4	1	—	99
8.	76	12	—	2	—	0	1	1	4	1	—	101
9.	76	8	—	4	—	0	0	3	3	1	—	98
10.	76	11	—	2	0	0	0	2	5	1	—	100
11.	76	12	—	1	—	0	0	2	6	0	—	101
12.	75	13	—	2	0	0	1	0	7	0	—	101
13.	75	8	3	—	—	1	—	2	6	1	—	100
14.	75	10	3	—	—	—	0	3	4	1	—	99
15.	75	9	5	—	—	—	0	2	5	1	—	100
16.	75	8	1	—	—	2	—	2	6	1	—	100
17.	75	—	—	3	—	0	0	3	3	0	—	97
18.	75	12	—	3	0	0	0	0	7	1	—	102
19.	75	13	—	2	0	0	0	0	6	1	—	100
20.	75	15	—	1	0	0	0	0	6	1	—	100
21.	73	12	—	2	—	0	0	1	7	0	—	99
22.	74	14	1	—	—	1	—	4	1	0	—	98
23.	74	13	—	1	—	0	1	2	4	1	—	99
24.	74	13	—	1	0	0	1	1	5	0	0	99
25.	93	13	—	2	0	0	0	0	7	0	—	99
26.	73	15	—	1	0	0	0	3	3	0	—	100
27.	72	16	—	1	—	0	2	1	6	1	—	102
28.	71	15	2	—	—	0	0	2	5	1	—	100
29.	70	14	2	—	—	—	1	5	3	0	—	99
30.	70	13	3	—	—	0	0	3	3	0	—	100
31.	67	14	—	5	0	1	2	2	4	1	1	101
32.	64	18	—	3	0	0	0	3	7	0	—	101
33.	66	13	—	6	—	2	0	2	5	2	—	99
34.	66	19	1	—	—	—	—	—	13	—	—	99
35.	64	18	2	—	—	1	0	—	11	—	—	99
36.	64	12	—	8	—	1	2	2	4	1	—	97
37.	63	16	—	7	—	1	2	3	3	2	—	100
38.	63	16	—	7	0	1	1	2	4	1	0	99
39.	61	16	—	8	0	1	1	2	4	2	—	100
40.	61	15	—	7	0	1	2	3	4	0	3	100
41.	61	18	—	10	0	1	0	2	2	4	—	100
42.	61	13	—	11	—	1	1	2	5	2	—	100
43.	60	16	—	10	0	1	3	2	2	3	1	102
44.	59	21	—	14	—	2	—	3	3	2	—	98
Mittel	71	13	0	3	0	0	0	2	5	1	0	100
U-Mittel	38	6	0	0	0	0	0	0	0	1	0	48
Körbe	19	2	0	0	0	0	0	0	0	—	0	24

*) Pórphyr ist aus dem gr. porphyrus purpurfarben entlehnt, und dies ist vom gr. porphyra, dem Namen der Purperschnecke, gebildet. Der Porphyr hat seinen Namen von seiner rothen Farbe.

4*

Anmerkungen. Fundorte.

1. Pfalz, Donnerberg bei Falkenstein. 2. Harz, Lauterberg, Grosser
Gang am Schwarzfelder Zoll. 3. Heidelberg, Dossenheim. 4. Brilon, Bruch-
häuser Steine. 5. Côte d'or, Saulieu. 6. Harz, Gang im Granit der kleinen
Hohnsteinklippe. 7. Meissen, Dobritzer Porphyr. 8. Waldenburg, halbe Höhe
des Sattelwaldes. 9. Christiania, Gang bei Trosterud, Hof Rüs. 10. Harz,
Kantorkopf bei Ilfeburg. 11. Harz, steiler Steig bei Hasserode 12. Harz, Rock-
hahnthal bei Sachsa. 13. Wettin, Jüngerer Porphyr. 14. Halle, Tauzberg bei
Diemitz. 15. Halle, Lobejün. 16. Waldenburg, Alt-Lässiger Schlosberg. 17. Christiania, Nybolmen. 18 Harz, Thal der geraden Lutter oberhalb Lauterberg.
19. Harz, Ravenskopf, Spitze nördlich von Sachsa. 20. Harz, Westabhang des
Auerberges. 21. Thüringer Wald. 22. Schleusen, Gottesgab. 23. Böhmen, Zinn-
wald. 24. Harz, Gang unter Holzemmenthal. 25. Harz, Pfaffenthalerkopf
bei Lauterberg 26. Harz, Ludwigshütte am rechten Bodeufer. 27. Schottland, Insel Arran. 28. Nièvre, Montvenillon. 29. Halle, Sandfelfen. 30. Kreuz-
nach. 31. Harz, linker Abfall des Bodethales unterhalb Lucashof. 32. Harz,
Forstweg bei Hüttenrode. 33. Halle, Schledsberg bei Lobejün. 34. Maine
et Loire, Doué. 35. Desgl. Rahlay. 36. Halle, Martinschacht hei Lobejün.
37. Harz, linker Abhang des Bodethals an der Tragfurther Brücke. 38. Harz,
linker Abhang des Kaltethals, SW.-Theil des Eichberges. 39. Harz, Elbin-
gerode, wo der Weg nach Hasselfelde die Stadt verlässt. 40. Harz, an der
Kirche in Trautenstein. 41. Harz, Schlossgarten von Wernigerode, nahe am
Kirchhofe von Nöschenrode. 42. Harz, Martinschacht bei Lobejün. 43. Harz,
wie 41. 44. Halle, Martinschacht bei Lobejün, Grünstein.

Quellen Bischof Lehrb. d. chem. Geol. 1854. 2. 1662 no. 1. 22. —
Cocarrié Ann. Min. (4) 6, 769 no. 34. 35. — Delesse Bullet. géol. (2) 6,
638 no. 5. 28. — Fuss Mittheilungen von G. Rose no. 15. — Hochmuth
Bergwerksfreund 11, 444 no. 13. 31. 36. 42. 44. — Kjerulf Das Christiania-
Silurbecken 1855 no. 9. 17. — Reutzsch Die Pechsteine 1860, 36 no. 7. —
v. Richthofen Zeitschrift d. geol. Ges. 8, 644 no. 16. — Schweizer Pogg.
Ann. 51, 287 no. 30. — Streng Mineral-Jahrbuch 1860, 147 und 287 no. 2.
6. 10 11. 12. 18. 19. 20. 24. 25. 26. 31. 32. 37. 38. 39. 40. 41. 43. — Tri-
bolet Ann. Ch. Pharm. 87, 331 no. 3. 4. 6. 21. 23. 27. — Wolff E. Journal f. pract. Chemie 34, 195 no. 15. 29.

Der Granit und der Porphyr zeigen, wie sich auf den ersten
Blick ergiebt, eine von den Laven wesentlich verschiedene Zusammensetzung; die Kieselsäure waltet im Granite und im Porphyr so
vor, dass der Sauerstoff der Kieselsäure das Vierfache von dem
der Basen beträgt. Es enthält nämlich der Granit in der Kieselsäure 38,16 %, der Porphyr 39,19 % seines Gewichtes an Sauerstoff, während die Basen bei ersterem nur 9,79 %, bei letzterem
nur 9,39 % des ganzen Gewichtes an Sauerstoff enthalten. Ebenso
beträgt der Sauerstoff bei den Basen mit 1½ Korb Sauerstoff 2¼
bis 2¾ mal so viel als bei den Basen mit 1 Korb Sauerstoff.

Ebenso zeigen der Granit und Porphyr auch in ihrem Baue
die wesentlichsten Abweichungen von den Laven. Denn während

in den Laven die ganze Masse ein sehr gleichartiges Gepräge hat, in welchem nur sehr kleine Gespäthe hervortreten, erscheint der Granit schon dem blosen Auge aus drei wesentlich verschiedenen Bestandtheilen zusammengesetzt, welche oft grose Gespäthe bilden, nämlich aus Quarz, aus Feldspath und aus Glimmer*), und zwar bildet der Quarz 25 bis 40, der Feldspath 25 bis 50, der Glimmer 15 bis 35 Hundertel des Gewichts, oder im Mittel der Quarz bildet 32½, der Feldspath 42½, der Glimmer 25 Gewichtstheile. Von diesen besteht der Quarz aus reiner Kieselsäure ohne alle Basen, der Feldspath zum Theile aus Orthoklas (K⁴Si³O⁸ + Al⁴Si²O²⁴), zum Theile aus Oligoklas (NaO, CaO, KO, MgO)³Si³O⁹ + Al⁴Si⁷O¹⁸, und zwar kommen auf 30 Theile Orthoklas etwa 6 Theile Oligoklas; endlich der Glimmer besteht theils aus Kaliglimmer RSiO³ + ½|Al⁴Si³O¹², theils aus Magnesiaglimmer ³⁄₆|R²SiO⁴ + R¹Si³O¹², wo in dem Glimmer aber auch noch Wasser krystallinisch enthalten ist. Der Porphyr ist ebenso wie der Granit zusammengesetzt.

Die Frage bleibt nur noch, wie diese spathigen Gesteine entstanden sind, ob auf feurigem oder auf wässrigem Wege. Es ist das grose Verdienst Bischofs, bewiesen zu haben, dass diese Gesteine auf wässrigem Wege entstehen können, später hat er überdies den Beweis geführt, dass sie auf feurigem Wege nicht entstehen können. Der Beweis gründet sich in seinen wesentlichen Theilen auf folgende Thatsachen:

1. Es sind nicht nur der Granit und Porphyr gespathet oder krystallisirt, sondern ebenso zeigen auch geschichtete Gesteine, welche ganz unzweifelhaft durch Wasser niedergeschlagen sind, spathiges Gefüge, z. B. der Gneis. Ebenso geht Granit ohne Weiteres in geschichtetes Gestein über.

2. In den Gesteinen mit spathigem Gefüge ist bereits eine Versteinerung, nämlich der Schwanzschild des Homalonotus, und

---

*) Quarz, frz. quarz, engl. quartz, böhm. kwarc ist eine Nebenform des Stammes Warze und bezeichnet die warzenartigen Hervorragungen des Quarzes im Granit. Warze, abd. warza, agf. veart, vear, vearb ist dasselbe Wort mit verrüca Anhöhe, Warze und stammt vom Urverb var warm sein, schwellen, lit. ver-du, ksl. var-iti koche, goth. var-ma, nhd. warm und bezeichnet die Warze als etwas Hervortretendes.

Glimmer, af. glimo stammt mit dem Verb glimmen vom Urverb gharghir, gbil, ghil, sskr. ghar, gr. chlí-ō schmelzen, leuchten, lit. kér-lù, ksl. zr-ě-tl glänzen und bezeichnet das glänzende Gestein.

Feldspath bezeichnet das Gespath des Feldes.

zwar im Porphyr, nachgewiesen. Ein Thier konnte aber im Feuermeere nicht leben; es konnte nur in Schichten vergraben werden,
welche durch Wasser gebildet find.

3. Das gespathete Gestein enthält Ammoniak und Kohle und
beweist also, dass Thiere und Pflanzen zur Zeit, als sich das Gestein gebildet hat, gelebt haben.

4. Der Glimmer des Granites und des Porphyrs enthält Spathwasser, er kann also nur entstanden fein, als es bereits Wasser
auf Erden gab, d. h. als die Erde unter 376° C. Wärme hatte.
Auf feurig flüssigem Wege, zur Zeit, als es noch kein Wasser
gab, kann auch Spathwasser nicht gebildet fein. Granit und Porphyr
können also auf feurigem Wege nicht entstanden fein.

5. Der Granit hat drei verschiedene Bestandtheile: Quarz,
Feldspath und Glimmer, deren Schmelzpunkte äusserst verschieden
find. Dennoch findet man, wie Vogt in feiner Geologie 1847 Bd. 2
S. 212 sich ausdrückt, fehr häufig ein Quarzgespath, welches auf
der einen Seite in den Feldspath sich eingedrängt hat, während
andrerseits der letztere einen Eindruck im Quarzgespathe erzeugte.
Ebenso finden sich in den grobkörnigen Graniten, welche Schörle
(Turmalin) enthalten, die Gespathe des Schörls, rund umgossen
von Quarzmasse, welche fo genau den Abklatsch des Schörl-
gespathes bildet, dass fogar die Risse und Spalten des letztern
von Quarzmasse ausgefüllt find. Offenbar war hier das Gespath
des Schörls schon gebildet, ehe die Quarzmasse erstarrte, und
doch bildet der Schörl eine weit schmelzbarere Masse als der Quarz,
und hätte der letztere jedenfalls vor dem Schörle erkalten müssen.
Vogt hat hiemit den unumstöslichen Beweis geliefert, dass der
Granit nicht auf feurig flüssigem Wege gebildet fein kann, denn
die Annahme einer Erstarrung, bei welcher die Körner des Quarzes
viele Millionen Jahre follen in weichem, halbflüssigem Zustande
geblieben fein, ist eine ebenso unglückliche als unmögliche Annahme. — Es bleibt also für die Erklärung diefer Thatfachen
wieder nur die Entstehung auf nassem Wege durch Wasser übrig.

6. Grose Gespathe, wie der Granit und wie namentlich einzelne Drofenräume im Granite fie zeigen, können feurig flüssig nie
entstehen.

7. Ebenso wenig kann sich beim Erstarren aus dem feurig
flüssigen Zustande jemals die freie Kiefelfäure für sich niederschlagen, zumal auf Erden Bafen im Ueberflusse vorhanden find.

8. Dasselbe Feuermeer kann nicht dicht neben einander die
verschiedensten spalhigen Gesteine aus demfelben Meere gebildet

haben; dennoch finden wir dicht neben einander Granit und Porphyr, Diorit und Dolerit, Serpentin und Trachyt, Basalt und Lava.

9. Endlich ist noch nie ein geschmolzener Granit beobachtet. Aus den Feuerbergen wird stets nur Lava ausgeworfen, nie Granit. Schmilzt man aber den Granit durch Feuer und lässt ihn dann erkalten, so entsteht nicht wieder Granit, sondern ein Gestein, das, der Lava ähnlich im Gefüge, eine Sonderung der verschiedenen Theile nicht erkennen lässt.

10. Granit kann also nie durch das Feuermeer entstehen. Nachzuweisen bleibt nur noch, wie er denn eigentlich entsteht; dies wird im Folgenden geschehen.

Da der Granit und Porphyr durch Einwirkung des Wassers auf die Erdschale entstanden ist, so kann er nicht tiefer sein, als das Wasser in die Erde dringt. Das Wasser dringt aber, wie wir in no. 3 sahen, 20000 Meter tief in die Erde ein, während die feste Schale bereits 49500 Meter Dicke hat. Auf die Lavaschale der Erde kommen mithin 29500 Meter Dicke, auf die Granitschale und die Flötzschale, welche wir sofort werden kennen lernen, kommen zusammen 20000 Meter, auf die Granitschale allein 10000 Meter.

5. Die Flötzschale der Erde.

Die Schale der Erde besteht in ihren obersten Schichten aus Flötzen*), d. h. aus wagerecht abgelagerten Schichten, welche unzweifelhaft aus Wasser gebildet sind und zahlreiche Versteinerungen an Pflanzen und Thieren enthalten. Die Ueberreste dieser Pflanzen und Thiere erscheinen in den Schichten als mehr oder minder reicher Gehalt an Kohle. Im Thonschiefer bildet dieselbe $0_{,13}$ bis $8_{,101}$ % des Raumes, ähnlich ist der Gehalt der jüngern Schichten. Man greift mithin nicht zu hoch, wenn man bei den vom Wasser getränkten geschichteten Gesteinen den mittlern Gehalt an Kohle auf zwei bis drei Tausendtel des Raumes annimmt. Da nun gegenwärtig die geschichteten Gesteine 10000 Meter Dicke erreichen, so beträgt der Kohlengehalt der Schichten 20 bis 30 Meter Kohle, d. h. soviel, dass dadurch die ganze Erde 24 Meter hoch mit Kohle vom Raumgewichte $1_{,25}$ bedeckt sein würde.

Die Schichten der Flötzschale besitzen, soviel man durch

---

*) Flötz, ahd. flassi, isl. flatr, ndf. flot bezeichnet eine wagerechte, ebene Erd- oder Steinschicht und stammt vom Urverb plu schwimmen, fliesen, sskr. plu, gr. plý-nū, plév-ō, lat. plu-it es regnet, lit. pláu-ju, egf. flov-an fliesen, ahd. flaw-jan, dann erweitert ahd. vliozan, nhd. fliesen, floss, geflossen.

Messung und Schätzung ersehen kann, eine mittlere Tiefe von 10000 Metern mit einem mittlern Raumgewichte von 2_{17}, doch muss dabei bemerkt werden, dass diese Angabe noch keine wissenschaftliche Sicherheit hat. Die Schichten der Flötzschale bestehen dabei aus zwei wesentlich verschiedenen Gesteinen, aus Trümmergesteinen und Kohlensäuregesteinen. Von diesen sind die **Trümmergesteine** aus Trümmern des Granites, Porphyrs oder eines andern Urgesteines gebildet und zeigen in ihren Bruchstücken noch deutlich diesen Ursprung. Sie bilden etwa $\frac{2}{3}$ der Flötzschale oder 6667 Meter Dicke mit einem mittlern Raumgewichte von 2_{17}.

Die **Kohlensäuregesteine** dagegen bestehen aus kohlensauren Salzen, vorwiegend aus kohlensaurem Kalke, sie bilden nach Bischof's Schätzung in seiner Geologie $\frac{1}{3}$ der Flötzschale oder 3333 Meter mittlerer Dicke mit dem mittlern Raumgewichte 2_{17} oder 3103 Meter Dicke bei dem Raumgewichte 2_{9}. Die Kohlensäure bildet im Mittel 44 Hundertel ihres Gewichtes*). Diese Kohlensäuregesteine sind ebenfalls unzweifelhaft durch Wasser gebildet, das beweisen einerseits die zahlreichen Versteinerungen und Thiergehäuse in denselben (die jüngeren Schichten, wie Jura, Kreide, bestehen fast nur aus Thiergehäusen), das ergiebt sich auch daraus, dass die kohlensauren Gesteine in der Hitze sofort ihre Kohlensäure entweichen lassen und die Basen ohne Kohlensäure zurücklassen. Die Vulcanisten haben dies auch sämmtlich zugestanden. Nur den **Marmor**, d. h. den spathig gebildeten kohlensauren Kalk, wollen sie durch Erstarren feurig flüssigen Gesteines erklären. Freilich lässt auch der Marmor beim Erhitzen seine Kohlensäure fahren, nur unter starkem Drucke kann er die Kohlensäure behalten. Die Vulcanisten nehmen also einen solchen Druck an, um die Entstehung des Marmors auf feurigem Wege möglich zu machen. Aber nach der eignen Ansicht der Vulcanisten soll sich unter dem geschmolzenen Marmor ein Meer geschmolzenen Granites mit freier Kieselsäure befunden haben. In der Hitze nun treibt Kieselsäure die Kohlensäure stets aus, auch unter dem heftigsten Drucke und bildet kieselsaure Kalkerde oder sogenannten todtgebrannten Kalk.

---

*) Unter den kohlensauren Salzen bildet der kohlensaure Kalk die Hauptmasse. Sein Korbgewicht ist 50. Von den andern kohlensauren Salzen bilden nur noch der kohlensaure Talk und das kohlensaure Eisenoxydul bedeutende Lager, das Korbgewicht des erstern ist 42, das des letztern 58, das Mittel beider also 50. Man kann daher allgemein 50 als das Korbgewicht der kohlensauren Salze setzen, und kommen dann auf die Base 28, auf die Kohlensäure 22 Theile.

Der Marmor kann fich alfo nicht auf feurigem Wege gebildet
haben.   Auch zeigen weder die Himmelssteine, noch die aus Feuerbergen aufgeworfenen Kratergesteine je Marmor.   Auch der Marmor
kann demnach nicht feurig flüssig entstanden fein.   Wir werden
im Folgenden die Art, wie er entstanden ist und die Bedingungen,
unter denen er entstehen muss, kennen lernen.

6. Das Wassermeer der Erde.

Auf der festen Schale der Erde lagert nun das Wassermeer
der Erde. Die Tiefe desselben beträgt, wie wir in no. 3 fahen,
im Mittel der ganzen Erde 2400 Meter mit dem Raumgewichte 1.
Von diefem Waffer kommen auf die Erdspalten 800 Meter, auf
das eigentliche Meer im Mittel der ganzen Erde 1600 Meter, oder
für das Meer allein, wenn man beachtet, dass das Festland kein
Meereswasser aufer den Spalten enthält, 2200 Meter Tiefe. Im
chemisch reinen Waffer find $\frac{1}{9}$ Wafferstoff und $\frac{8}{9}$ Gewichtstheile
Sauerstoff enthalten.

Das Meereswasser ist aber nicht chemisch rein. Es enthält
gelöste Salze, welche etwa $3\frac{1}{2}$ Hundertel der Masse bilden. Nach
den ausgezeichneten Zerlegungen von Bibra Ann. d. Chem. u. Pharm.
77, 90 find in 10000 Theilen Meerwasser im Mittel enthalten:[*)]

Reines Waffer   .   .   9647 Theile
Summe der Salze   .   353   -   oder 100 Theile

Chlornatrium	267,,)	Theile	75,,, Theile
Chlormagnefium	32,,,	-	9,,, -
Chlorkalium	12,,,	-	3,,, -
Bromnatrium	4,,,	-	1,,, -
Schwefelfaurer Kalk . .	16,,,	-	4,,, -
Schwefelfaure Magnefia .	19,,,	-	5,,, -
Summa	353,,,	Theile	100,,, Theile.

7. Das Luftmeer der Erde.

Ueber der ganzen Erde wogt endlich das Luftmeer der Erde
mit dem Drucke einer Luftfäule oder einer Wafferfäule von
$10\frac{1}{3}$ Meter Waffer. Diefes Luftmeer enthält:

---

*) Nach Forchhammer aber die Bestandtheile des Meerwassers beträgt
die Summe der Salze 343,,, und macht davon das Chlor 189,,,, die Schwefelfaure 22,,,, die Magnesia 20,,,, der Kalk 5,,, Theile aus. Aufer obigen Bestandtheilen find im Meere Spuren von kohlenfauren Kalk- und Talkfalzen,
von Chlorkalium, Jodnatrium und Bromkalk enthalten.

Stickstoff	.	$76_{,176780}$ Gewichthundertel,	$77_{,56804}$ Raumhundertel,
Sauerstoff	.	$22_{,98104}$	"	$20_{,46803}$	"
Wasserdunst		$1_{,000800}$	"	$1_{,81360}$	"
Kohlensäure		$0_{,0,9756}$	"	$0_{,74804}$	"

Summa $100_{,000000}$ Gewichthundertel, $100_{,000000}$ Raumhundertel, wobei allerdings der Gehalt des Luftmeeres an Wasserdunst fehr veränderlich und in der obigen Ueberficht nur der mittlere Dunstgehalt der Luft angegeben ist.

Das Luftmeer hat hiemit aber noch nicht feine Grenze erreicht. Die Luft dringt ein in das Wasser des Meeres. In 10000 Raumtheilen des Meereswaffers der Oberfläche fand man (Comptes rendues 0, 616) 196 Raumtheile Luft, und zwar 158 Raumtheile Stickstoff, 14 Raumtheile Sauerstoff und 24 Raumtheile Kohlensäure. Die Luft im Meereswasser ist also viel reicher an Kohlensäure als die im Luftmeere. Ebenso ist auch die Luft im Regenwasser viel reicher an Kohlensäure als die im Luftmeere. Nach Baumert (Ann. Ch. Ph. 88, 17) enthält das Regenwasser bei 19° C. auf 33,,, Sauerstoff, 64,,, Stickstoff 1,,, Raumtheile Kohlensäure.

Stellen wir hienach die Ergebnisse unferer Unterfuchung über die Schichten der Erde zufammen, so erhalten wir folgende Ueberficht, wobei wir bemerken, dass für das Erzmeer das Raumgewicht des Himmelseifens zu Grunde gelegt ist.

Ueberficht des Gewichtes der Erdtheile.

	In Taufendtein der Erde.	In Trillionen Tonnen.
1. Erzmeer	$804_{,63365}$	$4949_{,8400}$
2. Lavenmeer	$183_{,53333}$	$1129_{,90366}$
3. Lavenschale	$6_{,73663}$	$41_{,73363}$
4. Granitschale	$2_{,73363}$	$13_{,56176}$
5. Trümmergesteine	$1_{,46476}$	$9_{,8488}$
6. Kohlensäuregesteine	$0_{,77636}$	$4_{,83761}$
7. Wassermeer	$0_{,91987}$	$1_{,13319}$
8. Luftmeer	$0_{,90009}$	$0_{,70084}$

Summa $1000_{,90000}$ $6149_{,8176}$.

Legen wir ferner für das Lavenmeer und die Lavenschale die Zufammenfetzung zu Grunde, welche wir oben ermittelt haben, und nehmen wir einmal an, was wir unten beweifen werden, dass die Granitschale und die Trümmergesteine nebst den Hufen der Kohlensäuregesteine und den Salzen des Waffermeeres aus der Meereslava gebildet fei und daher dem Gewichte nach zu den Stoffen der Lava gerechnet werden könne, so ergiebt fich die fol-

gende Zufammenfetzung der Erde, wobei aber bemerkt werden
möge, dass diefe Zahlen nur erste Annäherungen darstellen, und
dass im Erzmeere der Erde der Eifengehalt ebenfo hoch angenommen ist, wie im Himmelseifen.

		Taufendtel der Erde.	Trillionen Tonnen.
I. Erze:	Eifen	742$_{97841}$	4568$_{84884}$
	Mangan	0$_{1,733}$	1$_{w355}$
	Andere Erze	80$_{84671}$	494$_{9580}$
	Summa	823$_{94093}$	5064$_{93592}$
II. Bilder:	Sauerstoff	83$_{79033}$	515$_{18415}$
	Wasserstoff	0$_{9,331}$	0$_{9,354}$
	Kohle	0$_{99914}$	0$_{1,8441}$
	Stickstoff	0$_{98941}$	0$_{99043}$
	Summa	84$_{90158}$	516$_{94814}$
III. Kiefe:	Kiefel	42$_{94007}$	263$_{13144}$
	Summa	42$_{94007}$	263$_{13144}$
IV. Griese:	Thon (Aluminium)	19$_{93399}$	120$_{0,310}$
	Kalk (Calcium)	12$_{93317}$	75$_{93302}$
	Talk (Magnesium)	4$_{94910}$	28$_{94715}$
	Natrium	6$_{13941}$	38$_{93433}$
	Kalium	6$_{97081}$	38$_{91440}$
	Summa	49$_{99441}$	301$_{94912}$
	Sonst	0$_{94450}$	8$_{13518}$
	Gefammt	1000$_{90000}$	6149$_{94170}$

Alle Angaben diefer Nummer find, foweit nicht ausdrücklich
ein anderes bemerkt ist, durchaus ficher und auf genaue wiffen-
fchaftliche Meffungen und Unterfuchungen gegründet.

Anm. 1. Berechnung des Gewichtes der Erdtheile.

Sei r_1 der Halbmesser der äusern, r_3 der Halbmesser der innern Grenze
einer Schicht und R der Halbmesser der Erde. Sei ferner e das Raumgewicht der Schicht und E das der Erde, fo ist das Gewicht der Schicht g
in Taufendteln des Erdgewichtes

$$g = \frac{e\,(r_1^3 - r_3^3) \times 1000}{E R^3}.$$

Nun ist E = 5$_{44}$, R = 6376466 Meter. Ferner ist fürs Luftmeer r_2 = 6376466$^{1}/_{3}$,
fürs Waffermeer r_2 = 6376455, für die Flötzschale r_2 = 6374056, für die
Granitschale r_2 = 6364056, für die Lavenschale r_2 = 6354056, fürs Lavenmeer
r_2 = 6321356, fürs Erzmeer r_2 = 5394460. Ferner ist fürs Waffermeer e = 1,

für die Flötzschale und Granitschale $e = 2_{,1}$, für die Lavenschale und das Lavenmeer $e = 2_{,6}$, für das Erzmeer $e = 7_{,44}$.

Das Gewicht der ganzen Erde ist $6148_{,447}$ Trillionen Tonnen.

Anm. 2. Berechnung des Antheils der einzelnen Stoffe an der Erde.

Im Erze des Himmelseisens bildet das Eisen im Mittel $89_{,36}$ % des Erzes oder rund 90 %, diese Zahl legen wir beim Erzmeere der Erde zu Grunde und rechnen die andern 10 % auf andre Erze, dann erhalten wir $724_{,448}$ % Eisen und $80_{,447}$ % andre Erze. Zu dem Eisen kommen dann noch $18_{,448}$ % aus den andern Schichten, wie unten die Berechnung ergiebt.

Die ganze Masse des Lavenmeeres und der Lavenschale besteht aus Meereslava. Die Masse der Granitschale und der Flötzschale ist gleichfalls aus Lava durch Einwirkung von Kohlensäure entstanden; man erhält die Lava für diese Schichten, wenn man die Kohlensäure der Kohlensäuregesteine und die Kohle der ganzen Schichten absieht.

Es sind aber in den Schichten, wie wir oben sahen, 24 Meter Kohle vom Raumgewichte $1_{,30}$, d. h. im Ganzen $0_{,0074}$ Tausendtel der Erde oder $0_{,045}$ Trillionen Tonnen Kohlen enthalten. Diese Kohle ist nicht ursprünglich gewesen, sie ist aus Kohlensäure entstanden, welche später ihren Sauerstoff zur Oxydation der Steine gegeben hat. Die $0_{,0074}$ % Kohle haben $0_{,0007}$ % O oder in Trillionen Tonnen, die $0_{,0045}$ C haben $0_{,0446}$ O freigegeben, welche beim Sauerstoffe in Rechnung gestellt werden müssen, nach Abzug von $0_{,0007}$ O, welche im Luftkreise der Erde geblieben sind. Die Kohlensäuregesteine enthalten 44 % des Gewichtes Kohlensäure, d. h. $0_{,0071}$ Tausendtel der Erde oder $2_{,134}$ Trillionen Tonnen. Zieht man diese von der Masse der Granitschale und der Flötzschale ab, so bleiben für dieselben $4_{,118}$ Tausendtel der Erde oder $25_{,000}$ Trillionen Tonnen Lava, im Ganzen also in allen Schichten der Erde $194_{,071}$ Tausendtel der Erde oder $1196_{,078}$ Trillionen Tonnen Lava übrig. Für diese Lava fanden wir oben die folgende Zusammensetzung, aus welcher sich die einzelnen Stoffe leicht berechnen:

	Hundertel.	O.	Grundstoff.	Grundstoff in Tausendteln.	in Trillionen Tonnen.
SiO^2	$47_{,111}$	$25_{,112}$	$21_{,199}$	$42_{,0007}$	$263_{,7244}$
Al^{2}O^3	$18_{,468}$	$8_{,071}$	$10_{,467}$	$19_{,3008}$	$120_{,4378}$
Fe^{2}O^3	$2_{,178}$	$0_{,653}$	$1_{,423}$	$8_{,7178}$	$22_{,4425}$
FeO	$6_{,478}$	$2_{,117}$	$7_{,443}$	$14_{,7888}$	$90_{,7811}$
MnO	$0_{,118}$	$0_{,044}$	$0_{,111}$	$0_{,7378}$	$1_{,4764}$
MgO	$4_{,40}$	$1_{,481}$	$2_{,841}$	$4_{,0018}$	$26_{,2176}$
CaO	$8_{,454}$	$2_{,483}$	$6_{,331}$	$12_{,0017}$	$75_{,4802}$
Na^{2}O	$4_{,34}$	$1_{,117}$	$3_{,723}$	$6_{,3001}$	$38_{,7728}$
K^{2}O	$3_{,444}$	$0_{,501}$	$3_{,118}$	$6_{,0001}$	$38_{,4440}$
Sonst	$0_{,78}$	—	$0_{,078}$	$0_{,4440}$	$3_{,4818}$
	$100_{,00}$ $42_{,68}$ $57_{,42}$				
	Dazu Sauerstoff			$81_{,4440}$	$513_{,9718}$
	Summa			$194_{,071}$	$1196_{,078}$

In der Kohlensäure sind $\%_{11}$ O und $\%_{11}$ C, darnach ergiebt sich $0_{,0080}$ % O und $0_{,0088}$ % C, oder in Trillionen Tonnen $1_{,4457}$ O und $0_{,440}$ C. Im Meereswasser ist $\frac{1}{9}$ H und $\frac{8}{9}$ O, darnach ergeben sich $0_{,0721}$ $\frac{0}{00}$ H und $4_{,1144}$ $\frac{0}{00}$ O, oder in Trillionen Tonnen $0_{,144}$ H und $1_{,0441}$ O. Im Luftmeere endlich sind 23 % O und 77 % N, darnach ergeben sich $0_{,0443}$ $\frac{0}{00}$ O und $0_{,0447}$ $\frac{0}{00}$ N, oder in Trillionen Tonnen $0_{,0013}$ O und $0_{,0043}$ N. Hieraus endlich ergeben sich die Zahlen der Nummer.

6. Die Abkühlungsgesetze der Erde.

Die Erde ist nicht immer in dem Zustande gewesen, in welchem wir sie heute finden. Zahlreiche Thatsachen beweisen, dass die Wärme auf der Oberfläche der Erde früher eine viel höhere war, als die heutige. In Sibirien, wo jetzt der Boden in der Tiefe bleibend gefroren ist, weideten zur Zeit der Mammuthe zahlreiche Heerden vorweltlicher Elephanten. Die Elfenbein-Zähne und die Knochen liegen noch jetzt im sibirischen Boden vielfach vergraben. In Deutschland, wo jetzt eine mittlere Wärme von 6° C. herrscht, bauten einst Korallen, welche nur in Gegenden von mindestens 22° C. bauen können, das Juragebirge, und war also auch hier die Wärme in der Vorzeit viel grösser. In noch früherer Zeit sind Farnbäume und Palmen, welche jetzt nur den Tropen angehören, in den nördlichsten Ländern der Erde gewachsen und haben hier mächtige Kohlenlager gebildet. Die Erde hat also früher eine höhere Wärme gehabt, als gegenwärtig.

Dringen wir tiefer in die Erde ein, so begegnen wir auch hier einer höheren Wärme. Die Wärme nimmt auf je 100 Meter Tiefe um 3° C. zu, so, sie ist, wie wir in no. 3 sahen, in 49500 Meter Tiefe 1500° C. warm, die Lava ist dort noch feurig flüssig, die ganze Erde ist in jener Tiefe noch ein Lavenmeer, auf welchem die Erdschale nur schwimmt. Die Erdschale aber ist, soweit sie nicht durch Wasser umgestaltet ist, aus spathigem Gesteine gebildet, welches, wie das spathige Gefüge beweist, einst feurig flüssig war und später erstarrte. Die ganze Erde hat mithin in früher Vorzeit eine Wärme gehabt, wo sie feurig flüssig war und an ihrer Oberfläche über 1500° C. herrschte. Alle Geologen erkennen dies ohne Ausnahme jetzt an.

Die Geschichte der Sterne beweist überdies, dass die Erde früher noch grössere Hitze besessen hat, dass sie einst feurig luftig gewesen ist, dass sie einst dem gewaltigen Luftmeere der Sonne angehört hat, welches in jener Zeit von der Sonne bis zur Erdbahn reichte. Die Geschichte der Sterne beweist, dass alle Sterne von der Grösse der Sonne noch heute feurig flüssig, dass die bedeutend grössern Sterne noch heute feurig luftig sind und dass nur die

kleinen Sterne, wie die Erde, schon eine feste Schale erhalten haben.
Die Anmerkung giebt einen kurzen Ueberblick der in der Sternu-
lehre gewonnenen Sätze, soweit sie für die Erde Geltung haben*).

***

*) Die Sternwelt der Erde.

Im Anfange der Sterngeschichte bildet die Sonne einen gewaltigen
Luftstern, der im langsamen Laufe um feine kleine Achse kreift. Ueber
1242 Millionen Meilen beträgt zu dieser Zeit die große Achse der Sonne, in
langsamem Laufe, in 60128 Tagen vollendet sie einmal die Umdrehung um ihre
kleine Achse. Aber nun kühlt die Sonne sich ab, zieht sich zusammen, kreift
deshalb schneller und schneller um ihre Achse, bis zuletzt in dem gewaltigen
Luftmeere der Schwung oder die Centrifugo der äußersten und am schnellsten
kreisenden Theilchen der Anziehungskraft der Sonne gleich wird und die
äußersten Lufttheilchen, wenn sich die innere Masse noch weiter zusammen-
zieht, als freier Ring um die Sonne schweben. Luftring auf Luftring löft
sich in dieser Weise von der Sonne ab, der Druck der Luft wird dadurch
im Innern der Sonnenmasse geringer, die Luft dehnt sich aus, strömt hinaus
in die frei schwebenden Ringe und vermehrt ihre Masse, verlangsamt
ihren Lauf.

Zur Zeit, als die Erdringe sich von der Sonne löften, kreifte die Sonne
bereits in 365₃₆₄ Tagen einmal um ihre kleine Achse, während die große
Achse nur noch 41 Millionen Meilen groß war. Nun löften sich die Erden-
ringe von der Sonnenfläche und kreiften fort und fort in 20'687000 Meilen
Entfernung von der Mitte der Sonne, in 365₃₆₄ Tagen einmal den Kreislauf
um die Sonne vollendend. Zuerst noch strömten von innen die Luftmassen
ein in die Ringe, dann aber, seit die Ringe der Venus sich zu löfen begannen, hörte dies Zuströmen auf. Die Erdringe enthielten um diese Zeit
bereits sämmtliche Stoffe, welche die Erde noch heute trägt, außer den geringen Massen, welche Sternschnuppen, Schweifsterne und Himmelssteine
hinzugeführt haben, ist keine Masse später zur Erde hinzugekommen, noch
von der Erde weggenommen. Die Uebersicht in no. 5 zeigt uns also das
Verhältnis der Stoffe auf der Erde auch schon für diesen Zeitabschnitt.

Die Ringe der Erde kühlen sich nun gleichfalls ab, und da sie der Mitte
der Sonne sich nicht nähern können, so entstallt in den Ringen eine Span-
nung, sie springen und fliessen nun zu einer Luftlofe, der Erde als Luftstern,
zusammen. In derselben Zeit und in derselben Bahn, in welcher die Erde
noch heute kreift, kreift dieser Luftstern schon zur Zeit seiner Entstehung
um die Sonne; aber noch dreht sich der Luftstern nicht um feine Achse,
noch füllt der Luftstern ungemessene Räume, zählt feine große Achse
Millionen von Meilen.

Aber auch der Luftstern der Erde kühlt sich weiter und weiter ab,
wird dadurch kleiner und kleiner und beginnt allmälig um feine Achse sich
zu drehen. Denn da alle Theile des Luftsternes in gleicher Zeit um die
Sonne kreisen, so haben die der Sonne nächsten Theile der Erde eine geringere Schnelligkeit als die mittlern, und die fernsten eine größere. Wird nun
der Luftstern der Erde kleiner, d. h. nähern sich alle Theile dem Mittelpunkte der Erde, so werden die innern Theile zurückbleiben, die äußern
voraneilen: die Erde beginnt sich rechtläufig um ihre Achse zu drehen.

Die Erdgeschichte selbst kann sich mit diesen frühesten Zuständen der Erde nicht beschäftigen, sie muss wegen der Einzelheiten und wegen der Beweise auf die Sternlehre verweisen.

Auch die Zeit, da die Erde noch feurig flüssig war, wie die Sonne, und also einen Fixstern bildete, der weithin sein Licht entsandte, gehört der Urzeit an, mit welcher sich die Geschichte der Erde nicht beschäftigt. Erst mit dem Zeitpunkte, da die Wärme der Erde 1500 ° C. erreichte und eine feste Schale erhielt, beginnt die eigentliche Geschichte der Erde. Letztere untersucht

Zuerst, so lange die Zusammenziehung der Erde nur gering ist, bleibt auch diese Umdrehung nur langsam, bald jedoch nimmt die Schnelligkeit zu und wird so bedeutend, dass abermals der Schwung der äussersten Lufttheilchen der Anziehungskraft der Erde gleich wird. Luftringe lösen sich und bilden bei ihrem späteren Zerspringen den Begleiter der Erde, den Mond.

Die Erde dreht sich um diese Zeit bereits in 27,₃₂₁₆₆ Tagen um ihre kleine Achse, die grosse Achse derselben misst nur noch 103600 Meilen. Aber auch diese Grösse ist mit der jetzigen Erde verglichen noch erstaunenswerth. Nehmen wir auch die kleine Achse der luftförmigen Erde ⅓ so klein als die grosse an, so ist der Rauminhalt der Erde um diese Zeit doch immer noch 24749 mal so gros als jetzt, oder die Dichte der Luft, aus welcher die Erde in dem ersten Zeitraume bestand, nur 0,₀₀₀₀₄ mal so dicht als die jetzige Luft der Erde.

Bei weiterer Abkühlung der Erde schlagen sich in dieser Luftinse zuerst diejenigen Stoffe nieder, welche die höchsten Siedepunkte besitzen, d. h. die Erze. Die Erze bilden um diese Zeit im Mittelpunkte der Luftinse eine tropfbar flüssige Kugel. Die raumschwersten Stoffe sinken nach unten, über denselben lagern sich die raumleichtern je nach ihrem geringern Raumgewichte, die leichtesten bilden die Oberfläche der flüssigen Kugel, um welche ein gewaltiges Luftmeer wogt. Wiederum schlagen sich aus der Luftinse neue und neue Stoffe nieder, vermehren die Masse der feurig flüssigen Erdkugel und senken sich durch alle die Schichten der Erdkugel, welche raumleichter sind als sie.

Die Erde bietet in diesem Zeitabschnitte denselben Eindruck, welchen heute die Sonne und die Fixsterne bieten; sie ist eine feurig flüssige Kugel, welche weithin Wärme und Lichtstrahlen sendet. Ein gewaltiges Luftmeer von mehr als 600 Luftsäulen (Atmosphären) Druck umgiebt diese feurig flüssige Kugel und hindert das Licht hindurchzudringen, so dass die Erde bei klarem Himmel nur wenig leuchtet. Grosse Wolken schwimmen in diesem Luftmeere von feurig flüssigem Gesteine und bilden um die Erdkugel eine weithin leuchtende Lichthülle (Photosphäre), zwischen denen die wolkenfreien Stellen der Erde wie dunkle Erdflecke mit Höfen und Adern genau wie bei der Sonne erscheinen. Nachdem die Erze sich niedergeschlagen haben, beginnen demnächst auch die andern Stoffe sich niederzuschlagen. Ueber dem feurig flüssigen Erzmeere beginnt ein feurig flüssiges Lavenmeer an zu fliessen, und über diesem endlich wogt ein grosses Luftmeer, welches beispielsweise alles Wasser und alle Kohlensäure der Erde enthält.

die Gefetze der Abkühlung der Erde und steigt mit der Erde von Stufe zu Stufe bis zur jetzigen Wärme der Erdoberfläche von 15° C. herab.

Die Gefetze der Abkühlung der Erde find zuerst vom Profeſſor Gustav Bischof in Bonn wiſſenſchaftlich unterfucht und in feiner Wärmelehre 1837 veröffentlicht, fie bilden auch heute noch die wiſſenſchaftliche Grundlage aller Berechnungen auf dem Gebiete der Erdgeſchichte. Bischof legte feinen Berechnungen drei Bafaltkugeln von 711,, mm., 627,, mm. und 245,, mm. Durchmesser zu Grunde. Er gewann diefelben, indem er geschmolzenen Bafalt in Thonformen goſſ, diefe Formen entfernte, fobald die Kugeln hinreichend abgekühlt waren, um feſt zu fein, und nun die Abkühlungen beobachtete. Die genauen Beobachtungen mit Wärmemeſſern begannen, als die Kugeln 288° C. hatten. Die gewonnenen Gefetze find folgende.

1. Für groſe Kugeln gilt das Newton'sche Gefetz, daſs nämlich im leeren Raume die Abkühlung gleicher Kugeln in gleicher Zeit fich verhält wie der Wärmegrad derfelben.
2. Die Abkühlung zweier Kugeln von gleichem Stoffe, gleicher Dichte und gleichem Wärmegrade verhält fich im leeren Raume umgekehrt wie der Durchmesser derfelben.
3. Eine Bafaltkugel von 627,, mm. Durchmesser gebraucht, um fich von 288° C. bis auf 0,,₁° C. über dem Wärmegrade der Umgebung abzukühlen, einen Zeitraum von 6,, Tagen.
4. Die Erde gebraucht, wenn man von den Einwirkungen der Sonne und von der schnellen Wärmeleitung der Feuermeere der Erde abfieht, zu der gleichen Abkühlung einen Zeitraum von 353 Millionen Jahren.

Es ergeben fich aus diefen Gefetzen leicht die Formeln, nach denen man die Abkühlung der Erde berechnen kann. Die Anmerkungen geben die Formeln, nach denen die Abkühlungszeiten für die Erde in diefem Werke berechnet find. Freilich find die erhaltenen Werthe nur erste Annäherungswerthe, da der Einfluſs der Sonne bei ihnen unfer Aufſatz geblieben ist, immer aber find die gewonnenen Zahlen auch fo schon von groſem Werthe, und ist eine wiſſenschaftliche Erdgeschichte ohne Berückfichtigung derfelben unmöglich.

Zweierlei ergiebt fich aus diefen Formeln:
1. daſs zur Abkühlung der Erde fehr bedeutende Zeiträume erforderlich find,
2. daſs der Wärmegrad der Erde jetzt nahe ein fester ist.

Die Erde bedarf jetzt, auch wenn man von der Einwirkung der Sonne absieht, zur Abkühlung um 1° C. einen Zeitraum von 461465 Jahren. Eine gleiche Langsamkeit der Abkühlung der Erde folgt aus der Vergleichung der Mondbewegung mit der Tageslänge. Der grose Astronom Laplace hat nämlich aus dieser Vergleichung bewiesen, dass seit den Zeiten des Hipparchos, der 150 Jahre vor Chr. lebte, d. h. seit 2000 Jahren, der Tag nicht um $\frac{1}{100}$ Sekunde kürzer geworden ist. Wäre aber die Erde um 1_{71}°C. kälter geworden, und hätte sie auch nur die Ausdehnung des Glases, so müsste sie sich um ein $\frac{1}{14000}$ ihres Durchmessers zusammengezogen haben, und da jeder Körper, sobald er kleiner wird, sich schneller dreht, so müsste die Umdrehung um $\frac{1}{7000}$ schneller, d. h. der Tag, der 86400 Sekunden enthält, um 1_{721} Sekunden kürzer geworden sein. Da nun der Tag in 2000 Jahren noch nicht um $\frac{1}{100}$ Sekunde kürzer geworden ist, so kann die Erde in dieser Zeit nicht um

$$\frac{1_{71}}{172}° C.,$$ d. h. nicht um $\frac{1}{137}$° C. kälter geworden sein. Die Erde ist also in ihrer gesammten Masse und ebenso an ihrer Oberfläche nicht um $\frac{1}{137}$° C. kälter geworden.

Freilich ist der Beweis in der vorliegenden Form nicht ganz bindend. Die Erde ist nämlich im Innern eine flüssige Kugel, welche einen ganz festen Wärmegrad besitzt. Jeder Wärmeverlust dieses flüssigen Kernes wird nicht eine Verminderung des Wärmegrades, sondern nur ein Festwerden der flüssigen Masse bewirken, die Schale wird dicker. Mag also auch der flüssige Kern beliebig Wärme an die feste Schale abgeben, so lange er flüssig bleibt, behält er seinen Wärmegrad und seine Ausdehnung, zieht sich nicht zusammen. Ebenso wenig aber nehmen diejenigen Theile, welche fest werden, bei diesem Erstarren einen kleineren Raum ein (denn sonst müssten sie in der geschmolzenen Masse untersinken), vielmehr wird ihre Zusammenziehung durch leere Räume vollkommen ersetzt. Nur die Zusammenziehung der bereits festen Schale kann eine Verkleinerung der Erde hervorbringen, und da jene nur $\frac{1}{21}$ der Raumes beträgt, so scheint dieselbe ohne Einfluss zu sein.

Indessen darf doch andrerseits nicht unbeachtet bleiben, dass auch der mittlere Wärmegrad dieser Schale von 757° C. ein sehr viel höherer ist als der der Oberfläche von 15° C. oder von 75° über dem Wärmegrade des Weltraumes, nämlich das elffache von diesem. Da nun die Abkühlung sich verhält wie der Wärmegrad selbst, so wird auch diese Abnahme im Innern viel stärker sein als an der Oberfläche. Setzen wir einmal für das Innere dasselbe

Abkühlungsgesetz wie für die Oberfläche, fo wäre fie, da der Wärmegrad der elffache ist, auch 11 mal fo groß als an der Oberfläche, d. h. es würde fich die Schale der Erde bei der Abkühlung der Oberfläche um 1° C. um das elffache zufammenziehen, und da fie ¹/₂₁ der Erde ist, halb foviel zufammenziehen, als wenn fich die ganze Erde um 1° C. abkühlte.

Berechnet man hiernach, wie lange die Erde gebrauchen würde, um fich um ·1° C. abzukühlen, fo ergiebt fich, dass diefelbe in 276940 Jahren noch nicht um 1° C. kühler werden kann.

Berechnen wir nach den Gefetzen der Anmerkung die Zeiten, welche die Erde zur Abkühlung gebraucht, fo erhalten wir die folgende Tafel:

Wärme der Erdober-fläche.	Jahre feit Anfang der Schalen-bildung.	Abkühlung um 1° C. in Jahren.	Wärme der Erdober-fläche.	Jahre feit Anfang der Schalen-bildung.	Abkühlung um 1° C. In Jahren.
1500° C.	0	22775	180° C.	84'349230	149565
1400° C.	2'277530	24392	160° C.	87'340320	163840
1300° C.	4'715730	26256	140° C.	70'617120	181114
1200° C.	7'312300	28478	120° C.	74'239400	202451
1100° C.	10'185130	30992	100° C.	78'288120	216284
1000° C.	13'243?0	74066	95° C.	79'379840	225460
900° C.	16'690900	37816	90° C.	80'507140	232082
800° C.	20'472530	42496	85° C.	81'672600	241280
700° C.	24'722160	48501	80° C.	82'879000	250156
600° C.	29'572190	56484	75° C.	84'129780	259396
500° C.	36'220640	67618	70° C.	85'426760	269645
400° C.	41'962400	76776	65° C.	86'776000	280680
376° C.	43'825040	80348	60° C.	88'178400	292628
360° C.	45'110630	83865	55° C.	89'641540	305628
340° C.	46'787940	88169	50° C.	91'169080	319864
320° C.	48'551320	92937	45° C.	92'769000	335158
300° C.	50'410070	98251	40° C.	94'446290	352675
280° C.	52'375090	104207	35° C.	96'209666	371747
260° C.	54'459230	110936	30° C.	98'068400	393000
240° C.	56'677960	118583	25° C.	100'033400	416840
220° C.	59'049810	127385	20° C.	102'117600	443740
200° C.	61'597520	137585	15° C.	104'338300	

Alle Sätze diefer Nummer find als erste Annäherungen ficher und auf genaue wissenschaftliche Unterfuchungen gegründet.

Anm 1. Die Abnahme des Wärmegrades.

Bezeichne $t_0, t_1, t_2 \cdots t_n$ die Wärmegrade einer Kugel zur Zeit 0, 1, 2···n, und bezeichne $v_0, v_1, v_2 \cdots v_n$ die jenen Wärmegraden entsprechenden Abkühlungen der Kugel von dem Durchmesser Eins in der Zeiteinheit, fo ist nach dem ersten Gefetze von Bischof

$$t_0 : t_n = v_0 : v_n, \quad d. h. \quad v_n = t_n \cdot \frac{v_0}{t_0};$$

ferner ist aber

$$t_1 = t_0 - v_0 = t_0\left(\frac{t_0 - v_0}{t_0}\right) \text{ und } v_1 = t_1 \frac{v_0}{t_0} = v_0\left(\frac{t_0 - v_0}{t_0}\right),$$

mithin

$$t_2 = t_1 - v_1 = (t_0 - v_0)\left(\frac{t_0 - v_0}{t_0}\right)$$
$$= t_0\left(\frac{t_0 - v_0}{t_0}\right)^2 \qquad v_2 = v_0\left(\frac{t_0 - v_0}{t_0}\right)^2,$$

mithin

$$t_n = t_0\left(\frac{t_0 - v_0}{t_0}\right)^n \qquad v_n = v_0\left(\frac{t_0 - v_0}{t_0}\right)^n,$$

oder

$$t_n = t_0\left(1 - \frac{v_0}{t_0}\right)^n \qquad v_n = v_0\left(1 - \frac{v_0}{t_0}\right)^n,$$

d. h. die Wärmegrade nehmen in der Höhenreihe (geometrischen Reihe) ab, wenn die Zeiten in der Zahlenreihe (arithmetischen Reihe) zunehmen.

Bezeichne ferner T_0, $T_1 \cdots T_n$ und V_0, $V_1 \cdots V_n$ die entsprechenden Grössen für eine Kugel von dem Durchmesser D und sei $T_0 = t_0$, so ist nach dem zweiten Bischof'schen Gesetze

$$\frac{V_0}{v_0} = \frac{1}{D}, \text{ d. h. } V_0 = \frac{v_0}{D}$$

und

$$T_n = T_0\left(1 - \frac{V_0}{T_0}\right)^n = t_0\left(1 - \frac{v_0}{t_0 D}\right)^n \qquad V_n = \frac{v_0}{D}\left(1 - \frac{v_0}{t_0 D}\right)^n.$$

Anm. 2. Die Zeiten der Abkühlung der Erde.

Setzen wir für die Erde den Erddurchmesser gleich Eins; bezeichnen wir ferner den Wärmegrad vor der Abkühlung mit t_0, den nach derselben mit t_x und die Zeit der Abkühlung in Millionen Jahren, so ist

$$t_x = t_0\left(1 - \frac{v_0}{t_0}\right)^x = t_0(a)^x, \qquad \text{wo } a = 1 - \frac{v_0}{t_0} \text{ gesetzt ist.}$$

mithin ist

$$x = \frac{\log t_x - \log t_0}{\log a} = \frac{\log t_0 - \log t_x}{-\log a},$$

endlich ist nach dem vierten Bischof'schen Gesetze für die Erde

$$0_{,01} = 288 \cdot (a)^{353},$$

mithin

$$\log a = \frac{\log 0_{,01} - \log 288}{353},$$

oder

$$a = 0_{,971330}$$
$$\log a = 9_{,9872613} - 10,$$
$$\log(-\log a) = 8_{,1011046} - 10 = -1_{,8988954}.$$

Führt man diesen Werth in die obige Formel für x ein, so erhält man

$$\log x = \log(\log t_0 - \log t_x) + 1_{,8988954},$$

wo x die Zeit in Millionen Jahren, t_0 die Anfangswärme, t_x die Endwärme, beide in Centgraden, bezeichnen, aber beide von der Wärme des Weltraums oder von 60° C. unter Null ab gerechnet.

7. Die Zeiträume der Erdgeschichte.

Wir beginnen die Geschichte der Erde mit der Zeit, als die Erde feurig flüssig war und über 1500° C. hatte und theilen die ganze Geschichte der Erde in vier Zeiträume:

1. die **Schalengeschichte** oder die **Urgeschichte**, d. h. die Zeit der Erde, da sich unter dem Einflusse eines gewaltigen Meeres die Urgesteine der Erdschale bildeten. Es ist dies die Zeit der Zelllosen;

2. die **Hügelgeschichte** oder die **Uebergangsgeschichte**, d. h. die Zeit der Erde, als die ersten Hügel auf dem Lande hervortraten und sich die ersten Schichtgesteine, die Uebergangsgesteine bildeten. Es ist dies die Zeit der Marklosen und Wirbellosen;

3. die **Gebirgsgeschichte**, d. h. die Zeit der Erde, als die Gebirge auf der Erde emporstiegen. Es ist dies die Zeit, als die Schichtgesteine, die Secundärgebilde sich bildeten und die Nichtsäuger auf Erden lebten;

4. die **Alpengeschichte**, d. h. die Zeit der Erde, als die Alpen oder die Hochgebirge der Erde emporstiegen. Es ist dies die Zeit, wo die Thiergesteine, die Tertiärgebilde, sich niederschlugen und die Säuger die Erde bevölkerten.

Die drei letzten Zeiträume bilden zusammen die Zeit der Pflanzen und Thiere, welche das zweite Buch behandelt.

Die gewöhnliche Erdgeschichte behandelt nur die Zeit der Pflanzen und Thiere.

Erster Zeitraum der Erdgeschichte:
Die Schalengeschichte oder die Urgeschichte der Erde.

8. Die Schalengeschichte oder die Urgeschichte der Erde.

Die Urgeschichte der Erde umfasst die Zeit, wo sich die Urgesteine der Erdschale*) bildeten und es noch keine zelligen Wesen, keine Pflanzen und Thiere auf der Erde gab. Eigentlich gehört diese ganze Zeit der Zelllosen noch der niedrigsten Stufe des Weltalls an, und umfasst diese niedrigste Stufe drei grose Zeit-

---

*) Schale, goth. skalja, an. skál, agf. sccala stammt ab vom Urverb ska-, gr. skál-lo für skál-jo, nhd. schälen und bezeichnet die durch Abschneiden getrennte Haut.

räume, die Luftzeit oder die Zeit der Luftsterne, die Fixzeit oder
die Zeit der feurig flüssigen Fixsterne und die Schalenzeit oder
die Zeit der mit einer festen Schale umgebenen Schalensterne.

Für die Erde müssen wir wegen der ersten beiden grosen
Zeiträume auf die Sterngeschichte bezüglich das Sterngemälde verweisen, dagegen werden wir den letzten Zeitraum oder die Schalzeit für die Erde gesondert betrachten, da wir einmal nur auf der
Erde die genauen Verhältnisse dieses Zeitraums erkennen können,
und da andrerseits dieser Zeitraum für die Ausbildung der Erde von
hervorragender Bedeutung ist.

Es beginnt dieser Zeitraum mit dem Zeitpunkte, da die Abkühlung der Oberfläche der Erde 1500° C. erreichte; denn mit
diesem Zeitpunkte beginnt die Lava der Erde zu gerinnen und eine
feste Schale zu bilden. Der Zeitraum endet mit dem Zeitpunkte,
wo die ersten Pflanzen und Thiere auf der Erde erscheinen. Nach
den Beobachtungen von Regel soll das Wasser des Karlsbader
Sprudels bei 40° C. noch keine zelligen Wesen zeigen, dagegen
giebt Cohn an, dass in demselben Wasser höchstens bei 44—54° C.
noch Leptothrix lamellosa wachsen und höchstens bei 31—44° C.
Oscillatorien und Mastichocladen leben können, dagegen sollen nach
Ehrenberg auf Ischia in heissen Quellen sich grüne und braune Pilze
mit lebenden Eunotien und Oscillatorien bei 81—85° C. finden, und
sollen nach Lauder-Lindsay in den Quellen Laugarness auf Island
sogar Conferven in einem Wasser wachsen, welches Eier in 4—5
Minuten gar macht. Als die erste Zeit, in welcher zellige Wesen
auf Erden erschienen sind, wird man hiernach die Zeit setzen
müssen, als die Erde 75° C. hatte. Diesen Zeitpunkt nehme ich
demnach als Ende der Urzeit an.

Die Urzeit herrscht also während des Zeitraums,
dass sich die Oberfläche der Erde von 1500° bis
auf 75° C., d. h. auf ein Zwanzigstel der anfänglichen Hitze abkühlt.

Der vorliegende Zeitraum zerfällt wieder in drei Zeitabschnitte.

Im ersten Zeitabschnitte, der Dunstzeit, wogte über der Erdschale nur ein gewaltiges Dunstmeer von Kohlensäure und Wasserdunst. Kein Tropfen Wasser berührte in dieser Zeit die Erdschale,
kein Meer sammelte sich auf der Feste. Die Erde erscheint von
aussen gesehen in der niedrigsten Form der Körperwelt, in der Luft-
form, als Dunststern.

Im zweiten Zeitabschnitte, der Meereszeit, strömten nun
um so grössere Massen Wasser auf die Erde und bedeckten die

ganze Erde mit einem unermesslichen Meere kohlenſauren Ge-
wäſſers, aus welchem kein Land, keine Inſel hervorragte. Die
Erde erſcheint von auſen geſehen in der zweiten Form der Körperwelt, in der flüſſigen Form, als Meeresſtern.

Im dritten Zeitabſchnitte, der Inſelzeit, ſteigen nun die
Felſen und Geſteine als Inſeln aus dem Meere heraus, fallen die
Regen auf die Inſeln herab, und zertrümmern die Geſteine in loſe
Erde, machen die Erde bereit zum Wohnſitze der Pflanzen und
Thiere; aber noch fehlt es an ſelligen Weſen auf der Erde, da die
Bedingungen für dieſelben noch nicht erfüllt ſind. Die Erde er-
ſcheint von auſen geſehen in der dritten Form der Körperwelt, in
der feſten Form, als Inſelſtern.

Mit dem 376.° C. fällt der erſte Regentropfen auf die Erde,
mit dem 121.° C. taucht die erſte Inſel aus dem Meere empor,
wie ſich beides aus den Rechnungen der folgenden Nummern ergeben wird. Dieſe Zeitpunkte bilden mithin die Grenzen der verſchiedenen Zeitabſchnitte.

Die Urzeit zerfällt in drei Zeitabſchnitte: die
Schalzeit von 1500° bis 376° C., die Meerzeit von
376° bis 121° C. und die Inſelzeit von 121° bis
75° C.

Die Eintheilung der Schalenzeit in drei Zeitabſchnitte und die
Beſtimmung der Wärmegrade für die Grenzen der Zeitabſchnitte
iſt in dieſem Buche neu und nur ſoweit ſicher, als die obige Begründung eine ſtreng wiſſenſchaftliche und ſichere iſt.

Erſter Abſchnitt der Urgeſchichte:
Die Dunſtzeit der Erde 1500—376° C.

9. Die Erde als Dunſtſtern.

Sobald ſich die Oberfläche der Erde unter 1500° C. abkühlt,
beginnt die Lava des Feuermeeres der Erde zu gerinnen; ſie erſtarrt
und bedeckt die Erde mit einer dünnen Schale, welche von den
Wogen des Lavenmeeres im Anfange der Schalenzeit noch häufig
durchbrochen und zertrümmert wird. Aber bald wird die Schale
ſo ſtark, als daſs ſie zertrümmert werden könnte, und bildet nun
eine bleibende Scheidewand zwiſchen dem innern Lavenmeere der
Erde und dem äuſern Dunſtmeere[*]).

---

[*]) Dunſt, goth. dauns, ſo. ſchw. dän. daun, abd. tunſt, nhd. Dunſt,
ſtammt ab vom Urverb dhü blaſen, hauchen, heftig bewegen.

Die feste Lavenschale nimmt aber auch jetzt noch Theil an
allen Bewegungen des innern Feuermeeres, denn sie schwimmt auf
dem Feuermeere; könnte das Meer aus dem Innern der Basaltschale entfernt werden, die Schale würde zusammenbrechen und
zertrümmern; nur das Lavenmeer trägt sie, erhält sie und verdickt
sie, je mehr die Erde sich abkühlt.

Die Erde bietet zur Dunstzeit das Bild, welches heute die
äussern Schalsterne oder Planeten, namentlich Jupiter, gewähren.
Denn wie bei diesen ist das Licht, welches die feurig flüssige Erde
früher entsandte, bereits erloschen, die feste Schale verhüllt den
leuchtenden Kern, die Erde hat aufgehört, ein Fixstern zu sein,
sie ist ein Schalstern geworden.   Auch auf der Erde fehlt es in
der ersten Zeit noch an flüssigem Wasser, wie auf dem Jupiter
und den andern äussern Schalsternen.   Erst, nachdem sich die Oberfläche der Erde auf 376° C. abgekühlt hat, beginnt der erste
Wassertropfen auf die Erde zu regnen, das erste Wassermeer sich
zu sammeln.

Andre Stoffe sind es, welche in diesem Zeitabschnitte die
Wolken thürmen, die Regen ergiessen.   Wie beim Jupiter erscheinen
um diese Zeit der Wolkenring des Gleichers und die Wolken-
kappen der Pole von 35° Breite ab hellgelb, während die Passgürtel zu beiden Seiten des Gleicherringes als dunkle Streifen mit
Höfen erscheinen.   Woraus aber die Wolken der Dunstzeit auf
Erden bestanden haben, welche Stoffe sich in diesem Zeitabschnitte
niedergeschlagen haben, das vermag man zur Zeit nicht zu sagen.
Wohl möglich, dass Regen von Schwefeleisen, von Blei und andern leicht flüssigen Erzen in dieser Zeit zur Erde geströmt und
in das Innere der Erdrinde eingedrungen sind.

Die nachstehende Tafel, nach Bischof's Gesetzen berechnet,
gewährt uns einen Ueberblick über die Verhältnisse der Dunstzeit.

Die Verhältnisse der Erde als Dunststern

Wärme der Erd-oberfläche.	Jahre seit Anfang der Schalenbildung.	Dicke der Erdschale in Metern.	Wärmezunahme auf je 100 m Tiefe in Cent-grad.	Grösse der Oberfläche in Quader-meilen.
1.	2.	3.	4.	5.
1500° C.	0	0	0,000	8'546600
1400° C.	2'377530	182	56,164	—
1300° C.	4'716730	313	63,671	—
1200° C.	7'342300	600	49,960	—
1100° C.	10'185130	867	46,035	—
1000° C.	13'284320	1179	42,430	9'394100
900° C.	16'690900	1567	38,700	—
800° C.	20'472530	2033	34,48	—
700° C.	24'722160	2633	30,361	—
600° C.	29'572190	3417	26,340	—
500° C.	35'220640	4467	21,490	9'322500
400° C.	41'982400	5983	18,361	—
376° C.	43'826040	6464	17,611	8'304100

Anm. Die Berechnung der Tafel.

Die Spalte 2 ist unmittelbar aus der Tafel in No. 6 entlehnt.

Spalte 3. Für die Berechnung der Dicke der Erdschale ist das nach-stehende Gesetz aus Bischof's Wärmelehre S. 466 zu Grunde gelegt:

Ein Punkt im Innern der festen Kugel oder Schale gebraucht die gleiche Zeit wie ein Punkt der Oberfläche, um sich von dem gleichen Wärmegrade T bis zu dem gleichen Grade t abzukühlen

Wollen wir nun wissen, wie dick heute vor a Jahren die Erdschale gewesen ist, so untersuchen wir nach der Tafel in No. 6, bis zu welchem ° C. die Erdoberfläche von 1500° C. so in a Jahren abgekühlt ist, sei die gefundene Wärme p° C., so ist jetzt, da die Wärme in der Erdschale auf je 100 m. um 3° C. annimmt, die Wärme p° C. in der Tiefe $\frac{100}{3}$ (p — 15). In dieser Tiefe war die Erdschale also vor a Jahren noch 1500° C., d. h. war noch feurig flüssig.

Spalte 4. Die Zahlen der Spalte 4 ergeben sich unmittelbar aus denen der Spalte 3.

Spalte 5. Die Ausdehnung der Oberfläche ist nach Sebitko's Formel für höhere Wärmegrade (Baumgärtner Zeitschrift IV. 436) berechnet

$$V = v \left(1 + \frac{1}{m}\right)^{T + aT^2}.$$

wo V die Raumausdehnung, v = 1,

$$\log \left(1 + \frac{1}{m}\right) = 0,_{0000016}$$

$$a = 0,_{0772533}$$

$$T = \frac{\log (1 + 0,_{00018} t° \text{ Cent})}{0,_{0001233}}$$

wie beim Glase gesetzt ist und die Erdoberfläche für 15° C auf 9'260500 Quadermeilen angenommen ist.

u. Das Luftmeer der Dunstzeit.

Dem Luftmeere gehörte zu jener Zeit zuerst an der Stick-
stoff, welcher heute noch im Luftmeere enthalten ist, und welcher
$O_{1,2}$ Luftsäulen gleich 8 m. Wasserdruck oder O_{mass} Tausendtel der
Erdmasse bildet *).

Dem Luftmeere gehörte zu jener Zeit ferner an das gesammte
Wasser der Erde, welches die ganze Erde 2400 Meter hoch bedecken würde, oder welches $O_{11,5}$; Tausendtel der Erdmasse wiegt.
Es genügt nämlich eine Wärme von 376° C., um diese ganze
Wassermasse in Dunstform zu erhalten, wie dies die Anmerkung
ergiebt **). So lange die Erde an ihrer Oberfläche über 376° C.
hatte, konnte es kein flüssiges Wasser auf der Erde geben, sondern
gehörte alles Wasser der Erde dem Luftmeere an und bildete in
diesem 23?,,, Luftsäulen oder 2400 m. Wasserdruck.

Dem Luftmeere gehörte zu jener Zeit aber endlich auch die
gesammte Kohlensäure der Erde an. Alle Basen lassen nämlich in
der Hitze, zumal, wenn Kieselsäure zugegen ist, die Kohlensäure
fahren, welche als Luftart entweicht. Bei 1500° Wärme musste
also auch die ganze Kohlensäure der Erde dem Luftmeere angehören.

Nun bildet nach der Berechnung in No. 5 die Kohlensäure
44 % des Gewichtes in den Kohlensäuregesteinen, und bilden letztere eine Schicht von 3103 Meter Tiefe mit einem Raumgewichte

---

*) Unterscheidung von Luftmeer und Luftsäule.

Das Luftmeer der Erde wird gewöhnlich Atmosphäre genannt; aber
dieser Ausdruck ist zweideutig und deshalb zu vermeiden. D.e Atmosphäre
bezeichnet nämlich bald den Druck einer Luftsäule, bald den des Luftmeeres;
beide aber sind wesentlich zu unterscheiden.

Die Luftsäule hat einen bestimmten, gleichbleibenden Druck, sie
drückt so stark wie eine Wassersäule von 10½ Meter Wasser, d. h. auf
einen Quadermeter mit 10½ Tonne Gewicht. Dagegen hat das Luftmeer
einen stets veränderlichen Druck, der mit dem Barometerstande steigt und
fällt und zur Urzeit 623,11 Luftsäulen, d. h. auf jeden Quadermeter 643½,
Tonnen Gewicht betrug.

**) Bezeichne e die Spannkraft des Wasserdunstes in Luftsäulen oder
Atmosphären, t den Cent-Wärmegrad desselben, so ist nach der Dulong'schen
Formel, welche für höhere Wärmegrade am besten gilt,

$$e = 1 + 0_{,\text{enus}} (t - 100)^2 \text{ oder}$$

$$t = 100 + \frac{\sqrt{e} - 1}{0_{,\text{enus}}}.$$

Der Druck des gesammten Wassers auf der Erde ist aber 2400 m. oder, da
eine Luftsäule gleich 10½ Meter Wasser ist, 232,ss Luftsäulen. Führt man
dies in obige Gleichung für e ein, so ergiebt sich t = 376° C.

von 2,,. Die Kohlenfäure diefer Gesteine bildet demnach eine Schicht von 3959,, Meter Tiefe und dem Raumgewichte 1. Aurerdem aber bildet die Kohle in den Schichten einen folchen Antheil, daß die Kohle eine Schicht von 24 Meter mit dem Raumgewichte 1,,, bilden würde. Diefe Kohle ist erst durch den Wuchs der Pflanzen aus Kohlenfäure gebildet, wie dies die Kohlenlager der Erde mit ihren Pflanzenstämmen, Blätterabdrücken u. f. w. unzweifelhaft beweifen. Da nun zur Bildung von 3 Pfund Kohle 11 Pfund Kohlenfäure erforderlich find, fo erfordern diefe 24 Meter Kohle von 1,,, Raumgewicht abermals eine Schicht Kohlenfäure von 110 Meter mit dem Raumgewichte 1. Im Ganzen bildet alfo die Kohlenfäure auf der Erde eine Schicht von 4069,, Meter mit dem Raumgewichte 1 oder, da 10½ Meter eine Luftfäule bilden, 393,,, Luftfäulen Kohlenfäure.

Fassen wir diefe Bestandtheile zufammen, fo war das Luftmeer der Erde zu jener Zeit zufammengefetzt aus

	Luftfäulen.	Druck in Metern.	Taufendtel der Erde.	Trillionen Tonnen.
Kohlenfäure	393,,,	4069,,	0,,,,,	2,,,,
Wafferdunst	232,,,	2400	0,,,,,	1,,,,
Stickstoff	0,,,	6	0,,,,,	0,,,,
Summa	625,,,	6477,,	0,,,,,	3,,,,.

b. Die Lavenschale und das Lavenmeer der Dunstzeit.

Unter diefem Luftmeere der Dunstzeit ruht nun die starre, feste Erdschale, welche ihrerfeits wieder auf einem gewaltigen Steinmeere schwimmt. Alle Stoffe, welche bei 1500° C. nicht mehr luftförmig bleiben können, haben fich niedergeschlagen und bilden entweder Theile der Erdschale oder des feurig flüssigen Meeres der Erde.

Fast alle Erze, deren Siedepunkte weit über 1500° C. liegen, find niedergeschlagen und wegen ihres grosen Raumgewichtes nach der Mitte der Erde gefunken, wo fie den Kern der Erde bilden, ein gewaltiges Erzmeer. Nehmen wir das Raumgewicht diefes Erzmeeres gleich dem des Himmelseifens auf 7,,, an, fo bildet diefes Erzmeer 804,,,,, Taufendtel der Erdmasse und besitzt bereits einen Halbmesser von 727,,,, d. Meilen oder 5'394460 Meter. Ueber diefem Erzmeere aber wogt um jene Zeit ein gewaltiges Steinmeer, dem alle die Stoffe angehören, welche auch heute noch in diefem Meere zu finden find. Bei den Steinsternen wird diefe Schicht von der Himmelslava, bei der Erde, wie wir in No. 5 fahen, von der

Erdlava gebildet. Noch heute bildet die Lava dieſes Meeres 190$_{,3,1,}$ Tauſendtel der Erdmaſſe, die der Schale 4$_{,1,3,}$ Tauſendtel der Erdmaſſe, und wenn man die Kohlenſäure abrechnet, nur 4$_{,1,0,}$ Tauſendtel der Erdmaſſe. Die Schichten der Granitſchale und der Flötzſchale zeigen nun zwar eine andere Zuſammenſetzung als die Lava; da aber dieſe Schichten nachweislich unter dem Einfluſſe des Waſſers und der Kohlenſäure gebildet ſind, da es ferner zu jener Zeit noch kein tropfbares Waſſer gab, ſo konnten dieſe Schichten zu jener Zeit alſo auch noch nicht vorhanden ſein. An ihrer Stelle mueſte ein Geſtein vorhanden ſein, welches ſich unter dem Einfluſſe des Waſſers und der Kohlenſäure in Granit und Flötzgeſtein umſetzen konnte. Wie wir in No. 12 ſehen werden, beſitzt die Meereslava dieſe Eigenſchaft vollkommen.

Ueber dem Erzmeere wogte alſo in der Feuerzeit ein Lavenmeer, welches damals 194$_{,0,0,}$ Tauſendtel der Erdmaſſe ausmachte, und von der aus Lava gebildeten Erdſchale umhüllt wurde. Ueber der feſten Erdſchale aber wogte unmittelbar das gewaltige Luftmeer. Die Verhältniſſe jener Zeit waren alſo überaus einfach:

	Maſſe in Tauſendteln der Erde.	Trillionen Tonnen.
Erzmeer	804$_{,0,2,5}$	4949$_{,0,0,0}$
Lavenmeer und Lavenſchale	194$_{,0,0,7,5}$	1196$_{,0,3,5}$
Luftmeer	0$_{,0,1,0}$	3$_{,2,0,1,}$
Summa	1000$_{,0,0,0}$	6149$_{,0,0,0}$

c. Die Wettergürtel der Dunſtzeit.

Die Erde kreiſt zu dieſer Zeit ſchon jährlich einmal um die Sonne, und zwar iſt das Jahr zu jener Zeit ſchon ebenſo lang wie heute, d. h. genau 365$_{,0,0,1,7}$ der jetzigen Erdtage. Ebenſo dreht ſich die Erde täglich einmal um ihre Achſe, aber dieſe Drehung iſt langſamer als heute, da die Erde größer iſt, der Tag alſo länger.

Das Licht der Sonne kann durch das gewaltige Luftmeer noch nicht hindurchdringen, dagegen iſt die feurig flüſſige Erde noch ſelbſt leuchtend und mit einer Lichtſphäre leuchtender Wolken umgeben. Wie heute die Sonne und der Jupiter, ſo zeigt die Erde der Dunſtzeit ſchon fünf Wolkengürtel:

Nordpol
00° } Wolkenkappe oder nördliche Lichthülle,
35° }
3°   } Freier Himmel oder Passgürtel mit den Erdflecken,
Gleicher } Wolkenring des Gleichers oder Lichthülle,
3°   }
35° } Freier Himmel oder Passgürtel mit den Erdflecken,
90° } Wolkenkappe oder südliche Lichthülle,
Südpol.

Es ist einerseits der grösere Durchmesser des Gleichers, welcher die Abkühlung am Gleicher verlangsamt, andrerseits ist es die Einwirkung der Sonne, welche den Gleicher stärker erhitzt als die übrigen Theile der Erde. Von den Polargegenden der Erde eilen daher die kühlen Winde über das Feuermeer der Erde dem Gleicher zu. Eine Menge Flüssigkeit verdunstet durch diese trocknenden Winde, und wird die Dunstform von den Winden fortgeführt; die Gürtel dieser Winde in 35° bis 3° Breite oder der Passgürtel zeigt bleibend heitern Himmel. Sobald die Winde nun aber zum Gleicher treten, stauen sie sich und erzeugen einen Gürtel der Kalme oder Windstille. Die Lüfte steigen in die Höhe, dehnen sich dabei aus, wie der Druck abnimmt, kühlen sich dadurch ab und bilden nun aus den Dünsten Wolken. Ein Wolkenring umgiebt den Gleicher, nach aussen leuchtend, nach innen mächtige Regengüsse ergiesend. Dann strömt die über dem Gleicher aufgewallte Luft nach den höhern Breiten ab, ohne Regen zu geben, bis sie, in höhern Breiten angelangt, bei der stets abnehmenden Gröse der Breitenkreise in die untern Luftschichten eindringt und, sich mit diesen Lüften mengend, reichliche Gluthregen giebt und von 35° ab die Erdpole in eine Wolkenkappe oder Lichthülle einhüllt. Mit der Sonne rücken übrigens alle diese Erscheinungen, jährlich einmal nach Norden, einmal nach Süden, je nachdem die Sonne nördlich oder südlich vom Gleicher tritt.

Die Sätze dieser Nummer sind in diesem Buche neu, aber meiner Ansicht nach auf streng wissenschaftliche Untersuchungen gegründet und als erste Annäherung durchaus sicher.

Zweiter Abschnitt der Urgeschichte: Die Meereszeit der Erde.

10. Die Erde als Meerstern.

Solange die Wärme an der Oberfläche der Erde höher war als 376° C., solange mithin die Spannkraft des Wasserdunstes gröser war als 232/11, Luftsäulen, d. h. gröser als der Druck des in dem Luftmeere befindlichen Wasserdunstes, solange war eine Sättigung der Luft mit Wasserdunst, war ein tropfbarer Niederschlag, war die Ansammlung von Wasser in Seeen und Meeren unmöglich. Die Oberfläche der Erde blieb eine spathige Lavenrehale ohne jede Spur eines höheren Lebens.

Aber allmälig sinkt nun die Wärme der Erdoberfläche unter 376° C., der Druck des Wasserdunstes wird gröser als seine Spannkraft: der Wasserregen beginnt auf die Erde zu fallen, und mit ihm entsteht ein neues, reges Leben, welches, wie wir im Verlaufe dieses Abschnittes sehen werden, die gewaltigsten Veränderungen auf der Erde hervorbringt. Die folgende Tafel gewährt uns einen Ueberblick über die Verhältnisse der Meereszeit *).

Die Verhältnisse der Erde als Meerstern **).

Wärme der Erdoberfläche in °C.	Jahre seit Anfang der Meeresbildung	Dicke der Erdschale in Metern	Wärmezunahme auf je 100 m. Tiefe in °C.	Wärme in der Tiefe von			Wasserdunst des Luftmeeres in Luftsäulen	in Metern.	Regen bei Abkühlung um 1° C. in Metern.
				0 m.	5000 m.	10000 m.			
1.	2.	3.	4.	5.	6.	7.	8.	9.	10.
376	0	6454	17,437	376	1248	—	232,39	2400,0	24,63
360	1'285500	6780	16,900	360	1200	—	191,35	1976,6	22,56
340	2'962900	7260	15,997	340	1139	—	147,99	1529,1	18,11
320	4'726290	7770	15,193	320	1080	—	112,91	1106,5	16,41
300	6'686030	8340	14,394	300	1020	--	84,31	876,7	11,47
280	8'550050	8970	13,944	280	960	—	62,44	647,3	9,11
260	10'634190	9690	12,789	260	900	—	46,90	475,3	6,70
240	17'652910	10500	12,500	240	840	1440	32,55	336,3	5,31
220	15'424770	11430	11,485	220	780	1340	22,40	231,0	8,08
200	17'774840	12540	10,393	200	720	1240	15,03	155,1	2,71
180	20'524100	13820	9,533	180	668	1136	9,73	100,4	1,81
160	23'515480	15290	8,760	160	698	1036	6,20	62,1	1,18
140	26'792060	17050	7,471	140	639	937	3,55	36,4	0,70
121	30'272530	19070	7,334	121	482	844	2,09	20,7	0,19

*) Meer ist ein Wort der Ursprache mari, sskr. mira für mara, lat. mari-, lit. mare, goth. mari-, ahd. mari, ahd. Meer; es stammt vom Urverb mar verderbe, zerreise und bezeichnet das Verderbende.

**) Die Tafel ist nach den Regeln der Anmerkung zu No. 9 berechnet. Die Spalte 8 ist nach der Formel von Dulong $e = [1 + 0{,}0275 (t - 100)]^6$ berechnet, wo e den Wasserdunst in Luftsäulen angiebt.
Die Spalte 10 ist aus dem Unterschiede der Zahlen in Spalte 9 berechnet, wobei die Luftsäule gleich 10½ Meter gerechnet ist.

Kaum ist die Abkühlung der Erde bis unter 376° C. vor-
geschritten, so nimmt die Erde eine gänzlich veränderte Gestalt an.
Sündfluthartige Regen stürzen aus den Lüften auf die dürre Erdschale herab und bedecken die Erde mit einem unermesslichen
Wassermeere, aus dem kein Festland, keine Insel hervorsieht. Der
Schelstern mit seiner dürren, lechzenden Lavenschale wird plötzlich
in eine gewaltige Wasserkugel, in ein uferloses Meer ohne Anfang
und Ende verwandelt.

Die Regen dieser Urzeit der Meeresbildung sind, mit den heutigen Regen verglichen, riesenhafte Gestalten, 1886 mal so stark
als die heutigen Regen; denn während jetzt bei der Abkühlung
der Luft um 1° C. nur $0_{,012}$ Meter Wasser als Regen hernieder-
tröpfeln, stürzen im Anfange dieses Zeitraumes bei gleicher Abkühlung $22_{,21}$ Meter Regen hernieder und bedecken meerartig
die Erde.

Als die Oberfläche der Erde um 16° C. abgekühlt war und
noch 880° C. Wärme hatte, bedeckte bereits ein Meer von
423 Metern mittlerer Tiefe die ganze Erde und liess kein Land,
keine Insel auf dem Meere hervorleben. Das Meer bedeckt in der
Meereszeit die ganze Erde, den Pol wie den Gleicher; die ganze
Erde ist ein Meerstern geworden.

Aber das Wasser, welches in den ersten Zeiten der Meeresbildung als Regen zur Erde strömt, ist nicht reines Wasser, sondern ein stark kohlensaures Wasser, das Meer der Meereszeit ist
ebenso ein kohlensaures Meer, welches auf die Erdschale die wesentlichsten Einwirkungen ausübt. Das Luftmeer jener Zeit enthält,
wie wir in No. 8 sahen, 392 Luftsäulen Kohlensäure, während das
heutige Luftmeer nur $0_{,00052744}$ Luftsäulen Kohlensäure enthält. Jedes
Nebelbläschen, welches sich in diesem Meere der Kohlensäure
niederschlug, umschloss ein Kügelchen von Kohlensäure, jeder
Regentropfen, der sich bildete, war gesättigt an Kohlensäure, jeder
Regen, der in grosen Tropfen ins Wassermeer stürzte, riss ausserdem durch Bewegung eine Menge Kohlensäure mit fort und führte
sie ins Wassermeer ein. Auch das Wassermeer war mithin mit
Kohlensäure reich getränkt. Da der Kohlensäuregehalt des Wassers
dem Drucke der Kohlensäure nahe entspricht, so ist der damalige
Kohlensäuregehalt des Meereswassers etwa das 180fache von dem
gewesen, was unsre besten künstlichen Kohlensäuerlinge enthalten,
wenn diese unter einem Drucke von 2 bis 3 Luftsäulen Kohlensäure hergestellt werden. Das Meerwasser der Meereszeit war
also ein Kohlensäuerling im strengsten Sinne des Wortes.

Alle Sätze dieser Nummer find in diesem Werke neu, aber als erste Annäherungen durchaus sicher und auf streng wissenschaftliche Gesetze gegründet.

11. Die Einwirkung des Wassers auf die Erdschale.

Sobald aus dem Luftmeere der Erde die ersten Tropfen auf die heise, sengend trockne Erdschale fallen, so beginnt auch das Wasser in die Schale einzudringen. Die Spalten der Schale füllen sich mit Wasser, das Gestein wird feucht und nimmt soviel Wasser auf, als seiner Anziehung entspricht. Aber reicher und reicher fallen die Regen zur Erde, bald bedeckt ein allgemeines Wassermeer die Erdschale in einer Tiefe von einigen Tausend Metern. Das Wasser dieses Meeres nun dringt in die Felsen und Spalten ein und sinkt so tief hinab, bis die Spannkraft des untern Wasserdampfes dem Drucke des obern Wassers und des Luftmeeres das Gleichgewicht hält und Wasser wie Luftmeer trägt.

Das in die Felsen eindringende Wasser ist nun aber Wasser, welches reich mit verdichteter Kohlensäure getränkt ist; es ist kohlensaures Wasser, welches seine Einwirkung auf die Lavenschale der Erde auszuüben beginnt. Auch heute noch übt das Quellwasser trotz seines geringen Gehaltes an Kohlensäure bedeutende Einwirkungen auf die Bestandtheile der Lava aus.

Nach den Untersuchungen, welche Bischof in seiner Geologie erste Auflage Bd. 1 S. 357 mittheilt, find in 10000 Theilen kohlensauren Wassers enthalten gewesen a. nach dem Mittel aus den 33 Quellen des Laacher Seegebietes, b. nach dem Mittel aus 5 Quellen aus den Laven der Eifel

SiO². FsCO³. MCO². CaCO². Na²CO². Na²SO⁴. NaCl.

a. 0_{3837} 0_{7873} 3_{8113} 3_{3111} 4_{3114} 0_{9627} 1_{9103}
b. 0_{3641} 0_{7661} 3_{9134} 2_{1018} 9_{7136} 4_{13117} 7_{7367}.

Die trefflichen Untersuchungen von W. B. Rogers und R. E. Rogers (American Journal of science and arts) zeigen uns, wie kohlensaures Wasser mit mehr Kohlensäure auf Lava und ähnliche Gesteine wirken. Das Gestein ward bei diesen Versuchen so fein gepulvert, dass die Gebrüder Rogers die Oberfläche von 1 Würfel-Millimeter Gestein auf 2_{9812} Quadermeter schätzen, und wurde dann im Filter durch kohlensaures Wasser ausgezogen. Schon der erste Tropfen der abfliessenden Flüssigkeit zeigte Spuren der Basen, in 48 Stunden waren an Kali und Natron, an Kalken und Talken, an Eisenoxydul und Eisenoxyd, an Thonerde und Kieselsäure bis

ein Hundertel des Gesteins entführt und am Grunde der Flüssigkeit
kohlenfaures Kali, kohlenfaures Natron, kohlenfaurer Kalk, kohlenfaurer Talk, unter dem Einflusse des Sauerstoffes in der Luft aber
statt des kohlenfauren Eisenoxyduls Eisenoxydhydrat niedergeschlagen. Das kohlenfaure Wasser ist also ein mächtiges Mittel, um Lava
zu zersetzen, und musste die Lava der Erdschale durch das kohlenfaure Wasser des damaligen Meeres, zumal bei dem hohen Grade
der Verdichtung der Kohlensäure auf das Heftigste angegriffen
werden.

Es kann keinem Zweifel unterliegen, dass der Basaltschale
der Erde durch das in dieselbe eindringende kohlenfaure Wasser
alle diejenigen Stoffe entführt werden mussten, welche durch fo
stark verdichtete Kohlensäure auflöslich und ausziehbar find.

Der Vorgang ist hiebei einfach folgender. Die Kohlensäure
des Gewässers raubt den an Bafen reichen, kiefelfauren Salzen der
Lava einen Theil ihrer Bafen, verbindet sich mit den Bafen zu
doppelt kohlenfauren Salzen, welche in Wasser löslich find, und
fliest nun mit dem Wasser in fernere Räume, bis hier der eine
Korb Kohlensäure wieder verdunstet und nun das einfach kohlenfaure, im Wasser unlösliche Salz sich niederschlägt.

Statt der Lava mit ihren an Bafen reichen kiefelfauren Salzen
bleibt ein an Bafen armes Gestein zurück, in welchem freie Kiefelfäure oder doppelt kiefelfaure Salze zurückbleiben. Das zurückbleibende Gestein wird überdies in feinem Spathwasser oder Krystall-
wasser, wie in der, wenn auch nur wenig geschichteten Lagerung
feiner Theilchen, und in den Adern des Gesteines in den Linien,
wo das Wasser befonders strömte, die Einwirkung des Wassers auf
das Gestein deutlich erkennen lassen.

Eine reiche Bildung kohlenfaurer Gesteine muss die Wirkung
dieser Durchfäurung des Lavengesteines fein. Das kohlenfaure
Meerwasser raubt der Lava die Bafen, welche sich mit der Kohlenfäure zu löslichen, doppelt kohlenfauren Salzen verbinden, strömt
mit diefen Salzen beladen nach andern Gegenden der Erde und
schlägt hier, indem sie die Hälfte der Kohlensäure frei giebt, ein
unlösliches, einfach kohlenfaures Salz nieder. Mächtige Lager
kohlenfaurer Salze, welche zur Feuerzeit und Schalenzeit unmöglich
waren, müssen die Folgen diefer Niederschläge fein. Die grossen
Lager kohlenfauren Kalkes, kohlenfauren Talkes und kohlenfauren
Eisenoxyduls, welche man jetzt auf der Erde findet, zeigen uns die
Früchte jener Zeit.

Die Kohlensäure kann der Lava auf diefem Wege alles Eifenoxydul, allen Kalk und Talk, von den andern Basen, der Thonerde, dem Eisenoxyd und dem Natron, die Hälfte, vom Kali ein Drittel der Basen rauben. Das Gestein, welches zurückbleibt, muss nun überaus arm an diesen Basen sein und ein grosses Uebergewicht an Kieselsäure zeigen, der jene Basen entzogen ûnd. Vergleichen wir hiemit die Gesteine, welche wir auf der Erde finden, so ergiebt sich, dass dies zurückbleibende Gestein nichts anderes ist, als der Granit und Porphyr, welcher noch heute unter den geschichteten, durch Wasser neu gebildeten Gesteinen die oberste Lage der Erdschale bildet.

Die Sätze dieser Nummer sind, wenn auch neu, so doch auf die besten wissenschaftlichen Untersuchungen gegründet und durchaus sicher.

12. Die Bildung der Granitschale durch das Meer.

Die Lava der Erdschale ist also durch das in die Spalten und in das Gestein eindringende kohlensaure Wasser zur Meereszeit in Granit und Porphyr umgewandelt, indem die Kohlensäure der Lava alle die Basen entzogen hat, welche durch Kohlensäure ausziehbar sind. Wie schon bemerkt, ist auf diese Weise das ganze Eisenoxydul, der Kalk und der Talk, ist von den andern Basen, der Thonerde, dem Eisenoxyde und dem Natron, die Hälfte, vom Kali ein Drittel durch Kohlensäure ausziehbar. Die folgenden Tafeln zeigen uns einerseits, was durch die Kohlensäure aus der Lava ausgezogen werden kann, und was nicht, andrerseits, was im Granite bezüglich im Porphyr geblieben und was demnach wirklich ausgezogen ist.

Die Bildung des Granites aus der Lava.

Stoff.	Meeres-Lava.	Davon durch Kohlenfaure		Es ist geblieben Granit.	Es find ausgezogen Bafen.	Es ist verbraucht CO_2.	Neu gebildete kohlenfaure Gesteine.
		unauszichbar	ausziehbar				
1	2.	3.	4.	5.	6	7.	8.
SiO_2	47,11	47,11	—	47,12	—	—	—
Al_2O_3	18,49	8,43	9,11	8,55	9,54	—	8,84
Fe_2O_3	2,73	1,33	1,31	1,53	1,31	1,01	1,21
FeO	9,59	—	9,17	0,76	8,79	5,99	14,19
MnO	0,15	0,03	0,13	0,01	0,11	0,09	0,11
MgO	4,02	—	4,02	0,53	3,49	4,9	7,53
CaO	8,43	—	8,43	1,20	7,24	5,96	13,51
Na_2O	4,54	2,15	2,18	2,15	2,15	1,55	3,73
K_2O	3,41	2,15	1,24	2,17	1,06	0,50	1,57
H_2O	—	—	—	0,6	—	—	—
Sonst	0,77	0,13	0,11	0,11	0,14	.	0,11
Summa	100,40	62,49	37,11	66,47	34,51	17,44	52,19

Die Bildung des Porphyrs aus der Lava.

Stoff.	Meeres-lava.	Davon durch Kohlenfaure		Es ist geblieben Porphyr.	Es find ausgezogen Bafen.	Es ist verbraucht CO_2.	Neu gebildete kohlenfaure Gesteine.
		unauszichbar	ausziehbar				
1.	2.	3.	4.	5	6.	7.	8.
SiO_2	47,11	47,11	—	47,15	—	—	—
Al_2O_3	18,49	8,43	9,11	9,11	9,11	—	8,11
Fe_2O_3	2,73	1,36	1,37	0,11	2,11	0,90	2,11
FeO	9,75	—	9,75	2,23	7,53	4,49	12,13
MnO	0,15	0,03	0,13	0,05	0,12	0,09	0,19
MgO	4,02	—	4,02	0,53	3,49	3,11	7,33
CaO	8,43	—	8,43	0,66	8,14	8,13	14,91
Na_2O	4,54	2,15	2,18	1,13	2,43	2,09	5,09
K_2O	3,41	2,14	1,21	3,17	0,21	0,13	0,44
H_2O	—	—	—	0,44	—	—	—
Sonst	0,77	0,11	0,11	0,6	0,77	—	0,77
Summa	100,40	62,49	37,11	66,47	34,53	17,13	51,49

Der Granit und der Porphyr find alfo nichts anderes als eine Lava, welcher durch die Kohlenfaure ein groser Theil ihrer Bafen geraubt ist. Der Granit und der Porphyr find nichts anderes als die oberen Theile der Lavenschale, in welche das kohlenfaure Wasser eingedrungen ist. Dies beweist ebenfo einerfeits ihre Lagerung, als andrerfeits ihre chemifche Zufammenfetzung und ihre Spathung.

Der Granit und der Porphyr lagern nämlich unmittelbar unter den geschichteten Gesteinen und unter dem Urkalke. Alle gefchich-

icien Gesteine enthalten Kohle, fie find alfo fpäter zur Zeit der
Infeln gebildet, als Pflanzen auf Erden wuchfen und die Regen die
Gestalne der Infeln zertrümmerten. Der Granit und der Porphyr,
welche weder Kohle, noch Schichtung zeigen und unter dem geschichteten Gesteine lagern, find alfo jedenfalls vor der Bildung
der Infeln gebildet. Andrerfeits kann der Granit und der Porphyr
nicht vor der Bildung des Meeres entstanden fein, dies beweifst
das In die Gespathe des Glimmers eingegangene Spathwasser, dies
beweifst ferner die Sonderung der verschiedonen Stoffe in Quarz,
Feldspath und Glimmer, eine Sonderung, welche beim Erstarren
feurig flüssiger Gesteine unmöglich ist. Ueberdies ist bereits in
No, 5 der ausführliche Beweis geliefert, dass der Granit und der
Porphyr nicht auf feurig flüssigem Wege, fondern nur unter Einwirkung von Wasser entstehen können. Der Granit und der Porphyr
find alfo zur Meereszeit entstanden.

Ferner hat Bischof in feiner Geologie bewiefen, dass der Granit
auf nassem Wege durch Einwirkung kohlenfauren Wassers aus
Lava entstehen kann. Fügt man die auf der Erde gebildeten
kohlenfauren Salze zu den Stoffen des Granites, fo erhält man
wieder die Zufammenfetzung der Lava nebst freier Kohlenfäure.
Dass nun freie Kohlenfäure im Anfange im Luftmeere der Erde
fein musste, haben wir bewiefen, der andere Stoff, aus dem der
Granit und die kohlenfauren Salze gebildet find, muss alfo die
chemische Zufammenfetzung der Lava gehabt haben und kann
nichts anderes als Lava gewefen fein. In der That find folchon die
Himmelssteine in urdenklichen Zeiten aus Lava gebildet, strömt
heute noch die Lava aus den Kratern der Feuerberge, fo kann
doch auoh in der Zwischenzeit nichts anderes als die Lava die
Erdschale gebildet haben.

· Jedenfalls hat der Granit und der Porphyr nicht ursprünglich
die Erdschale gebildet; derfelbe hätte nimmer die Stoffe zur Bildung der kohlenfauren Salze hergeben, auch nimmer aus dem Feuer
entstehen können. Zu ersterem fehlte es ihm an den erforderlichen Bafen, gegen letzteres spricht das Uebergewicht feiner Säuren.
Schmelzen wir den Granit und lassen ihn demnächst erstarren, fo
zeigt derfelbe ganz andere Spathungsverhältnisse wie bisher. Während der ungeschmolzene Granit drei verschiedene Bestandtheile:
Quarz oder freie Kiefelfäure, Feldspath von der Zufammenfetzung
$KSi^3O^3 + Al^3Si^3O^3$ und Glimmer von der Zufammenfetzung $nKSiO^1$
$+ Al^1Si^3O^{13}$ zeigt, find im geschmolzenen und wieder erstarrten
Granite diefe drei Bestandtheile zu einer Masse vereinigt, die freie

6*

Kiefelfäure ist verschwunden und hat sich chemisch mit den Hafen vereinigt, wie dies im geschmolzenen Zustande ja auch nicht anders fein kann. Beim Erstarren eines geschmolzenen Granits kann nie und nimmer freie Kiefelfäure sich ausfondern und für sich zu Quarz geriunen.

Dagegen ist in neuester Zeit durch Verfuche nachgewiesen, wie der Granit durch das Wasser der Meerzeit hat entstehen können und müssen. A. Daubrée hat in den Heften „Ueobachtungen über Oesteinsmetamorphofen und experimentelle Verfuche über die Mitwirkung des Wassers bei derfelben" 1859 und „Betrachtungen und Verfuche über den Metamorphismus und über die Bildung der krystallinischen Gesteine" 1861 die Ergebnisse feiner trefflichen Verfuche niedergelegt, welche uns hierüber Auffchluss geben. Wasser ward in ein Glasrohr eingeschlossen, dies in ein dick-wandiges Eifenrohr gesteckt, der Zwischenraum zwischen beiden mit Wasser gefüllt, endlich das Eifenrohr an beiden Enden durch Eifenpfropfen, Kupferplatten und Schrauben vorfichtig und fest ge-schlossen, das Ganze auf dem Mauerwerke eines Gasbereitungsofens, der dunkle Rothgluth besitzt, Monate lang einer Wärme von 400° C. ausgefetzt. Das Ergebniss war: Reines Wasser greift das Glas an, das Wasser ist mit ausgezogenen Alkallfilikaten gefättigt, scheidet Quarzgespathe und Nadeln des Wollastonit aus und verwandelt das Glas in schiefrige Blätter von je 0,11 mm. Dicke. Eingedichtetes Wasser der Wärmequelle von Plombières bedeckte die Glaswände schon in 2 Tagen mit Gespathen von Quarz und Chalcedon. Reiner, forgfältig geschlemmter, erdiger Kaolin ($Al^2Si^2O^7 + 2H^2O$) ward durch Wasser der Wärmequelle von Plombières in prismatische Feldspathkrystalle umgewandelt, zwischen denen kleine Quarz-krystalle angeschossen waren. In dem Thone von Klingenberg bei Köln endlich bildeten sich viele fechseckige weise Blättchen mit dem Anfehen des Glimmers. Alle Theile des Granites find also bei den Verfunhen Daubrée's unter heisem Wasser gefondert neben einander ausgeschieden, und kann demnach über die Bildung des Granites unter dem Einflusse des heisen Meeres der Meereszeit kein Zweifel obwalten*).

Nun können die Erscheinungen der Gespathung im Granite, wo bald ein Quarz dem Feldspathe, bald ein Feldspath dem Quarze

---

*) Höchst wünschenswerth wäre es, wenn ein geschickter Beobachter Himmelslava oder Bafalt der Fluwirkung des heisen Wassers ausfetzen wollte, doch müsste dann eine Quelle der Kohlenfsäure mit eingeführt werden.

eingewachfen ist, wo der Quarz felbst in die Spalten des leichter
schmelzbaren Schörls oder Turmalins eingewachfen ist, nicht mehr
Wunder nehmen.   Die Hafen werden der Lava nicht alle auf
einmal entrissen, fondern nur nach und nach entführt.   Spalten
bilden fich hierdurch in der Lava, Rifse, in denen die Auslaugung
zuerst vor fich geht, und in denen fich dann die neuen Gespalhe
zuerst wieder anfetzen können.   Kohlenfaures Natron und kohlenfaurer Talk bilden fich zuerst in eben fo reichem Mass wie der
kohlenfaure Kalk; aber indem fie auf kiefelfauren Kalk stosen,
bilden fie von neuem kiefelfauren Natron oder kiefelfauren Talk,
der fich niederschlägt, während kohlenfaurer Kalk im kohlenfauren
Wasser augelöft weiter fliest.   Natron und Talk können auf diefe
Weife wiederholt aus ihren kiefelfauren Verbindungen durch das
kohlenfaure Wasser entführt und durch Umtausch mit dem kiefelfauren Kalke wieder als kiefelfaure Salze niedergeschlagen werden.
Eine vollständige Umgestaltung des Gesteines muss die Folge fein.
Grose Blätter von Feldspathen werden fich in spallenartigen Gängen
bilden, während der Quarz, die freie Kiefelfäure, in halbflüssigem,
gallertartigem Zustande meist die leeren Zwischenräume füllen und
die Blätter der Feldspathe umwachfen wird.   Die eigenthümlichen
und merkwürdigen Erscheinungen, welche oben mitgetheilt find,
finden hieraus ebenfo wie das blättrige geschichtete Gefüge des
Granites ,ihre genügende Erklärung.

Uebrigens beweif't auch das körnige Gefüge, welches dem
Granite feinen Namen gegeben hat, die Bildung desfelben durch
ein halb auflöfendes Mittel.   Die Gespalhe des Granites find nämlich
nur unvollkommen, blattartig, find in einander gewachfen und doch
wieder in Quarz, Feldspath und Glimmer gesohieden, wie dies bei
einem aus feurig flüssigem Mittel erstarrenden Gesteine unmöglich
ist.   Nirgends zeigen fich im Granite die Spathe und rautigen
Säulen, welche wir in Drufenräumen antreffen, wo freie Spathung
möglich war, und doch fliesen andrerseits die Körner desfelben
Gesteines durch die halbe Auflöfung fo in einander, dass man in
Sibirien fuslange Glimmertafeln und centnerschwere Quarze gefunden
hat, ja dass zu Miask ein ganzer Steinbruch in einem einzigen
Feldspathe angelegt ist.   Ueber die Bildung des Granites aus der
Lava durch den Einflus des kohlenfauren Meerwassers zur Zeit
einer Wärme von 121 bis 376° C. kann mithin kein Zweifel obwalten.

In der That find von den 37$_{ul}$ % durch Kohlenfäure auszieh-
barer Stoffe der Lava beim Granite 34$_{ul}$ %, beim Porphyr 34$_{u3}$ %

wirklich ausgezogen, d. h. 93 Hundertel der ausziehbaren Stoffe. Von den einzelnen Basen sind der Kalk, der Talk und das Eisenoxydul am vollständigsten ausgezogen, im Granite sind von diesen Stoffen bezüglich nur 14, 8 und 8 %, im Porphyr nur 7, 13 und 23 % zurückgeblieben.

Um ein Bild von den Vorgängen im Einzelnen zu erhalten, müssen wir auf die Verbindungen zurückgehen, aus denen die Lava zusammengesetzt ist. Wir finden über in der Lava folgende Verbindungen:

	Mit Thon.		Sauerstoff der Base der Säure.
Anorthit	$CaSiO^3 + Al^2SiO^3$		4 : 4
Labrador	$RSiO^3 + Al^2Si^2O^3$	$R = Ca, Na$	4 : 6
Leucit	$KSiO^3 + Al^2Si^2O^3$		4 : 8
Andesin	$RSiO^3 + Al^2Si^2O^3$	$R = Ca, Na$	4 : 8
Hauyn	$R^2SiO^4 + Al^4Si^2O^{12}$	$R = Ca, Na, K$	8 : 8
Oligoklas	$R^2Si^2O^6 + Al^2Si^2O^{11}$	$R = Na, Ca, K, Mg$	8 : 18
Nephelin	$R^4Si^2O^{10} + 2Al^4Si^4O^{12}$	$R = Na, K$	16 : 18

	Ohne Thon.		Sauerstoff der Base der Säure.
Augit	$RSiO^3$	$R = Ca, Mg, Fe$	1 : 2
Olivin	R^2SiO^4	$R = Mg, Fe$	2 : 2
Apatit	$CaCl + 3CaPO^4$		
Magneteisen	Fe^3O^4.		

Für die Verbindungen der Lava ergeben sich hienach folgende Gesetze:

1. Alle Verbindungen der Lava, welche Thonerde (Al^2O^3) und Eisenoxyd (Fe^2O^3) enthalten, haben auf 1 O (Sauerstoff) der Base R, drei O der Base R^2.

2. Die Verbindungen der Lava, welche Thonerde Al^2O^3 und Eisenoxyd Fe^2O^3 enthalten, haben nach der Tafel in No. 5 noch 9_{m4} O (Sauerstoff) der Base R^2, mithin außerdem 3_{m1} O der Base R, oder im Ganzen 12_{m5} O der Basen.

3. Die Verbindungen der Lava, welche Thonerde und Eisenoxyd enthalten, haben außer dem Kalke, Talke und Eisenoxydul auch Kali, Natron und Manganoxydul als Basen.

4. Die Verbindungen der Lava, welche keine Thonerde enthalten, haben in den Basen den Rest des Sauerstoffes der Basen nach der Tafel in No. 5 (d. h. 17_{15} abzüglich der obigen 12_{m5}) 4_{m1} O.

5. Die Verbindungen der Lava, welche keine Thonerde ent-

haltes, haben nur Kalk, Talk und Eisenoxydul, nicht aber
Kali, Natron und Manganoxydul in den Hafen.

6. Die Verbindungen der Lava, welche Thonerde enthalten,
und die, welche keine Thonerde enthalten, zeigen nahe ein
gleiches Verhältniss zwischen dem Sauerstoff der Basen und
dem der Säuren, man kann demnach vorläufig für beide
das gleiche Verhältniss von $100 : 141_{,,}$ annehmen.

7. Die Verbindungen der Lava, welche Thonerde enthalten,
haben unter dieser Annahme in ihrer Kieselsäure $18_{,,,}$ O_1
die andern Verbindungen haben in ihrer Kieselsäure $8_{,,,}$ O
Beachten wir diese Gesetze und vergleichen wir damit den im
Granite bezüglich gebliebenen Rest, so ergeben sich folgende Gesetze
über die Bildung des Granites und des Porphyrs.

1. Auch im Granite und Porphyr enthalten die Thonerde
(Al^2O^3) und das Eisenoxyd (Fe^2O^3) nahe das Dreifache des
Sauerstoffes wie die Basen mit einem Korb Sauerstoff, das
Verhältniss ist beim Granite $7_{,,,}:2_{,,,}$ beim Porphyr $6_{,,,}:2_{,,,}$.

2. Alle Basen, welche im Granite und Porphyr zurückgeblieben
sind, gehören den Verbindungen der Lava an, welche
Thonerde enthielten.

3. Das kohlensaure Wasser ist zwar im Stande, auch die Verbindungen
der Lava aufzulösen, welche Thonerde enthalten,
aber im mindern Grade als die Verbindungen ohne Thonerde.

4. Von der Thonerde und dem Eisenoxyde der Lava ist etwa
die Hälfte (im Granite 50 %, im Porphyr 44 %) zurückgeblieben,
die andre Hälfte durch das kohlensaure Wasser
entführt.

5. Von den Basen: Kali, Natron und Manganoxydul, welche
nur in den Verbindungen vorkommen, welche Thonerde
enthalten, ist der gröste Theil, durch die Thonerde geschützt,
im Granite zurückgeblieben. Von diesen Basen
sind im Ganzen 60 %, im Granite und im Porphyr zurückgeblieben;
im Einzelnen sind vom Manganoxydule 30 bezüglich
33 %, vom Natron 50 bezüglich 33 %, vom Kali
72 bezüglich 90 % im Granite und im Porphyr zurückgeblieben.

6. Der grösere Gehalt des Granites und Porphyrs an Kali ist
die Folge einer Doppelzersetzung. Die in grossen Mengen
ausströmende Kohlensäure zersetzt zunächst die Thon enthaltende
Verbindung und entführt das Kali als kohlensaures
Kali; aber dies findet in nächster Nähe, in der un-

zerfetzten Thonverbindung, kiefelfauren Kalk, raubt diefem die Kiefelfäure und tritt ftatt des Kalkes in die Thonverbindung ein, kohlenfaurer Kalk entweicht. Man kann diefen Vorgang fehr leicht durch Verfuche beweifen.

7. Die Verbindungen der Lava, welche keine Thonerde enthalten, werden durch die Kohlenfäure gänzlich zerfetzt, die Bafen, welche diefelben enthalten, Kalk, Talk und Eilenoxydul, verschwinden bis auf geringe aus den Thonerdeverbindungen stammende Reste.

8. In dem Granite finden wir auf 32½ Gewichtstheile Quarz oder freie Kiefelfäure im Mittel, 42½ Theile Feldspath, Orthoklas oder Albit (RSi²O³ + Al²Si²O³, wo R = K, Na, Ca) und 25 Theile Glimmer (RSiO³ + Al²Si²O¹³ und R²SiO⁴ + Al²Si²O¹³, wo R = K, Mg, Fe, Mn). Hiernach find von dem Sauerstoffe der Kiefelfäure des Granites im Quarze 45₄₈ %, im Feldspath 40₇₆⁹₀, im Glimmer 18₄₃ % enthalten.

9. Die Kiefelfäure, welche von der Lava an den Granit übergegangen ist, enthält 25₁₁ Theile der Lava an Sauerstoff, und zwar kommen davon im Mittel auf den Quarz 11₄₄, auf den Feldspath 10₂₄, auf den Glimmer 3₄₁ Theile der Lava.

10. Die Verbindungen der Lava, welche keine Thonerde enthalten und ganz zerfetzt find, haben ihre ganze Kiefelfäure mit 6₇₅ Sauerstoff an den Quarz als freie Kiefelfäure abgegeben. Von den Verbindungen, welche Thonerde enthalten, ist die Hälfte zerfetzt und enthält in ihrer Kiefelfäure 9₄₆ Theile Sauerstoff. Von diefen find noch 4₁₃ Theile an den Quarz abgegeben, der Rest von 4₄₁ Theilen ist für die Bildung des Feldspathes benutzt, und verdankt er ihm feinen höhern Gehalt an Kiefelfäure.

Alle Sätze diefer Nummer find, wenn auch neu, fo doch auf streng wissenschaftliche Verfuche gegründet, streng wissenschaftlich abgeleitet und daher ficher.

13. Die Bildung der kohlenfauren Gesteine.

Das kohlenfaure Wasser, welches in die Lava der Erdschale eingedrungen ist, hat der Lava ein volles Drittel ihrer Bestandtheile, volle zwei Drittel ihrer Bafen geraubt. Namentlich find das Eifenoxydul, der Kalk und der Talk der Lava fast vollständig genommen, von diefen Bafen find nioht weniger als 90 %, der Lava entzogen und nur 10 °, im Granite zurükgeblieben. Es wird die nächste Aufgabe fein, diefe entzogenen Bafen zu verfolgen und zu unterfuchen, wo diefelben verbleiben.

Das Eifenoxydul zunächst wird durch die Kohlenfäure aus den Verbindungen der Lava faſt ganz ausgetrieben und bildet mit der Kohlenfäure kohlenfaures Eifenoxydul (FeCO^2), welches in kohlenfaurem Waſſer löslich iſt. Wird die überschießende Kohlenfäure frei, fo schlägt es fich als einfach kohlenfaures Eifenoxydul oder als Eifenfpath (Spatheifenstein) nieder, der mit Kalkfpath, Talkfpath und Manganfpath gleichfpathig oder ifomorph iſt und daher auch ſtets Beimengungen von Kalk, Talk oder Manganoxydul enthält[*].

Der Kalk, welcher zu der Kohlenfäure eine fehr grose Verwandtschaft befitzt, wird der Lava gleichfalls faſt ganz entzogen und verbindet fich mit der Kohlenfäure zu kohlenfaurem Kalke (CaCO^2), der im kohlenfauren Waſſer löslich iſt und daher entführt wird. Sobald aber die überschießende Kohlenfäure wieder frei wird, schlägt fich der kohlenfaure Kalk als Kalkfpath in schönen Gespathen oder als körniger Marmor in grosen Lagern in Adern oder am Grunde des Meeres nieder. Die zuckerartige Spathung des Marmors[**] zeigt uns, wie reich zur Meereszeit die kohlenfauren Quellen an Kalk gewefen find; die Reinheit deſſelben von verunreinigenden Stoffen beweiſt, wie oft derfelbe von Waſſerſtrömen ausgewaschen und gereinigt iſt. Es hat hier ein ähnlicher Vorgang ſtattgefunden wie beim Auswaschen des Zuckers, wo die Zuckerform im Zuckerhute mit dem aufgelöften Zucker begoſſen wird, welcher nun in die Form eindringt, den leichter löslichen Sirup auswäscht und dafür den schwerer löslichen, spathbildenden Zucker niederschlägt. Auch im Marmor iſt der aufgelöſte kohlenfaure Kalk auf ähnliche Weife in die Fugen des Marmors gedrungen,

---

[*] Der Eifenfpath (FeCO^2) kann fich nur fo lange erhalten, als die Kohlenfäure in der Luft vorherrscht. Unter einem Luftmeere, welches freien Sauerstoff enthält, verwandelt er fich in höherer Wärme unter Austreibung der Kohlenfäure in Magneteifenstein (Fe^{2}O^4), in niederer Wärme in Rotheifenstein (Fe^{2}O^3), bei Gegenwart von Waſſer in Brauneifenstein (H^{2}Fe^{2}O^4 und H^{6}Fe^{4}O^9, nur in Gängen des Gesteines oder in Lagern, wo er vor dem Sauerstoffe geschützt iſt, erhält er fich auch später noch als Eifenfpath.

[**] Marmor iſt aus dem gr. μάρμαρος entlehnt, von wo der erste Marmor gekommen iſt. Der Name iſt von marmaírō glänze, schimmre abgeleitet und bezeichnet den Stein als glänzenden, schimmernden. Die deutsche Form des Namens iſt der „Marmelstein".

hat alle leicht löslichen, unreinen Stoffe wieder aufgelöst und fortgeführt, den reinen, spathbildenden Marmor aber niedergeschlagen.
Freilich find durch die lange Zeit die meisten der Marmorgesteine
fo verwittert und durch kohlenfaure Gewässer angefressen, dass
ihre ursprüngliche Gestalt nur noch in wenigen günstigen Fällen
erkannt werden kann.

Der Talk wird von dem Kohlenfäure reichen Wasser gleichfalls fast ganz entzogen und verbindet fich mit der Kohlenfäure zu
kohlenfaurem Talke ($MgCO^3$), der in dem kohlenfauren Wasser
aufgelöft bleibt. Alle Quellen aus der Lava oder dem Bafalte
find reich an Talk und führt nach Bischof's Geologie allein der
Rheinstrom täglich 2163 Tonnen kohlenfauren Talkes dem Meere
zu. Aber diefem grofen Gehalte der Quellen an kohlenfaurem
Talke entspricht auffälliger Weife nicht das Vorkommen diefer
Verbindung in den festen Gesteinen der Erde. Zwar bildet der
kohlenfaure Talk gefellt mit kohlenfaurem Kalke ganze Gebirge
spathigen Bitterkalkes oder Dolomites (($Mg + Ca$)CO^3). Aber der
Bitterkalk tritt doch immer nur vereinzelt auf. Der kohlenfaure
Talk der Quellen muss alfo noch eine andre Verwendung finden.

Dies führt uns auf einen merkwürdigen Vorgang in der Erdschale, auf die Wandlungen (Metamórphofis). Bei diefen Wandlungen nämlich tritt in ein Gespath eine neue Bafe ein, die zu den
Säuren eine grösere Verwandtschaft befitzt als die bisherige Bafe
und diefe daher aus dem Gespathe austreibt. Das Gespath behält
hiernach grosentheils feine alte Gestalt, aber an die Stelle der alten
Verbindung ist eine neue getreten, welche an fich eine ganz andre
Spathgestalt zeigen müsste, und welche daher in fremder Gestalt,
der Maske, erscheint. Der Talk ist nun ein folcher Eindringling,
welcher vorzugsweife in fremde Gespathe eindringt und die Erze
wie die Kalke austreibt. Der in dem Wasser aufgelöfte kohlenfaure Talk, der zu allen Gesteinen hinzutreten kann, ist zu diefen
Wandlungen vorzugsweife geeignet. Es ist das grose Verdienst von
Bischof, diefe Wandlungen in feiner Geologie ausführlich erörtert
und nachgewiefen zu haben.

Der kohlenfaure Talk ($MgCO^3$) dringt mit dem Gewässer in
die Gesteine ein, der Talk treibt aus dem kiefelfauren Kalke und
dem kiefelfauren Eifenoxydule diefe Bafen durch Wahlverwandtschaft aus. Durch Umtausch der Säuren wird aus

kohlenfaurem Talke und kiefelfaurem Kalke bez. Eifenoxydule
kiefelfaurer Talk	und kohlenfaurer Kalk bez. Eifenoxydul.

Der kiefelfaure Talk bleibt in dem Gespathe als Maske (Metamór-

phöfit) zurück, der kohlenfaure Kalk, das kohlenfaure Eifenoxydul
aber werden weiter gefuhrt. Namentlich finden fich derartige
Masken zahlreich in den Spalten der Gesteine, wo die Quellen
lebhaft fliesen. Aus Andalufit und Chiastolith, aus Cyanit und
Condierit, aus Wernerit und Vefuvian, aus Diallag und Augit
werden dadurch Talkgesteine: Talkglimmer und Speckstein, Chlorit,
Asbest und Serpentin, welche zum Theile noch die Gestalt ihrer
Vorgänger bewahrt haben.

Der gröste Theil des in den Quellen entbaltenen kohlenfauren
Talkes findet in diefen Maskengesteinen feine Verwendung; kein
Wunder, dass der kohlenfaure Talk fo felten ins Meer gelangt und
Bitterkalke bildet, um fo zahlreicher finden wir die Maskennester
des Talkes in den Spalten und Gängen der Gesteine.

Alle Sätze diefer Nummer find durchweg ficher und durch die
trefflichsten Verfuche nachgewiefen.

14. Die Winde und Ströme der Meereszeit.

Die vorhergehenden Nummern haben uns die gewaltige Wirkung kennen gelehrt, welche die kohlenfauren Gewässer auf die
Lavenschale der Erde ausgeübt haben, fobald fie in das Innere
der Schale eingedrungen find. So gewaltige Wirkungen fetzen
aber auch nicht minder gewaltige Ströme der kohlenfauren Gewässer, fetzen einen Kreislauf voraus, durch den das kohlenfaure
Wasser in der Schale stetig erneut und stetig wieder ausgeführt
wird; denn die Wirkung, welche das kohlenfaure Wasser auf die
Schale ausübt, ist gleich dem Zeuge oder Produce aus der Mase
der in die Schale eindringenden kohlenfauren Gewässer und der
Schnelligkeit ihrer Erneuerung. Die Schnelligkeit diefer Erneuerung
hängt aber wefentlich von den Strömen der Gewässer, von den
Winden des Luftmeeres ab; dies führt uns auf die Witterungs-
erscheinungen: die Winde und Ströme der Meereszeit.

Die Erde hat, wie wir in No. 3 fahen, bereits als Feuerstern
die Entfernung von der Sonne, die Bahn um die Sonne und die
Schnelligkeit des Umlaufes um die Sonne erhalten, welche fie noch
heute befitzt, das Jahr war daher schon zur Meereszeit genau fo
lang als jetzt, d. h. es währte genau 365$_{0,2437}$ der jetzigen Erdtage.
Auch die Lage der Erdachfe gegen die Sonnenbahn ist feit dem
Anfange des vorliegenden Zeitabschnittes nicht mehr geändert, wie
fich aus den Gefetzen der Mechanik beweifen lässt; auch das Rücken
der Sonne nach Norden und Süden war mithin im vorliegenden

Zeitabschnitte genau fo gros wie jetzt. Auch damals stand die Sonne zur Zeit der Tagnachtgleiche über dem Gleicher, auch damals stand die Sonne in den Wendekreifen 23° 27' 54„" vom Gleicher entfernt.

Dagegen war die Erde damals wegen ihrer höhern Wärme gröser als jetzt, drehte sich mithin langsamer um ihre Achse und hatte Tage von längerer Dauer als jetzt. Theilt man aber den damaligen Sonnentag genau in 24 gleiche Stunden, so stand in denfelben Breiten die Sonne ebenfoviel Stunden über dem Gesichtskreise wie heute, oder währte der Tag, bezüglich die Nacht in derselben Breite ebenfoviel Stunden als jetzt. Jahreszeiten und Tageszeiten stimmten alfo in der Meereszeit bereits genau mit den jetzigen.

Rechnen wir ferner alle die Punkte, in denen die Sonne wenigstens einmal im Jahre im Scheitel steht, zu den Tropenzonen, alle diejenigen Punkte, in denen der längste Tag oder die längste Nacht länger als 24 Stunden dauert, zu den Polzonen, alle andern Punkte endlich zu den Mittelzonen, so gehörten auch damals schon fämmtliche Punkte derfelben Zone an wie jetzt, und umfasten schon damals die Tropenzonen alle Orte von 0° bis 23½,° Breite, die Mittelzonen alle Orte von 23½,° bis 66½,° Breite, endlich die Polzonen alle Orte von 66½,° bis 90° Breite.

Alle diefe Zonen hatten freilich damals eine fehr viel höhere Wärme, als fie heute besitzen. Beachtet man jedoch, dass alle Theile der Erdoberfläche auch in jener Zeit nahe gleich viel Wärme in den Weltenraum ausstrahlten, dagegen je nach ihrer Breite und ihrer Stellung zur Sonne fehr verschiedene Wärmemengen von der letzteren empfingen, so wird man auch schon in jener Zeit einen Gegenfatz der Zonenwärme annehmen müssen und die Tropenwärme mit gröster Hitze von der Mittelwärme und der Polwärme als der minder heisen unterscheiden können.

Sobald aber einmal diefer Gegenfatz der Zonen eingetreten ist, so muss auch ein Kreislauf der Winde stattfinden. Die kalte, fchwerere Luft strömt aus den Pol- und Mittelzonen den Tropenzonen zu und bildet in der Nähe der Wendekreife im Passgürtel die immerwährenden Passwinde. Jeder kalte Wind geht dabei, aus je höhern Breiten er kommt, um so mehr in Ostwind über, wie dies in dem Wettergemälde ausführlich nachgewiefen wird. An der heisesten Stelle, wo die Sonne fast fenkrecht im Scheitel steht, d. h. im Gürtel der Kalme oder Windstille, begegnen fich nun beide aus Nord und Süd kommende kalte Winde. Die beiden Winde

stauen sich, steigen als Steigewind (courant ascendant) in die
Höhe und bilden über der Kalme eine Aufwulstung. Dann fliesen
sie als obere Winde in den obern Luftschichten den höhern Breiten
zu, bis sie durch die geringere Gröse der Breitenkreise genöthigt
und zum Erfatze der abfliessenden Passwinde als Mittagswinde auf
die Erde herabsteigen und, indem sie in höhern Breiten mehr und
mehr in Westwinde übergehen, den Westergürtel der Mittagswinde oder Westwinde bilden.

Zur Zeit der Tagnachtgleiche finden wir den Kalmengürtel in
0 bis 3°, den Passgürtel von 3 bis 30°, den Westergürtel von 30
bis 50° Breite. Alle drei Gürtel rücken mit der Sonne herauf und
hinab, und zwar im Nordsommer am 10° nördliche, im Südsommer
am 10° südliche Breite.

Mit dem Kreislaufe der Winde tritt nun auch ein Kreislauf
des Wassers ein. Der von der Polgegend zum Gleicher fliessende
Polwind streicht auf der Oberfläche des alles bedeckenden Wassermeeres hin und nimmt, indem er in wärmere und wärmere Gürtel
tritt, an Wärme und an Wassergehalt zu. Nehmen wir auch nur
an, dass der Polwind sich während des Stromes durch den Passgürtel um 10° C. erwärme, so wird er dadurch im Anfange dieses
Zeitabschnittes befähigt, eine Wasserschicht von 20 Luftsäulen oder
von 207 Meter Wasserhöhe aufzunehmen. Der Polwind trocknet
daher aus, der Passgürtel zeichnet sich aus durch seine klare,
wolkenfreie Luft, durch welche er als dunkler Streifen weithin
sichtbar wird.

An der Grenze der Kalme ist der Wassergehalt der Luft um
207 Meter Wasserdruck gröser als beim Eintritte der Luft in den
Passgürtel. Aber im Kalmengürtel stauen sich nun die Winde,
steigen als Steigewinde in die Höhe und dehnen sich in dem Verhältnisse aus, wie der Druck in der Höhe abnimmt. Die Winde
kühlen sich hiedurch ab, die Wasserdünste schlagen sich nieder
und bilden mächtige Wolken, den hellleuchtenden Wolkenring der
Kalme; mächtige Regenströme stürzen nieder in das die Erde be-
deckende Wassermeer. Etwa ein Drittel des aufgenommenen
Wasserdunstes, d. h. etwa 69 Meter Wasser, mag als Regen aus
den Wolken hernieder stürzen und das Meer wellenartig auf-
schwemmen.

Die aufgestiegene und in der Kalme hoch aufgewulstete Luft
fliest nun in den obern Luftschichten von der Kalme nach den
höhern Breiten ab. In den Passgürteln fliest sie als oberer Luft-
strom über den untern Passwind hin, ohne diesen zu stören. Jenseit

diefer Gürtel aber in den höbern Breiten drängt diefer obere Wind in die untern Schichten ein, mengt fich mit diefen, kühlt fich dabei ab und giebt von neuem Niederschläge, welche Wolken bilden, die Wolken der Mittagswinde oder der Westergürtel. Heftige Regengüße ftürzen herab und ergießen die in den Luftschichten noch schwebenden 138 Meter Waßer in das die Erde deckende Waßermeer.

Die in dem Kalmengürtel und in den Westergürteln fallenden Regenmengen erhöhen die Oberfläche des Meeres bedeutend und erzeugen dadurch mächtige Meeresströme. Von den Breiten der Westerwinde fließen Ströme kalten Waßers in den untern Schichten des Meeres als Polströme dem Paßgürtel und der Kalme zu. In der Kalme stauen fich die Ströme, steigen in die Höhe und bilden an der Oberfläche des Meeres einen mächtigen Kalmen- strom von Ost nach West. Durch diefen Meeresstrom, durch die von beiden Seiten andrängenden Driftströmungen der Paßwinde und durch die in den Kalmen fallenden Regenmengen erhebt fich das Meer in dem Kalmengürtel und fließt nun an der Oberfläche in großen Strömen, die ich, da fie von Mittag kommen, die Mittags- ströme nennen will, der Gegend der Westerwinde zu. Hier bilden diefe Ströme die großen, von West nach Ost fließenden Westerströme des Meeres, von denen aus das Waßer mit den Winden in die Paßgürtel zurückkehrt und dort erfetzt, was von den Winden an Waßerdünsten aufgenommen und fortgetragen war.

Mit dem Kreislaufe des Waßers beginnt nun aber auch ein Kreislauf der Kohlenfäure. Das Waßer des Meeres war, wie wir bereits in No. 10 fahen, ein stark kohlenfaures Waßer mit viel mehr Kohlenfäure, als unsre besten Kohlenfäuerlinge enthalten. Namentlich aber führten die Regentropfen, welche fich in dem Luft- meere der Kohlenfäure bildeten, reiche Mengen von Kohlenfäure mit fich. Befonders mußten es alfo die durch die Regen gebil- deten Meeresströme fein, welche vorzugsweife mit Kohlenfäure gefättigt waren und immer neue Kohlenfäure dem Waßermeere zuführten, während die Paßwinde mit dem Waßerdunste, wel- chen fie dem Meere entführten, auch Kohlenfäure mit aufnehmen mußten. Auch die Kohlenfäure muß alfo in jenem Zeitabschnitte einen entfprechenden Kreislauf wie das Waßer gehabt haben. Mit den Regen dem Waßermeere zugeführt, strömt die Kohlenfäure in den Meeresströmen dem Paßgürtel zu und erhebt fich hier wieder in die Luft, um von neuem durch die Paßwinde den Regengürteln zugeführt zu werden.

Alle Sätze diefer Nummer find ficher und aus fichern und
allgemein anerkannten Gefetzen abgeleitet.

15. Die Hebung und Senkung des Meeresgrundes.

Vor allen find es die Hegen der rückkehrenden Winde, welche
reich mit Kohlenfäure beladen polwärts von 30° Breite in das Meer
fich ergiesen und hier die Kaltwafferströme bilden, welche am
Grunde des Meeres entlang strömen und der festen Schale die
kohlenfuuren Gewässer zuführen. Da der Gehalt derfelben an
Kohlenfäure in der Regenzone am reichlichsten ist, fo müssen fie
auch vornehmlich in der Regenzone, d. h. polwärts von 30° Breite
gewirkt haben, und müssen ihre Wirkungen um fo geringer fein,
je mehr wir uns dem Gleicher nähern.

Dagegen müssen die aus der feften Schale rückkehrenden, mit
doppelt kohlenfauren Salzen beladenen, warmen Ströme dem Gleicher zueilen, von hier nach den Passgürteln gelangen und dort
einen Korb Ihrer Kohlenfäure mit dem verdunstenden Waſſer frei
geben, fich aber demnächst am Grunde des Meeres als einfach
kohlenfaure Salze niederschlagen.

Die Laven, welche den Grund des Meeres bilden, find hiedurch
vornehmlich in den Regengürteln polwärts von 30° Breite aus-
gefäuert. Der dritte Theil ihres Gewichts, fast fämmtliche Bafen
find der Schale entzogen und als doppelt kohlenfaure Salze ins
Meer geführt, der kiefelfaure Granit bleibt zurück. Am Grunde
des Meeres aber find dann, nachdem der eine Korb Kohlenfäure
verdunstet ist, die einfach kohlenfauren Salze, vornehmlich in den
Passgürteln von 0 bis 30° Breite niedergeschlagen und haben
wagerechte Schichten kohlenfaurer Salze gebildet, welche halb
fo viel wiegen als die ausgefäuerte Lava vor der Ausfäuerung.
Mit der Kohlenfäure wandert alfo auch gleichzeitig ein Theil der
Schale des Meeresgrundes aus den Regengürteln in die Passgürtel
und bildet hier am Meeresgrunde neue Gesteine.

Es möchte hienach auf den ersten Blick scheinen, als müsse
durch diefe Strömung das Meer in den Regengürteln tiefer, in den
Passgürteln flacher geworden fein, und als müsse fich in den Passgürteln von den niedergeschlagenen kohlenfauren Gesteinen im
Meere eine Erhebung, ein Hochgrund, gebildet haben. Dem ist aber
nicht fo. Da die Erdschale auf einem Feuermeere schwimmt, fo
kann Gleichgewicht und Ruhe nur dann stattfinden, wenn alle
Punkte des Erdinnern in gleicher Tiefe gleichen Druck erdulden.

Sobald aber dem Meeresgrunde in den Regengürteln Stoffe entzogen
werden, wird er leichter und muss so lange in die Höhe steigen,
bis der Druck, den er ausübt, in gleicher Tiefe ebenso gross ist,
als der Druck der tiefern Stellen.   Ebenso müssen diejenigen
Stellen der Passgürtel, in denen sich neue Ablagerungen bilden,
so lange sinken, bis auch hier das Gleichgewicht hergestellt ist.
Es wird also gerade in den Regengürteln ein Hochland im Meere
und in den Passgürteln ein Tiefland im Meere entstehen.

Um die Grösse dieser Erhebungen zu berechnen, müssen wir
zunächst durch Rechnung feststellen, wie tief das Meer zu jener Zeit
im Mittel gewesen und wie tief das Wasser in die Gesteine der
Erdschale eingedrungen ist. Die erste Anmerkung entwickelt die
Gesetze, nach denen diese Rechnung ausgeführt ist. Das kohlensaure Wasser durchsäuert die Lavenschale der Erde bis zu dieser
Tiefe, entführt die Basen der Lava und lässt Granit zurück. Der
zurückbleibende Granit wiegt nach der Tafel in No. 13 nur ½ so
viel als die Lava, aus welcher er gebildet ist, indem ½ der Theile
der Lava entführt ist, die Erdschale wird also an der Stelle, wo
der Granit gebildet ist, leichter als an den andern Stellen, sie wird
daher vom innern Feuermeere, auf dem sie schwimmt, gehoben,
der Granit bildet eine Erhebung, einen Hochgrund im Meere. Die
zweite Anmerkung lehrt das Gesetz, nach dem die Höhe dieser
Erhebung und die Tiefe des Meeresthales berechnet ist.

Die entführten Basen betragen nach der Tafel in No. 11 von
der Lava 84,₁₁ %,₄₄ sie verbinden sich mit 17,₈₁ %,₈ der Kohlensäure
und bilden 52,₁₁₆ %,₈ des Gewichtes der Lava neue kohlensaure Gesteine. Die dritte Anmerkung giebt die Gesetze über die Berechnung dieser Grösse, die folgende Tafel enthält die Ergebnisse der
Rechnung.

Die Meere und Niederschläge der Meereszeit.

Wärme der Erd-oberfläche in °C.	Wärmezunahme auf je 100 m. in °C.	Auf 1° Wärme-zunahme kommen Meter.	Tiefe des Wassers in den Spalten in Meter.	Mittlere Tiefe des Meeres Meter	Tiefe des Meeres-thales in Metern	Höhe der Granit-bahe über dem Meeresthale m.	Tiefe der Höhen unter d. Meeres-spiegel. Meter	Mischungkeit der kohlensauren Steine in Metern.	kohlensäure des Luftmeeres in Metern Wasserd	Druck des ganzen Luftmeers in Metern Wasserdr
1.	2.	3.	4.	5.	6.	7.	8.	9.	10.	11.
376	17,447	5,23	0	0,0	0,0	0,0	0,0	0	4069	6477
360	16,316	5,510	668	396,8	148,1	364,5	123,5	441	3739	5724
340	15,997	6,125	820	837,4	951,5	454,	496,5	553	3658	5195
320	15,492	6,82	1014	1193,3	1332,1	555,5	777,1	670	3588	4743
300	14,391	6,73	1226	1471,2	1642,3	672,5	969,2	819	3452	4347
280	13,913	7,23	1450	1694,3	1893,3	794,1	1099,2	967	3352	4007
260	12,595	7,11	1708	1857,1	2091,2	953,3	1155,3	1139	3225	3708
240	12,037	8,35	2008	1943,1	2258,3	1099,4	1154,7	1339	3076	3420
220	11,375	8,87	2350	2071,1	2396,3	1286,1	1109,3	1567	2907	3147
200	10,597	9,43	2748	2134,	2510,3	1503,3	1086,3	1812	2711	2674
180	9,557	10,169	3233	2170,3	2612,	1770,	812,3	2155	2471	2579
160	8,563	11,419	3797	2185,3	2733,1	2188,3	544,3	2531	2192	2362
140	7,571	12,31	4175	2181,4	2797,33	2450,5	346,3	2903	1857	1902
121	7,513	13,79	5255	2169,1	2858,6	2877,3	11,2	3503	1472	1501

Anmerkungen.

1. Berechnung der Tiefe des Wassers in den Erdspalten und im Meere.

Um diese Tiefe ermitteln zu können, müssen wir einerseits den Druck ermitteln, den das Wasser in den Erdspalten erduldet, und müssen wir andrerseits die Spannkraft ermitteln, welche der Wasserdampf bei der Hitze in den Erdspalten entwickelt. Das Wasser wird dann so tief eindringen, bis die Spannkraft des Dampfes die Wassersäule zu tragen vermag.

a. Druck des Wassers in den Erdspalten.

Das Luftmeer übt, wie wir in No. 6 sahen, ehe sich Wasser nieder-schlägt, einen Druck von 625,11 Luftsäulen oder 6469,3 m. Wasser aus. Dieser Druck bleibt für Luftmeer und Wassermeer zusammen derselbe, so lange kein Wasser in die Spalten der Felsen eindringt.

Das in die Felsen eindringende Wasser haben wir nach No. 3 auf 4 Hundertel des Raumes in den Felsen geschätzt. Auf je 100 m., um welche das Wasser in die Felsen eindringt, nimmt also der Druck der Wassersäule um 100 m. Tiefe zu, während dann vom Meereswasser 4 m verbraucht werden, oder der Druck des Wassers wird auf je 100 m. Tiefe am 96 m. grösser. Sobald aber das Wasser in die Spalten eindringt, dringt auch die Kohlensäure mit ein und verbindet sich mit den Basen der Lava zu Ge-steinen, welche sich am Grunde des Meeres niederschlagen; diese Kohlen-säure verschwindet mithin aus dem Luftmeere und macht den Druck des Wassers um so viel geringer. Hundert Meter Lava von 2,61 Raumgewicht wiegen aber so viel wie 261 m. Wasser und verbrauchen nach No. 12 zur Bildung der kohlensauren Gesteine 17,64 % ihres Gewichtes an Kohlensäure.

7

Diese Kohlensäure wiegt so viel wie 49,81 m. Wasser. Auf je 100 m. Tiefe wird also der Druck des Wassers um 96 — 49,81 = 46,93 m. gröser. In a Meter Tiefe ist demnach der Druck 6458,9 + a × 0,4648 m. Hiernach ist die folgende Tafel berechnet.

Tafel des Wasserdruckes in Spalten der Erdschale zur Meeres- und Inselseit.

Tiefe in Metern.	Druck in Metern.	Auf die Tiefe von Metern	Zunahme des Druckes in Metern.	Auf die Tiefe von Metern	Zunahme des Druckes in Metern.
1.	2.	3.	4.	5.	6.
100	6506,8	100	46,93	10	4,643
200	6552,4	200	92,84	20	9,286
300	6598,8	300	139,79	30	13,919
400	6645,3	400	185,72	40	18,572
500	6691,7	500	232,15	50	23,215
600	6738,1	600	278,58	60	27,858
700	6784,5	700	325,01	70	32,501
800	6831,0	800	371,44	80	37,144
900	6877,4	900	417,87	90	41,787
1000	6923,8	1000	464,3		
2000	7388,1	2000	928,6		
3000	7852,4	3000	1392,9		
4000	8316,7	4000	1857,2		
5000	8781,0	5000	2321,5		
6000	9245,3	6000	2785,8		
7000	9709,6	7000	3250,1		
8000	10173,9	8000	3714,4		
9000	10638,7	9000	4178,7		
10000	11102,5	10000	4643		

b. Spannkraft des Wasserdunstes für die verschiedenen Wärmegrade.

Die Spannkraft des Wasserdunstes e ist nach der für hohe Wärme- grade am besten geeigneten Formel Dulong's, wo t die Centigrade bezeichnet,
$$e = [1 + 0,00411 (t — 100)]^5.$$
Nach dieser Formel ist die folgende Tafel berechnet.

Tafel der Spannkraft des Wasserdunstes von 471 bis 600° C.

Wärme in °C	Spannkraft in Luftsäulen	Spannkraft in Metern	Unterschied auf 0,1° C.	Wärme in °C	Spannkraft in Luftsäulen	Spannkraft in Metern	Unterschied auf 0,1° C.
1.	2.	3.	4.	1.	2.	3.	4.
471	651	6728		506	807	9372	
472	657	6794	6,	507	915	9458	8,
473	664	6861	6,	508	923	9545	8,
474	670	6928	8,	509	932	9632	8,
475	677	6996	8,	510	940	9721	8,
476	683	7064	6,	513	966	9989	8,
477	690	7133	6,	516	993	10263	9,
478	697	7201	6,	519	1020	10543	9,
479	703	7272	7,	522	1047	10829	9,
480	710	7342	7,	525	1076	11121	9,
481	717	7413	7,	528	1105	11419	9,
482	724	7485	7,	531	1134	11724	10,
483	731	7557	7,	534	1164	12036	10,
484	738	7629	7,	537	1195	12354	10,
485	745	7703	7,	540	1226	12678	10,
486	752	7776	7,	543	1258	13009	11,
487	759	7850	7,	546	1291	13348	11,
488	767	7925	7,	549	1325	13694	11,
489	774	8001	7,	552	1360	14046	11,
490	781	8076	7,	555	1394	14405	11,
491	789	8153	7,	558	1429	14772	12,
492	796	8230	7,	561	1465	15147	12,
493	804	8308	7,	564	1502	15529	12,
494	811	8386	7,	567	1540	15918	12,
495	819	8465	7,	570	1579	16316	13,
496	826	8544	7,	573	1618	16721	13,
497	834	8624	8,	576	1658	17135	13,
498	842	8705	8,	579	1699	17558	14,
499	850	8786	8,	582	1740	17986	14,
500	858	8868	8,	585	1782	18424	14,
501	866	8950	8,	588	1826	18870	14,
502	874	9033	8,	591	1870	19326	15,
503	882	9117	8,	594	1915	19790	15,
504	890	9202	8,	597	1960	20262	15,
505	898	9286	8,	600	2007	20744	16,
506	907	9372					

In der Tafel in No. 10 haben wir die Wärmezunahme auf je 100 m. Tiefe kennen gelernt. Wir kennen also für jede Tiefe den Wärmegrad und daraus die Spannkraft des Wasserdunstes und andrerseits den Druck des Wassers und können daraus leicht berechnen, in welcher Tiefe die Wärme hinreicht, damit die Spannkraft der Dämpfe den Druck des Wassers ertrage, bis dahin dringt das Wasser in den Spalten vor.

c. Mittlere Tiefe des Meeres.

Bezeichnet a den Wassergehalt der Erde von 2400 Metern, bezeichnet b den jedesmaligen Wassergehalt des Luftmeeres, wie er in der Tafel zu No. 10 gleichfalls in Metern angegeben ist, bezeichnet endlich c die Tiefe des Waſſers in den Erdſpalten und T die mittlere Tiefe des Meeres in Metern, ſo iſt

$$T = a - (b + c : 25).$$

2. Berechnung der Erhebung und Senkung des Meeresgrundes.

Sei $2_{,61}$ das Raumgewicht der Lava, und ſei $n \times 2_{,61}$ das Raumgewicht des Granites, wenn man die Spalten des Granites mit rechnet. Betragen ferner die Erhebungen $\frac{1}{n}$ der Erdoberfläche, die Thäler mithin $1 - \frac{1}{n} = \frac{n-1}{n}$, und bezeichne b die Höhe der Erhebungen in Metern von dem Meeresthale ab, ſei endlich das Waſſer c Meter in die Spalten der Erde eingedrungen, ſo iſt, von der Tiefe ab gerechnet, bis zu welcher das Waſſer eingedrungen iſt, die Erhebung des Granites $c + \left(1 - \frac{1}{n}\right) b$, das Meeresthal $c - \frac{1}{n} \cdot b$, und muſs, wenn Gleichgewicht herrſchen ſoll, der Granit bis zur Höhe der Erhebung ſo viel wiegen als die Lava des Thales und das Waſſer bis zur Höhe der Erhebung zuſammengenommen, d. h. es muſs die Gleichung gelten

$$2_{,61} \cdot a \left[c + \left(1 - \frac{1}{n}\right) b \right] = b + 2_{,61} \left(c - \frac{1}{n} \cdot b \right),$$

d. h. $$b = \frac{c \, (1 - a)}{a + \frac{1 - a}{n} - 0_{,3836}}.$$

Setzen wir demnach, da der Lava beim Granite $\frac{1}{3}$ ihrer Beſtandtheile entzogen ſind, $a = \frac{2}{3}$, nehmen wir ferner an, daſs die Erhebungen des Granites auf der Erde etwa ſo viel betragen haben, wie jetzt das Feſtland, d. h. ſetzen wir $\frac{1}{n} = \frac{1}{15}$, ſo iſt

$$b = \frac{c \frac{1}{3}}{\frac{2}{3} + \frac{1}{45} - 0_{,3836}} = 0_{,8413} \, c,$$

d. h. die Höhe der Erhebungen b beträgt', vom Meeresthale ab gerechnet, $0_{,8413}$ von der Tiefe, bis zu welcher das Waſſer in die Erdſchale eingedrungen iſt, und das Meeresthal liegt $\frac{1}{15} b$ unter der mittleren Tiefe des Meeres.

3. Berechnung der kohlenſauren Geſteine und der Kohlenſäure im Luftmeere.

a. Berechnung der Tiefe der kohlenſauren Geſteine.

Nach der Tafel in No. 12 geben 100 Gewichtstheile ausgeſäuerter Lava $52_{,15}$ Gewichtstheile kohlenſaurer Geſteine. Das Raumgewicht der Lava iſt $2_{,61}$, das der kohlenſauren Geſteine kann man im Mittel auf $2_{,6}$ ſetzen. Es geben demnach 100 Meter ausgeſäuerter Lava 50 Meter kohlenſaurer Geſteine, dieſe Geſteine vertheilen ſich auf die Meeresthäler. Bezeichnet c die Tiefe des in die Spalten eingedrungenen Waſſers, d die Tiefe der kohlenſauren Geſteine in Metern und bezeichnet $\frac{1}{n}$ den Theil der Erdoberfläche, welchen die Erhebungen einnehmen, mithin $1 - \frac{1}{n} = \frac{n-1}{n}$ den Theil der Erdoberfläche, welchen die Meeresthäler einnehmen, ſo iſt

$$d = \frac{1}{2} c \frac{n}{n-1}.$$

Wir haben aber oben $\frac{1}{n} = \frac{1}{4}$ gesetzt, mithin ist

$$d = \frac{3}{4} c.$$

Es kann nicht verkannt werden, dass die Masse der kohlensauren Gesteine, welche sich am Grunde der Meeresthäler niederschlagen, grösser ist als die Masse des über die Linie des Meeresthales aufsteigenden Granitdomes; denn bezeichnet c die Tiefe des in die Spalten eingedrungenen Wassers, b die Höhe des Granitdomes über dem Meeresthale, d die Mächtigkeit der kohlensauren Gesteine, und bezeichne e die Erdoberfläche, C die Masse des vom Wasser durchspülten Gesteines, nach der Annahme, dass alles Wasser in Lava, und zwar gleich tief, eindringt, und B die Masse des gehobenen Granitdomes, D die der kohlensauren Gesteine, so ist

$$B = \frac{1}{4} \, be = 0_{1,250} \, C, \qquad D = \frac{3}{4} \, de = 0_{,3} \, C.$$

Da nun bisher angenommen ist, dass alle Lava, so weit das Wasser eingedrungen, in Granit verwandelt sei, und dieser Granit $\frac{2}{3}$ der Bestandtheile der Lava enthalte oder dem Raume nach $\frac{3}{4}$ der Masse darstelle, so müsste aller gebildete Granit $\frac{3}{4}$ $C = 0_{,75}$ C sein, andrerseits bliebe für ihn nur der Raum

$$B + C - D = 0_{,950} \, C.$$

Es fehlen hiernach für den Granit der Raum $0_{,1181}$ C, d. h. etwa $\frac{1}{8}$ des Raumes. Beachtet man aber, dass die kohlensauren Gesteine, welche in $\frac{3}{4}$ c unterliegen, bei ihrer Bildung die Wärme des Meeres oder der Erdoberfläche haben und mit dieser geringen Wärme in die tieferen Schichten, zuletzt bis 3500 m., hinabsinken, wo viel höhere Wärme, zuletzt 262° C. höhere Wärme herrschen müsste, so kann man nicht verkennen, dass unter den kohlensauren Gesteinen die Erdschale kühler, das Wasser daher tiefer, das C daher grösser sein wird, dass dagegen unter dem Granitdome das C kleiner sein wird, dass aber durch beides das $\frac{1}{8}$ C leicht eingebracht werden kann. Die obige Rechnung wird also als erste Annäherung ihren vollen Werth behalten.

b. Berechnung der Kohlensäure des Luftmeeres.

Nach No. 9 beträgt die Kohlensäure der Erde 393$_{,45}$ Luftsäulen oder 4069$_{,8}$ Meter Wasserdruck. Nach der Tafel in No. 12 gebrauchen aber 100 Gewichtstheile ausgeführter Lava 17$_{,41}$ Gewichtstheile Kohlensäure zur Bildung der kohlensauren Gesteine. Diese Kohlensäure wird dem Luftmeere entzogen. Sei also a = 4069$_{,8}$ der ursprüngliche Gehalt des Luftmeeres, c die Tiefe des Wassers in den Spalten, p = 2$_{,41}$ das Raumgewicht der Lava und f die Kohlensäure des Luftmeeres und Wassermeeres in Meter Wasserdruck, so ist

$$f = a - 0_{,1764} \, cp = 4069_{,8} - 0_{,4857} \, c.$$

c. Berechnung des Druckes des gesammten Luftmeeres.

Das Luftmeer enthält auser der eben berechneten Kohlensäure den in der Tafel von No. 10 berechneten Wassergehalt und den in No. 9 berechneten Stickstoff. Die Summe dieser drei Stücke giebt die Zahl der Tafel.

Aus der Tafel ergiebt sich, wie tief das Wasser in die Spalten der Erde eingedrungen ist. Als der erste Regentropfen zur Erde fiel, war die Erde dürr und trocken und dürstete nach Regen. 550 Meter tief konnte das Wasser sofort in die Erdspalten eindringen und drang fo tief ein. Zu diefem Wasser war aber 4 Hundertel des Raumes oder 22 Meter Wasser genügend. Schon bei 1° C. Abkühlung fielen nach der Tafel in No. 10 22_{m}, Meter Wasser als Regen. Der Fels erhielt alfo fofort die zur Tränkung erforderliche Regenmenge. Die Lava ward nun fo tief, als das Wasser eindrang, in Granit verwandelt, die Tiefe, wie weit das Wasser eingedrungen ist, giebt uns alfo auch die Tiefe der Granitschale.

Das niedergeschlagene Wasser bildet nun auf der Erde bald ein gewaltiges Meer, dessen Tiefe schon nach 100° C. Abkühlung die jetzige Tiefe erreicht. In dem Meere bildet nun aber der Granit Höhen, während sich im Thale daneben der kohlensaure Kalk niederschlägt. Zunächst zwar ist das Verfinken der Erdschale unter dem Meere fo mächtig, dass auch die Granithöhen schneller verfinken, als fie emporsteigen. Die Gipfel der Granithöhen finken tief unter den Meeresspiegel und liegen nach 100° C. Abkühlung über 1000 Meter unter dem Meeresspiegel. Auch bei den folgenden 60° C. Abkühlung verbleiben fie noch in diefer Tiefe, dann aber bei den letzten 80° Abkühlung steigen fie schnell aus dem Meeresgrunde auf und treten, im Anfange der Infelzeit, fobald die Erdoberfläche $120_{\frac{0}{1}}$° C. erreicht, als erste Infeln aus dem Meere hervor.

Die Erde, welche am Anfange diefes Zeitraumes noch als todter Schalstern, als starre Lavenkugel erschien, auf welcher kein Regen die Schale tränkte, kein Sonnenstrahl das dicke, von Wasser und Kohlensäure erfüllte Luftmeer zu durchdringen vermochte, hat fich im Laufe diefes Zeitabschnittes in einen gewaltigen Meeresstern verwandelt, auf dem ein riefenhaftes Weltmeer wogt und feine umgestaltenden Einwirkungen auf die aus Lava gebildete Erdschale beginnt; fie ist untergetaucht in das Wasserbad, um aus der Taufe ihres Schöpfers geläutert und geklärt wieder zu erstehen und mit dem Auftauchen des Festlandes ihr zweites Geburtsfest, gleichfam ihr Tauffest zu feiern.

Es ist das gewaltige Luftmeer der Erde, welches die Stoffe zu diefer Meeresbildung geliefert hat. Von den 232_{m} Luftfäulen (Atmosphären) Wassers find am Ende diefes Abschnittes nur noch zwei, von den 393_{m} Luftfäulen Kohlensäure, welche im Anfange diefes Zeitabschnittes im Luftmeere kreiften, ist nur noch der dritte Theil in dem Luftmeere verblieben, die übrigen Luftfäulen des Wassers und der Kohlensäure find bereits in das Wassermeer, find mit dem Wasser in das Innere der Erdschale hinabgestiegen, um hier ihre für das Leben der Erde fo überaus fegensreiche Wirkfamkeit zu vollbringen.

Die äuſere Erſcheinung der Erde iſt durch alle dieſe Vorgänge eine weſentlich neue geworden; nicht minder bedeutend ſind
die Veränderungen; welche im Schooſe der Erde, in den Spalten
und Geſpalten der Lavenſchale vorgegangen ſind und im nächſten
Abſchnitte auch in die äuſere Erſcheinung treten ſollen. Aus der
Lava iſt der Granit geworden, der in Rieſenkuppeln ſich aus der
Meerestiefe erhebt, um als mächtiger Dom mit dem Beginne des
nächſten Zeitabſchnittes aus den Fluthen des Meeres emporzuſteigen,
der herrlichſte Tempel zur Ehre Gottes und zum Segen der kommenden Geſchlechter, von Gott ſelbſt gegründet und erbaut.

Die kohlenſauren Gewäſſer ſind die dienſtbaren Geiſter, ſind
die Waſſerelfen und Berggeiſter, ſind die Feeen und Kobolde,
welche in der Tiefe des Meeres die Schlöſſer bauen, die Kuppeln
errichten, welche unglaubliche Maaſen kohlenſauren Erzes, kohlenſauren Kalkes und Talkes in nimmer raſtendem Laufe aus den
Schichten und Spalten der Erdſchale forttragen und am Grunde
des Meeres in mächtigen Lagern aufſpeichern, um den kommenden
Geſchlechtern die herrlichſten Fundſtätten ſchneeigen Marmors und
trefflichen ſchwefelfreien Eiſenerzes zu bieten und die zum Leben
der Pflanzen- und Thierwelt erforderliche Kohlenſäure auszuhauchen.
Man ſieht, die Erde iſt zum Hervortreten aus dem Meere vollkommen vorbereitet. Nur noch $^{1}/_{14}$° C. Abkühlung, und die erſte
Inſel tritt aus dem Meere der Meereszeit hervor und führt uns über
in den folgenden Abſchnitt.

Alle Sätze dieſer Nummer ſind zwar neu, aber nach genauen
mathematiſchen Geſetzen ſtreng wiſſenſchaftlich abgeleitet und berechnet und daher als erſte Annäherungen durchaus ſicher.

Dritter Abſchnitt der Urgeſchichte: Die Inſelzeit der Erde.

16. Die Erde als Inſelſtern.

Sobald die Erde ſich unter 120_{14}° C. abkühlt, tritt nach der
in No. 15 ausgeführten Rechnung, welche wenigſtens als erſte Annäherung ihren Werth hat, die erſte Inſel[*]) aus dem Meere hervor.

Die Witterungsverhältniſſe bleiben in dieſer Zeit für die Erde
im Weſentlichen noch dieſelben wie zur Meereszeit. Die Inſeln
treten zunächſt nur vereinzelt hervor und gewinnen daher auf das

---

[*]) Inſel iſt aus dem lat. Inſula entlehnt und bezeichnet das in ſalo,
d. h. im Meere gelegene, genau wie das gr. enállos.

Wetter keinen entscheidenden Einfluss. Auch in der folgenden Zeit behält das Land noch die Gestalt vereinzelter Inseln; selbst zur Kohlenzeit stellen die jetzigen Festländer Europas und Amerikas nur Inselreiche dar. Der Kreislauf der Winde, die Gürtel der Regen und der trocknenden Winde, die Gürtel der Kalmen, der Passwinde und der Regen gebenden Westwinde bleiben wie zuvor. Die Regen der Westergürtel fallen nach wie vor polwärts von 30° Breite und führen grose Mengen Kohlensäure mit in das Meer, das dadurch in einen kräftigen Kohlensäuerling verwandelt wird. Die kohlensauren Gewässer dringen polwärts von 30° Breite in die Felfen ein, säuern sie durch, führen die Basen in doppelt kohlensauren Verbindungen aus und lassen den Granit zurück, der nun als Dom aus der Tiefe des Meeres sich erhebt und als Insel oder Eiland hervortritt. Die doppelt kohlensauren Verbindungen dagegen gehen mit den Meeresströmen nach den Passgürteln. Dort verdunstet der eine Korb Kohlensäure, das einfach kohlensaure Gestein schlägt sich am Grunde des Meeres nieder und lässt durch sein Gewicht den Grund des Meeres tiefer sinken.

In der südlichen Halbkugel ist der Gegensatz von Meer und Land auch bis heute noch nicht zur Ausbildung gelangt. In der nördlichen Halbkugel, wo er sich bisher allein entwickelt hat, bildet das Festland heute folgende Antheile des Breitenkreises:

in 0° Breite $0_{,015843}$,   in 40° Breite $0_{,543843}$,
- 10" - $0_{,241733}$ - 50" - $0_{,635443}$
- 20" - $0_{,316343}$ - 60" - $0_{,613393}$
- 30" - $0_{,414633}$ - 70" - $0_{,524473}$.

Das Land bildet darnach gegenwärtig in den Tropen nur geringe Theile des Breitenkreises. Ueberdies ist aber zu beachten, dass die Wüste Saharah jetzt diefem Gürtel angehört, und dass sie noch einen alten Meeresboden darstellt, und dass überhaupt die Länder südlich von 30° Breite verhältnissmäsig jung und wenig ausgebildet erscheinen. Von 23° bis 45° bildet das Land schon grösere Antheile der Breitenkreise, kommt aber auch hier, da sich die Passwinde auf- und abschieben, noch nicht zur vollen Geltung. Erst jenseit des 45.° tritt das Land in seiner vollen Bedeutung hervor; hier sind also auch die ersten Inseln auf der Erde zu suchen; hier zeigt das Meer nach Maury's Angaben über das atlantische Meer auch nur halb so viel Tiefe als mittagwärts. Die folgende Tafel giebt uns über die allgemeinen Verhältnisse der Inselzeit Aufschluss.

Die Verhältnisse der Erde als Infelstern.

Wärme der Erdoberfläche in °C. 1.	Jahre seit Anfang der Infelbildung. 2.	Dicke der Erdschale in Metern. 3.	Wärmezunahme auf je 100 m. Tiefe in °C. 4.	Wärme in der Tiefe von			Wasserdunst des Luftmeeres		Regen bei Abkühlung um 1°C. in Metern. 10.
				0 m. 5.	5000 m. 6.	10000 m. 7.	in Luftsäulen. 8.	in Metern. 9.	
121	0	19070	7,₀₁	121	482	844	2,₉₀	20,₁₇	0,₀₁₀
120	191630	19190	7,₁₀₁	120	479	839	1,₉₄	20,₀	0,₀₄₄
110	2'236660	20500	6,₇₀₀	110	449	788	1,₄₁	14,₄	0,₀₄₃
100	4'240350	21920	6,₄₀₀	100	419	739	1,₀₀	10,₄	0,₀₃₂
90	6'459570	23170	6,₀₀₁	90	384	699	0,₈₀	7,₁₁	0,₀₁₃
80	8'831430	25400	5,₈₃₀	80	360	639	0,₄₄	4,₅	0,₀₁₀
75	10'082210	26400	5,₃₃₀	75	345	615	0,₃₇₀	3,₀	—

Die Meere und Niederschläge der Infelzeit.

Wärme der Erdoberfläche in °C. 1.	Wärmezunahme auf je 100 m. in °C. 2.	Auf 1°C. Wärmezunahme kommen Meter. 3.	Tiefe des Wassers in den Spalten in Metern. 4.	Mittlere Tiefe des Meeres Meter. 5.	Tiefe des Meeresthales in Metern. 6.	Höhe der Infeln über dem Meeresspiegel. Meter. 7.	Mächtigkeit der Kohlensauren Gesteine in Metern. 8.	Kohlensäure des Luftmeeres in Metern Wasser. 9.	Druck des ganzen Luftmeeres in Metern Wasser. 10.
121	7,₂₃₁	13,₄₇₁	5255	2189,₃	2888,₅	0,₀	3503	1472	1601
120	7,₁₀₁	13,₃₀₅	5303	2167,₀	2893,₀	7,₉	3535	1441	1489
110	6,₇₁₀	14,₇₁₁	5803	2153,₃	2871,₀	186,₃	3869	1193	1216
100	6,₃₀₄	15,₄₅₇	6375	2134,₃	2845,₀	392,₃	4250	901	822
90	6,₀₀₃	16,₄₃₁	6906	2116,₀	2827,₁	584,₀	4604	646	661
80	5,₅₉₀	17,₅₁₉	7760	2084,₄	2779,₅₄	894,₃	5173	223	236
75	5,₃₀₄	18,₄₃₁	8170	2089,₁₁	2758,₀	1043,₇	5447	20	24,₄₀

Alle Sätze der Nummer find aus wissenschaftlichen Gesetzen auf wissenschaftliche Weise abgeleitet und als erste Annäherungen sicher.

Anm. Die Tafeln find nach den Regeln zu den Tafeln in No. 10 und No. 16 berechnet, nur für die Höhe der Infeln über dem Meeresspiegel mußte die folgende Regel der Berechnung zu Grunde gelegt werden:

Berechnung des Meeresthales und der Höhe der Infeln über dem Meeresspiegel in Metern.

Sei h die Höhe der Infel über dem Meeresspiegel, sei $2_{,₀₁}$ das Raumgewicht der Lava, $2_{,₀₁} \times$ a das des Granites, sei b die mittlere Tiefe des Meeres und c die Tiefe des Wassers in den Felsen, vom mittlern Meeresgrunde an gerechnet, und nehmen die Infeln, bezüglich die Meereshöhen $\frac{1}{b}$ der Erdoberfläche ein, so ist

a. die Tiefe des Meeresthales $\frac{n}{n-1}$ b, und ist

b. die Höhe der Inseln über dem Meeresspiegel):

$$\lambda_{91}\,a\,(b+b+c) = \frac{n}{n-1}\,b + 2_{91}\,(c - \frac{1}{n-1}\,b),\ \text{mithin}$$

$$b = \left(\frac{1}{a} - 1\right)c - \left(1 + \frac{1}{n-1} \times \frac{1}{a} - \frac{n}{n-1} \times \frac{1}{2_{91} \times a}\right)b.$$

Setzen wir demnach, wie dies oben geschehen ist, $a = \frac{2}{3}$, $n = 4$, so ist

$b = \frac{1}{2}\,c - \hat{\mathbf{0}}_{911793}\,b$.

17. Die Arbeit der Inseln.

Die Inseln steigen zur Inselzeit in grosser Zahl aus den Fluthen des Meeres empor und erreichen eine Höhe bis 1000 Meter. Die Winde, welche über das Meer hinstreichen, stosen sich an diesen Inseln, steigen an ihrem Abhange in die Höhe und geben beim Aufsteigen mächtige Regen, um so gröser, da die Inseln fast sämmtlich dem Westergürtel mit reichlichen Regen angehören. Bei dem reichen Gehalte der Luft an Wasserdunst fallen die Regen 20 bis 40 mal so stark als heute an den Gestaden Irlands oder Englands.

Das Luftmeer ist aber auch in dieser Zeit ein Kohlensäuremeer, jeder Regentropfen ist also ein mächtiger Kohlensäuerling, der reiche Mengen Kohlensäure zur Erde herabführt. Gegen Ende der Inselzeit ist denn auch die ganze Kohlensäure des Luftmeeres verbraucht und in den kohlensauren Gesteinen niedergelegt. Die Bildung der kohlensauren Urgesteine hat hiemit ihr Ende erreicht. Jeder kohlensaure Tropfen wirkt überdies auf der Insel unmittelbar auf den Granit und lässt denselben daher stark verwittern. Ueberdies hat der Granit von Anfang an grose Spalten, in welche das Wasser eindringen, von wo aus es den Granit anfressen und zersetzen kann. Das Wasser hat andrerseits in den Spalten der hoch aus dem Meere aufsteigenden Felsen einen viel höhern Druck, fliest daher in schnellerem Laufe dem Meere zu und wird bald wieder durch neues Wasser ersetzt.

Die Zersetzung des Granites nimmt daher einen viel schnelleren Verlauf. Nicht nur werden der Kalk, der Talk und das Eisenoxydul, welche noch im Granite zurückgeblieben sind, ausgeführt, sondern das kohlensaure Regenwasser bemächtigt sich auch des Natrons und Kalis im Granite. Auch die jetzigen Kohlensäuerlinge sind reich an Natron, wie wir in No. 11 bereits gesehen haben, und selbst das Kali wird durch dieselben aufgelöst und als auflösliches kieselsaures Kali mit dem Wasser fortgeführt. Das kohlen-

saure Wasser, welches im Regen unmittelbar den Granit der Inseln
trifft, greift daher den Granit sehr heftig an und macht ihn verwittern, der Granit zerfällt und bildet Bruchstücke von der Gröse
unserer Feldsteine bis zur Gröse der Kies- und Sandkörner, ja bis
zu den feinen, schwemmbaren Thonkörnchen.

Die Bestandtheile des zerfallenen Granites schlagen nun mit
dem davon eilenden Regen zwei durchaus verschiedene Wege ein.
Sehen wir nämlich von dem Theile des Regenwassers ab, welcher
durch Verdunstung unmittelbar in das Luftmeer zurückkehrt, so
fliest der eine Theil des Wassers auf der Oberfläche der Insel als
Quelle, Bach und Fluss hin und ergiest sich schliesslich in die obern
Meeresschichten, während der andere Theil durch unterirdische
Spalten und Gänge in vielmal langsamerem Laufe dem Grunde des
Meeres zueilt und in die untersten Schichten des Meeres sich ergiest.
Von den Bestandtheilen des zerfallenden Granites führt der erstere
Theil des Wassers die ungelösten Bruchstücke, der letztere den
grösten Theil der von dem kohlensauren Wasser aufgelösten Stoffe.

a. Die Gewässer der Erdoberfläche.

Alle die Bruchstücke, welche die oberflächlichen Wasserströme:
die Quellen, Bäche und Flüsse mit sich führen, tragen als Kennzeichen ihrer Wanderung im Wasser abgerundete Formen. Die
scharfen Ecken und Kanten sind durch das Rollen und Suhieben
abgestosen, die spiegelnden Spathflächen sind abgerieben und vielfach geritzt und geschrammt, aus dem spathigen Granite ist ein
Gerölle geworden, sei es, dass die einzelnen Stücke desselben die
Gröse eines grosen Rollsteines von fusgrosem Durchmesser, oder
die Gröse von Nüssen, von Erbsen, von Kies oder von Sandkörnern
und Thontheilchen erreichen. In dem zerfallenden Granite finden
wir zunächst alle diese Grösen in buntem Gemische, der Strom
der fliesenden Gewässer beginnt sie zu scheiden und zu trennen.
Die Schnelligkeit des Stromes und die Gröse seiner Wassermasse
bestimmt nämlich die Gröse der Bruchstücke, welche er mit sich
führen kann. Jo steiler der Abfall, je schneller daher der Strom
und je gröser zugleich die Wassermasse, um so gröser können
auch die Bruchstücke des Stromes sein. Da nun die Gefälle in der
Nähe der Gipfel am grösten, der Strom der Gewässer hier am
schnellsten ist und nach dem Meere zu mehr und mehr abnimmt,
so lagern auch die Gerölle, welche die Gewässer mit sich führen,
um die Gipfel in ringförmigen Schichten. Zunächst dem Gipfel die
grosen Bruchstücke und Rollsteine, mehr entfernt die Geschiebe

groben Kiefes, dann der grobkörnige, dann feinkörniger Sand,
endlich der schwemmbare Thon. Auch heute noch lassen sich bei
jedem gröseren Flusse diese Gürtel sehr wohl unterscheiden. In
das Meer gelangt meist nur der schwemmbare Thon, bisweilen der
Sand, die Geschiebe werden meist auf den Ebenen des Landes abgesetzt und erfahren hier durch den Einfluss des Luftmeeres neue
Zerfetzungen.

Dem Gipfel nahe lagern also auf den Abhängen und im Bette
der Flüsse grose Gerölle und bilden, wo der Strom plötzlich langsamer wird, z. H. beim Eintritte in die Ebene, grose Schuttkegel
und Trümmerhaufen. Die Sandmassen dagegen breiten sich mit den
Flüssen weiter aus, erhöhen die Betten der Flüsse und nöthigen
sie dadurch, über die Ufer zu treten, die Ebenen zu überschwemmen
und auf den Ebenen die Sandmassen in wagerechten Schichten abzu-
lagern. Nur wo die Flüsse noch mit schnellem Laufe ins Meer
einströmen, gelangen gröbere Sandmassen ins Meer, werden, da
die Gewässer des Flusses im Meere bald gestauet werden und
zum Stillstande gelangen, in der Nähe der Mündung abgelagert und
bilden die Mündungskegel der Flüsse. Die schwemmbaren Theilchen dagegen breiten sich in dem Wellen schlagenden Meere mit
den Meeresströmungen aus und bilden weithin am Grunde des Meeres
wagerecht lagernde Schichten.

b. Die Gewässer des Erdinnern.

Wenn die auf der Oberfläche fliessenden Wasserbäche und
Flüsse die Schichten bildenden Kräfte darstellen, so zeigen uns die
in den unterirdischen Spalten dahinströmenden kohlensauren Gewässer die versteinernden Kräfte des Erdlebens. Reich beladen
mit doppelt kohlensauren Salzen kommen diese Gewässer am Grunde
des Meeres aus den Spalten der Erdschale hervor und tränken die
am Meeresgrunde lagernden wagerechten Schichten. Der zweite
Korb Kohlensäure wird im Meere frei, das einfach kohlensaure,
das kieselsaure Salz schlägt sich nieder und bildet in den losen
Erdschichten einen bindenden Kitt. Die losen Schichten des Meeresgrundes werden dadurch in festes Gestein verwandelt; aus dem
Thone und Sande wird, wenn er unter die Oberfläche des Meeres
kommt, ein geschichtetes Gestein, der Gneis. Der auflösliche kohlensaure Kalk endlich bildet am Grunde des Meeres, wo er sich un-
getrübt niederschlägt, die Kalkgesteine der Schichtenbildungen.

Die auf diese Weise aus dem zerfallenen Granite der Insel
gebildeten geschichteten Gesteine bilden also um die Insel einen

Gürtel, welcher zu der Grösse und Schnelligkeit der Flüsse, zu der
Grösse und Höhe der Insel im entsprechenden Verhältnisse steht
und etwa so gross angenommen werden darf, als die Insel selbst.
Von dem Granite der Insel sind nach dieser Annahme genau so viel
Fuss durch Einfluss des Luftmeeres verwittert und durch die
Regenwasser fortgespült, als die Dicke der Schichten im Meere
beträgt.

Die Sätze dieser Nummer sind aus sichern Gesetzen abgeleitet,
mithin auch selbst sicher.

     Anm.   Ausdehnung der Schichten am Grunde des Meeres.

     Nach der gewöhnlichen Annahme sollen die geschichteten Gesteine sich
auf dem Grunde des ganzen Meeres abgelagert haben. Beachtet man jedoch,
dass allein die cambrischen Schichten 3000 Fus, dass jede der beiden
folgenden Schichten abermals 3000 Fus Mächtigkeit besitzt; beachtet man
ferner, dass das Festland jetzt nur ¼ der Erdoberfläche einnimmt, dass
es aber in den ersten Zeiten noch weniger eingenommen haben muss,
so müsste, um das ganze Meer 9000 Fus hoch mit geschichtetem Gesteine
zu bedecken, allein in den betreffenden Zeitabschnitten von dem Urgesteine
der Inseln mehr als 27000 Fus durch Regen abgespült und ins Meer geführt
sein. Jeder Unbefangene wird die Unmöglichkeit einer solchen Annahme
zugestehen. Man wird daher die Annahme, dass die jedesmaligen Schichten
den Grund des ganzen Meeres bedeckt hätten, aufgeben müssen, auch wider-
spricht der mannigfache Wechsel von Höhe und Tiefe, das Vorkommen
wahrer Gebirge im Meeresgrunde hinlänglich dieser Annahme.

18.   Die Bildung des Gneises.

     Die ersten geschichteten Gesteine, welche sich zur Inselzeit
bilden, zeigen ein von den späteren Bildungen höchst abweichendes
Verhalten. Einerseits erkennt man an ihnen deutlich die Einwirkung
des fliessenden Regenwassers, welches die Bruchstücke des Granites
nach der Grösse geschieden und die Körner gleicher Grösse in wagerechten Schichten abgelagert hat, andrerseits zeigt das Gestein
noch ganz spathiges Gefüge und muss durch Einfluss der durch-
sickernden Gewässer von neuem gespathet oder krystallisirt sein.

     Das Wasser, welches in den Spalten der Erdschale rinnt, ist
nämlich zur Inselzeit noch reich an Kohlensäure. Das Luftmeer
enthält im Anfange der Inselzeit noch 1454, am Ende noch 423
Meter Wasserdruck an Kohlensäure und entführt daher dem Innern
der Schale reiche Massen kohlensaurer Salze, namentlich des Talkes,
Natrons und Kalis. Diese letztern Basen sind aber die stärksten
Basen, welche zu der Kieselsäure eine grosse Verwandtschaft haben

und daher den kiefelfauren Salzen des Kalkes und Eifens die Kiefelfäure rauben. Kiefelfaurer Talk, Natron und Kali bilden daher in
den Quellen Auflöfungsmittel, welche das Gerölle mit neuen kiefelfauren Verbindungen verfehen und diefe Gerölle von neuem zu
Gneis*) fpathen oder kryftallifiren. Es ist abermals das Verdienst
von Gustav Bischof, diefe Vorgänge in einzelnen Fällen nachgewiefen zu haben.

Die kohlenfauren Salze des Kalkes und Eifens und zum Theile
auch die des Talkes rinnen mit den Gewäffern der Spalten gleichfalls weiter und erhalten, je weiter fie strömen, um fo reicheren
Gehalt. Am Grunde des Meeres aber schlagen fie fich nieder und
bilden die mächtigen Lager des Urkalkes, des Bitterkalkes oder
Dolomites ($CaCO^3 + MgCO^3$) und des Eifenspathes, welche bald
mehr körnig, bald, wie im Marmor, herrlich gefpathet erscheinen,
indem die stets von neuem eindringenden Auflöfungen der kohlenfauren Salze das Gestein auswaschen und wiederholt umfpathen,
wie wir dies beim Zucker hinlänglich kennen.

Die Kohlenfäure nimmt durch diefe Vorgänge mächtig ab, der
Luftkreis wird dünner und reiner, an Waffergehalt geringer,
dennoch aber bleibt er immer noch fo dick, dass Sonne, Mond und
Sterne auf Erden nicht fichtbar werden.

Die folgende Tafel zeigt uns die Zufammenfetzung des Gneifes.

---

*) Gneis stammt ab vom Urverb gban, ghnu, gr. chno-, chnáu-ū, an.
gnu-a abreiben, schaben, in derfelben Bedeutung auch durch dha thue erweitert, agf. gnidan nnd nhd. die Gnaize, in der Bedeutung Grind, Krätze,
und der Gneis. Der Gneis bezeichnet alfo das Gestein, welches beim Schmei-
zen der Erze die Krätze, d. h. das Abzureibende, Abzuschabende auf dem
Erze bildet.

Die Zuſammenſetzung des Gneiſes.

	Si??	Al?O?	Fe???	Fe?	Mett.	Mgtl.	Cttl.	Na?t.	K?O.	???	Ttt?	Sonst.	Summe.
1.	75.₇₆	15.₇₁	—	1,₁₃₀	—	1,₃₃	2,₃₁	0,₃₃	3,₃₇	0,₃₀₁	—	—	100,₃₃
2.	76,₃₄	13,₆₀	—	2,₁₁	—	0,₃₆	0,₄₆	2,₆	3,₁₃	0,₃₃₄	—	—	100,₃₄
3.	70,₆₃	14,₁₁	—	2,₆₃	—	0,₁₃₀	1,₁₄	1,₃₃	4,₃₆	1,₁₃₃	—	—	100,₃₃
4.	63,₁₃	21,₁₃	—	5,₁₃₀	—	1,₆₁	0,₃₃	1,₃₃	2,₃₆	3,₃₃	—	—	100,₃₃₆
5.	65,₃₃₃	19,₃₄₃	—	₃,₄₃	—	0,₃₃₃	0,₃₃₄	1,₃₃	2,₃₃	4,₃₃	—	—	102,₃₃
6.	73,₃₃₃	14,₃₃₃	—	4,₃₃	—	1,₃₃	3,₃₃₃	2,₃₃	1,₃₃	1,₃₃₀	—	—	100,₃₃
7.	74,₃₆	15,₃₃₃	—	1,₃₃	—	0,₃₃	1,₁₃	2,₃₃	4,₄₁	1,₃₃	—	—	101,₃₃
8.	74,₃₃	13,₃₃₀	—	2,₃₃	0,₃₃₃	0,₃₃	1,₁₃	2,₃₃	3,₃₃₀	0,₃₃	1,₃₃₃	· ·	99,₃₃
9.	66,₃₃	16,₃₃₀	—	₃,₃₃	—	2,₃₃	2,₃₃	3,₃₃₀	3,₃₃₀	1,₃₃	—	—	102,₃₃
10.	61,₃₃₃	14,₃₃₆	—	7,₃₃₀	—	1,₃₃₀	2,₃₃₀	1,₃₃	3,₃₃	1,₃₃	—	—	99,₃₃₀
11.	67,₃₃	15,₃₃	—	3,₃₃	—	1,₃₃	2,₃₃₃	2,₃₃	3,₃₃	0,₃₃	—	—	99,₃₃
12.	65,₃₃₃	15,₃₃	2,₃₃	4,₃₃	—	1,₃₃₀	3,₃₄	1,₃₃	4,₃₃	1,₃₃	1,₃₃		100,₃₃
13.	65,₃₃	14,₃₃	3,₃₃	3,₃₃₀	0,₃₃	2,₃₃	2,₃₃	1,₃₃₃	4,₃₄	1,₃₃	0,₃₃	0,₃₃₃	100,₃₃
14.	64,₃₃	14,₃₃₀	—	6,₃₃	0,₃₃₄	1,₃₃	4,₃₃	0,₃₃	5,₃₃	0,₃₃	1,₃₃	—	100,₃₃
15.	64,₃₃₀	14,₃₃	—	6,₃₀	—	2,₃₃	3,₁₃	2,₃₃₀	4,₃₃	1,₃₄	1,₃₃	0,₃₃	99,₃₃
16.	64,₃₃	14,₃₃	—	6,₃₃	—	2,₃₄	3,₃₃₀	2,₃₃	3,₃₃	1,₃₃	1,₃₃₀	—	100,₃₃
17.	64,₃₃	13,₃₃	—	6,₃₃₀	—	2,₃₃	2,₃₄	2,₃₃	5,₃₃	1,₃₃	1,₃₃₀	—	99,₃₃
18.	68,₃₃	12,₃₃₄	—	6,₃₃	—	2,₃₃	2,₄₃	2,₃₃₀	2,₃₃	1,₃₃	0,₃₃	—	99,₃₃
19.	69,₃₃	13,₃₃	7,₃₃	—	—	2,₃₃	0,₃₃	0,₃₄	3,₃₃	· ·	—	2,₃₃	100,₃₃
20.	74,₃₃	13,₃₃	—	3,₃₃	—	0,₃₃	3,₃₃	3,₄₃	2,₃₃	· ·	—	—	101,₃₃₀
21.	76,₃₃	12,₃₃	—	0,₃₃	·	0,₃₃	2,₃₃	3,₃₃	5,₃₃₀	—	—	—	101,₃₃
22.	67,₃₃	16,₃₃	—	4,₃₃	—	1,₃₃	3,₃₃	2,₄₃	5,₃₃	0,₃₃	—	—	101,₃₃
Mittel	69,₃₃	14,₃₃	0,₃₃	4,₃₃	0,₃₃	1,₃₃	2,₃₃	2,₃₃	3,₃₃	1,₁₃	0,₃₃	0,₃₃	100,₃₃
O·Mittel	36,₃₃	6,₃₃	0,₁₃	0,₃₃	0,₃₃	0,₃₃	0,₃₃	0,₃₃	0,₃₃	1,₃₃	0,₃₃	—	48,₃₃
Körbe	18,₃₃	2,₃₃	0,₃₃	0,₃₃	0,₃₃	0,₃₃	0,₃₃	0,₃₃	0,₃₃	1,₃₃	0,₃₃	—	25,₃₃

Alle Sätze der Nummer ſind ſicher und auf die besten wiſſenſchaftlichen Verſuche gegründet.

Anm. Fundorte: 1—18 Sachſen. 1—8 Rother Gneis. 1—6 zwiſchen Leubsdorf und Eppendorf, 6 zwiſchen Thiemendorf und Metzdorf
7 zwiſchen Metzdorf und Flöhe, 8 NO. vom Mundloche des Michaelistollen.
9—14 Grauer Freiberger Gneis. 9 Freiberg, 10 Wald, 11 Anhöhe nördlich
von Klein Schirma, 12—13 Klemmscher Steinbruch bei Kleinwaltersdorf,
14 Grube Himmelfahrt, 15 Borstendorf, Steinbruch am Brechhausberg nördl.
von Gahlenz, 16 Drehfeld, Emanueler Wäſche, rechtes Muldenufer, 17—18
am Mundloche des Michaelistollens. 19 Norwegen, Bugten bei Christiania.
20—21 Schweden, Norberg. 22 Braſilien, Cachoeira da Campo.
Quellen: Forchhammer J. pr. Chem. 36, 410 No. 19. Quincke Ann.
Cb. Ph. 98, 239, No. 3—7, 9. Richter Freiberger Jahrbuch 1858, 221 No. 1,
10, 11. Rube Freiburger Jahrbuch 1861, 253 No. 2, 8, 12, 14—18. Scheerer
Freiberger Jahrbuch 1861, 254 No. 13. Schönfeldt et Roscoe Ann. Ch. Ph.
91, 305 No. 20—22.
Die Bestandtheile unter Sonst ſind bei No. 13 FeS² O₃₃, bei No. 15
CuFe²S⁴ O₄₆ und bei No. 19 S 2₃₃.

Zweites Buch:

Die Erdgeschichte zur Zeit der Pflanzen und Thiere.

19   Die Verhältnisse der Erde zur Zeit der Pflanzen und Thiere.

Mit dem Auftreten der ersten Pflanze und des ersten Thieres auf Erden beginnt für die Erde eine ganz neue Zeit, die Zeit des zelligen Lebens, eine Zeit, welche so viel des Neuen bietet, was von dieser Zeit an bleibend dem Erdenleben gewonnen ist, dass es erforderlich erscheint, zunächst das Gemeinsame der folgenden Zeiträume ins Auge zu fassen, ehe wir zu der Uebergangszeit im Einzelnen vorschreiten.

Jetzt erst ist unser Stern die Leben spendende, allgebärende Mutter Erde geworden, jetzt erst ist die früher unfruchtbare Felsschale unsers Planeten gereift und empfänglich geworden für die Keime zelligen Lebens, jetzt erst birgt die Erde in ihrem Schoose Pflanzenkeime und Thiersleben, tränkt sie mit fruchtbarem Regen, wärmt sie mit belebendem Sonnenlichte.

Das gewaltige Luftmeer der Urzeit mit seinem Wasser- und Kohlensäuregehalte hat sich gelichtet und grosentheile niedergeschlagen, die entsetzliche Hitze der Urzeit ist einer belebenden Wärme gewichen, welche Pflanzen- und Thierleben möglich macht. Die Gegensätze der Hitze sind nicht mehr so gewaltig wie zur Urzeit; denn während in der Urzeit die Hitze allein in einem Zeitraume um 1425° abgenommen hatte, nimmt dieselbe während der ganzen folgenden drei Zeiträume zusammen nur um 60° C. ab. Die folgenden Ueberlichten zeigen uns die Verhältnisse dieser Zeiträume.

Die Verhältnisse der Erde zur Zeit der Pflanzen und Thiere.

Wärme der Erdober-fläche in ° C.	Jahre seit Anfang des Pflanzen- und Thierlebens.	Dicke der Erdschale in Metern.	Wärme-zunahme auf je 100 m, Tiefe in ° C.	Wärme in der Tiefe von			Wasserdunst des Luftmeeres in Luft-fäulen.	in Me-tern.	Regen bei Abkühlung um 1° C. in Metern.
				0 m.	5000 m.	10000 m.			
1.	2.	3.	4.	5.	6.	7.	8.	9.	10.

Die Hügelzeit oder die Grauzeit (Uebergangszeit).

75	0	28400	5,398	75	345	615	0,3751	8,476	0,162
66	2'370050	28500	5,400	66	317	569	0,2513	2,601	0,117
58	4'626420	30570	4,912	58	293	529	0,1734	1,169	0,084
50	7'039900	32970	4,399	50	270	490	0,1161	1,192	0,057

Die Gebirgszeit oder die Rothzeit.

43	9'300320	35400	4,111	43	249	455	0,0814	0,843	0,043
37	11'363640	37730	3,876	37	231	425	0,0603	0,613	0,031
31	13'558740	40370	3,638	31	213	395	0,0436	0,460	0,021

Die Alpenzeit oder die Neuzeit.

26	15'501520	42830	3,411	26	199	370	0,0322	0,333	0,019
22	17'138900	45100	3,277	22	186	350	0,0245	0,263	0,018
18	18'857790	47530	3,134	18	174	330	0,0797	0,200	0,011
15	20'206320	49500	3,090	15	185	315	0,0199	0,171	0,010

Die Tafel ist nach den Anmerkungen zu No. 15 und 16 berechnet. Die Eintheilung der Zeit der Pflanzen und Thiere in drei Zeiträume und die Ab-grenzung der einzelnen Zeiträume von einander kann erst unten ihre Recht-fertigung finden, hier kam es nur darauf an, sofort den ganzen Ueberblick zu gewinnen.

Die Meere und Erhebungen der Zeit der Pflanzen und Thiere.

Wärme der Erd-oberfläche in ° C.	Wärme-zunahme auf Je 100 m, in ° C.	Auf 1° C. Wärmeza-nahme kom-men Meter.	Tiefe des Wassers in den Spalten Meter.	Mittlere Tiefe des Meeres in Metern.	Mittlere Tiefe des Meeresthales in Metern.
1.	2.	3.	4.	5.	6.

Die Hügelzeit oder die Grauzeit (Uebergangszeit).

75	5,394	18,518	8170	2069	2759
66	5,403	19,373	160	2034	2712
58	4,712	21,222	10160	1994	2659
50	4,399	22,734	11220	1951	2601

Die Gebirgszeit oder die Rothzeit.

43	4,110	24,191	12400	1904	2539
37	3,876	25,788	13560	1838	2451
31	3,638	27,488	14900	1804	2405

Die Alpenzeit oder die Neuzeit.

26	3,411	29,316	16150	1754	2339
22	3,277	30,516	17300	1708	2277
18	3,138	32,681	18000	1680	2240
15	3,090	33,333	18550	1618	2157

8

Alle Zahlen der Nummer find nach ſtreng wiſſenſchaftlichen Geſetzen berechnet und als erſte Annäherungen ſicher.

Anm. Die Berechnung der Tiefe des Waſſers in den Spalten der Erde, der mittlern Tiefe des Meeres und des Meeresthales zur Zeit der Pflanzen und Thiere.

Wie wir oben ſahen, beträgt das geſammte Waſſer der Erde ſo viel, daſs es, auf die ganze Erde vertheilt, dieſe 2400 m. hoch bedecken würde. In den Spalten und Felſen iſt das Waſſer auf 4 Hundertel des Raumes angenommen, danach geben 4 Meter Waſſer in den Felſen 100 m. Druck. Sei alſo c die Tiefe, bis zu welcher das Waſſer in die Erde eingedrungen iſt, in Metern, ſei d der Druck des Luftmeeres ohne den Waſſerdunſt, gleichfalls in Metern Waſſer, welcher Druck aber in dieſem Zeitraume ſchon ſehr klein iſt, ſo iſt der Druck des Waſſers in den Spalten

$$2400 + 0_{,04} c + d.$$

Die mittlere Tiefe des Meeres folgt aus dem ganzen Waſſer, wenn man das in die Spalten der Felſen eingedrungene Waſſer abzieht, ſie iſt

$$b = 2400 - c : 25.$$

Die mittlere Tiefe des Meeresthales iſt, da das Meer jetzt nur ⁴⁄₅ der Erdoberfläche füllt, ⅓ b.

Darnach ſind die obigen Zahlen berechnet.

20. Das Luftmeer zur Zeit der Pflanzen und Thiere.

Das Luftmeer zeigt zur Zeit der Pflanzen und Thiere eine weſentlich neue Zuſammenſetzung und Beſchaffenheit. Zwar iſt der Kreislauf der Winde noch derſelbe wie vorher. Die Zonen, die Gürtel der Kalmen und der Paſswinde, die Gürtel der Weſterregen ſind unverändert geblieben; aber das Luftmeer iſt ein weſentlich anderes geworden. Die Kohlenſäure, welche im Anfange der Schalenzeit mit 4069 Meter Waſſerdruck das Luftmeer erfüllte, iſt nach der Rechnung bis auf 20 Meter Waſſerdruck verſchwunden und in den kohlenſauren Geſteinen niedergelegt, nur was durch Brennen der kohlenſauren Salze in der Tiefe der Erdſchale an Kohlenſäure frei geworden iſt, füllt noch das Luftmeer. Der Waſſerdunſt, welcher im Anfange der Schalenzeit mit 2400 Meter Waſſerdruck das Luftmeer erfüllte, hat ſich gröstentheils bis auf 3 Meter Waſſerdruck niedergeſchlagen und bildet ein groſses Waſſermeer, aus welchem die feſte Schale nur in Form von Inſeln hervorragt.

Auch die Bildungen, welche das kohlenſaure Waſſer der Schalenzeit hervorbrachte, die Bildungen des Granites und des Gneiſes, erreichen mit der Schalenzeit ihr Ende, nur in den Spalten und Gängen, wo örtlich auch ferner noch Kohlenſäuerlinge vor-

kommen, dauert die Bildung noch fort. Ebenfo haben die Niederschläge der kohlenfauren Gesteine in der Form der Gespathe oder
Kryslalle ihr Ende erreicht, die kohlenfauren Gesteine der Folgezeit erscheinen nur in der Form von Thiergehäufen oder von
staubartigen Niederschlägen, wie wir dies demnächst werden kennen
lernen.

Auch die Hebungen der Schalenzeit find vorüber. Die Kohlenfäure, welche der Schalenlava zur Schalenzeit die Bafen und damit
ein Drittel ihres Gewichtes entzog, fo dass der leichtere Granit
von dem Feuermeere hoch emporgehoben wurde und als Granitdom
emporstieg, während die kohlenfauren Gesteine am Grunde des
Meeres niederfanken, fie ist aus dem Luftmeere verschwunden
und kann daher die Granitdome nicht weiter bauen, die Infeln
nicht höher emporheben. Andere Mächte find es, welche jetzt
bauend und hebend auftreten und die Gestalt der Erde in der
Folgezeit bestimmen. Die Pflanzen und Thiere find es, welche,
wie fie einerfeits von der Erde leben und die Stoffe zu ihren Geweben erhalten, fo andrerfeits die Erde bauen und heben, die Erde
schmücken und beleben.

Die Pflanzen athmen bei Tage im Lichte der Sonne Kohlenfäure ein, scheiden Kohle aus, legen fie in Pflanzenstoff nieder,
und athmen den Sauerstoff wieder aus. Aus je 11 Pfund Kohlenfäure legen die Pflanzen auf diefe Weife 3 Pfund Kohle in Pflanzenstoffen fest und athmen 8 Pfund unverbundenen Sauerstoff wieder
aus. Verwefen demnächst die Pflanzenstoffe an der Luft, fo verbindet fich die Kohle der Pflanzenstoffe wieder mit dem Sauerstoffe der Luft zu Kohlenfäure. Ebenfo wenn die Thiere die
Pflanzenstoffe verzehren, fo verbindet fich in dem Leibe des Thieres
die Kohle der Pflanzenstoffe wieder mit dem eingeathmeten Sauerstoffe der Luft zur Kohlenfäure, welche das Thier ausathmet. Es
findet zwischen Wachsthum und Verwefung und ebenfo zwischen
Pflanze und Thier alfo ein vollständiger Kreislauf Statt, mit der
Kohlenfäure beginnend und wieder in der Kohlenfäure endend.

Nur wenn die Kohle der Pflanzen unter Waffer begraben und
dadurch der Verwefung im Luftmeere oder der Verzehrung durch
die Thiere entzogen wird, nur dann bleiben Kohle und Sauerstoff,
welche das Wachsthum der Pflanzen unter dem Einfluffe des Lichtes
getrennt hat, auch bleibend 'geschieden. Die Kohlenlager der
Steinkohlenzeit und der Braunkohlenzeit, der Gehalt aller geschicht-
teten Gesteine an Kohle zeigen uns die Menge der Kohle, welche
auf diefe Weife dem Luftmeere entzogen ist. Wie wir bereits

in No. 5 ſahen, beträgt dieſe Kohle, auf die ganze Erde vertheilt,
eine Schicht von 24 Meter Tiefe mit dem Raumgewichte $1_{,3}$, oder
eine Schicht von 30 Meter Tiefe mit dem Raumgewichte 1. Dieſe
Kohle iſt alſo bleibend dem Luftmeere entzogen. Der Sauerſtoff,
der dadurch frei geworden iſt, beträgt eine Schicht von 80 Meter
Wasserdruck, die Kohlenſäure, die dazu verbraucht iſt, beträgt
allein 110 Meter Wasserdruck oder nahe $10^{3}/_{5}$ Luftſäulen.

Die Schichten, welche zur Zeit der Pflanzen und Thiere gebildet ſind, enthalten aber auserdem ſehr vielen kohlenſauren Kalk.
Nicht nur ſind alle Gehäuſe der Thiere aus demſelben gebildet,
ſondern die Schichten ſind auch ſonst reich an kohlenſauren Geſteinen, und kann man den Gehalt der Schichten an kohlenſaurem
Gesteine auf 30 %, oder, da die Schichten für die Zeit der Pflanzen
und Thiere im Ganzen 10000 m. betragen, die Mächtigkeit der
kohlenſauren Gesteine auf 3000 m. mit dem Raumgewichte $2_{,5}$
rechnen. Die kohlenſauren Gesteine bedecken dabei etwa ein Viertel
der Erdoberfläche. Die ganze Erde iſt alſo zur Zeit der Pflanzen
und Thiere noch mit einer Lage kohlenſaurer Gesteine von 750 m.
Mächtigkeit und dem Raumgewichte $2_{,5}$ bedeckt. Dieſe kohlenſauren Gesteine enthalten im Mittel, wie wir ſahen, 44 % Kohlenſäure. Die zur Zeit der Pflanzen und Thiere gebildeten kohlenſauren Gesteine enthalten mithin 957 m. Kohlenſäure mit dem
Raumgewichte 1, zur niedergelegten Kohle ſind auserdem 110 m.
Kohlenſäure, im Ganzen alſo zur Zeit der Pflanzen und Thiere
1067 m. Kohlenſäure mit dem Raumgewichte 1 verbraucht.

Das Luftmeer enthält beim Beginne der Pflanzen- und Thierzeit
faſt keine Kohlenſäure mehr; die Frage iſt mithin, woher ſind die
1067 m. Kohlenſäure mit dem Raumgewichte 1 zur Zeit der Pflanzen
und Thiere gekommen? Das Luftmeer enthält ferner an Sauerſtoff
gegenwärtig nur noch $2_{,3}$ m. Wasserdruck; die Frage iſt mithin
ferner, wo iſt der Rest des Sauerſtoffes, d. h. $80 - 2_{,3} = 77_{,7}$ m.
Wasserdruck Sauerſtoff geblieben.

a. Der Urſprung der Kohlenſäure im Luftmeere zur
Zeit der Pflanzen und Thiere.

Ein Theil der Kohlenſäure iſt unzweifelhaft aus dem Brennen
des Urkalkes in der Nähe der Feuerberge abzuleiten. Der kohlenſaure Kalk verliert bekanntlich in 1080° C. ſeine Kohlenſäure, die
Kohlenſäure wird frei, der Kalk bleibt ohne Säure zurück oder
verbindet ſich bei Gegenwart von Kieſelſäure mit letzterer, die
Kohlenſäure entweicht. So lange der Druck des Luftmeeres be-

deutend ist, wird zwar auch durch die Hitze wenig Kohlensäure
ausgetrieben, denn die kohlensauren Gesteine halten sich unter
grosem Drucke namentlich eines Kohlensäuremeeres; sobald aber
dieser Druck nachlässt, beginnt auch das Aushauchen der Kohlensäure aus den gebrannten kohlensauren Gesteinen.

Es ist das Verdienst von Bischof, zuerst auf die grossartigen
Aushauchungen von Kohlensäure aufmerksam gemacht zu haben,
welche in den Erdspalten aus dem Innern der Erde aufsteigen und
in der Nähe alter Krater, am Fuse alter Feuerberge solche Mächtigkeit erlangen, dass z. B. im Gebiete des Laacher Sees aus allen
Fugen der Erde Kohlensäure hervordringt, die Keller unbrauchbar
macht, Gruben auf dem Felde anfüllt, Thiere in den Höhlen tödtet,
über 1000 Sauerquellen bildet und zu trocknen Zeiten aus dem
Wehrer Bruche in Kopf grosen Blasen aufbraust. Allein die Gas-
quelle bei Burgbrohl liefert nach Bischof täglich. 190 Würfelmeter
Kohlensäure. Aus Braunkohlen- und Steinkohlen-Lagern können
dieselben, wie Bischof gleichfalls bewiesen hat, nicht kommen, wie
denn überhaupt Kohlensäure nicht in Braunkohlenflötzen vorkommt;
auch müssten sie, wenn sie aus Verbrennung von Kohle herstammten,
mehr Stickstoff als Kohlensäure enthalten. Die Aushauchungen an
Kohlensäure, welche, wie alle Kohlensäuerlinge, aus tiefliegenden
Thonschiefern oder spathigen Gesteinen herrühren, sollen daher
nach Bischof immer nur durch das Brennen der kohlensauren Gesteine in der Nähe von Feuermassen erzeugt werden.

Aber die Aushauchungen der Kohlensäure, welche in Folge
des Brennens von kohlensauren Gesteinen stattfinden, bleiben doch
immer örtliche Erscheinungen und haben nur an den Stellen stattgefunden, wo feurig flüssige Massen in die Höhe gedrungen sind;
denn die kohlensauren Gesteine erfordern, wie gesagt, zum Brennen
eine Hitze von 1080° C., in den Tiefen aber, bis zu denen das
Wasser in die Spalten der Erde eingedrungen ist, hat nie eine
Hitze von mehr denn 600° C. gewaltet, ein Brennen der kohlensauren Gesteine könnte mithin in diesen Tiefen nur in der unmittel-
baren Nähe von Feuerbergen stattfinden.

Die Kohlensäure, welche durch diese Feuerberge erzeugt wird,
reicht aber zur Erklärung der Thatsachen in keiner Weise hin.
Die Erde zeigt uns an ihrer Oberfläche 163 noch thätige Feuerberge (Arago in ann. of philos. 1824, 213), nehmen wir jedoch
auch 10000 solcher Feuerberge an, was gewiss hoch gegriffen ist,
nehmen wir ferner auch an, dass alle diese Berge die ganze Lage
der kohlensauren Gesteine durchbrochen und gebrannt haben, so

geben alle diefe Feuerberge durch das Brennen der benachbarten Gesteine doch nur fo viel Kohlenfäure frei, um die Erde mit O_{m2101} m. Wafferdruck Kohlenfäure zu bedecken, wie dies die Rechnung der Anmerkung ergiebt.

Die Kohlenfäure, welche durch das Brennen der kohlenfauren Gesteine in unmittelbarer Nähe der Feuerberge erzeugt wird, ist alfo immer nur eine örtliche Erscheinung, welche zur Erzeugung der erforderlichen Kohlenfäure gar nicht hinreicht.

Auf folche vereinzelten örtlichen Vorgänge konnte nicht das ganze Leben der Erde gegründet werden, es musste alfo zur Zeit der Pflanzen und Thiere noch eine zweite und allgemeine Quelle der Kohlenfäure geben, und diefe zweite Quelle ist nichts anderes als das Leben der Pflanzen felbst.

Die Pflanzen haben, wie wir fahen, in den Schichten der Erde 30 m. Kohle mit dem Raumgewichte 1 niedergelegt und dafür 60 m. Wafferdruck an Sauerstoff frei gemacht. Diefer Sauerstoff nun dringt in das Innere der Erde ein. Er findet hier blaugrauen Eifenspath oder kohlenfaures Eifenoxydul ($FeCO^2$), verwandelt das Eifenoxydul in rothes Eifenoxyd (Fe^2O^3) und treibt die Kohlenfäure aus, aus der blaugrauen Grauwacke wird rother Sandstein. 1 Korb Kohle, welcher in Pflanzenstoffen niedergelegt wird, macht 2 Korb Sauerstoff frei. 1 Korb Sauerstoff aber verwandelt 2 Korb Eifenoxydul in 1 Korb Eifenoxyd und giebt 2 Korb Kohlenfäure frei. Jeder Korb Kohle, der in Pflanzenstoffen niedergelegt wird, macht alfo 4 Korb Kohlenfäure mit dem vierfachen Gehalte an Kohle frei. Jeder Korb Sauerstoff, der in die Erde eindringt, bringt

---

Anm. Berechnung der Kohlenfäure, welche durch das Brennen der kohlenfauren Gesteine in Nähe der Feuerberge erzeugt werden kann.

Die Hitze der Lava in den Feuerbergen ist 1500° C., zum Brennen des Kalkes find erforderlich 1060° C. Da nun die Wärme im Innern der Erde auf je 100 m. um 3° C abnimmt, fo wird rings um den Krater des Feuerberges ein Ring von 1400 m. Halbmesser die zum Brennen des Kalkes erforderliche Hitze haben. Die mittlere Tiefe der kohlenfauren Gesteine ist aber 4085 m. Jeder Feuerberg wird mithin $(1400)^2 \pi \cdot 4085 = 25153_{,44}$ Millionen Würfelmeter kohlenfaures Gestein vom Raumgewichte 2,7 und mit 44% Kohlenfäuregehalt brennen, oder er wird 82093,44 Millionen Würfelmeter Kohlenfäure vom Raumgewichte des Wassers liefern. Vertheilen wir diefe auf die ganze Oberfläche der Erde von 511,945 Billionen Quadermeter, fo ergiebt jeder Feuerberg für die ganze Erde nur $O_{,0000000001}$ m. Wafferdruck Kohlenfäure, 10000 folcher Berge ergeben mithin nur $O_{,01604}$ m. Wafferdruck Kohlenfäure.

3 Korb Kohlenſäure mit 4 Korb Sauerstoff, oder gleichfalls ſein vierfaches Gewicht an Sauerstoff aus der Erde zurück.

Die 30 m Kohle mit dem Raumgewichte 1, welche in den Schichten zur Zeit der Pflanzen und Thiere vergraben ſind, ſind alſo ein mächtiges Mittel um freie Kohlenſäure hervorzubringen. Dieſelben stammen aus einer Kohlenſäure mit 110 Meter Waſſerdruck ab und könnten, wenn ihr ganzer Sauerstoff zur Freinutzung der Kohlenſäure verwandt würde, das Vierfache dieſes Gewichtes, d. h. 440 Meter Waſſerdruck freler Kohlenſäure hervorbringen. Eine ſolche reichliche Erzeugung iſt aber weder nöthig, noch hat ſie wirklich stattgefunden.

Die freie Kohlenſäure, welche in das Innere der Erde eilt, wird nur zum Theile wieder an Baſen gebunden, zumal in dem Granite und Porphyr faſt alle Baſen bereits entfernt ſind, ein groſer Theil gelangt bis zu den kohlenſauren Gesteinen ſelbst, verwandelt die einfach kohlenſaure, unlösliche Verbindung in eine doppelt kohlenſaure, lösliche Verbindung, führt diese in dem Quellwaſſer weiter bis zum Meere und schlägt hier das einfach kohlenſaure Salz nieder, indem der zweite Korb Kohlenſäure wieder frei wird. Dieſelbe freie Kohlenſäure kann auf diese Weiſe, indem ſie mehrfach in die Erde zurückkehrt, auch ihr mehrfaches Gewicht an kohlenſauren Verbindungen aus dem Innern hervortragen und am Grunde des Meeres niederschlagen. In der That enthalten die Schichten zur Zeit der Pflanzen und Thiere ſo viel Kohle und KohlenſäureVerbindungen, daſs beiden 1067 m. Waſſerdruck an Kohlenſäure entsprechen. Die niedergelegte Kohle könnte, wenn ihr Sauerstoff ganz für Umwandlung des Eiſenspathes in Rotheiſen verwandt würde, 440 m. Waſſerdruck an Kohlenſäure liefern, alſo noch nicht die Hälfte der wirklich niedergelegten Kohlenſäure.

Es iſt alſo der gröſte Theil der zur Zeit der Pflanzen und Thiere niedergelegten kohlenſauren Gesteine nur dadurch erzeugt, daſs die freie Kohlenſäure in die Spalten eingedrungen iſt, die vorhandenen kohlenſauren Urgesteine in lösliche, doppelt kohlenſaure Verbindungen umgewandelt, diese aufgelöſten Verbindungen in den Quellen zum Meere geführt und dort die einfach kohlenſauren Salze niedergeschlagen hat, indem der 1 Korb Kohlenſäure wieder frei geworden iſt.

Während der Zeit der Pflanzen und Thiere ſind im Mittel bei 1° C. Abkühlung 52½ mm. Regen gefallen, während jetzt bei gleicher Abkühlung nur 10 mm. Regen fallen, die Regen ſind alſo im Mittel 5½ mal ſo ſtark geweſen. Jetzt fallen jährlich auf der

Erde $^3/_5$ m. Regen, während der Zeit der Pflanzen und Thiere find alfo im Mittel jährlich $2^{11}/_{12}$ m. Regen, d. h. in der ganzen Zeit der Pflanzen und Thiere von 20'206520 Jahren 5'893563 m. Wasser an Regen gefallen. Von diefen kann man 40 % auf Verdunstung, 60 % auf ober- und unterirdische Quellen rechnen. Um die in diefer Zeit in den Schichten neugebildeten kohlenfauren Gesteine von 3000 m. Mächtigkeit bei 2,9 Raumgewicht dem Meere anzuführen, genügte demnach auf je 100000 Theile Quellwasser ein Gehalt von 22,1061 Theilen kohlenfaurer Verbindungen.

Allein die oberirdischen Flüsse führen aber jetzt auf je 100000 Theile 13,12 Theile kohlenfaurer Verbindungen*), obwohl der

---

*) Anm. Der Gehalt der Flüsse an Verbindungen.

In 100000 Theilen Waffers find folgende Theile von Stoffen enthalten:

	CaCO²	MgCO²	NaNCO²	SiO²	KSiO²	Al²O³	Fe²O³	Mn²O³	RSO⁴	RN²O⁶	RCl.	Organ.	Summe.
1.	12,78	1,33	—	0,31	—	—	—	—	2,11	—	0,11	0,33	16,34
2.	13,14	0,50	—	4,34	—	0,33	0,33	—	2,03	0,30	0,30	—	23,17
3.	9,16	0,63	—	0,30	—	—	0,00	—	4,30	—	1,34	—	17,40
4.	12,53	2,11	—	1,12	—	—	—	0,10	1,13	—	1,10	—	20,34
5.	4,53	0,30	—	1,44	—	—	—	0,74	2,3	—	1,00	—	10,34
6.	3,31	0,33	—	0,136	—	—	—	0,00	1,31	—	0,43	—	8,43
7.	7,43	0,47	—	2,33	—	0,30	—	—	6,30	0,44	0,37	—	18,34
8.	6,13	0,31	0,34	4,70	—	—	0,31	0,30	1,30	—	0,33	—	13,47
9.	4,47	0,31	1,43	4,30	0,144	0,71	0,33	—	0,34	—	0,10	—	13,36
10.	18,34	0,37	—	2,34	—	0,34	0,133	—	4,43	1,34	—	—	23,34
11.	11,3	0,3	—	0,3	—	—	—	—	4,3	—	1,3	—	18,3
12.	20,34	—	—	1,13	—	—	—	—	7,34	—	4,34	5,33	38,73
13.	18,33	1,47	—	0,33	—	—	—	—	4,34	—	2,34	4,37	32,36
14.	11,13	—	—	0,33	—	—	—	—	4,34	—	10,33	10,30	36,30
15.	16,34	1,31	—	0,43	—	—	0,13	—	4,31	0,33	2,33	3,37	30,47
16.	13,31	1,37	—	0,53	—	—	0,33	—	5,13	—	2,30	4,30	31,31
17.	14,30	1,36	—	1,33	—	—	1,33	—	7,33	—	2,33	3,33	32,37
18.	13,73	1,34	—	1,33	—	—	0,43	—	8,31	—	2,30	3,30	30,34
19.	15,30	1,30	—	1,37	—	—	0,33	—	6,37	0,30	2,34	2,30	30,33
20.	13,34	2,33	—	1,33	—	—	1,31	—	5,33	—	2,43	3,30	29,73
Mittel	12,47	1,03	0,11	1,34	0,30	0,01	0,37	0,04	4,30	0,16	2,03	2,10	23,34

Fundorte. 1—3 Rhein: 1 Bafel im Herbste, 2 Strassburg, 3 Bonn im März 1852. 4—6 Maas: 4 Bocholt, 5 Pierre-Bleue, 6 Arendonck. 7 Rhone, Genf 30. April. 8 Garonne, Touloufe 16. Juli. 9 Loire, Orleans. 10—11 Saine: 10 Bercy 17. Juni, 11 oberhalb Paris. 12—20 Themfe: 12 Greenwich 1. Januar, 13 Twickenham 18. December 1847, 14 London-Bridge 13. October 1849, 15 Ditton, 16 Kew, 17 Barnes, 18—19 Red-Houfe, Battersea, 20 Lambeth·

Quellen. Ashley Quart. Chem. Journ. 1, 158 No. 14. Bennet Quart. Chem. Journ 2, 199 No. 12. Bischof Geologie 1863 I. 271 No. 3. Boochardat in Bonssignault Agricultur-Chemie No. 11. Chandelon ann. des travaux

Wärmegrad ein viel geringerer ist. Warme Quellen führen bedeutend mehr an kohlensauren Verbindungen, so enthält die $92_{y,3}$° C. warme Quelle von Neusalzwerk in 100000 Theilen allein $92_{y,153}$ Theile kohlensauren Kalk. Das Wasser ist also vollständig genügend gewesen, um die kohlensauren Verbindungen den Meeren der Pflanzen- und Thierzeit zuzuführen, an deren Grunde sie sich niedergeschlagen haben.

Nach G. Bischof sollen nun alle diese kohlensauren Gesteine am Grunde des Meeres, so lange Thiere und Pflanzen lebten, nur durch thierische Thätigkeit niedergeschlagen sein. Seine Gründe sind dabei folgende: Das Wasser kann in 100000 Theilen 100 Theile doppelt kohlensaurer Kalksalze aufgelöst enthalten, das Rheinwasser enthält in derselben Menge $18_{y,5}$ Theile, das Meerwasser dagegen nur 10 Theile oder nur $1/_{10}$ von dem, was es enthalten könnte. Ein Niederschlag kohlensauren Kalksalzes kann mithin im Meere nur stattfinden, wenn 1 Korb Kohlensäure entweicht und einfach kohlensaures Kalksalz zurückbleibt. Nach den Zerlegungen von A. Vogel enthält nun aber das Meerwasser des atlantischen Meeres $0_{y,033}$ Hundertel Kohlensäure, welche beim Kochen entweichen, dagegen nur $0_{y,10}$ Hundertel kohlensaure Kalk- und Talksalze. Von jener Kohlensäure konnte mithin höchstens $0_{y,0}$ Hundertel gebraucht sein, um die letzteren Salze in doppelt kohlensaure zu verwandeln und sie im Meerwasser aufgelöst zu erhalten, dagegen mussten $0_{y,014}$ Hundertel freie Kohlensäure im Meere verbleiben. Die doppelt kohlensauren Salze können nach Bischof daher im Meere nicht 1 Korb ihrer Kohlensäure verlieren und sich als einfach kohlensaure Salze niederschlagen und konnten dies auch nicht in früheren Zeiten, so lange sich flötzartige Schichten absetzten. Hätten sich die von den Flüssen und Quellen dem Meere zugeführten kohlensauren Salze, fährt Bischof fort, chemisch und nicht durch thierische Thätigkeit niedergeschlagen, so müssten alle geschichteten Gesteine nahe gleich viel Kalktheile enthalten und könnten nicht Sandsteine und Kalksteine so plötzlich wechseln, wie dies nach den Erfahrungen geschieht. Dieser schnelle Wechsel ist nach Bischof nur zu erklären, wenn man annimmt, es haben Thiere jene Kalke gebaut, und seien diese Thiere von Zeit zu Zeit aus-

publics IX. No. 4—6. Clark Quart. Chem. Journ. 2, 76 No. 13. Deville ann. de chim. et phys. 23, 34 No. 2, 7—10. Graham, Miller, Hofmann Report by the Goverment Commiss. London 1851 No. 15—20. Pagenstecher in Bischof Wärmelehre S. 124 No. 1.

gestorben, und fei dann nur Sandstein abgelagert, bis neue Ge-
schlechter Gehäuse bauender Thiere auftraten, welche neue Kalk-
berge bildeten. Soweit die Anfichten Bischofs.

Die Erfahrung bestätigt diefe Anfichten jedoch in keiner Weife.
Die Kalkgesteine aus der Zeit der Pflanzen und Thiere zeigen
neben vielen Thiergehäufen auch fehr viele Niederschläge, welche
nicht von Thieren stammen, fondern nach ihrem mikroskopischen
Baue nur chemisch entstanden fein können. Die Niederschläge des
Bitterkalkes oder Dolomites find überdies nur auf chemischem
Wege möglich. Andrerfeits können die Thatfachen, welche Bischof
für feine Anficht anführt, viel eher als Beweife gegen Bischofs
Anfichten dienen. Die Thatfache zunächst, dass im Meerwasser
der oberen Schichten freie Kohlensäure gefunden wird, beweist
nämlich, dass in den Tiefen des Meeres Vorgänge stattfinden
müssen, welche freie Kohlensäure liefern können. Aus Athmung
felliger Wefen kann diefelbe nicht stammen; denn da alle Thiere,
auch die Meeresthiere, ursprünglich von Pflanzen fich ernähren und
nur fo viel Kohlensäure ausathmen können, als die Pflanzen, welche
fie mittelbar oder unmittelbar verzehrten, durch ihre Kohle an
Kohlensäure liefern, die Pflanzen ihre Kohle aber felbst nur aus
freier Kohlensäure des Meeres ausfondern, fo muss alle Kohlensäure,
welche die Athmung oder Verwefung felliger Stoffe liefern, ursprünglich bereits im Meere als freie Kohlensäure vorhanden gewefen fein. Aus der Ausscheidung eines Korbes Kohlensäure aus
dem doppelt kohlenfauren Kalkfalze durch Lebensthätigkeit der
Schalthiere kann fie auch nicht stammen, da alle diefe Thiere nur
in geringer Tiefe an den Küsten des Meeres bauen, alfo auch nur
an den Küsten, nicht in dem offnen Meere Kohlensäure ausscheiden.
Ebenfo wenig kann fie aus der Umwandlung des kohlenfauren
Eifenoxyduls in Eifenoxyd stammen; denn diefe geht nur unter
dem Einfluffe des Luftmeeres auf dem Festlande vor fich, nicht
aber in der Tiefe des an Kohlensäure reichen Wassermeeres.

Ebenfo wenig kann fie endlich aus dem Brennen kohlenfaurer
Gesteine stammen, welches Bischof allgemein annimmt; denn wie
bereits oben bewiefen, kann das Brennen kohlenfaurer Gesteine
nur in nächster Nähe von Feuerbergen stattfinden, nicht aber in
der Tiefe unter dem Meere, auch ist es immer nur eine örtliche
Erscheinung.

Auch die Quellen endlich führen nicht freie Kohlensäure dem
Meere zu, fondern nur doppelt kohlenfaure und deshalb lösliche
Verbindungen. Der Gehalt der Tageswasser, der Bäche und Flüsse

an diesen doppelt kohlensauren Verbindungen kann freilich nur
gering sein, da die Kohlensäure aus denselben leicht wieder ins
Luftmeer entweichen kann; dagegen müssen die unterirdischen
Quellen reiche Mengen dieser Verbindungen an den Meeresgrund
führen und hier ins Meer ergiessen.

Die Mischung dieses unterirdischen, mit doppelt kohlensauren
Verbindungen gesättigten Wassers von höherer Wärme mit dem
an Kochsalz und andern Salzen reichen Meerwasser von weniger
Wärme, sowie die Armuth des Meerwassers an freier Kohlensäure
wird das Freiwerden des einen Korbes Kohlensäure und den Niederschlag eines Theiles der kohlensauren Verbindungen ebenso sicher
bewirken, als diese Niederschläge bei dem Heraustreten der kohlensauren Gewässer an die Luft in den Quellbecken der Kohlensäuerlinge erfolgt. Alle freie Kohlensäure, welche das obere Meerwasser enthält, verdankt diesen Vorgängen ihren Ursprung und ist
ein beredtes Zeugniss von den Vorgängen in der Tiefe des Meeres.

Auch das häufige Abwechseln der Kalksteine und der Sandsteine spricht nicht für Bischofs Ansichten. Sandsteine entstehen
nämlich nur, wenn der Boden Festland ist, das über den Meeresspiegel gehoben ist, Kalksteine nur, wenn der Boden Meeresgrund
und unter den Meeresspiegel gesunken ist. Der häufige Wechsel
beider Gesteine beweist also nur den häufigen Wechsel der Hebungen und der Senkungen; weiter nichts.

Der Niederschlag kohlensaurer Gesteine am Grunde des käl-
teren Meeres aus den doppelt kohlensauren Verbindungen der unterirdischen wärmeren Quellen durch Freiwerden eines Korbes Kohlensäure kann also nicht bestritten werden. Der Niederschlag erfolgt
ebenso sicher im Meere, wie er in jedem bewegten Tageswasser
erfolgt, welches doppelt kohlensaure Salze gelöst enthält und bei
der Abkühlung den einen Korb Kohlensäure verliert. Die Quellen,
welche in der Tiefe in das Meer eintraten, sind aber bedeutend
wärmer als das Meerwasser. Das Meerwasser hat nämlich in der
Tiefe, wo die kalten Meeresströme fliessen, eine Wärme, welche im
Mittel 11° C. unter der mittleren Erdwärme ist. Dagegen nimmt
im Festlande die Wärme auf je 100 m. um 3 bis 5° C. zu, da nun
das Meer zur Zeit der Pflanzen und Thiere 2100 bis 2700 m. tief
ist, so haben die unterirdischen Quellen, welche aus dem Festlande
nach dem benachbarten Meeresgrunde strömen, eine sehr viel
höhere Wärme. Die nachstehende Tafel zeigt uns diese Verhältnisse für die Zeit der Pflanzen und Thiere. Das Freiwerden des

einen Korbes Kohlenſäure iſt die nothwendige Folge dieſes Ver-
hältniſſes *).

Wärme der Erd- oberfläche in ° C.	Mittlere Tiefe des Meeres- thales in Metern.	Wärme der Quellen in der Tiefe des Meeresgrundes in ° C.	Wärme des Meereswaſſers in der Tiefe des Meeresgrundes in ° C.	Unterſchied in ° C.
1.	2.	3.	4.	5.
Die Hügelzeit oder die Grauzeit (Uebergangszeit).				
75	2759	148,₀	64	84,₀
66	2712	136,₄	55	81,₄
58	2658	125,₂	47	78,₂
50	2601	114,₄	39	75,₄
Die Gebirgszeit oder die Rothzeit.				
43	2539	104,₀	32	72,₀
37	2451	95,₀	26	69,₀
31	2405	87,₀	20	67,₀
Die Alpenzeit oder die Neuzeit.				
26	2339	80,₃	15	65,₃
22	2277	74,₄	11	63,₄
18	2240	69,₀	7	62,₀
15	2157	64,₇	4	60,₇

b. Der Verbrauch des Sauerſtoffes des Luftmeeres zur Zeit der Pflanzen und Thiere.

Die 30 m. der in den Schichten der Pflanzen und Thiere vergrabenen Kohle mit dem Raumgewichte 1 haben, wie wir ſehen,
80 m. Waſſerdruck Sauerſtoff frei gemacht. Von dieſem ſind
gegenwärtig nur noch 2¹/₂ m. in dem Luftmeere zurückgeblieben.
Wir müſſen demnach unterſuchen, wo die übrigen 77¹/₂ m. Waſſerdruck des Sauerſtoffes ihre Verwendung gefunden haben.

1. Bildung des Eiſenoxydes.

Ein Theil dieſes Sauerſtoffes iſt nun unzweifelhaft verwandt,
um im Innern der Erde kohlenſaures Eiſenoxydul (FeCO³) in Eiſen-
oxyd (Fe²O³) zu verwandeln. Ein Korb Sauerſtoff, Gewicht 16,
verwandelt nämlich 2 Korb kohlenſaures Eiſenoxydul, Gewicht 232,

---

*) Anm. Die Zahlen der mittlern Tiefe des Meeresthales ſind aus No. 19
entlehnt; die Wärme der Quellen iſt aus der Wärme des Bodens des Feſtlandes, wie ſie in den Tafeln der No. 19 angegeben iſt, für die Tiefe des
Meeresgrundes berechnet. Die Wärme der kalten Strömungen in der Tiefe
des Meeres iſt gegenwärtig um 11° C. geringer, als die mittlere Wärme der
Erdoberfläche. Ebenſo viel geringer iſt ſie auch für die früheren Zeiten
angenommen worden.

in 1 Korb Eisenoxyd, Gewicht 160, und giebt 2 Korb Kohlensäure frei, Gewicht 88 (1 O + 2 FeCO² = Fe²O² + 2 CO²). Das kohlensaure Eisenoxydul, welches durch die Kohlensäure aus der Sohlenlava gebildet ist, als diese in Granit und Porphyr verwandelt wurde, beträgt nun nach No. 12 im Mittel 13,₃₁ % der Lava. Oder da die Bildung des kohlensauren Eisenoxyduls bis Ende der Sohlenzeit gedauert hat und die Lava von 2,₄₁ Raumgewicht bis 8170 m. ausgesäuert ist, so ist im Ganzen auf der Erde eine Schicht Eisenspaths oder kohlensauren Eisenoxyduls von 793¹/₂ m. mit dem Raumgewichte 3,₇ oder von 2936 m. Tiefe mit dem Raumgewichte 1 gebildet.

Dieser Eisenspath ist hauptsächlich im Meere abgelagert und wird nur dort der Wirksamkeit des Luftmeeres einen Spielraum gestatten, wo alter Meeresboden über den Meeresspiegel gehoben wird. Rechnen wir demnach auch, dass alles jetzige Festland einst alter Meeresboden gewesen sei, so wird immer doch nur ein Viertel des Eisenspathes der Wirkung des Luftmeeres und damit des Sauerstoffes ausgesetzt sein. Aber auch dieser Eisenspath ist keineswegs ganz in Eisenoxyd umgewandelt, wie dies die grossen Lager von Eisenspath in England beweisen. Nur drei Viertel des Eisenspathes auf dem Festlande darf man im Mittel als verbraucht zur Umwandlung in Eisenoxyd rechnen, ein Viertel im Mittel ist geblieben. Von den 793¹/₂ m. Eisenspath mit dem Raumgewichte 3,₇ sind also auf dem Festlande im Mittel 198¹/₄ m. Eisenspath geblieben, 595¹/₄ m. sind in Eisenoxyd umgewandelt und haben auf dem Festlande 323,₄₁₂ m. Eisenoxyd mit dem Raumgewichte 4,₇ geliefert.

Verbraucht sind zu dieser Umwandlung auf dem Festlande ⁹/₁₁₆ des Gewichtes des Eisenspathes an Sauerstoff, d. h. es sind auf dem Festlande 151,₄₄₂ m. Wasserdruck oder, auf die ganze Erde vertheilt, etwa 37²/₃ m. Wasserdruck an Sauerstoff verbraucht, und bleiben noch 40 m. Wasserdruck Sauerstoff zum Verbrauche übrig.

2. Die ursprünglichen Verbindungen des Schwefels und Chlors, oder Schwefeleisen und Chlorkalk.

G. Bischof geht in seiner Geologie von der Ansicht aus, dass die schwefelsauren Laugensalze, namentlich schwefelsaures Natron und Kali ursprünglich in der Erdschale gebildet und aus dem feuerflüssigen Meere erstarrt seien. Aber in den Himmelssteinen, welche uns ein genaues Bild von den innern Zuständen unsrer Erde geben, findet man keine schwefelsauren Salze, sondern allein Schwefelerze, namentlich Schwefeleisen (FeS), welches, wie wir in No. 4 sahen, in den Himmelssteinen 4,₃₅₃ % der Masse bildet.

Die Annahme ursprünglicher Laugenfalze ist Angefichts diefer Thatfache eine unglückliche, fie ift aber überdies eine unmögliche. Der Schwefel hat eine geringe Verwandtschaft zum Sauerstoffe und verbindet fich bei groser Hitze viel leichter mit Eifen als mit Sauerstoff. Erhitzt man Eifenstangen bis zur Weisglühhitze und bringt Schwefel auf diefelbe, fo entsteht trotz der Gegenwart des Sauerstoffes der Luft Schwefeleifen (FeS), d. h. genau die Verbindung, welche fich in den Himmelssteinen findet.

Schwefelfäure kann fich in der Hitze überhaupt nicht bilden, höchstens schweflige Säure, in welche fich Schwefelfäure bei Gegenwart von Erzen in der Hitze zerfetzt. Noch weniger können fich in der Hitze bei Gegenwart von Kiefelfäure schwefelfaure Salze bilden, die Kiefelfäure würde die Schwefelfäure fofort austreiben. Schwefelfäure irt nur bei Gegenwart von Waffer eine starke Säure und entsteht nur, wenn Waffer zugegen ist, aus Liebe zum Waffer. Schwefelfaure Salze konnten alfo nicht iu der Hitze entstehen.

Die Thatfachen beweifen aber auch, dass fie in der Hitze nicht dagewefen find. Die schwefelfauren Salze find nämlich, eben wegen der Liebe der Schwefelfäure zum Waffer, überaus löslich, fie mussten dann alfo auch fofort mit dem ersten Auftreten des Waffers aus der Erde ausgewaschen werden, wenn fie beim Auftreten des Waffers bereits vorhanden waren. Bei dem ersten Auftreten des Waffers ist aber auch der Chlorkalk aufgelöft und ausgezogen. Schwefelfaures Natron (NaSO⁴) und Chlorkalk (CaCl) mussten demnach fofort bei dem ersten Auftreten des Waffers zufammentreffen und bei der grosen Wahlverwandtschaft des Natrons zum Chlor durch Umtausch schwefelfauren Kalk oder Gyps (CaSO⁴ + 2 H²O) und Chlornatrium oder Kochfalz (NaCl) geben. Der Gyps aber musste im Granite fich niederschlagen. Kohle, namentlich frifche Zellen der Pflanzen und Thiere haben überdies die Kraft, schwefelfaure Salze in Schwefelerze zu entfäuern, hätte es gleich beim ersten Auftreten der Pflanzen und Thiere schwefelfaure Salze gegeben, fo müssten fich bereits zur Grundzeit die Schwefelerze im Gesteine des Grundflötzes zeigen. Da beides nicht der Fall ist, fo ist die Annahme Bischofs durch die Thatfachen widerlegt.

. Der Schwefel ist alfo in dem feurig flüssigen Erdmeere und in der Erdschale ebenfo wie in den Himmelssteinen nur als Schwefeleifen (FeS) gebildet und macht bedeutende Theile derfelben aus.

Das Chlor ist ebenfalls in der Erdschale als einfache Verbindung vorhanden und bildet nach Bischofs ausführlichen Untersuchungen in seiner Geologie für die verschiedensten Gesteine im Mittel noch 1 Tausendtel ihres Gewichtes. In der Erdlava wird man den Gehalt vor der Aussäuerung auf das Doppelte, d. h. auf 2 Tausendtel des Gewichtes setzen können. Dies Chlor kann nicht unverbunden in dem Feuermeere der Urzeit gewesen sein, es wird mit dem Stoffe verbunden gewesen sein, zu dem es in der Hitze die größte Verwandtschaft besitzt. Um diese Verwandtschaft in der Hitze kennen zu lernen, hat Bischof eine Reihe von Glühversuchen angestellt. Im ersten Versuche glühte er 100 Theile geschlemmten Porphyr mit 5 Theilen Chlornatrium, im zweiten 100 Theile geschlemmten Granit mit 11$_{,51}$ Theilen Chlorkalk, im dritten 100 Theile geschlemmten Porphyr mit 12$_{,94}$ Theilen Chlorkalk und im vierten Versuche 100 Theile geschlemmten Porphyr mit 15$_{,04}$ Theilen wasserfreien Chlorkalks. In jedem Versuche dauerte das Glühen etwa 2 Stunden. Beim ersten Versuche verlor das Chlornatrium die Hälfte des Chlores, das großentheils in Chlorkalk eingegangen war; beim zweiten hatte der Chlorkalk von 7$_{,51}$ Theileu Chlor 5$_{,93}$ behalten, 0$_{,97}$ an andere Grundstoffe abgetreten, und 1$_{,97}$ waren beim Glühen verflüchtigt; beim dritten hatte der Chlorkalk von 7$_{,91}$ Theilen Chlor 4$_{,35}$ behalten, 0$_{,73}$ an andere Grundstoffe abgetreten, und 2$_{,51}$ waren durch das Glühen verflüchtigt; in dem letzten Versuche endlich war von dem Chlor des Chlorkalkes nur ein geringer Theil an andere Grundstoffe übergetreten.

Das Chlor hat also, wie sich aus diesen, wenn auch nur unvollkommenen Versuchen ergiebt, in der Glühhitze die meiste Verwandtschaft zum Kalke und muss zur Zeit, als die Erde noch feurig flüssig war, Chlorkalk die bedeutendste, wenn nicht die alleinige Chlorverbindung gewesen sein. Als nun die Erdschale fest ward, ist auch der Chlorkalk in die Erdschale übergegangen und erstarrt.

Das Schwefeleisen (FeS) und der Chlorkalk (CaCl) sind also die ursprünglichen Verbindungen, in denen wir den Schwefel und das Chlor in der Erdschale zu suchen haben. Von diesen ist das Schwefeleisen unlöslich, der Chlorkalk nicht nur löslich, sondern von einer solchen Verwandtschaft zu dem Wasser, dass es das beste Mittel ist, um andern Stoffen das Wasser zu entziehen. Sofort das erste Wasser, welches auf die Erde gefallen ist, hat daher auch der Erdschale den größten Theil ihres Chlorgehaltes geraubt und in das Meer geführt, welches daher außer seinen kohlensauren Verbindungen im Anfange Chlorkalk enthalten hat.

Diese einfache Lage der Sache ist jedoch von G. Bischof in
seiner Geologie wiederum bestritten worden. Nach Bischof soll
stets nur Kochsalz oder Chlornatrium ins Meer geführt sein. Die
Gründe für seine Entwicklung sind folgende. Auch jetzt noch enthalten alle Quellen, welche aus Lavengesteinen stammen, Chlorverbindungen, wie wir dies in No. 11 gesehen haben; aber diese
Chlorverbindung ist in allen Gewässern, welche Natrium enthalten,
Chlornatrium oder Kochsalz, da das Natrium bei niederer Wärme
zu dem Chlore die gröste Verwandtschaft hat und alle andern
Grundstoffe austreibt. Nur die Gewässer, in denen alles Natrium
bereits an Chlor gebunden ist, können auserdem auch Chlorkalk
und Chlortalk führen, wie dies die Quellen aus dem Feldporphyr
bei Münster am Steine, die aus dem Donnersberge und die aus den
Graniten unterhalb Heidelberg beweisen. Alle Kohlensäuerlinge,
welche stets eine reichliche Menge von kohlensaurem Natron enthalten, führen von Chlorverbindungen nur Kochsalz oder Chlornatrium. Auch die Untersuchungen der Flussgewässer zeigen uns
dasselbe Gesetz.

Der Schwefelsäure- und Chlorgehalt der Flüsse in 100000 Theilen.

	CaSO⁴	MgSO⁴	Na²SO⁴	K²SO⁴	Summe.	NaCl.	KCl.	CaCl.	MgCl.	Summe.
1.	$1_{,44}$	$0_{,39}$	$0_{,18}$	—	$2_{,11}$	$0_{,11}$	—	—	—	$0_{,11}$
2.	$1_{,41}$	—	$1_{,36}$	—	$2_{,87}$	$0_{,36}$	—	—	—	$0_{,36}$
3.	$2_{,63}$	$1_{,61}$	$0_{,16}$	—	$4_{,33}$	$1_{,63}$	—	—	—	$1_{,63}$
4.	$1_{,70}$	$0_{,60}$	—	—	$1_{,86}$	$1_{,40}$	—	—	—	$1_{,40}$
5.	$2_{,46}$	$0_{,31}$	—	—	$2_{,24}$	$1_{,60}$	—	—	—	$1_{,60}$
6.	$1_{,14}$	$0_{,13}$	—	—	$1_{,84}$	$0_{,92}$	—	—	—	$0_{,92}$
7.	$4_{,44}$	$0_{,63}$	$0_{,76}$	—	$8_{,02}$	$0_{,17}$	—	—	—	$0_{,17}$
8.	—	—	$0_{,63}$	$0_{,76}$	$1_{,79}$	$0_{,32}$	—	—	—	$0_{,32}$
9.	—	—	$0_{,61}$	—	$0_{,34}$	$0_{,343}$	—	—	—	$0_{,343}$
10.	$2_{,69}$	—	$1_{,78}$	$0_{,60}$	$4_{,47}$	—	—	—	—	—
11.	$3_{,6}$	$0_{,6}$	—	—	$4_{,71}$	—	—	$1_{,6}$	$0_{,3}$	$1_{,9}$
12.	$2_{,44}$	$2_{,45}$	$0_{,121}$	$1_{,96}$	$7_{,54}$	$4_{,11}$	—	—	—	$4_{,14}$
13.	$3_{,78}$	—	—	$0_{,95}$	$4_{,69}$	$2_{,34}$	—	—	—	$2_{,34}$
14.	$4_{,18}$	—	—	—	$4_{,16}$	$3_{,65}$	$0_{,33}$	$6_{,24}$	—	$10_{,22}$
15.	$4_{,37}$	—	—	$0_{,34}$	$4_{,61}$	$1_{,42}$	$0_{,96}$	—	—	$2_{,48}$
16.	$4_{,46}$	—	$0_{,78}$	$0_{,87}$	$5_{,79}$	$2_{,00}$	—	—	—	$2_{,00}$
17.	$6_{,43}$	—	—	$0_{,93}$	$7_{,63}$	$2_{,99}$	—	—	—	$2_{,99}$
18.	$8_{,01}$	—	—	—	$8_{,01}$	$2_{,110}$	$0_{,79}$	—	—	$2_{,99}$
19.	$4_{,65}$	—	—	$1_{,91}$	$6_{,37}$	$2_{,44}$	—	—	—	$2_{,44}$
20.	$4_{,17}$	$0_{,63}$	—	$1_{,66}$	$5_{,66}$	$2_{,79}$	—	—	—	$2_{,79}$
Mittel	$3_{,33}$	$0_{,16}$	$0_{,16}$	$0_{,46}$	$4_{,30}$	$1_{,16}$	$0_{,10}$	$0_{,34}$	$0_{,04}$	$2_{,49}$

Die Fundorte und Quellen fiehe zu der Tafel Seite 120.

Das Wasser der Erde, folgert hieraus Bischof, kann stets nur Chlornatrium ins Meer geführt haben.

Die Thatfachen widerlegen jedoch diese Folgerung. Denn einmal enthält das jetzige Meer auser dem Chlornatrium auch noch Chlorkalk in bedeutenden Mengen, und enthalten die aus dem Steinfalze stammenden Soolen auch heute noch fämmtlich Chlorkalk und Chlortalk. Dann aber beweifen auch die Versteinerungen der Fifche, dass vor der Salzzeit, d. h. vor der Zeit, da sich das Steinfalz in den Schichten ablagerte, nur Süsswasserfifche in den Meeren der Erde gelebt haben, und erst nach jener Zeit die Salzwasserfifche aufgetreten find. Das Kochfalz oder Chlornatrium (NaCl) kann alfo erst zu jener Zeit im Meere entstanden fein. Gleichzeitig treten zu jener Zeit auch die ersten Niederschläge des Chlornatriums in der Form von Steinfalz auf. Dies Steinfalz ist aber stets gefellt mit Gypsstöcken, d. h. mit Stöcken schwefelfauren Kalkes, und zwar fo ficher, dass, wo man das eine Gestein findet, man auch bestimmt auf das Vorkommen des andern rechnen kann. Das Steinfalz bildet dabei Stöcke bis 100 m. Mächtigkeit bei dem Raumgewichte 2$^{1}/_{4}$, der Gyps bildet Stöcke bis 143 m. beim Raumgewichte 2$_{,3}$. Da das Korbgewicht des Steinfalzes 117, das des Gypfes 173 ist, fo entspricht alfo stets ein Korb des Steinfalzes einem Korbe Gyps, und find alfo je ein Korb Steinfalz und ein Korb Gyps gemeinfam gebildet. Wie wir nun im Folgenden fehen werden, ist Gyps oder schwefelfaures Kalkfalz im Wasser nahe unlöslich, und ist in den Quellen stets schwefelfaures Natron dem Meere zugeführt. In dem Meere aber hat diefes schwefelfaure Natron den Chlorkalk vorgefunden, und haben Kalk und Natron ihre Säuren umgetauscht, das Natrium hat fich mit dem Chlor, das Kalkoxyd mit der Schwefelfäure verbunden und dadurch Gyps und Kochfalz gebildet. Bischof's Annahme entspricht alfo durchaus nicht den vorliegenden Thatfachen und muss aufgegeben werden.

Der Chlorkalk ist alfo gleich mit dem ersten Auftreten des Wassers aus den Gesteinen ausgewaschen und ins Meer gelangt. Die kohlenfauren Gewässer haben aus der Lava der Erdschale, wie die Tafel in No. 12 zeigt, überhaupt fast kein Natron und Kali, fondern hauptfächlich Eifenoxydul, Kalk- und Talkerde ausgeführt. Das Natron hat, wenn es zuerst als kohlenfaures Natron ausgeführt ist, bald fich wieder niedergeschlagen, indem es jedem kiefelfauren Salze, das es auf dem Wege fand, die Kiefelfäure wieder entrissen hat, die kohlenfauren Gewässer haben daher im weitern Verlaufe wohl kohlenſaure Eiſenoxydul, Kalk- und Talkſalze, aber kein kohlenſaures Natron enthalten. Lüf'ten dieſe Gewäſſer nun im weitern Verlaufe den leicht löslichen Chlorkalk, ſo konnte dieſer ohne jede Zerſetzung ins Meer gelangen und blieb hier aufgelöſt im Meere ſo lange, als nicht Natronſalze in das Meer gelangten und eine Bildung von Chlornatrium oder Kochſalz bewirkten.

3. Die Wirkung des Sauerſtoffes im Luftmeere auf das Schwefeleiſen.

Beim erſten Auftreten der Pflanzen, wo das Luftmeer noch keinen Sauerſtoff enthält, iſt das Schwefeleiſen nach dem Geſagten noch ganz ungelöſt und unverändert im Geſteine. Sobald aber von den Pflanzen die Kohle in den Schichten der Erde niedergelegt und dafür der Sauerſtoff frei geworden iſt, ſo beginnt nun auch der Sauerſtoff in Geſellſchaft des Waſſers auf das Schwefeleiſen zu wirken. Das Schwefeleiſen nimmt den Sauerſtoff der Luft lebhaft auf und wird lösliches ſchwefelſaures Eiſenoxydul, welches vom erſten Regen aufgelöſt und in den Quellen fortgeführt wird.

In dieſen Quellen erleidet aber das ſchwefelſaure Eiſenoxydul ſofort eine abermalige Umwandlung. Die Schwefelſäure wandert nämlich zu derjenigen Baſe, welche die meiſte Verwandtſchaft zu ihr hat. Nun hat Kalk und Talk eine gröſere Verwandtſchaft zur Schwefelſäure als Eiſen, Natron aber eine noch gröſere, als alle dieſe Stoffe; mithin wird jedes kohlenſaure Salz, welches die Quelle enthält, das ſchwefelſaure Eiſenoxydul zerlegen und ein ſchwefelſaures Salz nebſt kohlenſaurem Eiſenoxydule bilden, welche beide dann mit der Quelle fortgeführt werden. Jedenfalls kann nie in einer Quelle kohlenſaures Natron neben einem ſchwefelſauren Salze mit andrer Baſe gefunden werden.

Unterſuchen wir nach dieſen Vorbemerkungen die Quellen, welche aus dem Urgeſteine ſtammen, ſo werden wir in ihnen vorwiegend ſchwefelſaures Natron, daneben ſchwefelſauren Talk und Kalk, nie aber ſchwefelſaure Eiſenſalze finden, vielmehr wird das Eiſen ſtets an Kohlenſäure gebunden ſein, nachdem ihm die Schwefelſäure durch die ſtets reichlich vorhandenen kohlenſauren Salze geraubt iſt. Unter den Quellen kann man aber wiederum die mit viel Kohlenſäure, die Kohlenſäuerlinge, und die mit wenig Kohlenſäure, die reinen Quellwaſſer, unterſcheiden. Die erſtern entreiſen durch ihren reichen Gehalt an Kohlenſäure den Geſteinen ſo viel Natron, daſs das kohlenſaure Natron ſtets im Ueberſchuſſe vorhanden iſt; von ſchwefelſauren Salzen kann mithin nur ſchwefelſaures Natron in dieſen Säuerlingen vorkommen, wie dies auch die

Zerlegungen der 33 Quellen des Laacher Seegebietes und die der 5 Quellen der basaltreichen Eifel bestätigen, welche wir in der Nummer 11 kennen lernten. Auch die an schwefelsaurem Natron übermaus reichen Kohlensäuerlinge Böhmens, die von Carlsbad, Franzensbad und Marienbad zeigen kein anderes schwefelsaures Salz, und so mächtig ist diese Einwirkung der Kohlensäuerlinge mit kohlensaurem Natron, dass nach Bischof's Versuchen selbst Gyps und Schwerspath, d. h. schwefelsaurer Kalk und Baryterde gelöst und zersetzt werden und in den Quellen schwefelsaures Natron mit kohlensaurem Kalk und Baryterde weiter fliesen. Die reinen Quellwasser, welche das Natron in so geringer Menge führen, dass es zur Sättigung der Schwefelsäure nicht hinreicht, können neben dem schwefelsauren Natron auch schwefelsaure Kalk- und Talksalze führen. So enthalten die aus dem Trachyte oder dem Basalte des Siebengebirges kommenden Quellen nach Bischof's Untersuchungen Spuren von schwefelsaurem Kalke neben kohlensauren Kalk- und Talksalzen, so die Bitterwasser von Saidschitz, Seidlitz und Püllna reiche Mengen von schwefelsaurem Natron und schwefelsaurem Talke, welche in diesen Wassern $^1/_5$ aller Salze ausmachen.

Alle Quellen der Erde führen also von der Zeit ab, dass der Sauerstoff einen bedeutenden Antheil im Luftmeere bildet, schwefelsaure Salze, und zwar vorwiegend schwefelsaures Natron, daneben schwefelsauren Talk und Kalk, das Eisen, welches ursprünglich mit dem Schwefel vereint war, erscheint dagegen in den Quellen an Kohlensäure gebunden als kohlensaures Eisenoxydul. Dieses kohlensaure Eisenoxydul wandert demnächst mit dem entsprechenden schwefelsauren Salze gesellschaftet in den Quellen dem Meere zu.

Aber auf dem Wege zum Meere begegnen nun die beiden Verbindungen den verwesenden zelligen Pflanzen- und Thierstoffen. Die Kohle dieser verwesenden Stoffe hat eine grose Neigung, sich mit dem Sauerstoffe zu Kohlensäure zu verbinden, und raubt daher der Schwefelsäure wieder den Sauerstoff. Der Schwefel von 2 Korb schwefelsaurem Natron verbindet sich mit dem Eisen von 1 Korb kohlensaurem Eisenoxydul zu doppelt Schwefeleisen (FeS^2), das sich niederschlägt; 7 Korb Sauerstoff werden frei und verbinden sich mit 3$^1/_2$ Korb Kohle zu Kohlensäure. Die 2 Korb Natron aber verbinden sich jeder mit 2 Korb Kohlensäure zu doppelt kohlensaurem Natron, welches, im Wasser löslich, mit den Quellen weiter fliest*). Der Sauerstoff, welcher ursprünglich zur Bildung

---

*) Bischof erzählt in seiner Geologie Aufl. I. Bd. I. S. 918, dass er eine grose

9*

des schwefelsauren Salzes gebraucht ist, ist hiebei wieder mit Kohlensäure verbunden und kehrt mit der Kohlensäure wieder in den
Luftkreis zurück, oder bildet ein kohlensaures Salz im geschichteten
Gesteine. Der Verbrauch an Sauerstoff, welcher hierbei stattfindet,
ist mithin schon oben in Rechnung gestellt und darf hier nicht
noch abermals in Rechnung kommen.

Es kann bei dieser Entstehungsweise der Schwefelerze in den
Flötzen durch die Einwirkung zelliger Stoffe nicht auffallen, dass
die Schwefelerze in dem geschichteten Gesteine erst so spät hervortreten. So lange es an Sauerstoff im Luftmeere, so lange es an
verwesenden Pflanzenstoffen in den Schichten mangelt, ist das Erscheinen dieser Schwefelerze unmöglich, es kann daher in dem
Gesteine der Urgebirge und Schieferflötze gar nicht vorkommen,
kann zuerst sparsam in der Grauwacke, reicher im Steinkohlenflötze auftreten und wird am reichlichsten auftreten müssen in der
Zeit, welche auf die Steinkohlengebilde folgt, wo Sauerstoff und
Pflanzenstoffe in reichstem Mase vorhanden sind.

Allerdings finden sich doppelt Schwefeleisen (FeS^2) und Schwefelblei (PbS) in den Spalten und Gängen des Urgebirges und
Schieferflötzes; aber ihr Fehlen in den Schichten und Massen
der Gesteine, namentlich der Gneise, der Glimmerschiefer und der
andern Gesteine der Schieferzeit, beweist hinlänglich, dass sie erst
in späterer Zeit durch unterirdische Gewässer in jenen Spalten
abgesetzt sind, und dass sie mithin erst spätern Zeiten ihre Bildung
verdanken.

Zahl Krüge mit Fehlenberer Kohlensäuerlingen, welche unterhalb Burgbrohl
fliessen und in 100000 Theilen 1,$_{944}$ Theile schwefelsaures Natron und 1,$_{4176}$
Theile kohlensaures Eisenoxydul enthalten, gefüllt und, nachdem er in jeden
eine Messerspitze voll Zucker gethan und ihn auf gewöhnliche Weise mit
Kork, Pech und Leder geschlossen, 3½ Jahre aufbewahrt habe. Als er sie
darauf öffnete, kam ihm ein Geruch von Schwefelwasserstoff entgegen, und
fand sich in den Krügen ein schwarzes Pulver, welches nahe die Zusammenfetzung von doppeltem Schwefeleisen hatte, während das schwefelsaure Natron aus dem Wasser gänzlich verschwunden war.

Ebenso fand sich bei der Fassung des Gemeindebrunnens von Burgbrohl,
dessen Wasser in 10000 Theilen nur 0,$_{2085}$ Theile schwefelsaures Natron und
1,$_{3036}$ Theile kohlensaures Eisenoxydul enthält, dass sich in dem losen Erd-
reiche, dort, wo Holzsplitterchen lagern, wie Erz glänzendes, schwarzgelbes
doppeltes Schwefeleisen gebildet hatte. Auch Bakewell erzählt in seiner
Geognosie, dass die Reste von Mäusen, welche zufällig in eine Auflösung
von schwefelsaurem Eisenoxydul gefallen waren, zum Theile mit kleinen
Gespathen von doppeltem Schwefeleisen bedeckt waren.

Die ersten Schwefelerze, welche in den Schichten des Gesteines selbst vorkommen, finden fich in dem Wackeflötze (den untern filurischen Gebilden) der skandinavischen Halbinsel, wo fie den Alaunschiefer bilden. Der Alaunschiefer enthält etwa 3 Hundertel Kali mit etwas Natron und etwa 1½ Hundertel doppelt Schwefeleisen (FeS²). Letzteres ist in den Schiefern fo fein vertheilt, dass man es ohne Mikroskop nicht erkennt, wenn es nicht in Gesellschaft mit reichlichen Tang- oder Focusversteinerungen in reicheren Lagern anfritt. Ueberhaupt ist diefer Alaunschiefer reich an Versteinerungen von Tangarten (Ceramites), welche in den untern filurischen Gebilden zuerst auftreten und dem skandinavischen Alaunschiefer eigenthümlich find, ja felbst kleine Kohlenlager in ihm bilden. Die Entstehung diefes Alaunschiefers kann man noch jetzt an der Westseite der dänischen Infel Bornholm beobachten, wo eine Elfenquelle mit kohlenfaurem Eifenoxydul fich in eine Bucht der Ostsee ergiest und gleichzeitig eine Menge Tangpflanzen (Fucus vesiculosus) in der Bucht verwesen. Die Tangpflanzen enthalten nach den Zerlegungen von Forchhammer report of the british association for the advancement of science for 1844 im Mittel 3₋₄, Hundertel des Gewichtes der ganzen getrockneten Pflanzen an Schwefelfäure, welche mit Kali, Natron und Kalk verbunden ist. Bei der durch Wärme und Wasser erfolgenden Zersetzung diefer Tange verwandeln fich diefe schwefelfauren Salse in Schwefelverbindungen, namentlich in Schwefelkalium. Diefe Verbindung aber tauscht mit dem kohlenfauren Eifenoxydule ihre Bafe, doppeltes Schwefeleifen schlägt fich nieder und bedeckt den Meergrund mit schönem, gelbem Ueberzuge, während das kohlenfaure Kali fich auflöft. Das doppelte Schwefeleifen geht beim Verwittern endlich in schwefelfaures Eifenoxydul über, welches in Verbindung mit Thon schliesslich schwefelfaure Thonerde und in Verbindung mit dem Schwefelkalium oder schwefelfauren Kali endlich Alaun bildet. Die Art der Bildung des Alauns und doppelten Schwefeleifens in den Alaunschiefern der Kjölen-Halbinfel kann hienach keinem Zweifel unterliegen *).

*) Wie gros die Menge des verwefenden Tanges ist, das kann man noch jetzt an der Landspitse von Kornburg bei Heifingör beobachten; dort werden jährlich im November und December folche Mengen Tang an die Küste geworfen, dass der darin enthaltene Schwefel jährlich 3100 Zollzentner doppeltes Schwefeleifen oder 3400 Würfelmeter Alaunschiefer liefern würde. Die Kohlenfäure der verwefenden Tange zerfetzt die Schwefelverbindungen sum Theile und entwickelt Schwefelwasserstoff, während ein kohlenfaures

In dem Steinkohlenflötze finden wir neben den reichlichen Eisenspathen, welche sich aus dem kohlensauren Eisenoxydule der Quellen in den Thonen dieses Flötzes niederschlagen und in England die überaus reichen Thoneisensteine, in den Spalten des steirischen Urgesteines den trefflichen Eisenspath bilden, reichliche Schwefelerze. Es ist zunächst der im Meere gebildete **Kohlenkalk**, der eine Reihe von Schwefelverbindungen: Schwerspath, doppelt Schwefeleisen, Schwefelblei, Schwefelzink und Schwefelkupfer führt und aus dem noch jetzt die schwefelsauren Wasser von Chaud Fontaine ihren Ursprung nehmen, sowie der Thoneisenstein, der in den Gängen dieselben Schwefelverbindungen enthält. Namentlich aber ist in den **Kohlenschiefern** das doppelte Schwefeleisen ein häufiger und nie fehlender Begleiter der Kohle, wie es sich auch in den jüngeren Schichten bei allen Kohlenablagerungen als steter Begleiter, wenn auch in geringerer Mächtigkeit, wiederfindet.

In allen diesen Fällen ist es die zellige Masse, welcher diese doppelten Schwefeleisen ihre Entstehung verdanken. Die Kohle ist in der Nähe des doppelten Schwefeleisens als Faserkohle, d. h. als versteinte Holzkohle, erhalten, in der man die Gewebe des Holzes noch sehr gut erkennen kann. Faserkohle und doppeltes Schwefeleisen finden sich daher in den Kohlenlagern stets gesellt. Auch die Schnecken, namentlich die gekammerten Schnecken, sind innen und außen, so weit die thierische Masse reicht, sehr häufig mit doppeltem Schwefeleisen überzogen, namentlich, wo dieselben im elfenhaltigen Thone lagern. Im Thonschiefer des Schieferflötzes sind diese Uebergänge mit doppeltem Schwefeleisen noch änßerst selten, dagegen sind sie bei den Versteinerungen der Steinkohlengebilde so vorwiegend, dass diese Versteinerungen wegen der leichten Zerfetzlichkeit dieses doppelten Schwefeleisens nur schwer aufzubewahren sind. Ebenso findet man diese doppelten Schwefeleisen in Schnecken und Versteinerungen häufig im harzreichen Kupferschiefer, im thonigen Lias, im Kimmeridge-Mergel und Oxford-Thone des Jura, dagegen selten in der Kreide, wie in noch jüngern Flötzen. Am eigenthümlichsten sind diese Schwefelerze im Kupferschiefer, der fast seinen ganzen Kupfergehalt diesen Vorgängen verdankt. Alle

---

Salz sich niederschlägt. Die Bildung dieses Schwefelwasserstoffgases aus dem Tange ist bei Kopenhagen so bedeutend, dass das Silber dadurch in den der Küste nahe gelegenen Landhäusern beständig geschwärzt erscheint. Kommt dann kohlensaures Eisenoxydul mit diesen Schwefelverbindungen in Berührung, so bildet sich Eisenkies, doppeltes Schwefeleisen (FeS_2), der Sauerstoff des Eisens aber verbindet sich mit dem Kalium.

diese Schwefelerze sind also ursprünglich aus Schwefelerzen der
Urgesteine entstanden, welche durch den Sauerstoff der Luft in
schwefelsaure Salze verwandelt, dann mit den Quellen fortgeführt
und endlich durch verwesende Pflanzen- und Thiergewebe ihres
Sauerstoffes beraubt und wieder in Schwefelerze verwandelt sind.
Alle Schwefelerze der geschichteten Gesteine sind allein durch den
Einfluss des Sauerstoffes in Bewegung gesetzt und abgelagert; alle
aber geben auch schliesslich wieder ihren Sauerstoff frei und führen
uns also der Frage, wo der überschüssige Sauerstoff geblieben,
nicht näher.

Das schwefelsaure Natron wird aber nicht immer durch verwesende Pflanzen- und Thierstoffe zersetzt. Findet es auf seinem
Wege zum Meere keine verwesenden zelligen Stoffe, so gelangt es
unzersetzt ins Meer. Hier im Meere findet es nun aber den Chlorkalk. Beide Stoffe zersetzen sich und tauschen ihre Basen um, aus
schwefelsaurem Natron und Chlorkalk wird schwefelsaurer Kalk
oder Gyps und Chlornatrium oder Kochsalz. Der Gyps schlägt
sich nieder, das Kochsalz aber bleibt im Meere, bis es sich so häuft,
dass es zuletzt in den Thonen des Meeresgrundes als Steinsalz abgelagert wird. In diesen Niederschlägen des schwefelsauren Kalkes
findet denn endlich auch der überflüssige Sauerstoff seine Verwendung. Vier Korb oder 64 Gewichtstheile Sauerstoff werden verbraucht, um einen Korb oder 172 Gewichtstheile Gyps ($CaSO^4$
$+ 2 H^2O$) zu bilden. Die 40 m. Wasserdruck Sauerstoff, welche
noch zur Verwendung übrig sind, werden demnach 107½ m. Gyps
mit dem Raumgewichte 1 oder 46³/₄ m. Gyps mit dem Raumgewichte 2,₃ und in Gesellschaft mit dem Gypse 32½ m. Kochsalz mit
dem Raumgewichte 2,₃₃ bilden. Der ganze überschiessende Sauerstoff des Luftmeeres findet hierbei seine Verwendung. In der nach-
stehenden Tafel ist der Versuch gemacht, die Vorgänge auf die
einzelnen Zeitabschnitte zu vertheilen, so weit dies nach den bis-
herigen höchst mangelhaften Untersuchungen möglich ist.

Tafel über die Bildung und Wirkung des Sauerstoffes.[*]

Sauerstoff, neu gebildet in Metern Waser.	Sauerstoffverbrauch in Metern Wasser zur Bildung von		Sauerstoff des Luftmeeres in Metern Wasser.	Schichten des Festlandes in Metern			Eisenoxyd des Festlandes in Metern.	Schwefelkiese an den Küsten in Metern.	Gyps in Metern auf der ganzen Erde.
	Eisenoxyd.	Gyps.		Kohle.	Thiergehäuse.	andere kohlensaure Salze.			
1.	**2.**	**3.**	**4.**	**5.**	**6.**	**7.**	**8.**	**9.**	**10.**	**11.**

				Die Hügelzeit oder die Grauzeit (Uebergangszeit).						
75	1,₆₆₇	0,₃₃₃	—	0,₀₀₀	2	10	90	4,₁₇₇₁	—	—
66	3,₃₃₃	1,₃₃₃₃	—	1,₁₁₁₃	4	20	230	15,₁₆₇₂	—	—
58	5	3,₃₃₃	—	2,₅₅₇₆	6	20	260	26,₆₃₃	1	—
50				4,₆₃₇₃					2	—

				Die Gebirgszeit oder die Rothzeit.						
50	20	8,₄₄₆	—	4,₆₇₃	24	40	560	80,₃₃₃	3	—
43	8,₃₃₃	12,₆₆₆₄	—	14,₁₇₃₅	10	20	340	107,₁₁₆₄	3	—
37	12,₅	4,₆₆₃₃	16,₅₃₃₄	10,₄₄₆₄	15	20	440	34,₃₇₃₆	3	19,₃₆₆₆
31				2,₃₃₃						

				Die Alpenzeit oder die Neuzeit.						
31	8,₃₃₃	1,₆₆₇	6,₆₆₇	2,₃₃₃	10	50	150	14,₃₃₆₃	1	7,₇₆₆₆
26	8,₃₃₃	1,₆₆₇	6,₆₆₇	2,₃₃₃	10	50	150	14,₃₃₆₇	1	7,₇₆₆₆
22	8,₃₃₃	1,₆₆₇	8,₄₄₇	2,₃₃₃	10	20	100	14,₁₁₄₇	1	7,₃₇₆₆
18	4,₁₆₇	0,₃₃₃	3,₃₃₃	2,₃₃₃	5	20	100	14,₃₃₃₃	1	3,₃₃₃₆
15				2,₃₃₃				7,₆₇₃₃		

Sa.	80,₃₃₃	37,₁₇₃₄	39,₃₃₃	2,₃₃₃₃	96	270	2730	321,₃₆₆₆	16	46,₃₃₇₆

Die Sätze dieser Nummer sind grossentheils neu. Die Beweise für dieselben sind überall gegeben und, wie ich glaube, in streng wissenschaftlicher Weise. Die Sätze sind demnach als erste Annäherungen sicher.

[*] Anm. Die Berechnung der Tafel.

Der Berechnung ist die Thatsache zu Grunde gelegt, dass sich in den betreffenden Schichten des Festlandes die in der Spalte 6 aufgeführten Mengen an Kohle niedergelegt finden. Jeder Meter Kohle mit dem Raumgewichte 1,₃₄ giebt, wenn er durch die seligen Pflanzen aus der Kohlensäure des Luftmeeres ausgeschieden wird, 3½ Meter Wasserdruck an Sauerstoff frei. Da aber die Kohle des Festlandes nur ¼ der Erdoberfläche einnimmt, so giebt 1 m. Kohle des Festlandes nur ⅞ m. Wasserdruck Sauerstoff frei. Darnach ist die Spalte 2 berechnet.

Von dem Sauerstoffe der Luft wird nun die Hälfte gebraucht, um den Eisenspath ($FeCO^3$) in Eisenoxyd (Fe^2O^3) zu verwandeln. Sei nun der Gehalt der Luft im Anfange eines Zeitabschnittes a, komme b hinzu und werde x für das Eisenoxyd verbraucht, so ist $x = \frac{1}{2}[a+(a+b-x)] = \frac{1}{2}(2a+b)$. Darnach ist die Spalte 3 berechnet bis zur Erdwärme von 37° C. Für die Zeit von 37° C. bis 31° C. ist der Sauerstoffgehalt des Luftmeeres die Mitte des Anfangs- und Endgehaltes und davon die Hälfte zur Bildung des Eisenoxydes, der Rest des Verbrauches zur Bildung von Gyps verbraucht. Seit jener Zeit ist der Gehalt der Luft an Sauerstoff feststehend gleich $2\frac{1}{2}$ geblieben, davon ist die Hälfte zur Bildung von Eisenoxyd, die Hälfte für die Bildung von Gyps verwandt. Die Spalte 4 ergiebt sich einfach durch Abziehen; die Spalten 6 bis 8 sind aus der Beobachtung entnommen, ebenso Spalte 10. Die Spalten 9 und 11 sind berechnet. Es liefert aber ein Gewichtstheil Sauerstoff 10 Gewichtstheile Eisenoxyd mit dem Raumgewichte 1, oder da das Eisenoxyd nur auf dem Festlande sich bildet und dies ein Viertel der Erdoberfläche einnimmt, 40 Gewichtstheile Eisenoxyd mit dem Raumgewichte 1, oder $8_{,11}$ Gewichtstheile Eisenoxyd mit dem Raumgewichte $4_{,:}$. Ebenso liefert ein Gewichtstheil Sauerstoff $2^{11}/_{16}$ Gewichtstheile Gyps mit dem Raumgewichte 1, oder $1_{,16.5}$ Gewichtstheile Gyps mit dem Raumgewichte $2_{,3}$. Daraus ergeben sich die Zahlen der Spalten 9 und 11.

21. Die Schichten der Erde zur Zeit der Pflanzen und Thiere.

Die Kohlensäure und der Sauerstoff des Luftmeeres, verbunden mit den reichlichen Regen und der herrschenden Wärme wirken nun auf die Gesteine der Inseln oder des Festlandes ein, zertrümmern sie und bilden aus den zertrümmerten Gesteinen die Schichten der Flötze oder Formationen.

Die Gesteine dieser Schichten entbehren des spathigen Gefüges, sind Thon- oder Sandschichten oder auch Kalk, welche durch einen feinkörnigen Kitt verbunden werden, von der Art, wie die Niederschläge des kohlensauren Kalkes in Trinkgläsern oder in thönernen Gefässen, in denen sich der Kalk in den Poren des Thones absetzt.

Nur aus den Adern und Spalten der Felsen dringen, wie sich weiter unten ergiebt, auch noch zur Zeit der Pflanzen und Thiere mit Kohlensäure gesättigte Gewässer hervor, welche Auflösungen kieselsaurer Salze enthalten, welche weithin die Felsen durchdringen und spalten und die sogenannten Wandlungen oder Metamorphosen bilden. Thonschiefer wird dadurch zu Glimmerschiefer, oder selbst zu Gneis umgewandelt.

Mit dem Auftreten eines reichlichen Pflanzenwachsthums, welches die Kohlensäure der Luft zersetzt und die Kohle ablagert, hören dann auch diese Metamorphosen auf und finden sich nur noch in besonderen Oertlichkeiten, wo durch die Thätigkeit von Feuerbergen Kohlensäure in gröseren Mengen aufsteigt und Kohlensäuerlinge bildet.

Mit dem Aufhören des Kohlensäure-Luftkreises hört also auch die Bildung spathigen Gesteines, hört die Granit- und Gneisbildung auf. Alle feurig flüssigen Massen, welche nach dieser Zeit aus Feuerbergen aufgestiegen sind, haben daher auch ihre ursprüngliche

Zufammenfetzung behalten und bilden noch jetzt Lavenmaffen, welchen man den früheren feurig flüssigen Zustand unverkennbar anfieht.

Jede Schicht der Flötze ist ursprünglich, wenn fie fich weithin erstreckt, wagerecht abgelagert und ist, wenn fie jetzt eine abweichende, auffteigende Lage hat, erst später durch hebende Kräfte in diefe abweichende Lage verfetzt. Dass es fich alfo verhält, beweifſt ebenfo einerfeits die Ausdehnung derfelben Schicht über weite Landstrecken, oft auf Hunderte von Meilen, als andrerfeits der Bau der Schichten felbst.

Schon Sauſsure fand in den ziemlich steil aufgerichteten Schichten der Alpen kopfgroße Rollsteine eingebacken, welche fich bei ihrem Gewichte und ihrer Gestalt nimmer 'auf fo steilem Abhange hätten halten können. Dolomieu beobachtete demnächst, dass glatte, in den Schichten fich vorfindende Steine stets fo liegen, dass ihre platte Seite der untern Schichtfläche gleichlaufend aufliegt, und feitdem man auf diefen Gegenstand einmal das Augenmerk gerichtet hat, hat fich ergeben, dass alle platten Gegenstände, Blätter, Fische, plattgewundene Schnecken, Seesterne, stets fo liegen, dass ihre platte Seite der Schichtfläche gleichlaufend ist, dass alle Bäume und ihre Wurzeln stets fo stehen, dass der Stamm mit der Schichtfläche einen rechten Winkel bildet, dass mithin, da alle Bäume fenkrecht in die Höhe wachfen, die Schichtflächen zur Zeit des Baumwuchfes wagerecht lagen. Auch die Muscheln, welche fich stets fenkrecht in den Schlamm eingraben, fo dass das Hintertheil mit der Athemröhre fenkrecht aus dem Schlamme herausfieht, finden fich in gleicher Weife in die Schichtflächen eingegraben und bilden mit der Schichtfläche einen rechten Winkel.

Die urfprüngliche wagerechte Lage aller Schichten zur Zeit ihrer Bildung steht alfo unwiderleglich fest, jede Abweichung von der wagerechten Lage muss alfo hebenden Mächten zugeschrieben werden und beweifſt, dass die Schicht fchon gebildet war, als die hebende Macht ihre Wirkung äuserte.

Die geschichteten Gesteine geben uns ferner durch die Reihenfolge, in welcher fie über einander lagern, einen fichern Auffchluss über die Zeitfolge, in der fie entstanden find.

Keine Schicht, welche auf einer zweiten lagert, kann früher entstanden fein als die untere Schicht, auf welcher fie lagert; es fei denn, dass eine

unterirdische Macht die Schichten gehoben, die
beiden Schichten umgekehrt und das Unterste
nach oben gekehrt habe, welcher Fall doch immer
nur ausnahmsweise eintreten kann.

Die geschichteten Gesteine geben uns ferner durch die Versteinerungen, welche fie enthalten, fichern Aufschluss über die
Pflanzen- und Thierarten, welche zur Zeit ihrer Bildung auf
der Erde lebten, fie find dadurch die fichersten Urkunden geworden
für die Geschichte der Erde.

Jedes Flötz hat feine befondern Pflanzenarten
und Thierarten, welche ihm eigenthümlich find
und an denen das Flötz stets wieder erkannt
werden kann.

Jedem Flötze entspricht eine bestimmte Abtheilung des Pflanzen- und Thierreiches, in der Weife,
dass diefe Abtheilung zur Zeit jenes Flötzes zuerst auf Erden erschien, und zwar entspricht
dem nächst höhern Flötze jedesmal auch die
nächst höhere Abtheilung des Pflanzen- und
Thierreiches.

Die folgende Tafel giebt uns einen Ueberblick der Flötze und
der entsprechenden neu hervortretenden Pflanzen- und Thierstufen.

Die Flötze zur Zeit der Pflanzen und Thiere.

	Zeitdauer Jahre.	Mächtigkeit der Schicht Meter	Namen der Flötze.	Neu auftretende	
				Pflanzen.	Thiere.
1.	2.	3	4.	5.	6.

Die Hügelzeit oder die Granzeit (Uebergangszeit) 7'039900 Jahre.

75	2'370050	1000	Grandfl. (Cambrische Geb.)	Lager	Schwimmer
66	2'256370	1000	Wackell. (Unt. filur. Geb.)	Blätter	Fafer
58	2'413480	1000	Rifsell. (Ob. filurische Geb.)	Bläber	Schwinger
50					

Die Gebirgszeit oder die Rothzeit 6'438640 Jahre.

50	2'260420	1000	Kohlenflötz	Markpflanzen	Fische
43	2'065320	1000	Kupferflötz		Larche
37	2'115100	1500	Salzflötz		Vögel
31					

Die Alpenzeit oder die Neuzeit 6'647780 Jahre.

31	1'942780	1000	Juraflötz		Flosser
26	1'637380	500	Kreideflötz		Hnfer
22	1'718990	500	Kragflötz (Tertiärgebilde)		Pfoter
18	1'348730	500	Fluthfl. (Diluvium, Alluv.)		Händer
15					

Anm. 1. Die Flötze der Grauzeit.

Das Grundflötz omfasst die von R. J: Murchison in the Silurian system unterschiedenen Cambrian-flags, das Wackeflötz, Llandeilo-flags nnd Caradoc-flags, das Riffeflötz, die Wenlock-flags nnd Ludlow-flags desselber Verfassers. Die Devon-flags find zu dem Kohlenflötze gerechnet. Die übrigen Flötze stimmen mit den gewöhnlich angenommenen Formationen.

2. Die Namen der Flötze.

Die Ableitung des Namens Flötz fiehe S. 55. Für die einzelnen Flötze mussten zum Theile neue Namen eingeführt werden, da die üblichen fehlerhaft und den Gesetzen der deutschen Sprache nicht entsprechend gebildet find.

Das Grundflötz ist von Murchison cambrian-system genannt nach den in Wales befindlichen Cambrian mountains. Da das Flötz aber mit diesem zufälligen Fundorte nichts zu thun hat, auch niemand diese Berge in Deutschland kennt, fo muss ein wissenschaftlicher, deutscher Name eingeführt werden. Das Eigenthümliche diefes Flötzes ist aber, dass es das unterste Flötz, die Grundlage aller andern Flötze ist, der Name Grundflötz bezeichnet also genau die Sache.

Das Wackeflötz ist mit dem folgenden, dem Riffeflötze, gemeinfam von Murchison Silariansystem genannt. In Deutschland haben beide den viel schöneren und ächt deutschen Namen Grauwacke oder kurz Wacke, der beizubehalten ist. Der Name Wacke, ahd. wagge, mhd. wacke, bezeichnet den Kiefel oder Quarz, der die Trümmer der Grauwacke als Kitt verbindet.

Das Riffeflötz ist bisher von dem vorigen nicht geschieden, muss aber wegen feiner Mächtigkeit wie wegen der während feiner Bildung hervortretenden Pflanzen- und Thierstufe geschieden werden. Der Name Riffeflötz ist von mir eingeführt, weil es stark hervortretende Riffe bildet, fo die Ludlow-Felfen und die Rocky-mountains in Amerika. Der Name Riff, engl. riff, schwed. ref, isl. rif, bezeichnet einen aus dem Meere hervortretenden Felsgrat und stammt wahrscheinlich vom Urverb ar, sskr. ar, gr. ór-nymi, lat. or-ior, an. ar-na erheben, hervortreten.

Die Namen Kohleflötz, Kupferflötz und Salzflötz bedürfen einer Erklärung nicht. Der Name Salz ist urult sara, sskr. sara, gr. hál-s, lat. sal s. Sala, sal-nm s. Meer, kal. solū m, goth. an. salt- s., agf. scalt, ahd. sala und bezeichnet ursprünglich das Meer als das strömende, stürmende vom Urverb sar, sskr. sar ströme, denn das aus dem Meerwasser hervortretende Salz.

Das Juraflötz ist die allgemein übliche Bezeichnung und ist der alte griechische Name jóras m. diefes stark hervortretenden Flötzes.

Das Kreidflötz ist gleichfalls eine allgemein übliche Benennung. Der Name Kreide, schwed. krita, frz. craie ist aus dem lat. Namen diefes Gesteins cráta entlehnt, derfalbe bezeichnet das Gestein als kretische Erde, die von der Insel crēta, gr. krēlē, im mittelländischen Meere stammt.

Das Kragflötz wird in Deutschland mit dem Fluthflötze gemeinfam die Tertiären Gebilde genannt. Da man aber für das Kragflötz einen eignen Namen gebraucht, fo habe ich den in England für diefes Flötz üblichen Namen Krag ins Deutsche übernommen, wo er im Namen „Kragstein" bereits gebräuchlich ist. Der Name krag, engl. crag die Klippe, der Nacken, ist mit Kragen, schwed. krage Kringel desselben Ursprunges und stammt vom Urverb kragh umgebe, umgürte, sskr. çlükb-ati, lat. cling-o, das k ist hier durch das folgende r vor der Verschiebung geschützt.

Das Fluthflöts hat noch keinen eigenthümlichen Namen. Es umfasst die Diluvial- und Alluvial-Gebilde. Die lat. Namen dilüvies und allüvies bezeichnen die Wasserfluth oder Ueberschwemmung und die Auspülung, das durch die Fluth Angespülte, beide werden daher passend mit gemeinsamem Namen das Fluthgebilde genannt. Der Name Fluth, an sf. flod, sgf. flod, fleot, stammt vom Urverb plu schwemmen, sskr. plu, gr. plý-nû, plév-ū, lat. plu-it regnet, lit. plún-ju, agf. flov-an, ahd. flaw-jan spülen.

Um die Vorgänge im Einzelnen kennen zu lernen, müssen wir noch genauer die Schichten unterscheiden; die folgende Tafel giebt uns einen Ueberblick dieser Schichtbildungen, und zwar für jede Schicht die Nummer und den Namen der Schicht, die steinige Beschaffenheit der Schicht und die versteinerten Pflanzen und Thiere, welche sie enthält.

Die Schichten zur Zeit der Pflanzen und Thiere.

A Die Hügelflötze oder Grauflötze mit den Marklofen.

I. Das Grandflötz mit Lagern und Schwimmern. 73 68° C.

1. Grundschiefer (Snowdonfelsen): Thonschiefer, kieselreich; kohlehaltig.
2. Grundkalk (Bolakalk): Kalk mit Schieferthon gemischt; Gehäuse der Hausler (Mollusken).

   1. Die Hebung des Wackuhöltzes Der Hundsrück 700 m. hoch

   II. Das Wackeflötz mit Mattern und Fasern. 66—54° C.

3. Wackeschiefer (Llandeiloschichten): Schieferige Grauwacke mit viel Quarz.
4. Wackesandstein (Caradocschichten): Kieselreich grau mit Kalklagen.

   III. Das Riffflötz mit Röhren und Schwingern. 58 68° C.

5. Riffschiefer (Wenlockschiefer): Schieferige Thone mit Kalkschalen.
6. Riffkalk (Wenlockkalk): Kalkschichten bläulich.
7. Plattenschiefer (Ludlowschiefer): Feste Thonschiefer.
8. Plattenkalk (Ludlowkalk): Feste Kalke mit Sand bedeckt.

B Die Gebirgsflötze oder Rothflötze mit den Markpflanzen und Nichtsäugern.

   IV. Das Kohlenflötz mit Nadelhölzern und Fischen. 50—43° C.

9. Altrother: Alter rother Sandstein; Pflanzenreste, einzelne Schichten mit Fischresten.

   4a. Die Hebung des Altrothen: Der Harz und der Belchen. 1000 m. hoch.

10. Kohlenkalk: Kalklager; Schalthiere und Fischreste in groser Menge.
11. Kohlenfandsteln: Sandstein; Baumstämme verkiefelt.
12. Kohlenschiefer mit Sandstein und Thonschiefer; Pflanzenreste.

   4b. Die Hebung des Kohlenflötzes: Nordengland 1800 m. hoch.

V. **Das Kupferflötz mit den Lurchen (Amphibien).** 43—37 ° C.

13. Todtliegendes: Rother Sandstein; Bandstämme verkieselt.

14. Weisliegendes: Sandstein, selten Bitterkalk, Kalk, Gyps, Erdpech; Pflanzenreste, die Kalklagen reich an Schalthieren.

15. Kupferschiefer: Harzreicher Thonschiefer, 2—4 % Kupfererze; Fische und Lurche in grosser Menge.

16. Zechstein: Thoniger grauer Kalkstein; Versteinerungen wenig reich an Eokriniten und Schalthieren.

17. Rauchkalk mit Bitterkalk, Asche, Gyps, Stinkkalk, Mergel.

5. **Die Hebung des Kupferflötzes. Der Hennegau 1400 m. hoch.**

VI. **Das Salzflötz mit den Vögeln.** 37 31 ° C.

18. Vogesensandstein: Sandstein.

6a. **Die Hebung des Vogesensandsteins: Vogesen, Schwarzwald, 1600 m. hoch.**

19. Neurother: Sandstein, oben rothe bis grüne Thone; Pflanzenreste, die obern Thone mit Schalthieren.

20. Muschelkalk mit Bitterkalk, Gyps, Salzthon; Eokriniten und Schalthiere.

21. Keuper: Keuperthon mit Mergel und Sandstein; Pflanzenabdrücke, nur in den obersten Schichten Fischreste.

22. Keuper: Keupermergel mit Bitterkalk und Gyps; Knochenbreche von 6 Fus grossen Flächen.

23. Keuper: Keupersandstein mit Pechkohle, Schwefelkies und Bleiglanz; Pflanzenreste zahlreich.

6b. **Die Hebung des Salzflötzes: Der Thüringerwald 1000 m. hoch.**

C. Die Alpenflötze oder Neuflötze mit den Säugethieren.

VII. **Das Juraflötz mit den Fischern.** 31 30 ° C.

A. Der Lagerjura (Lias series, schwarzer Jura).

24. Lagerschiefer (Bone-bed): Schwärzlicher Schieferthon mit Knochen; oben dünne, harzreiche Schiefer.

25. Lagerkalk (Gryphitenkalk): Unten weiser, oben blauer Kalk; sehr zahlreiche Versteinerungen, namentlich Gryphaea arcuata.

26. Lagermergel (Liasmergel): braune oder blaugraue, harzreiche Thonmergel; kleine Lager Steinkohle mit Cycadeen und Nadelhölzern.

B. Der Rogenjura (Oolite series, unterer brauner Jura).

a. **Unterer Rogenstein (inferior oolite).**

27. Sandrogen (Marly sandstone): Mergelige Sandschicht mit etwas Glimmer. Belemnitenkalk eisenhaltig mit zahlreichen Belemniten.

28. Eisenrogen (Eisenoolith): Brauner, oft bröckliger Kalkstein mit Eisenrogen; mit zahlreichen Versteinerungen als Steinkernen.

29. Quaderrogen (Quaderoolith): Fester, dichter Stein von weiser oder gelbgrauer Farbe; mit zahlreichen Versteinerungen als Steinkernen.

b. **Haupt-Rogenstein (great oolite).**

30. Walkererde (Fullers earth): Unten kurzer, blauer oder gelber Thon, oben eigentliche Walkererde, beide mit mergligen Einschlüssen.

31. Säugerschiefer (Stonesfield): Sandsteine und loser Sand; mit den ersten versteinerten Säugethierknochen.

32. Grosrogen (great oolite): Harte, feste bis grobkörnige Kalke mit Mergeln; ungeheure Menge Polypen und Korallen.

c. Oberer Rogenstein (superior oolite).

33. Thonrogen (Bradford clay): Blauer, sehr mergliger Thon oder rothsandiger Mergel, oben sandige Schichten.

34. Forstmarbel (Forest marble): Muschelreicher, dichter Kalk mit Thon, Mergel, Sand und Sandstein bunt wechselnd.

35. Kornbrach (Corn-brash): Grobkörnige, schiefrige Kalke (Dalle nacrée der Schweiz schiefrige Breche mit glänzenden Blättchen).

C. Der Nierenjura (Oxford series, oberer brauner Jura).

36. Nierenkalk (Kelloway-rocks): Unregelmäßige Kalkgebäcke mit mergliger Zwischenmasse und mit Eisennieren.

37. Nierenthon (Oxford-clay): Kurzer, graublauer, oft harnhaltiger Thon, mit Mergel und Kalk wechselnd; Gryphaea dilatata.

D. Der Korallenjura (Coral series, oberer weiser Jura).

38. Korallenfandstein (Calcareous grit): Sandige Schichten, bald lose, bald mit kalkigem Kitte.

39. Korallenkalk (Coral-rag): Ungeheure Korallen-Riffe und Lager, die oft in Kalkspath oder in Bitterkalk (Dolomit) umgewandelt sind.

40. Korallenrogen (Oxford oolite): Gelbe Rogensteine mit Eisenerz in Körnern oder Nieren.

E. Der Druckerjura (Portland series, oberer weiser Jura).

41. Druckermergel (Kimmeridge-clay): Blaue Mergel, oft Harz-, Alaunoder Kiefe-haltig, bisweilen schieferig; Exogyra virgula.

42. Druckerkalk (Portland-rock): Feste, dichte, weisgraue Kalke mit erdigem Bruche, oft Rogen haltig (Nerineen und Diceritenkalk, Lithographischer Stein Deutschlands), zuweilen mit Kiesellagern und dann zerreiblich.

7. Die Hebung des Jurafötzes. Das Erzgebirge 2000 m. hoch.

VIII. Das Kreidefötz mit den Kufern. 26 – 32° C.

A. Die Blaukreide (Wealdenrocks und Neocomien).

Süswassergebilde in England und Norddeutschland.	Meeresgebilde in Schweiz, Frankreich und Südenropa.
43. Blankalk (Purbeck beds): Dünne, feste, bläuliche Kalksteine wechseln mit bläulichen Schieferthonen und umschliesen Flassschnecken (Paludinen), Cypris, Schildkröten und bisweilen auch Austern. Elfensand (Hastings sand): Eisenschüssiger Quarzsand wechselt mit sandigem Thone und Mer-	43b. Blaumergel (Neocomien): Blaue Mergel (unter denen in Nordfrankreich elsen- und thonhaltige Sandschichten lagern) wechseln mit gelben Kalksteinen und gehen oben in grauweisen, thonigen Kalkstein über, häufige Tangstengel (Schweiz) und Spatangus retusus.

gel oder Kalkstein, führt grosse
Lurche, verkohltes Holz und
Eisenerz.

44. Blauthon (Weald-clay): Bläulicher Thon wechselt mit dünnen
Kalklagern, die reich an Versteinerungen, wie der Blackalk.

44b. Grünkalk (Caprotinenkalk):
Körnig weiser oder graulicher
Kalkstein mit Caprotina ammonia.

In Norddeutschland treten dafür die Hilsthone, graublaue Thone
mit festen Kalknieren, auf.

B. Die Grünkreide (Green sand).

a. Untere Grünkreide (Terrain albien).

45. Quarsand (Lower given sand): Feiner Quarsand mit grünen Körnern,
theils lose, theils fest, unten kalkig, Mitte thonig, oben eisenhaltig; mit
reichlichen Meerversteinerungen, Inoceramus concentricus, Trigonia aliformis.

In Norddeutschland: Quaderfandstein: Dünne, gelbbraune, eisenschüssige, oft braun und roth geflammte, oft thonige und merglige Sandsteine.

46. Grünmergel (Gault): Bläulich grauer Mergel mit vielem Glimmer, arm
an Versteinerungen; in Frankreich reich an Versteinerungen und Gyps.
In Sachsen durch den Plänerkalk vertreten.

b. Obere Grünkreide (Terrain turonien).

47. Grünfand (Upper greensand): Sehr grün, mit Thon gemischt und mit
Kieselknoten, nach oben kreideähnlich.
In Norddeutschland treten dafür Flammenmergel, bläuliche Mergel
mit dunkeln, braunen und gelben Adern auf.

Europa nördlich der Alpen.

48. Nordfrankreich: Grünkreide
oder Kreidetoffi Gelbliche
Kreide mit grünen Körnern und
heller, horniger Kieselmasse.
England u. Deutschl.: Kreidemergel (Chalk marl): Bläulich
grau Mergel mit schwammigen
Kieseln wechseln mit reinerer
Kreide.

**Europa südlich der Alpen und
Schweiz.**

48b. Schweiz: Grünkalk (Seewerkalk): Graue, rothe Kalke, in
den untersten Schichten mit
Hippuriten.
Südfrankreich und Südeuropa
von Lissabon bis Klein-Asien:
Hippuritenkalk: Drei Lagen
Kalk, in denen die Hippuriten
noch senkrecht eingegraben, und
durch grünliche fandige Kreide
getrennt.

8a. Die Hebung der Grünkreide: Der Monte Viso, 3800 m. hoch.

C. Weiskreide (White chalk, Terrain sénonien).

49. Weiskreide (White chalk):
Weise, mürbe Kreide, durch
Feuersteinlagen geschichtet, aus
Schalen der Kämmrer (Polytha

49b. Münskalk (Nummulitenkalk):
Schwärzlicher oder grauer, dichter oder erdiger, bisweilen mergeliger Kalkstein, dessen Lagen

lamien) und Kieselpanzern gebildet.

fast gans aus Münsern (Nummuliten) gebildet find, und deren Versteinerungen mehr den
Tertiärgebilden sich nähern.

Die Maatrichter Kreide in
Belgien: Fest, gelblich, etwas
mergelig mit regelmässigen Kiesel-
schichten und grossen Versteinerungen.

Sandsteine der Schweiz:
Graue, kieselige Sandsteine mit
zahlreichen Tangstengeln.

8b. Die Hebung der Weiskreide: Die Pyrenäen. 3000 m. hoch.

II. Das Kragfilts mit den Primen. 22—18° C.

A. Der Beckenkrag (Pariser und Londoner Becken, Eocene).

a. Londonbecken.

50. Sandkies: Sandige Kiesmasse, durch thonige Schichten mit Trümmermassen susammengebacken.

51. Schwarzthon (London clay): Blauer, schwarzgrauer Thon mit weissem
Sande und mergeligem Kalke; versteinerte Früchte, Blätter und Stämme,
Eidechsen und Schildkröten, Vögel und Säuger enthaltend.

52. Kragsand (Bagshot sand): Kiesliger Sand mit dünnen Mergellagern.
In Mecklenburg lagert der Sternberger Kuchen: Brauner, eisenschüssiger Sandstein mit Versteinerungen des Londonthons.

53. Kraggyps: Dem Gypse des Pariser Beckens gans ähnlich.

b. Pariser Becken.

Süsw.: 50b. Eisenkalk: Gelblicher, eisenhaltiger Knotenkalk mit Sandsteinen und Pflanzenresten.

51b Formthon: Thone mit Süsswassermuscheln und Säugern oder
Puddinge mit Rollsteinen aus Kreide oder Sand mit Braun-
kohlen oder alaunhaltigem Eisenkies.
Formsand: Nach oben reicher an Meeresthieren.

Meer: 52b. Grobkalk: Unten grünlicher Kieselsand, oben Grobkalk, erst
zerreiblich, oben fest mit zahlreichen Meeresthieren, namentlich
mit Cerithium-Arten, oben mit Mergeln wechselnd, die Pflanzen
und Süsswasserthiere enthalten.
Grobsandstein (von Beauchamp): Grünlich, glimmerlos, mit
Kalkknoten und Meeresversteinerungen.

Süsw: 53b. Kieselkalk (von Quen): Bitterkalkige Mergel mit Kieselnieren
wechseln mit weissen dichten Kalksteinen und grünlichen Sand-
lagern und führen Sumpfpflanzen, Chara, Süsswassermuscheln,
Säugerknochen von Anoplotherien und Paläotherien.
Gypsmergel: Gelblich-grünliche Mergel mit drei Gypsmulden,
zahlreiche Säugerknochen.
Mühlsteinlager (von Bric): Grüne Gyps- und Strontian-
haltende Mergel mit grossen Massen eines blassen Kieselsteines.

c. Bordeaux Schichten.

Meer: 53c. Grobkalk: Erst sandig, dann fest, entsprechend dem Pariser
Grobkalke.

Süsw.: 53e. Puddingssandstein: Mit kalkigem Kitte und mit Puddingen aus Pyrenäen und nördlichen Graniten. Bänke von Braunkohlen mit Krokodilen, Schildkröten, Paläotherien.

Kiefelkalk: Harzführende bläuliche Kalke mit Kieseln wechseln mit Thonen, Mergeln und Schiefern. Zahlreiche Säugerknochen zu Sansans.

3a. Die Hebung des Beckenkrags Cernica 3500 m. hoch.

B. Der Klippenkrag. (Molassen-Gebiet; Miocene.)

a. England.

54: Korallenkrag (Coralline crag): Grünliche oder gelbliche Mergel mit zusammenhängenden Kiefellagern wechseln mit Sand, viele Versteinerungen.

55: Rothkrag (Red crag): Rothe eisenhaltige Mergel und Sandschichten.

b. Mainzer und Pairisches Becken.

54b. Formthon: Unten formbarer Thon und Sand, geht nach oben in Kalk und Mergel über.

55b. Knochenfand lagert; einzelne Mündungskegel mit vielen Knochen verschiedener Größe.

c. Wiener Becken.

54c. Sandmergel (Tegel): Gelber Sand und blauer Mergel reich an Versteinerungen.

55c. Draunkohlenkalk (Leithakalk): Braunkohlen, molassenartige Sandsteine und Kalkgebäcke tragen oben Meeresthiere oder auch Süsswasserkalk-Ablagerungen.

d. Schweiz.

54d. Sandmole (Molasse): Grünlich-grauer, feinkörniger Sandstein mit untergeordneten Bänken von Thon und Mergel mit kalkigem Kitte und Braunkohlenlagern, oben Muschelfandstein, reich an Versteinerungen.

55d. Nagelfluc: Gebäck ächter Rollsteine durch Kalk- oder Molasse-Kitt verbunden mit rothen Thonen und Mergeln wechselnd; an einzelnen Stellen mit Süsswasserbildungen.

e. Paris.

Meer: 54e. Austernsandstein (v. Fontainebleau): Unten sandige, gelbe, grüne Thone mit Austernbänken, oben weise Sandsteine mit Feuersteinpuddingen, verkieselten Baumstämmen und Meeresthieren.

Süsw.: 55e. Mühlstein (v. Montmorency): Rother eisenschüssiger sandiger Thon und Mergel mit Kiefelgebücken.

f. Südwest Frankreich.

54f. Muschelfand (falun) der Touraine: Mergel und mergliger Sand mit gerollten Versteinerungen und Meeresthieren.

55f. Muschelfandstein (falun) v. Bordeaux: Kiesliger Thonsandstein mit sehr vielen Meeres-Versteinerungen.

g. Südost Frankreich.

54g. Draunkohlenschichten: Sand, Mergel, Kalk und Thon mit Süsswassermuscheln, Krokodilen und Schildkröten.

55g. Trümmerkalk mit Trümmergeschicken, oben Thonschiefer von
Aln: mit Tannzapfen, Schwingern, Vogelfedern etc.
Oben Blaſenkalk: Grobkörniger blauger Kalk mit Gerölle
aus Muschel- und Polypenstücken, oben theils Meeres-, theils
Süsswasserbildungen.

9k. Die Hebung des Klippenkrags: Die Westalpen 4000 m. hoch.

C. Der Bernkrag (Subapennin-Gebiet; Pliocene).

a. England.

56: Ostkrag (Norwich crag): Unregelmässiger Sand, Schiefer, Lehm, Kalk:
Meeres- und Süsswassermuscheln, Fisch und Säugerknochen.

b. Norddeutschland.

56b. Braunkohlenlager, von dem auch der Bernstein der Ostsee
stammt.

c. Oeningen.

56e Mergel und rother Sand mit unzähligen Limnäen, Kalk mit
herrlichen Abdrücken von Pflanzen und Thieren.

d. Auvergne.

56d. Mergel, Kalk, Sandstein und Gyps mit Süsswassermuscheln und
Säugerknochen.

e. Landes.

56e. Gerölle aus kreidigem Kalke, oder weissem Sande oder eisen-
nigen haltendem Thone.

f. Italien.

56f. Subapenninkrag: Blaue, graue Mergel oder gelblicher Sand
mit Meeresmuscheln. Oben Süsswassergebilde: Blaue Thone mit
untergeordneten Torflagern, Sand und Süsswassermuscheln.

g. Süd-Amerika.

56g. Patagonienkrag

9a. Die Hebung des Bernkrags: Die Hauptalpen, 5000 m. hoch.

I. Das Fluthbild mit den Pfoten 18—15° C.

A. Die Schwemmgebilde (Diluvial-Gebilde).

a. Europa.

57: Schwemmgerölle: Geschichtete Gerölle mit Knochen der Mammuthe,
Nashörner und Flusspferde.

b. Süd-Amerika.

57b. Pampasthon: Geschichteter Thon in Brasilien mit sehr vielen
Knochen.

10. Die Hebung des Fluthbildes: Der Tesaru-

B. Die Gletschergebilde (Alluvial-Gebilde).

58: Findlings-Blöcke (Erratische Blöcke): Gletscher-Schliffe und Gusser.
Anm. Die Namen der Schichten.
Die Schichten der Flötze haben grösstentheils ihre Namen in England
nach den Fundorten erhalten. Eine solche Art der Namengebung ist aber

durchaus unstatthaft. Die meisten Deutschen kennen die Orte gar nicht, welche ganz unbedeutend und für die Schicht ganz gleichgültig sind; in allen diesen Fällen mussten neue Benennungen gewählt werden. Wenn sich die Bedeutung dieser Namen aus der Zusammensetzung ergiebt, so ist eine Rechtfertigung überflüssig, in den andern Fällen ist sie nachstehend gegeben.

1. Das Grundflötz (Cambrian system). Sedgwick hat nach den Fundorten die Namen Snowdonfelsen, Balakalk und Plynlymmonschiefer eingeführt. Die Namen müssen durch Namen, welche der Sache entnommen sind, erfetzt werden.

2. Das Wackeflötz (Silurian system). Murchison hat die Llandeiloschichten, und die Caradocschichten nach den Fundorten benannt, auch hier mussten diese Namen durch fachgemäse erfetzt werden.

3. Das Rifferflötz (Silurian system). Murchison hat die Wenlockschichten und Ludlowschichten nach dem Fundorte benannt, auch hier sind dafür fachgemäse Namen eingeführt, und zwar, da die letztern Schichten fehr feste, nutzbare Platten bilden, so sind die entsprechenden Schichten Plattenschiefer und Plattenkalk genannt.

4. Das Kohlenflötz (Carboniferous system). Die Namen sind hiefür schon lange gebräuchlich: Der Altrothe (Oldred sandstone), Kohlenkalk (Mountain limestone), Kohlensandstein (Millstone grit), Kohlenschiefer (Coal).

5. Das Kupferflötz (Permian system). Die Namen sind hier gleichfalls lange gebräuchlich. Das Todtliegende (Red sandstone) ist von den Bergleuten so genannt, weil es keine Kohle und kein Kupfer enthält, das Weisliegende ist von den Bergleuten im Mansfeldischen benannt, der Kupferschiefer hat seinen Namen vom Kupfergehalte, der Zechstein ist von den Bergleuten in Thüringen und Sachsen benannt; der Rauchkalk hat seinen Namen von der rauchbraunen Farbe. Die beiden letzten Schichten bilden zusammen das Magnesian limestone.

Der Zechstein hat seinen Namen von der Zeche, der Bergmännischen Genossenschaft; das ihr gehörige Feld, der Zechstein ist also der Stein, der auf der Zeche gebrochen wird. Zeche aber ist ein uraltes Wort daraus, ahr. daçaş, ist, decus das Gefällige, Passende, davon ahd. zeh-on, mhd. zech-en zusammenfügen, ordnen.

6. Das Salzflötz (Trias system). Die Namen sind hier allgemein gebräuchlich Der Neurothe (New red sandstone) auch bunter Sandstein (Variegated sandstone) genannt. Der Muschelkalk und der Keuper mit dem Keuperthone oder der Lettenkohle, dem Keupermergel (Red marls) und dem Keupersandsteine bilden die drei Gesteine der Trias.

Der Name Keuper ist aus der Volksprache im Coburgschen genommen und durch Leopold von Buch in die Wissenschaft eingeführt, seine Bedeutung ist mir unbekannt.

7. Das Juraflötz (Oolitic system). Die unterste Gruppe des Juraflötzes hat man in England Lias genannt, weil das Lager Layer dort örtlich Lias gesprochen wird, der Name Lagerjura bezeichnet dasselbe besser und ist daher von mir hergestellt.

Die zweite Gruppe ist nach dem rogenartigen Ausehen des Steines in England Oolite, frz. Oolithe (aus dem gr. ῶόν Ei und lithos Stein) d. h. Eistein genannt. Die Gesteine haben aber gar nicht die Gestalt von Eiern, der Name Rogenstein bezeichnet die Aehnlichkeit des Gesteins mit dem

Fischrogen, dem er sehr ähnlich aussieht, und ist daher viel passender, er ist in Deutschland bereits gebräuchlich.

Der Name Rogen, ahd. rogo, schwed. rog bezeichnet die aus unzähligen kleinen Eiern bestehende durch Schleim zusammenhängende Eiermasse der Fische, welche durch Bespringen der männlichen Fische befruchtet wird. Der Name stammt ab vom Urverb ragh, rangh, sskr. rañh, laûgh, bespringe.

Die dritte Gruppe und die fünfte Gruppe sind in England wieder nach dem zufälligen Fundorte Oxfortgruppe und Portlandgruppe genannt, dies musste geändert werden. Ueberdies findet sich auch bei Oxfort eine Schicht der vierten Gruppe. Ich habe alle Benennungen nach dem Fundorten beseitigt; die dritte Gruppe habe ich nach den Eisenharen Nierenjura, die fünfte nach dem lithographischen Steine, welcher dieser Gruppe eigenthümlich ist, Druckerjura genannt.

8. Das Kreideflöts (Chalk system). Die unterste Gruppe wird in England nach dem Fundorte der Schicht 44, d. h. nach dem Walde von Sussex Wealden rocks, Waldfels, genannt, eine solche Art der Benennung ist doch wahrlich unstatthaft. In der Schweiz heisst dieselbe Schicht nach dem Fundorte Neo-Como am Comer See, Neocomien. Da die beiden andern Gruppen nach der Farbe Grünkreide und Weisskreide genannt sind, und die Schichten der untersten Gruppe überwiegend blau sind, so nenne ich sie Blaukreide. Die andern Namen ergeben sich von selbst.

9. Das Kragflöts (Tertiary rocks). Die Gebilde dieses Flötzes weichen örtlich so von einander ab, dass man für jede Landschaft eine eigne Benennung haben muss. Von den Benennungen bedürfen nur die beiden Schweizer Gebilde einer Erwähnung.

Der Name, die Molasse, ist in der Schweiz aus dem Französischen genommen. Dies Wort ist aus lat. möles, die Last, die Stei nwehr entlehnt die deutsche Form ist Mole, sie bezeichnet einen in das Meer gebauten Damm, diese Form habe ich für die Schicht eingeführt.

Der Name die Nagelflue ist in der deutschen Schweiz gebildet, die Berge der Nagelflue treten aus der Masse in der Gestalt grosser Nagelköpfe hervor, daher der Name. Flue stammt vom Urverb plu schwimmen, schwemmen, sskr. plu, gr. plý-nü, plév-ñ, lat. plu-it regnet, lit. pliu-ju, agf. flov-an fliessen, ahd. flaw-jan, flaw-en, mhd. vlouw-en, fleu-n spülen, Flue ist also das Geflossene, Geschwemmte.

10. Das Flothflöts. Das untere Gebilde dieses Flötzes heist das Diluvial-Gebilde, oder deutsch das Schwemmgebilde. Schwemme stammt vom Verb schwemmen, d. h. schwimmen machen und dies vom Verb schwimmen, schwamm ahd. suimmen, agf. svimmen. Das obere Gebilde des Flothflötzes heist gewöhnlich Alluvial-Gebilde. Da es aber von den Gletschern gebildet ist und mit den Luvies gar nichts zu thun hat, habe ich es Gletscher-Gebilde genannt. Gletscher stammt vom Verb glitschen, dies von gleiten, agf. glidan und dies ist eine Erweiterung des Urverbs li, flüssig werden, fliessen, mit dha machen, d. h. fliessen machen. Der Gletscher ist also der Gleitende.

In den einzelnen Schichten unterscheidet man den Schiefer, den Kalk, den Sand und die Breche.

Der Name Schiefer stammt ab vom Urverb skap, gr. skap-tō, lat.
scab-ĕre für scap-ĕre, lit skap-óti, an. skaf-a, sgf. skaf-an, goth. skab-an, ahd.
skap-an, nhd. schaben, bezüglich goth. sklub-an, an. skufa sgf. skuf-an, abd.
skiub-an, nhd. schieben, und bezeichnet das in dünnen Platten oder Scheiben
Gelagerte.

Der Name der Sand, abd. sant, sgf. sand, gr. sámm-os, psámm-os,
ámmos stammt wie es scheint vom Urverb sā fícn, (sakr. saeya., gr. sī-tos
Getreide), lat. ser-ö für ses-ñ, sa-tom, lit. sé-ju, goth. sai-an, und bezeichnet
das Säende, Ausstreuende.

Der Name die Breche ist die ursprüngliche Form des aus dem Deutschen entlehnten ital. breccia und muss daher für Breccie wieder eingeführt
werden. Es stammt vom Urverb bhragh, sskr. bhañj und barh, lat. fran-go,
goth. brik-an, brak, nbd. brechen.

Ein Blick auf die vorliegende Tafel zeigt uns, dass die verschiedensten Schichten in mannigfachem Wechsel auf einander
folgen. . Auf feinkörnigen Thonschiefer folgt grobkörniger Sand
oder Kalk, oft ohne jeden Uebergang. Die Ablagerung so verschieden zusammengesetzter Schichten haben die Geologen aus dem
ruhigeren oder stürmischeren Verlaufe der einzelnen Zeitabschnitte
zu erklären versucht. Die Bildung der Sandsteine soll nach ihnen
den stürmischen, die der Kalksteine den ruhigen Zeiten angehören.

Aber nimmt man die Zeit der Gebirgserhebungen und Erdbeben als die stürmische Zeit an, so passt die Folge der Schichten
nicht zu dieser Annahme, da, wie die Uebersicht beweist, die
Sandsteingebilde bald vor, bald nach den Hebungen auftreten.
Auch können durch Erdbeben und Hebungen wohl Trümmergesteine
und Backsteine an einzelnen Orten der Erdoberfläche entstehen,
nicht aber regelmässige, weithin ausgebreitete Schichten eines Sandsteines von nahe gleichem Korne. Noch weniger erklärt diese
Annahme, woher in den verschiedenen Zeiträumen die verschiedenen chemischen Stoffe gekommen sein sollen, zur einen Zeit Kiefel
und Sand, zur andern Kalk und Talk.

Jedenfalls könnte es nach dieser Annahme nicht an allmähligen
Uebergängen der mannigfachsten Art fehlen, und müsste der Sandstein mit wenig Kalk ganz allmählig in Sandstein mit mehr Kalk
und schliesslich in Kalkstein mit wenig Sand übergehen. Da dies
alles nicht zutrifft, so muss man jene Annahme als irrig aufgeben
und eine andere Erklärung versuchen, welche der Thatsache bestimmt gesonderter Schichten mit ganz verschiedener chemischer
Zusammensetzung Rechnung trägt.

Die in der Nummer aufgeführten Thatsachen sind durch wissenschaftliche Beobachtung festgestellt, durchaus sicher und allgemein
anerkannt.

22.   Die Bildung der Schichten zur Zeit der Pflanzen und Thiere.

Fragen wir zunächst, woher haben die Schichtgesteine zur Zeit der Pflanzen und Thiere ihre Stoffe erhalten? so kann die Antwort nicht zweifelhaft sein. Aus den Urgesteinen der Erde, aus dem Granite einerseits, und den kohlensauren Urgesteinen andrerseits. Auch wenn ein Theil der späteren Schichten aus dem Gesteine der älteren Schichten gebildet ist, so ändert dies nichts in der Allgemeinheit obigen Satzes, denn auch die ältern Schichten haben sämmtlich aus den Urgesteinen ihre Stoffe bezogen, nur die Zeit, zu welcher die Stoffe aus dem Urgesteine genommen und in den Schichten niedergelegt sind, ist in letzterm Falle eine frühere gewesen. Der Satz ist also ganz allgemein:

> Alle Stoffe der geschichteten Gesteine sind aus den Urgesteinen der Erde, aus dem Granite oder Porphyr einerseits, aus den kohlensauren Urgesteinen andrerseits entnommen.

Diese Urgesteine sind, wie wir oben sahen, durch die Wirkungen des Luftmeeres zersetzt. Die herniederstürzenden Regen mit ihrer Kohlensäure und der Sauerstoff der Luft dringen in die Urgesteine ein, verwittern sie, lassen sie in Bruchstücke zerfallen von verschiedener Grösse der Körner und führen die auflöslichen Theile in den Wasserquellen von dannen. Namentlich ist diese Verwitterung da gros, wo einerseits die meisten Regen fallen und andrerseits die Oberfläche am grösten ist, d. h. in den Gebirgen.

Die Luft ist nämlich in der Höhe kälter als in der Tiefe, indem die Luft beim Aufsteigen sich ausdehnt und durch die Ausdehnung sich abkühlt. In meiner Erdbeschreibung ist nachgewiesen, dass jetzt die Luft auf je 1000 m. Höhe um 3° C. an Wärme abnimmt. Die gleiche Abnahme können wir auch für die Zeit der Pflanzen und Thiere zu Grunde legen. Denken wir uns nun einen über die Erde hinstreichenden mit Wasserdunst gesättigten Westwind, der auf ein Gebirge trifft, hier sich staut und um weiter fliesen zu können, in die Höhe steigt bis zur Höhe des Kammes, oder, da er nach den Gesetzen der Trägheit die aufsteigende Richtung auch weiter fortsetzen muss, bis zur doppelten Höhe des Kammes, so muss eine bedeutende Abkühlung der Luft und zwar auf je 1000 m. Höhe, um 3° C. die Folge sein. Die Abkühlung der Luft aber bewirkt einen Niederschlag des Wasserdunstes, wenn dieser seinen Sättigungspunkt erreicht hat, die Abhänge der Gebirge find daher die Orte der gröſten Regen auf Erden. Zur Zeit der Pflanzen und Thiere fallen aber bei 1° C. Abkühlung im Mittel 52 mm. Regen, während jetzt im Mittel nur 10 mm., die Regen find alſo zu jener Zeit fünfmal ſo ſtark als heute. Die Gebirgsabhänge find alſo auch zu jener Zeit die Hauptorte des Regens, die eigentliche Geburtsſtätte der Quellen, Bäche und Flüſſe. Zugleich iſt aber auch die Oberfläche der Gebirge eine viel gröſsere, als bei der Ebene, und iſt daher auch die gleiche Maſſe des Geſteins einer viel gröſsern Verwitterung ausgeſetzt.*)

Die Gebirge mit ihren Regen find die Werkſtätten zu der Bereitung der Stoffe für die Schichtgeſteine.

Nach meiner Erdbeſchreibung beträgt das Land der Erde jetzt 2468486 □Meilen und enthalten die Hochländer der alten Welt 620014, die Amerikas 178986, alle Hochländer der Erde mithin 798980 □Meilen, d. h. ungefähr ⅓ des geſammten Landes.

Die Urgeſteine, welche auf dem Feſtlande zu Tage treten, gehören faſt ausschlieslich den Gebirgen der Erde und zwar den eigentlichen Kämmen der Gebirge an. Nach den Geſteinskarten (geologiſchen Karten) nehmen dieſe Urgeſteine gegenwärtig ¹⁄₁₀ des feſten Landes ein. In früheren Zeiten iſt das Verhältniſs jedoch ein günſtigeres geweſen. Legen wir die Oberfläche der Urgeſteine als Einheit zu Grunde, ſo beträgt das Feſtland zur Grundzeit das 2-, zur Wackezeit das 2½-, zur Riffezeit das 3-, zur Kohlenzeit das 4-, zur Kupferzeit das 5-, zur Salzzeit das 6-, zur Jurazeit das 7-, zur Kreidezeit das 8-, zur Kragzeit das 9- und zur Fluthzeit das 10fache der Oberfläche des Urgeſteins.

Die Urgeſteine der Gebirge: der Granit, der Porphyr und die kohlenſauren Urgeſteine der Gebirge find die Bezugsquellen für die Stoffe der Schichtgeſteine, die Regengewäſſer find die auflöſenden und fortführenden Mächte.

Der Regen, welcher im Gebirge auf die Urgeſteine fällt, hat, wie wir in N. 16 ſahen, einen reichen Gehalt an Kohlenſäure, ſieht

---

*) Sei a die Grundlinie, b die Höhe einer Erhebung, c der Abhang der Erhebung, ſo iſt nach dem Pythagoräiſchen Lehrſatze $c^2 = a^2 + b^2$ oder

$$c = \sqrt{a^2 + b^2}.$$

Für $b = \frac{1}{3}$ a iſt $c = 1_{0441}$ a

- $b = \frac{1}{2}$ a - $c = 1_{1180}$ a

- $b = a$ - $c = 1_{4142}$ a

aus dem Gesteine eine Reihe von Basen, welche sich mit der
Kohlensäure zu auflöslichen doppelt kohlensauren Salzen verbinden,
und lässt ein in Zersetzung begriffenes Gestein zurück, welches
unter dem Einflusse des sauerstoffreichen Luftmeeres in Bruchstücke
mehr oder minder feinen Kornes zerfällt. Das Urgestein wird
dadurch zertrümmert.

Das Regenwasser aber eilt demnächst von den Höhen der
Gebirge wieder dem Meere zu, aus welchem es stammt und durch
Verdunstungen in die Lüfte emporgehoben ist. Sehen wir dabei
von dem Theile ab, der sofort wieder verdunstet, und den wir
daher ganz auser Rechnung lassen können, so schlägt das Regenwasser
bei der Rückkehr zum Meere einen doppelten Weg ein, als Flusswasser*) einen oberirdischen Lauf in Bächen und Flüssen und als
Quellwasser**) einen unterirdischen Lauf in Spalten und Ritzen
des Gesteins.

Das Regenwasser zersetzt die Urgesteine und
trägt die Stoffe theils als Flusswasser in ober-
irdischem Laufe, theils als Quellwasser in unter-
irdischem Laufe den Ebenen zu, wo die Schichtgesteine sich bilden.

Das Flusswasser führt aus dem zersetzten Gesteine die sämmtlichen Bruchstücke, und einen
geringen Theil der auflöslichen Stoffe, das Quellwasser fast alle auflöslichen Stoffe fort.

$$\text{Für } b = 2\,a \quad - \quad c = 2_{,0301}\,a$$
$$b = 3\,a \quad - \quad c = 3_{,1433}\,a$$
$$b = 4\,a \quad - \quad c = 4_{,1331}\,a$$

Bei der Höhe muss man aber nicht blos die Höhe des ganzen Gebirges,
sondern die Höhen der einzelnen Zacken im Verhältnisse zur Grundlinie
nehmen.

*) Fluss stammt vom Urverb plu schwimme, schwemme, sskr. plu, gr.
 plý-nō und plév-ō, lat. plu-it es regnet, plo-vius Fluss, lit. plán-ju, sgf. Gov-
an, ahd. flaw-jan, dann mit t erweitert ist flio-ta, schwed. fly-ta, ahd. vlloz-
an, nhd. fliessen, floss. Der Fluss ist also der schwemmende, die schwemmbaren Körner tragende.

**) Quelle in der Ursprache gvaldā, sskr. galdā an. kelda ahd. quellä,
stammt vom Urverb gval, sskr. gal träufle, falle, (gr. bállō für bal-jō mache
fallen) ahd. qoéll-an quelle. Die Quelle ist daher die herauströpfelnde,
quellende. Der Ausdruck passt demnach nur für die unterirdischen Gewässer und darf wissenschaftlich für kleine Bäche nicht verwandt werden.

1. Das Flusswasser.

Bei dem geringen Antheile, den das Flusswasser an den auflöslichen Stoffen hat, können wir dieselben beim Flusswasser ganz übergehen und fle beim Quellwasser besprechen. Die Bruchstücke flnd fehr verschiedener Gröse: Blöcke, von 1 m. und mehr Durchmesser, Brocken von ¹/₁₀ m. und mehr Durchmesser, Gerölle von 1 centm. und mehr Durchmesser, Grand, das Korn von 1 mm. und mehr Durchmesser, Sand, das Korn von ¹/₁₀ mm. und mehr Durchmesser, endlich Lehm, das Körnchen unter ¹/₁₀ mm. Die Rechtfertigung der Namen ist in der Anmerkung gegeben.*)

a. Die Blöcke und die Brocken können durch das Wasser allein nicht bewegt werden. Nur zwei Wege giebt es, auf denen fle auch in fernere Gegenden und Ebenen getragen werden können, die Schlammströme und die Erdrutsche. (Die Gletscher setzen eine bedeutende Kälte voraus und treten erfahrungsmäsig erst in der letzten Zeit, zur Gletscherzeit (Alluvialzeit) ein; in den frühern Zeiträumen ist die Wärme der Erde eine viel zu hohe, als dass

---

*) Block bezeichnet ein unbearbeitetes, unförmliches Stück Holz, Stein oder Erz, von der Gröse, dass man es nicht bewegen kann, dass man daran einen Gefangenen anschlieen kann. Es ist zusammengezogen aus ahd. piloh, bloc und bloch, schwed. block, und stammt wahrscheinlich vom Urverb stag, recken, mhr. ang, gr. orig-nysl, ordgel, lat. reg-it, goth. rackjan, ahd. reck-en und bezeichnet den Block als den Gereckten, den Recken.

Brocken stammt vom Urverb bhragh, blurag, eskr. barh, (gr. brachys kurz), lat. frang-o, frag-, goth. brik-an, brak, ahd. brecha, brach. Der Brocken ist also der Gebrochene; ein Stück, das man fortbewegen kann.

Gerölle ist das durch Rollen Entstandene, das aus Rollstücken Zusammengesetzte; Stücke von der Gröse, dass fle einen stoilen Abhang hinabrollen.

Grand stammt vom Urverb ghar, Nebenform von gar, zerreiben, altern, sskr. jhar, ghur, send ghars, ahd. grs, nhd. grau, Greis und erweitert agf. grind-an, engl. grind, ground, mahlen, zerreiben. Der Grand ist also das Zerriebene, grobe Korn. Der Name Kies darf biofür nicht verwandt worden, da er gewisse chemische Stoffe bezeichnet.

Sand agf. engl. sand, ahd. sant stammt vom Urverb sa fäe, (sskr. saya, gr. sf-tos Getreide), lat. sero für sci-o, lit. sé-ju, goth. sai-an, nhd. säen und bezeichnet also den Säenden, der fich wie der Sam im Winde in Körnern ausstreut.

Lehm, ahd. leim, agf. lâm, lat. lim-us stammt vom Urverb li kleben, schmieren, sskr. li, lat. li-nö, lit. lé-ju und bezeichnet die Erde fo feinen Kornes, dass fle anklebt, schmiert. Thon darf dieselbe nicht genannt worden, da Thon einen chemischen Stoff bezeichnet.

fich Eis in grosen Masen bilden konnte. Es bleiben alfo nur die Schlammströme und die Erdrutsche übrig).

Die Schlammströme entstehen in hohen Gebirgsgegenden, breiten fich weithin aus und bedecken ganze Thäler mit Blöcken und Brocken, wie z. B. das früher fo fruchtbare Passeyr-Thal im südlichen Tyrol. Es entstehen diese Schlammströme aus verwitterten Felsmassen, welche allmählig in Bruchstücke zerfallen, von Wasser reichlich durchsogen find und fich mit diesem in die Tiefe der Thäler ergiesen.

Die Erdrutsche entstehen, wenn auf einer fchrägen Bahn das Wasser die Erde fo unterspült, dass die Erde rutschen kann. Grose Erdmassen setzen fich dann in Bewegung und tragen Blöcke und Brocken mit fort. In beiden Fällen, bei den Schlammströmen, wie bei den Erdrutschen ist es nur der Schlamm oder die Erdmasse, welche die grosen Bruchstücke mit bewegt. Reines Wasser vermag dies nicht.

b. Das Gerölle wird bereits vom reinen Wasser bewegt; aber es gehören steile Abhänge und ein kräftiges Wasser dazu, um fie fortzubewegen. Ist das Gerölle ganz mit Wasser durchtränkt wie ein Schlammstrom, fo wird es leicht bewegt. Alle diese Massen, die Blöcke, wie die Brocken und das Gerölle bilden aber nicht weit ausgedehnte, wagerecht gelagerte Schichten, fondern nur am Fuse eines steilen Abhanges gelagerte Schutt- und Trümmermassen.

Dagegen bilden die folgenden drei Stufen, der Grand, der Sand und der Lehm durch das Wasser bewegliche und weithin tragbare, d. h. spülbare Massen, welche ganze Ebenen bedecken und darauf Schichten bilden.

Der Grand und der Sand werden mit ihrem gleichmäsigen Korne durch die Bäche und Flüsse der Gewässer, folange fie fchnell fliesen, fortgespült und in den Ebenen, fobald das Wasser ruhiger fliest, abgesetzt. Je nach der Schnelligkeit des Wassers wird zuerst der Grand von grobem und schwerem Korne, weiterhin dann der Sand von feinerem und leichterem Korne abgesetzt. Derselbe bedeckt zunächst das Bett der Flüsse und Bäche, dann aber, wenn fich dies hinreichend erhöht, die ganzen Ebenen in der Nachbarschaft der Gebirge. Ein groser Theil Schlesiens, der Lausitz und der Mark ist auf diese Weise mit Grand oder Sand bedeckt, der auch in den Geesten Hannovers, Oldenburgs und Hollands grose Strecken erfüllt.

Hat der Fluss ein langes Bett, in dem er zuletzt ruhig dahinströmt, fo wird der Sand bereits in dem Oberlaufe der Flüsse abgefetzt. Hat der Fluss hingegen nur einen kurzen Lauf oder überall ein starkes Gefälle, fo fetzt der ganze Lauf Sand ab und führt den Sand felbst in den See oder das Meer, in welches der Fluss fich ergiest. In dem See oder dem Meere wird nun aber der Strom des Flusses fofort gestaut, das Wasser des Flusses kommt plötzlich zur Ruhe und lässt fofort den Sand, welchen es mit fich führte, fallen. Der Sand bildet mithin um die Mündung des Flusses einen Mündungskegel, nicht aber auf weite Strecken hin gleichmässige wagerechte Schichten im Meere.

Der Lehm ist nicht nur spülbar, fondern auch schwemmbar, d. h. derfelbe bleibt in dem Flusswasser und Meerwasser auch bei langfamer Bewegung lange schwimmend und vertheilt fich gleichmässig auf weite Strecken hin, fo dass das untere Flussthal bei langem Laufe und der Meeresgrund weithin, foweit der Meereshang reicht, vom Lehme bedeckt ist. Auch der Grund des tiefen Meeres besteht, fofern er nicht felbst gebirgig ist, grossentheils aus diefem weichen Lehme, in den schwere Gegenstände oft 10 bis 15 Fus tief verfinken. Aller Marschboden der Flussmarschen, wie der Meeresmarschen an den Küsten der Nordfee verdankt diefem schwemmbaren Lehme feine Entstehung. Uebrigens ist diefer Lehm überaus reich an schwemmbaren Kohletheilchen und erhält daher feine schwarze Farbe.

Aber, kann man entgegnen, ist nicht der Meeresgrund vieler Meere von körnigem Sande oder Grande gebildet? Ist nicht der Grund der Ostfee an ihren füdlichen Gestaden aus Sand gebildet, der auf den Gestaden des Meeres mächtige, Häufer hohe Dünen aufbaut? Gewiss antworten wir; nur stammt der Sand der Ostfee nicht aus Flüssen und Bächen, welche den Sand in das Meer führen, fondern ist das Ueberbleibfel eines unter das Meer verfunkenen Landes. Sämmtliche Länder, welche die Ostfee im Süden begrenzen, bestehen nämlich aus Erde, welche zu etwa $\frac{1}{4}$ Lehm, zu etwa $\frac{3}{4}$ Sand enthält, und welche, wenn fie unter die Oberfläche des Meeres finkt, nothwendig einen fandigen Grund darstellt, da der schwemmbare Lehm, durch das stets bewegte Wasser zwischen dem Sande fortgespült, in die tiefsten Lagen des Sandes am Meeresgrunde verfinken muss.

Nun finkt aber die füdliche Küste der Ostfee erfahrungsmässig auch jetzt noch; nun finden fich am Grunde der Ostfee auch jetzt noch diefelben grosen Rollsteine, welche in den benachbarten

Bergen des Festlandes lagern, und finden sich endlich am Grunde der Ostsee ganze Lager untergegangener Wälder, deren Harz den berühmten Bernstein liefert. Es kann also keinem Zweifel unterliegen, dass wir in dem Grunde der im Mittel 60 m. tiefen Ostsee ein altes untergegangenes Festland besitzen und dass der Sand der Ostsee nichts anderes ist, als ein Sandfeld, welches dereinst die Oberfläche jenes Festlandes bedeckte.

Es lassen sich demnach folgende allgemein gültige Gesetze aufstellen.

Rings um ein verwitterndes Gestein bilden sich folgende Gürtel. Unmittelbar am Fuse des steilen Gefälles lagern die Schuttmassen der Blöcke und Brocken und rings umher ein schmaler Gürtel der Gerölle. Dann folgen auf den Ebenen des Festlandes wagerechte Schichten, zuerst von Grand, dann von Sand gebildet, und ringsumher im Unterlaufe langer Flüsse und an der Meeresküste die Lehmmarsche.

2. Das Quellwasser.

Das Quellwasser dringt in die Spalten der Gebirge ein. Die Urgesteine, namentlich der Granit und der Porphyr sind vielfach zerklüftet und bieten dem Wasser grosse Spalten dar, in denen die Quellen fliessen können. Die Kohlensäure, welche das Wasser enthält, und der Sauerstoff, welcher als Luft im Wasser enthalten ist, treten in nächste Berührung mit dem Gesteine und bilden lösliche Salze, welche wir in N. 20 ausführlich erörtert haben. Doppelt kohlensaure Salze, vor allem Kalksalz, daneben Talk- und Eisensalz, kieselsaure Salze, namentlich Kalisalz, und einfach schwefelsaure Salze, vor allem Natronsalz, werden vom Quellwasser aus den Spalten fortgeführt und zum kleinen Theile in die Flüsse, zum grössten Theile in's Meer geführt.

3. Das Meer.

In's Meer treten also einerseits die oberirdischen Flüsse mit ihrem schwemmbaren Lehme, andrerseits die unterirdischen Quellen mit ihren aufgelösten Salzen. Die Quellen treten an dem Abfalle des Strandes, der vom Meeresspiegel bis zum Meeresgrunde führt und den wir den Meerhang nennen wollen, in's Meer ein. Das Innere des Festlandes hat in diesen Tiefen, wie wir in N. 19 sahen, bis 60° C. höhere Wärme als das Meer gleicher Tiefe. Das warme

Quellwasser, welches in's kalte Meer tritt, schlägt daher einen Theil seiner auflöslichen Salze nieder. Ueberdies treten hier am Meerhange die auflöslichen Salze der verschiedenen Quellen in Wechselwirkung und bewirken auch dadurch Austausch und Niederschläge.

Auser diesen chemischen Niederschlägen ist aber auch das Thierleben des Meeres im Bau der Schalen überaus thätig, jedoch nur im obersten Theile des Meerhanges bis 200 m. unter dem Meeresspiegel. Nennen wir den Gürtel von der höchsten Fluth bis zur niedrigsten Ebbe den Strand oder den Fluthgürtel, die obere Grenze desselben die Fluthgrenze, die untere Grenze die Ebbegrenze, die Mitte die Fluthmitte, nennen wir den Gürtel unter der niedrigsten Ebbe bis 200 m. Tiefe die Küste*) und zwar den oberen Theil bis 40 m. Tiefe den Austern-, den mittlern von 40 bis 80 m. Tiefe den Korallen-, den untern von 80 bis 200 m. Tiefe den Terebratelgürtel, so finden wir am Strande Europas folgende Thiergattungen Schalen bauender Thiere.

Strand:
Fluthgrenze: Balanen, klippenbewohnende Actinien, einzelne Schnecken.
Fluthmitte: Algen, Tange mit zahlreichen Schnecken, besonders Patellen und Ascidien, auf sandigem Grunde Anneliden und Röhrenmuscheln.
Ebbegrenze: Viele Kammmuscheln, Seesterne, Seeigel, Holothurien, Ascidien und Nacktkiemer.

---

*) Im Deutschen haben wir für das Meeresufer folgende Ausdrücke, welche wissenschaftlich gesondert werden müssen:

Ufer, agf. ofer, ofor, altfr. overa, ndf. över. Dies ist dasselbe Wort mit dem Urworte upara, der Obere, sskr. apara, gr. hypéra, lat. supera-s, agf. o-fura, ufora, (vergl. goth. afar, agf. ofor, altfr. over, holl. over, ohd. über) und bezeichnet das Obere, das über dem Wasser Gelegene

Strand, agf. strand ist abgeleitet vom Urverb strä streuen, gr. stratós Lager, lat. strä-vi, strä-tus, lit. strä-ja w. Siren, goth. strau-jan, sf. strö-jan, strö-jan, ohd. strewen. Der Strand ist also der Streuende, d. h. der Gürtel, wo die Wellen den Boden auflockern und zugleich den Pflanzenwuchs verhindern und daher der lose Boden im Winde streut.

Küste ist aus dem lat. costa Rippe, Seite entlehnt und bezeichnet die Rippe, die Seite des Landes, welche dem Meere Widerstand leistet, wird also passend für den stets vom Meere bedeckten Gürtel verwandt bis zu der Tiefe, wo die Wellen noch wirken und Leben im Meere herrscht, d. h. bis 200 m. Tiefe.

Küste:

Austerngürtel: Austern und andre einmushlige Muscheln, zwischen ihnen zahlreiche Strahlthiere, Seesterne, Röhrenanneliden.

Korallengürtel: Korallen mit vielen Häuslern (Mollusca) und Krabben (Crustacea).

Terebratelgürtel: Brachiopoden, besonders Terrebrateln; einzelne eigenthümliche Korallenarten.

Im Meere finden wir also am Strande und an der Küste die Thierschalen, tiefer die Niederschläge der auflöslichen Salze. Beide bilden die Kalkschichten des Meeres.

Gleichzeitig lagert sich am Meerhange aber auch der schwemmbare Lehm ab und bildet hier dünne Lagen. Die auflöslichen Salze dringen zwischen die Lehmtheilchen und Kohletheilchen ein, werden von ihnen angezogen, schlagen sich zwischen den Körnchen nieder und bilden einen Kitt[*], der diese Körnchen verbindet. Die jährliche Regenzeit ist die Zeit, in welchem die Flüsse den meisten Lehm und Kohle in's Meer führen. Die unterirdischen Quellen fliessen bedeutend langsamer und führen viel später den Kitt dem Meere zu. Jeder Jahrgang bildet daher eine Schicht, wo abwechselnd mehr Korn oder mehr Kitt erscheint. Die übereinander liegenden Schichten aber bilden den Schiefer und zwar je nach den Bestandtheilen des Lehmes Glimmerschiefer, Thonschiefer u. f. w.

Sinkt ein Festland unter das Meer, so bilden nun die Sand- und Grandebenen den Meerhang. Die Quellen führen nun die auflöslichen Stoffe zwischen die Sandkörner und verkitten dieselben zu einer Steinmasse, dem Sandsteine.

Wir können hiernach folgende Gesetze für die Bildung der Schichtgesteine feststellen.

Alle Stoffe der Schichtgesteine: Kalk, Lehm und Sand stammen aus demselben Gesteine und zwar schliesslich aus dem Urgesteine her und werden nur beim Verwittern des Gesteines gesondert, indem der eine Theil auflöslich, der andere nicht, der eine schwemmbar, der andere grobkörnig nur in schnellströmendem Wasser beweglich ist;

---

[*] Kitt stammt ab vom Urverb gadh sehr, gadh einer Nebenform des Verbs ghadh, goth. git-an, ahd. gatten, und bezeichnet das Verbindende, Gattende. Korn ist ein uraltes Wort garna s., lat. grän-om für garn-om, ksl. zrünn, goth. kaurn, an. ahd. korn, agf. engl. corn; es stammt vom Urverb gar scrreibe.

alle drei Gesteinsmassen werden gleichzeitig, nur an verschiedenen Orten und unter verschiedenen örtlichen Bedingungen abgelagert.

Alle Sandsteinschichten waren zur Zeit der Ablagerung ihrer Körner Theile des Festlandes; alle Kalkschichten und ein groser Theil der Thonschichten waren Meeresgrund.

Alle Sandsteinschichten weisen in dem chemischen Verhalten ihrer Körner die Einflüsse eines an Sauerstoff reichen Luftmeeres, alle Kalkschichten die Niederschläge eines an Auflösungen reichen Wassermeeres nach.

Alle Sandsteinschichten enthalten in ihren Versteinerungen die Abdrücke von Pflanzen, alle Kalkschichten die Ablagerungen versteinter Fische und Schalthiere.

Das Festland bildet nur lose Erde, kein Gestein. Alle Sandsteine haben ihre Körner vom Festlande erhalten, sind aber erst, nachdem sie unter die Oberfläche des Meeres gesunken sind, durch den Kitt, den sie aus den Quellen im Meere erhielten, in Sandsteine umgewandelt.

Der Schiefer hat seine Körnchen vom schwemmbaren Lehme und der Kohle, seinen Kitt von den Quellen im Meere erhalten; er bildet jährlich eine Jahresschicht.

Die Uebersicht der Schichten in N. 22 bestätigt diese Gesetze.

Alle Sandsteine der Gebirgszeit, d. h. der Zeit, als der Sauerstoff im Luftmeere vorwaltete: Der Altrothe, das Todtliegende, der Vogesensandstein und der Neurothe zeichnen sich durch die rothe Farbe ihrer Körner aus, welche ihren Schichten den Namen gegeben hat, und haben diese Farbe nur durch den Sauerstoff der Luft erhalten, der das kohlensaure Eisenoxydul in Eisenoxyd verwandelt hat. Nur der Kohlensandstein und der Keupersandstein haben durch den grosen Gehalt an Kohle ein graues Ansehen gewonnen.

Alle diese Sandmassen müssen, da sie sich in Ebenen mit geringem Gefälle ablagern, wagerecht geschichtet sein; denn wenn auch jeder Fluss zunächst nur sein Bette erhöht, so muss doch, sobald dieses sich über die Ebene erhebt, der Fluss übertreten, die benachbarten Ebenen überschwemmen und seinen Sand dort gleich-

falls ablagern, bis diese Ebenen wiederum genügend erhöht sind.
Andrerseits muss, je nach dem Gesteine, welches im Gebirge verwittert, und je nach dem Laufe der Ströme die Ablagerung des
Sandes in verschiedenen Gegenden sehr verschiedene Mächtigkeit
erlangen, wie sich dies an allen Sandsteinen bestätigt, welche an
einem Orte 700 bis 1400 Meter, an andern nur wenige Meter
Mächtigkeit gewinnen.

Am Ufer des Meeres hört aber diese Bildung wagerecht ge-
lagerter Sandmassen auf; nur einzelne Mündungskegel bauen sich
noch vor den Mündungen der Flüsse aus Sand auf; eine Ausbreitung
des Sandes, eine Ablagerung in wagerechten Schichten kann im
Meere nicht stattfinden, da der schnelle Strom des Flusses sofort,
vom Meerwasser gestauet, zum Stillstande kommt, und, wie jeder
Schwemmversuch beweist, eine nicht unbedeutende Stromschnellig-
keit dazu gehört, um den Sand schwimmend zu erhalten.

Alle Sandsteine enthalten ferner versteinte Pflanzen oder ver-
kieste Baumstämme, zum Theile noch in ihrer aufrechten Stellung,
und sind im Ganzen frei von Schaltthieren und Fischresten. Nur
in den obersten oder den kalkreichen Schichten derselben finden sich
reiche Lager versteinter Schaltthiere und Fische und beweisen, dass
diese Schichten einst den Grund des Meeres bildeten, als das Festland unter die Oberfläche des Meeres gesunken war, wie dies jetzt
mit dem Grunde der Ostsee der Fall ist.

Die Ebenen des Festlandes, auf denen sich Sand ablagerte,
sinken zum Theile bis unter die Oberfläche des Meeres. Dieser
unter die Oberfläche des Meeres gesunkene Meeresgrund nun ist
es, welcher im Meere einen Kitt von thoniger oder auch kalkiger
Beschaffenheit erhält und dadurch zu festem Sandsteine umgewandelt wird.

Die Körner des Sandsteines, ihre rothe von Eisenoxyd her-
rührende Farbe beweisen, dass der Sand unter dem Einflusse des
sauerstoffhaltenden Luftmeeres auf dem Festlande gebildet ist,
auch ihre Versteinerungen, die versteinten Pflanzen und Baumstämme,
beweisen dasselbe. Ihr Kitt und die zertrümmerten Schalthier-
und Fischreste in den obersten Schichten dieser Sandsteine beweisen,
dass der Sand später unter die Oberfläche des Meeres gesunken
und hier erst als Meeresgrund in ein festes Gestein verwandelt ist.
Aller Sand, welcher nicht unter die Oberfläche des Meeres gesunken ist, ist auch nie Sandstein geworden, sondern stets Sand
geblieben, und ist, nachdem sich die Ebene später gehoben hat,

durch die Regenwasser von den abschüssigen Stellen fortgespült
und in neue Ebenen abgelagert.

Im Meere selbst über dem Meeresgrunde bildet sich nun am
Meereshange der Schiefer, an der oberen Grenze das Kalkgestein.
Die schwarze Farbe des Schiefers beweist den reichen Kohlengehalt
des Lehmes. Die graue bis blaue Farbe des Kalkgesteines beweist, dass dies nicht an der Luft, sondern unter dem Meeresspiegel, unter dem Einflusse eines an Kohlensäure reichen Wassers
gebildet ist. Eben das beweist nicht nur die Ablagerung der kohlensauren Kalksalze selbst; nicht nur die Ablagerung des Bitterkalkes
($CaCO^3 + MgCO^2$), des Steinsalzes ($NaCl$), des Gypses ($CaSO^4 + 2H^2O$)
und der mannigfachen Schwefelerze, welche alle nur als Niederschläge aus Meerwasser gebildet werden konnten: sondern auch
das Vorkommen zahlreicher Versteinerungen von Fischen, Schalthieren und Quallen.

Die abwechselnde Lagerung von Sandstein, Schiefer und Kalkstein rührt also nur von abwechselnden Hebungen und Senkungen
her und giebt uns genaue Aufschlüsse über diese Vorgänge auf
Erden.

4. Die Ausdehnung der Schichten.

Die Urgesteine bildeten vor der Zeit der Pflanzen und Thiere
das ganze Festland, gegenwärtig bilden sie nur $1/_{10}$ des Festlandes.
Zur Grundzeit bildete das Festland das 2fache, zur Wackezeit
das 2_x-, zur Riffezeit das 3_n-, zur Kohlenzeit das 4-, zur Kupferzeit das 5-, zur Salzzeit das 6-, zur Jurazeit das 7-, zur Kreidezeit
das 8-, zur Kragzeit das 9-, endlich zur Fluthzeit das 10fache von
der Oberfläche der Urgesteine.

Der Meerhang, der dieses Festland umgiebt, hat, da das Meer
nahe die gleiche Tiefe behalten hat, auch zur Zeit der Pflanzen
und Thiere die gleiche Breite behalten und steht also zum Umfange des Festlandes in festem Verhältnisse. Auch die Verhältnisse der Gestalt des Festlandes kann man zu den verschiedenen
Zeitabschnitten der Pflanzen- und Thierzeit als gleichbleibend annehmen. Dann verhalten sich die Umfänge des Festlandes, also
auch die Flächenräume des Meerhanges in den verschiedenen Zeiten
zu einander wie die Quadratwurzel der entsprechenden Flächenräume des Festlandes. Auch der Flächenraum, den die Sandsteine
eines neugebildeten Flötzes einnehmen, hat zu dem Umfange des
Festlandes im Ganzen ein gleichbleibendes Verhältniss, da nur die
Theile der Ebenen des Festlandes sich mit Sandstein bedecken,

welche später unter das Meer getaucht find. Man kann demnach auch die auf dem Festlande neugebildete Schicht gleich dem Meerhange oder gleich der gleichzeitig im Meere gebildeten Schicht an Flächenraum setzen. Zur Grundzeit war dieser Raum der Oberfläche der Urgesteine gleich. Setzen wir demnach den Raum der Urgesteine gleich eins, so erhalten wir die Grösenverhältnisse der folgenden Tafel.

Tafel über die Schichtenbildung zur Zeit der Pflanzen und Thiere.

	Flächenraum des Festlandes.	Fläche des Urgesteins.	Fläche der frühern Schichten.	Fläche der neuen Schichten.	Jetzige Dicke der neuen Schicht. meter.	Dicke des verbrauchten Urgesteins. meter.	Von der letzten Schicht		Verbrauch in Metern vom		
							bleibt frei.	wird bedeckt	Urgestein.	freie Schicht.	bedeckte Schicht.
	1.	2.	3.	4.	5.	6.	7.	8	9.	10.	11.
Hügelzeit oder Grauzeit.											
Grundzeit	2	1	0	1	1000	1000	0	0	7438	0	0
Wackezeit	2,₉	1	0,₉₅	1,₉₅	1000	1150	0,₅₅	0,₅₅	2253	451	90,₂
Kiffezeit	3,₃	1	1	1,₃	1000	1300	0,₄₅	0,₄₀	2005	401	80,₂
Gebirgszeit oder Rothzeit.											
Kohlenzeit	4	1	1,₉₅	1,₄₅	2000	2900	0,₅₅	0,₇₈	2897	577	115,₄
Kupferzeit	5	1	2,₄	1,₄	1000	1600	0,₆₀	0,₄₀	1537	307	61,₄
Salzzeit	6	1	3,₄₅	1,₄₃	1500	2565	0,₅₇	0,₇₃	1581	316	63,₉
Alpenzeit oder Neuzeit.											
Jurazeit	7	1	4,₁₃	1,₅₃	1000	1870	0,₅₈	0,₆₁	1098	219	43,₈
Kreidezeit	8	1	5	2	500	1000	0,₄₇	1,₀₀	544	109	21,₈
Kragzeit	9	1	5,₉₅	2,₁₅	500	1075	0,₄₅	1,₁₅	481	97	19,₄
Fluthzeit	10	1	6,₇	2,₃	500	1150	0,₄₅	1,₃₀	435	87	17,₄
Summe	10	1	6,₇	16,₄₅	10000	15610	5,₂	7,₅₃	15260	2564	512,₅

    Anm. Berechnung der Tafel.

    Die Spalten 1 und 2 ergeben fich unmittelbar aus Beobachtung nach dem Texte. Die Einheit der Oberfläche ist dabei für das jetzige Festland der Erde 246818,₄ ☐Meilen, für die ganze Erde, wenn wir das gleiche Verhältnis zu Grunde legen, 928167 ☐Meilen

    Die Spalte 3 ergiebt fich, wenn man in jeder Reihe die Zahl der 2. und 4. Spalte von der ersten abzieht z. B. für die Kragzeit 9 − 1 − 2,₁₅ = 5,₉₅.

    Die Spalte 4 ist nach der Regel des Textes berechnet, dass der Umfang sich verhält wie die Quaderwurzel der Fläche, und für die Grundzeit die Oberfläche der neuen Schicht gleich der Oberfläche der Urgesteine ist.

Dann ergiebt sich z. B. für die Kragzeit $1 : x = \sqrt{2} : \sqrt{9}$ d. h. $x = 3 : \sqrt{2} = 2,₁₅$.

    Die Spalte 5 ist unmittelbar aus Beobachtung gewonnen, wie in N. 21 bereits erwähnt.

Aus diefer Tafel ergiebt fich endlich, wie dick die Schichten zu jeder Zeit gewefen find. Die folgende Tafel giebt uns diefen Nachweis.

———

Die Spalte 6 ergiebt fich, wenn man den jetzigen Bestand der neuen Schicht berechnet, fie ist das Zeug oder Produkt aus Spalte 4 und 5, z. B. für die Kragzeit $2_{,15} \times 500 = 1075$.

Die Spalte 7 ergiebt fich, wenn man in Spalte 3 die Zahl der vorhergehenden Reihe von der der gleichen Reihe abzieht z. B. für die Kragzeit $5_{,31} - 5 = 0_{,45}$.

Die Spalte 8 ist der Unterschied der Zahl in der vorgehenden Reihe der Spalte 4 und der Zahl derfelben Reihe in Spalte 7, z. B. für die Kragzeit $2 - 0_{,45} = 1_{,515}$.

Die Spalten 9 bis 11 mussten von unten auf berechnet werden. Die Dicke der neuen Schichten ist nach der in N. 31 bestimmten Größe festgestellt, daraus berechnet fich, wieviel Urgestein zur Erzeugung diefer Schichten in der ganzen Zeit verwandt werden muss.

Die neue Schicht nimmt aber ihre Stoffe nicht nur vom Urgesteine, fondern auch von den alten Schichten. Man wird der Wahrheit nahe treten, wenn man annimmt, dass die freie Schicht $\frac{1}{5}$ foviel Stoff liefert als eine gleiche Fläche Urgesteine und dass die bedeckte Schicht $\frac{1}{25}$ foviel Stoff liefert als eine freie Schicht Hiernach find die drei letzten Spalten der Tafel berechnet Die Stoff gebenden Gesteine find alfo die Urgesteine, $\frac{1}{5}$ der freien und $\frac{1}{25}$ der bedeckten Schichten. Bezeichnet a die Fläche der früheren Schichten, d. h. in Spalte 3 die Zahl der gleichen Reihe, bezeichnet b die Summe der zu jener Zeit bedeckten Schichten, d. h. in Spalte 6 die Summe der Zahlen bis einschließlich zur gleichen Reihe, fo find die Stoff gebenden Gesteine $G = (1 + \frac{1}{5} a + \frac{1}{25} b)$, z. B. für die Flutbzeit ist $U = (1 + \frac{1}{5} \times 6_{,17} + \frac{1}{25} \times 7_{,155}) x = 2_{,513} x$, für die Kragzeit ist $G = (1 + \frac{1}{5} \times 5_{,31} + \frac{1}{25} \times 6_{,31}) x = 2_{,313} x$.

Der erforderliche Stoff ist für die Flutbzeit die Zahl der Spalte 6 d. h. 1150. Daraus ergiebt fich $x = 1150 : 2_{,513} = 435$, die Zahl der Spalte 9. Von diefer ist die Zahl der 10. Spalte $\frac{1}{5} = 67$, die der 11. Spalte $\frac{1}{25} = 17_{,4}$.

Für die früheren Zeiten ist der Stoff S nicht nur der jetzt gebliebene Stoff c, d. h. die Zahl der Spalte 6, fondern auserdem auch der inzwischen verbrauchte Stoff und zwar für die Oberfläche der frei gebliebenen Schicht d (Zahl der folgenden Reihe in Spalte 7) ist verbraucht die Summe e der nach Spalte 10 in den folgenden Zeilen verbrauchten Meter, für die Oberfläche der später bedeckten Schicht f (Zahl der folgenden Reihe in Spalte 8) ist verbraucht die Summe g der nach Spalte 11 in den folgenden Zeiten verbrauchten Meter, z. B. für die Kohlenzeit ist

$$S = c + d e + f g = 2900 + 0_{,85} \times 1135 + 0_{,601} \times 227$$
$$= 2900 + 964_{,75} + 136_{,71} = 4000_{,65}.$$

Diefe durch G getheilt giebt x, d. h. die Zahl in Spalte 9. Von diefer ist jedesmal die Zahl in der 10. Spalte $\frac{1}{5}$, die Zahl in der 11. Spalte $\frac{1}{25}$. Alfo z. B. für die Kohlenzeit ist $G = 1 + \frac{1}{5} \times 1_{,165} + \frac{1}{25} \times 1_{,601} = 1_{,604}$ mithin $x = 4000_{,65} : 1_{,604} = 2887$, und daraus ergeben fich für die 10. Spalte die Zahl 577, für die 11. Spalte die Zahl $115_{,4}$.

Tafel über die Dicke der Schichten.

	Die Dicke der freien Schicht des										Dicke der gesammten
Grund-flötze	Wacke-flötze	Ride-flötze	Kohlen-flötze	Kupfer-flötze	Salz-flötze	Jura-flötze	Kreide-flötze	Krag-flötze	Fluth-flötze	bedeckten Schichten	Schichten einschl. freier.
1.	2.	3.	4.	5.	6.	7.	8.	9.	10.	11.	12.

Die Hügelzeit oder Grauzeit.

Grundzeit	3564	0	0	0	0	0	0	0	0	0	0	3564
Wackezeit	3113	3113	0	0	0	0	0	0	0	0	1427,9	4535,4
Rißezeit	2712	2712	2712	0	0	0	0	0	0	0	1694,9	6386,1

Die Gebirgzeit oder Rothzeit.

Kohlenzeit	2135	2135	2135	3135	0	0	0	0	0	0	3681	6816
Kupferzeit	1828	1828	1828	2828	1828	0	0	0	0	0	5682,	7420,
Salzzeit	1512	1512	1512	2512	1512	2012	0	0	0	0	6612	8524

Die Alpenzeit oder Nenuzeit.

Jurazeit	1293	1293	1293	2293	1293	1793	1293	0	0	0	7831,9	9144,9
Kreidezeit	1184	1184	1184	2184	1184	1684	1184	684	0	0	8757,4	9461,9
Kragzeit	1087	1087	1087	2087	1087	1587	1087	587	587	0	9139,3	9728,
Fluthzeit	1000	1600	1000	2000	1000	1500	1000	500	500	500	9500	10000

Die Sätze der Nummer sind zwar meist neu, aber auf sichere Thatsachen gegründet und als erste Annäherungswerthe sicher.

23. Die Hebungen und Senkungen zur Zeit der Pflanzen und Thiere.

Es ist eine bewunderungswürdige Erscheinung, wenn aus der bisher flachen Erde gewaltige Gebirge zu mächtigen Höhen

Anm. Berechnung der Tafel.

Die Spalten 1 bis 10 ergeben sich, wenn man für jedes Flötz die jetzige Dicke D der Schicht (Zahl in Spalte 5 der vorhergehenden Tafel) und die Summe der in den folgenden Zeiten von der freien Schicht verbrauchten Meter (Summe der folgenden Reihen in Spalte 10 der vorhergehenden Tafel) zufügt, z. B. für das Kohlenflötz ist zur Kohlenzeit D = 2000 + 1135 = 3135.

Die Spalte 11. Sei a die Reihe der betreffenden Zeit z. B. 4 bei der Kohlenzeit, so sind für diese Zeit a — 1 bedeckte Schichten da. Jede dieser Schichten hat zu jener Zeit nicht nur die jetzige Dicke, sondern auch noch soviel mehr Dicke als seit jener Zeit abgespült ist. Sei also E die Zahl der Spalte, h die Summe der Zahlen der a — 1 vorhergehenden Zeiten in Spalte 5 der vorhergehenden Tafel, i die Summe der Zahlen der folgenden Zeiten in Spalte 11 der vorhergehenden Tafel, so ist E = h + (a — 1) i. Also z. B. für die Grundzeit E = 0 + 0·512, = 0, für die Kohlenzeit E = 3000 + 3 X 227 = 3681

Die Spalte 12 ist die Zahl der Spalte 11 plus der unbedeckten Schicht desselben Flötzes.

emporsteigen. Wo haben wir die Kräfte zu suchen, welche diese
gewaltigen Massen emporgehoben und aufgethürmt haben? Die
Erdgeschichte hat uns bereits die Antwort auf diese Frage ertheilt.
Es ist das Feuermeer der Erde, welches, wie es die feste Schale
der Erde trägt, so auch die raumleichten Massen hoch emporhebt,
während die raumschweren tief unterfinken. Die im Meere abgelagerten schweren Schichten finken aus diesem Grunde um so
tiefer, je mehr ihr Gewicht zunimmt, während die Gebirge um so
höher emporsteigen, je mehr Masse ihnen durch den Regen entführt, je mehr fie verwittert und ausgespült werden.

Soll das Land trotz der gewaltigen Abspülungen, welche es,
wie wir eben gesehen, erfährt Land bleiben, soll das Meer trotz
der gewaltigen Schichtenbildung am Grunde des Meeres Meer
bleiben, so müssen auf der Erde gewaltige Hebungen und Senkungen stattfinden. Die Schichten, welche sich zur Zeit der Pflanzen und Thiere gebildet haben, besitzen zusammen 10000 m. Mächtigkeit, das Urgestein, welches dazu verbraucht ist, beträgt allein
15260 m. Höhe. Sieht man demnach auch zunächst von allen
Gebirgen ab, so muss das Meer, um Meer zu bleiben, sich zur
Zeit der Pflanzen und Thiere 10000 m. gesenkt, so muss das Land,
um Land zu bleiben, sich zur Zeit der Pflanzen und Thiere 15260 m.
gehoben haben. Dies scheint auf den ersten Blick unglaublich.
Beachtet man jedoch, dass die Bildung der Schichten zur Zeit der
Pflanzen und Thiere in dem langen Zeitraume von 20206520 Jahren
erfolgt ist, so ergiebt diese grose Veränderung im Mittel für 100
Jahre nur eine Hebung des Landes von 75 mm. und nur eine
Senkung des Meeres von 49 mm. Da nun jetzt die Kusten Schwedens sich in 100 Jahren von Stockholm bis Gelle um 866 bis
1000 mm., am Bothnischen Meerbusen selbst um 1000 bis 1666 mm.
heben, so verlieren die Hebungen und Senkungen jener Zeit jedes
Staunenswerthe.

In der That, wenn die Regen die Felsen aussaugen und die
Trümmer derselben in Bächen und Flüssen fortführen, so muss ja
das Land um soviel leichter werden, als Felsen fortgeführt werden
und muss die Meereskuste um soviel schwerer werden, als Schichten
neugebildet und abgelagert werden. Soll mithin Gleichgewicht
herrschen, so muss das Land um so viel steigen, als es leichter
geworden ist, und muss der Meeresgrund um so viel finken, als
er schwerer geworden ist, damit der Druck des Landes und des
Meeresgrundes in gleicher Tiefe auf der Oberfläche des feurig-
flüssigen Meeres gleich sei.

Das feurig-flüssige Meer des Erdinnern alfo ist es, welches
diese Hebungen und Senkungen hervorruft, um das Gleichgewicht
wieder herzustellen, die Erdschale, welche nach der Tafel in N. 19
zur Zeit der Pflanzen und Thiere eine mittlere Dicke von 37800 m.
hatte, wird unter dem Infellande gehoben; die feurig-flüssige Masse
steigt während der Zeit unter dem Lande 15260 m., während die
Gesteine der Erdschale unter dem Meereshange 10000 m. tief in
die feurig-flüssige Masse eintauchen. Es entsteht auf diese Weise
unter dem Infellande ein feurig-flüssiger Feuerrücken von nahe
15260 m. Höhe, auf dem die feste Schale einen Sattel bildet, der
um 15260 m. Lavamasse leichter ist, als an den andern Stellen
der Erdoberfläche. Es entsteht unter dem Meere auch ein Thal
im Feuermeere, indem die Schichten unter dem Meere nahe 10000 m.
tiefer eintauchen als an andern Stellen, fo dass der Unterschied
zwischen Höhe und Thal im Ganzen 25260 m. beträgt.

Jede Bewegung, jede Erschütterung des Feuermeeres wird
fich am leichtesten in diefem Feuerrücken unter dem Sattel des
Infellandes geltend machen.

Wie nun auch die Gestalt des Infellandes fein möge, fo wird
fich an demfelben eine grösere Längsachse und eine kleinere Quer-
achse unterscheiden lassen, und wird jede Erschütterung fich vornehmlich in der Richtung der Längsachse äusern, mithin auch
jede Hebung, welche die Folge diefer Erschütterung fein kann,
diefe Richtung verfolgen müssen.

Bei diefer Hebung des Infellandes findet überdies ein ungleich-
mäsiges Aufsteigen der verschiedenen Theile der Infel statt. Die
den Meeresufern zunächst gelegenen Landstriche werden durch den
herabfinkenden Meereshang in der Bewegung gehemmt und steigen
weniger kräftig empor als die Mitte der Infel. Die kräftigste Steigung aber muss die Längsachse des Infellandes erfahren, in welcher
alle hebenden Kräfte zufammenwirken. Auch bei der Abspülung
durch den Regen wird diefe Linie, du fie am meisten gehoben ist,
wiederum am meisten leiden und daher am meisten vom Raumgewichte verlieren. Die Längsachse des Infellandes muss mithin
auch die Linie des geringsten Widerstandes und der stärksten
Hebung fein.

Noch mehr tritt diefer Unterschied der Landstriche bei einer
gewaltfamen Erschütterung hervor. Auch hier muss der Stos der
Hebung hauptfächlich in der Linie des geringsten Widerstandes,
d. h. in der Längsachse des Infellandes erfolgen. Die Längsachse
muss fich am stärksten heben und stellt die Hebungslinie dar; die

verschiedenen Landstriche aber werden um so weniger gehoben,
je näher sie der Meeresküste rücken, da sie die schweren Schichten
des Meeresgrundes mit in die Höhe ziehen müssen. Die Mittel-
linie der Hebung muss daher eine dachartige Erhöhung, den Ge-
birgskamm, darstellen, in welchem das Gestein aufsteigt und sich
zu einem kammartigen Gebirge erhebt. Auch alle geringern, später
mit Erzen gefüllten Spalten und Gänge müssen eine der Hebungslinie gleichlaufende Streichungslinie zeigen, wie dies schon Werner
an den Erzgängen erkannt hat.[*]

---

[*] Es ist eine gewöhnliche Ansicht der jetzigen Geologen, dass die
hobende Masse des feurig-flüssigen Gesteines aus der Tiefe hervorgequollen
sei, die deckende Erdschale zerbrochen habe und in einer mächtigen Spalte
an das Licht getreten sei.

Indessen bedecken die Granitmassen, welche hienach feurig-flüssig emporgestiegen sein sollen, allein in Hochfrankreich Räume von 40 Meilen
Breite, und nehmen auch in den andern Ländern, wo sie auftreten, sehr
beträchtliche Räume ein. Sollte nun eine so breite Spalte in der Erdschale
entstehen, so mussten die Ränder der Spalte mindestens 20 Meilen hoch
gehoben werden. Denn sei a die halbe Spaltenbreite, r die Breite des gehobenen Randes, h die Höhe, bis zu welcher die Randspalte gehoben werden musste, so ist, wenn wir die Oberfläche des gehobenen Thalles vor der

Hebung als Ebene annehmen, $h = \sqrt{2\,ra - a^2}$ wo r $>$ a mithin h $>$ a.
Eine solche Hebung wird aber niemand annehmen wollen.

Nehmen wir aber auch einmal an, es sei die feurig-flüssige Masse durch
irgend eine Spalte emporgequollen, so würde dieselbe bei der grossen Ausdehnung der Spalte in ihrer vollen Gluth und ohne jede erhebliche Abkühlung an der Oberfläche der Spalte erscheinen, müsste seitwärts alle
Spalten und Ritzen ausfüllen, müsste oben überfliessen und sich in Strömen
in die Tiefe ergiessen, könnte jedenfalls nicht Spitzen und Höhen von Bergen
bilden, und dürfte endlich an der Oberfläche kein granitisches, sondern nur
ein lavaartiges Gefüge zeigen, ganz abgesehen davon, dass denn überhaupt
Lava, nicht aber Granit hervorquellen müsste. Kurz das hervorgequollene
Gestein müsste sich genau so verhalten, wie jedes Gestein, welches erfahrungsmässig feurig-flüssig aus der Erde hervorgequollen ist.

Nun sind aber selbst die kleinen Massen, welche in den Kratern unsrer
Tage aufsteigen, noch an der Oberfläche feurig-flüssig, fliessen über, ergiessen sich in Strömen in die Tiefe und bilden oft Kuppeln über dem Krater
und doch verhält sich die Abkühlung in gleicher Zeit und unter gleichen
Verhältnissen umgekehrt wie die 3. Wurzel aus der Masse, muss also bei
Ausbrüchen aus weiten Spalten sehr viel langsamer vor sich gehen als bei
engen Spalten. Nun sieht man ferner die im flüssigen Zustande hervorgequollene Lava in die Spalten benachbarter Gesteine eindringen, oder
zwischen Schichten sich einschieben, indem sie die eine Schicht hebt, oder
aber auch an der Oberfläche sich ausbreiten und überfliessen. Ein Hervorquellen feurig-flüssigen Granites war also ganz unmöglich, auch wenn man
einmal annehmen wollte, derselbe sei einst feurig-flüssig gewesen.

Die folgende Tafel ergiebt die Veränderungen, welche die Oberfläche der Erde durch Hebung und Senkung in den einzelnen Zeitabschnitten erfahren hat. Bei Betrachtung derselben muss man aber genau zwei Arten der Hebung, bezüglich der Senkung unterscheiden:

Die Wellenhebung, d. h. Hebung eines Wellenrückens und Senkung eines Wellenthales und

Die Planhebung, d. h. gleich starke Hebung der ganzen Oberfläche.

Die Wellenhebung findet gewöhnlich in der Weise statt, dass die Mitte des Landes sich hebt, der Meeresrand sich senkt, die Planhebung umfasst Land und Meer gemeinsam.

Die Hebungen und Senkungen zur Zeit der Pflanzen und Thiere.

Dicke der Erdschale. m. 1.	Rückenhebung der Urgesteine des man entstehenden Geblrges. m. 2.	der alten Gebirge. m. 3.	Thalsenkung der neu entstehenden Schicht. m. 4.	Hebung der alten Schicht. m. 5.	Höhe des Feuerrückens unter dem Gebirge. m. 6.	Tiefe des Thales im Feuermeere unter dem Meer. m. 7.	Planhebung bei Senkung des Landes u. Meeres. m. 8.	Jahre, welche auf die Hebung oder auf die Zeit des Festlde. kommen. m. 9.	Jahre, welche auf die Senkung oder auf die Zeit des Meeres kommen. m. 10.
Die Hügelzeit oder die Grauzeit.									
Grunds. 23500	3136	0	1512,₅	0	2439	1513	9'525	1266300	1103750
Wacke 30570	2253	2153	1472,₅	90,₂	4691	2845	9'446	1169700	1036670
Rissen 32970	2005	2005	1342,₁	80,₁	6628	4027	10'394	1235680	1173600
Die Gebirgszeit oder die Rothzeit.									
Kohlen. 35400	4067	2887	2227	115,₁	9563	5908	8'145	1223220	1037200
Kupfer 37730	2937	1537	1165,₅	61,₅	11120	6828	8'265	1120220	943100
Salzzeit 40370	8381	1581	1602,₄	63,₃	12701	8114	8084	1146500	968600
Die Alpenzeit oder die Neuzeit.									
Juraz. 12830	3096	1096	1058,₅	43,₅	13787	8910	7637	1073280	869500
Kreidez. 45100	3544	544	536,₅	21,₅	14341	9204	6147	969080	668300
Kragz. 47530	8484	484	517,₅	19,₅	14825	9657	6593	1107790	611100
Fluths. 49500	4435	435	500	17,₅	15260	10000	4276	871180	477600

Anm. Die Berechnung der Tafel.

Die Spalte 1 ist einfach aus der Tafel in N. 19 übernommen.

Die Spalte 2 ist die Summe der Zahl in Spalte 9 aus der Tafel über die Schichtenbildung in N. 22 und der Höhe der Hebung aus der Uebersicht der Schichten in N. 21.

Die Spalte 3 ist die Zahl in Spalte 9 der Tafel über die Schichtenbildung in N. 22. Für die Grundzeit giebt es kein altes Gebirge und ist also die Zahl Null.

Die Planhebungen, welche Land und Meer gemeinsam betroffen haben, haben keine Aenderung der gegenseitigen Lagerung
hervorgerufen und sind ohne jede Wirkung auf die Lagenverhält-
nisse vor sich gegangen. Dagegen sind sie von grösster Bedeutung
für das Erdleben insofern gewesen, als dadurch Theile des Meeres-
hanges Festland geworden, oder bei Senkungen Theile der Ebenen
des Festlandes unter das Meer getaucht sind.

Wenn auf den Schichtgesteinen sich Sand abgelagert hat, so hat in der Zwischenzeit eine
Planhebung, wenn der Sand demnächst einen
Kitt erhalten hat und Sandstein geworden ist, so
hat dazwischen eine Plansenkung stattgefunden.

Die Spalte 4 ist die Summe der Dicke der jetzigen Schicht aus der
Tafel der Flötze in N. 21 und der Summe, welche man erhält, wenn man
in Spalte 11 der Tafel über die Schichtenbildung in N. 22 die Zahlen von
unten auf bis zur betreffenden Schicht (letztere ausgeschlossen) zufügt
oder addirt.

Die Spalte 5 ist unmittelbar aus Spalte 11 der Tafel über die Schichtenbildung entnommen.

Die Spalte 6 ist die Summe der Zahlen in Spalte 9 der Tafel über
die Schichtenbildung von oben abwärts bis zur betreffenden Schicht ein-
schliesslich.

Die Spalte 7 erhält man, wenn man die Summe der Flötze (Spalte 3
der Tafel in N. 21) von oben herab bis zur betreffenden Schicht einschliess-
lich nimmt und dazu das Zeug oder Produkt fügt, welches man erhält,
wenn man die Summe der Zahlen in Spalte 11 der Tafel über die Schichtenbildung von unten auf bis zur betreffenden Schicht ausschliesslich nimmt
und diese bei der Grundzeit mit 1, bei der Wackezeit mit 2 und so bei
jeder folgenden Schicht mit eins mehr vervielfacht.

Für Spalte 8 ist angenommen, dass die Oberfläche der Erde sich in je
100 Jahren um 1 m. (d. h. so hoch, wie sich jetzt Schweden im Mittel in
gleicher Zeit hebt), gehoben, bezüglich gesenkt habe. Die Zahl der Jahre
ist für jede Schicht in der Tafel N. 21 angegeben, und findet man hienach
die Hebung a bezüglich Senkung für den Zeitabschnitt in Metern. Von
dieser Zahl muss die Hebung des neu gebildeten Gebirges b (Spalte 2) und
die Senkung der neu gebildeten Schicht c (Spalte 4) abgezogen werden.
Der Rest giebt uns die Summe der Hebungen und Senkungen, welche sich
gegenseitig ausgeglichen haben und von denen daher keine Spur zurückgeblieben ist. Die Hebung, bezüglich die Senkung der Oberfläche M. ist
demnach genau die Hälfte jenes Restes, oder es ist M = $\frac{1}{2}$ (a — b — c),
z. B. für die Kohlenzeit ist M = $\frac{1}{2}$ (22604$_{,3}$ — 4087$_{,9}$ — 2227) = 8145.

Die Spalte 9 ist das Hundertfache der Summe der Zahlen der Spalten 2 und 8.

Die Spalte 10 ist das Hundertfache der Summe der Zahlen der Spalten 4 und 8.

Die Wellenhebungen dagegen, bei denen sich ein Rücken des Festlandes gehoben, der Meerbung gesenkt hat, haben wesentliche Lagenveränderungen hervorgerufen. Die zur Zeit der Hebung gebildeten Schichten sind gehoben, haben ihre wagerechte Lage verloren und eine steigende Lage angenommen. Jede Schicht, welche ihre wagerechte Lage bewahrte, muss dagegen erst gebildet sein, nachdem die Gebirge sich gehoben hatten. Mit andern Worten.

Jedes Gebirge ist später entstanden als die oberste gehobene Schicht und früher als die unterste wagerechte. Sind also die gehobene und die wagerechte Schicht zwei unmittelbar nach einander gebildete Schichten, so fällt die Erhebung des Gebirges genau in den Zeitpunkt, wo die erste ihre Bildung beendet hatte und die zweite Schicht ihre Bildung begann.

Gewöhnlich fällt die Erhebung der Gebirge in die Zeit zwischen zwei Flötzen oder Formationen und bezeichnet mithin einen wichtigen Abschnitt im Leben der Erde. Alle vorhergehenden Flötze sind gehoben, alle nachfolgenden liegen wagerecht. Alle Küstenbewohner der früheren Zeiten sind untergegangen, neue vollkommnere Gattungen und Arten bilden die Versteinerungen der nächstfolgenden Zeit. Die Längsachse des gehobenen Erdtheiles bleibt während der Zeit dieser Erhebung nahe dieselbe, alle Gebirge, welche zwischen denselben 2 Flötzen, d. h. gleichzeitig entstanden sind, zeigen mithin nach Elie de Beaumonts geistreichen Beobachtungen in benachbarten Gegenden der Erde gleichlaufende Richtung und gehören mithin einem grösten Kreise der Erde, dem Gebirgskreise an. Nur wenige Gebirge machen von dieser Regel eine Ausnahme und zeigen abweichende Richtungen.

Die folgende Tafel giebt uns eine Ueberlicht der Flötze oder Formationen, der Gebirgskreise, welche sich in Europa erhoben haben, der Richtung, welche dieselben befolgen und der Erhebungen, welche in den verschiedenen Ländern der Erde jedem Gebirgskreise angehören.

Die Gebirge der Pflanzen- und Thierzeit in Europa.

Hebung des Flötzes.	Name der Hebung.	Höhe der Hebung. m.	Nördlichste Erhebung des grössten Kreises nördlicher Breit. Länge.	Nördliche Glieder. Skandin. Britann.	Deutschland mit Oestreich und Schweiz.	Frankreich.	Südliche Glieder.
			Die Hügelzeit oder die Grauzeit.				
Grundd.	1. Hundsrück	700	58° 50′	68° 35′	Finn- und Lappland, Westmoreland, †Schottl., † Cumbrianlake.	Ardennen, Eifel, Hundsrück, Kern der Vogesen und Schwarzw., Alt. Erzgebirge, + Riesengebirge, + Eulengebirge, + Theil des Böhmerw., Sudeten	Beaujolais, Canljou.	—
			Die Gebirgszeit oder die Rothzeit.				
Altrother	4a. Hars u Belchen	1000	54° 34′	3° 2′	Somerset, Davon, Südirland	Belchen in den Vogesen, Harz, Grauw. b. Magdeb	Normandie: Bocage bei Calvados Centralplateau.	—
Kohlenf.	4b. Nordengland	1200	61° 55′	293° 35′	Fjeld-Kämme, Nordengl Südirland	—	Nördl. Bretagne: Tarare, Ilecken v. Forz, Kette des Maures (Depart. Var).	—
Kupferfl.	5b. Hennegau	1400	50° 33′	28° 37′	Südwales.	Saarbrücken, Hennegau, Hannsfeld.	Mittel Bretagne.	—
Vogesenfandst.	6a. Vsrgan	1600	52° 55′	107° 11′	—	Vogesen-Schwarzw, Fortsetzung b. Mains.	—	—
Salzflötz	6b. Thüringerw.	1800	61° 17′	33° 55′	—	Südwestl. Vogesen, Thüringerw. Böhmerwald.	Dep. Aveyron, Hügel zw. Avallon und Autun.	Olymp. System.
			Die Alpenzeit oder die Neuzeit.				
Juraßl	7. Erzgeb.	2000	57° 55′	71° 34′	—	Jura, Erzgebirge.	Cevennen Côte-d'or, Mont Pilat, Jura.	—
Grünkreide	8a. Monte Vifo	2500	76° 33′	320° 44′	—	—	Alp. des Dauphiné, Südl. Alpenjura bis Lons le Saunier, Vendée bis Valencia.	Pindus-Kette.
Weißkreide	8b. Pyrenäen	3000	41° 55′	4° 43′	Wealds.	Juller Alpen, Karpathen, Bosnien, Kroatien, Rügen bis Kaukasus.	Pays de Bray.	Pyrenäen, Kantabrisches Randgeb., Apennin, Balkan, Achäisches Geb.

Hebung des Flötzes.	Name der Hebung.	Höhe der Hebung. m.	Nördlichste Erhebung des grösten Kreises nördlicher Breit./Länge.	Nördliche Glieder. Skandin. Britann.	Deutschland mit Oestreich und Schweiz.	Frankreich.	Südliche Glieder.
Becken-krag	9a. Corsica	3500	90°	40°	†Südengl †Wight, Kent, †Sussex.	Schweiz.	Touraine, Pariser Becken, Kette zw. Saone und Loire, Rhône von Lyon abwärts.	Corsica, Sardinien Toscana, Kirchenst Albanien.
Klippen-krag	9b. West-alpen	4000	66°₁₃'	88°₂₃'	Kjölen.	Westalpen: Montblanc, Monterosa.	—	Ostk. Spaniens.
Beru-krag	9c. Haupt-alpen	5000	49°₁₇'	54°₁₄'	—	Ostalpen: Wallißer bis Ungarn.	—	—
schwamm-grub.	10. Tenare	—	74°₁'	302°₁₇'	—	—	Provence, Au-vergne.	Ophite, Fus der Pyrenäen, Ischia Somma, Phlegräische Felder, Sicilien, Cap Tenare.

Anm. 1. Die Berechnung der Breite und Länge der Gebirgskreise.

Elie de Beaumont hat in Ann. sc. nat. 17₁₈₃₃ die grösten Kreise, welchen die gleichzeitigen Gebirgserhebungen angehören sollen, dadurch zu bestimmen gesucht, dass er den Winkel angiebt, unter welchem die Mittagslinien von diesem Kreise geschnitten werden, z. B. West 35° Süd. Da aber jeder gröste Kreis (ausser dem Gleicher) alle Mittagslinien unter den verschiedensten Winkeln schneidet, so ist diese Bestimmung ungenügend, sofern nicht zugleich die Länge und Breite angegeben wird, in welcher der gröste Kreis die Mittagslinie schneidet. Bezeichne a die Länge, α den Winkel, unter welchem der gröste Kreis einer Hebung den Gleicher schneidet und bezeichne ferner c die Länge der Mittagslinie, welche derselbe gröste Kreis in der Breite b unter dem Winkel β schneidet, so ist $\cos \beta = \cos b \times \sin \beta$ und $\operatorname{tg} (c - a) = \sin b \operatorname{tg} \beta$. Um die Richtung der Gebirgskreise zu bestimmen, ist daher in Europa c, b und β für jeden Kreis gemessen und dann nach den obigen Formeln a und α berechnet. Für die östliche Länge d und die nördliche Breite δ des nördlichsten Punktes dieses grösten Kreises, ist dann, wenn α kleiner als 90° ist

$$\delta = \alpha \text{ und } d = 90° + a$$

wenn α gröser als 90° ist

$$\delta = \alpha - 90° \text{ und } d = a - 90°.$$

Die Breite e und der Winkel ϵ, unter dem dieser gröste Kreis einen beliebigen Grad von der Länge O schneidet; berechnet sich leicht aus den Formeln tang c = Ûo (l — a) tg a   cos t = Ûn a cos (l — a).

2. Die Gebirge abweichender Richtung.

Die mit einem † bezeichneten Gebirge haben abweichende Richtung. Die mit einem * bezeichneten sind nicht erfahrungsmäßig festgestellt, sondern nach Elie de Beaumonts Annahme hierhergestellt, ohne dass sich über das Alter dieser Gebirge irgend etwas Sicheres sagen lässt.

3. Die Gebirge ausserhalb Europas.

Ueber die Gebirge ausserhalb Europas nach Elie de Beaumont folgende Angaben, welche aber bis jetzt jeder Begründung entbehren.

4a. Hebung vom Altrothen: Amerika: *Alleghani.

7. Juraflötz: Asien: † Kaukasus von Persien zum schwarzen Meere, † Kamtschatka.

8a. Grünkreide: Asien: Kaukasus: Kette von Akhaïzikeh.

8b. Weiskreide: Afrika: Atlas, Bona bis Konstantine.
                                Asien: *Anatolien, *Mesopotamien bis perf. Golf, *Gates.
                                Amerika: *Alleghani.

9a. Beckenkrag: Asien: † Kolchis, Georgien Kaukasus.

9b. Klippenkrag: Afrika: *Nordcap bis Cap Blanco.
                                Asien: Nowaja Semlja.
                                Amerika: *Küstenkette Brasiliens: St. Roque bis Montevideo.

9c. Bernkrag: Afrika: *Atlas.
                                Asien: *Central Kaukasus, *Elbrus, *Hindukusch, *Himalaya.

24. Die Pflanzen- und Thiergeschichte der Erde.

Die Erde zeigt uns in den Versteinerungen der Erdschichten die Reste eines reichen Pflanzen- und Thierlebens. So unvollkommen dieselben bis jetzt auch sind, so zeigt sich in ihnen doch ein steiger Fortschritt vom Unvollkommenen zum Vollkommneren. Einerseits folgen den Arten einer Gattung vollkommnere Arten derselben oder nahe verwandter Gattungen, andrerseits treten stets neue und vollkommnere und zwar in jedem nächstfolgenden Flötze die nächst höhere Stufe des Pflanzen- und Thierreiches auf.

Charles Darwin „über die Entstehung der Arten durch natürliche Zuchtwahl 4. Aufl. 1870" hat nun den Beweis geliefert, dass neue Abarten der Thiere durch veränderte Lebensverhältnisse entstehen können und wirklich entstehen. Es ist dadurch der Beweis geliefert, dass auch in der Geschichte der Pflanzen und Thiere neue und vollkommnere Abarten aus den unvollkommneren Abarten derselben Gattung früherer Zeitabschnitte hervorgegangen sind, und lassen sich darüber folgende Gesetze aufstellen.

Jede Pflanzen- oder Thierart, welche im spätern Zeitabschnitte eine andere unvollkommnere Abart derselben Gattung aus dem früheren Zeitabschnitte ersetzt, ist aus letzterer durch den Einfluss der veränderten Wetter und Bodenverhältnisse hervorgegangen.

Die Gröse der Abweichungen zwischen den beiden Abarten entspricht im Ganzen der Länge des Zeitraumes, welcher zwischen den Zeiten verflossen ist, da die beiden Arten auf Erden lebten.

Wegen der Einzelheiten verweise ich die geehrten Leser auf das genannte Werk von Darwin.

Dagegen ist bisher in keiner Weise auch nur der Versuch gemacht nachzuweisen, wie eine Stufe des Thierreiches aus der andern hervorgegangen ist, oder auch nur hervorgehen kann. Alles, was darüber bisher gesagt ist, gehört dem Gebiete der Dichtung an und hat keinen wissenschaftlichen Werth. Die Gesetze dieser Uebergänge sind noch nicht entdeckt und wissenschaftlich festgestellt. Wenn Darwin in seinem neuesten Werke „die Abstammung des Menschen und die geschlechtliche Zuchtwahl 1871" aber überdies auch noch die Abstammung des Menschen vom Affen durch Zuchtwahl behauptet und nachweisen will, so verlässt er damit jeden Boden wissenschaftlicher Forschung und begiebt sich auf das Gebiet schlechthin unwissenschaftlichen Geschwätzes. Hätte er von den Gesetzen des menschlichen Geistes eine Ahnung, so würde er nicht zu Behauptungen sich haben verleiten lassen, welche so geradezu den sichersten wissenschaftlichen Thatsachen wiederstreiten. Es wäre im Interesse der Sache zu wünschen gewesen, dass er diese Missgriffe unterlassen hätte.

Zweiter Zeitraum der Erdgeschichte: Die Hügelgeschichte oder die Uebergangsgeschichte.

25. Die Hügelgeschichte oder die Uebergangsgeschichte der Erde.

Die Uebergangsgeschichte der Erde umfasst die Zeit, wo sich die Hügel*) auf den Inseln erhoben, die Uebergangsgesteine sich

---

*) Hügel, agf. hill, schw. hygel, hol, hals ist mit dem Worte hoch, goth. hauhs, an. há, agf. heah, ahd. hoh gleichen Ursprungs und stammt vom Urverb kak, skr. çak, zend. çac stark sein, hoch sein, gr. kíach-ánó

bildeten und die marklofen Pflanzen und die wirbellofen Thiere die Erde belebten.

Es beginnt diefer Zeitraum mit dem Zeitpunkte, wo die ersten Pflanzen und Thiere auf Erden erschienen. Nach N. 9 ist dies der Zeitpunkt gewesen, als die Oberfläche der Erde sich bis auf 75° C. abgekühlt hatte. Der Zeitraum endet mit dem Zeitpunkte, als die ersten Markpflanzen und die ersten Wirbelthiere auf Erden auftraten. In den Schichten der Steinkohle finden wir einerseits bereits in den untersten Lagen Abdrücke und Schuppen grofer Fische, d. h. der niedrigsten Wirbelthiere, andrerfeits Versteinerungen der ersten Nadelhölzer, d. h. der niedrigsten Markpflanzen. Die Uebergangszeit endet alfo mit dem Anfange der Kohlenzeit. Die Nadelhölzer gedeihen gegenwärtig höchstens bei einer Wärme von 40° C; da nun die Breiten, in denen man die Versteinerungen der Nadelhölzer der Steinkohlenzeit findet, etwa 10° C unter der mittleren Wärme der Erdoberfläche befitzen, fo ergiebt fich, dass die Uebergangszeit mit dem Zeitpunkte endet, wo die Oberfläche der Erde 50° C befass.

Die Uebergangszeit herrscht also während des Zeitraums, dass fich die Oberfläche der Erde von 75° C bis auf 50° C abkühlt.

Die Uebergangszeit zerfällt, wie die Urzeit in drei Zeitabschnitte.

Im ersten Zeitabschnitte, der Grundzeit, bildet fich das erste Flötz, das Grundflötz mit den untersten Schichtgesteinen, gedeihen in den Meeren die Algen, bedecken fich die Infeln mit Flechten und Pilzen und beginnen fich Meere und Infeln mit den niedrigsten Thierformen mit Quesen und Quallen, mit Würmern und Häuslern oder Mollusken zu beleben.

Im zweiten Zeitabschnitte, der Wackezeit, bilden fich die unteren Schichten der Grauwacke und bedecken Moofe und Farn die Infeln, welche von Krabben und Spinnen bevölkert werden.

Im dritten Zeitabschnitte, der Riffezeit, bilden fich die obern Schichten der Grauwacke und bedecken Gräfer die Infeln, um welche zahlreiche Schwinger ihre Flügel schwingen.

Da der ganze Zeitraum 25° C umfasst und die Abkühlung allmählig langfamer wird, fo kann man auf den ersten Zeitabschnitt 9,

---

é-kich-on lit. kank-ù, kak-ad, agf. hig-ian streben, wovon kaha der Haupt-har, kahad der Gipfel abgeleitet ist.

auf den zweiten 8 und auf den dritten 8° C. Abkühlung rechnen. Die Eintheilung ist dann die folgende:

Die Uebergangszeit zerfällt in drei Zeitabschnitte: Die Schieferzeit von 75 bis 66° C., die Grauzeit von 66 bis 58° C. und die Wackezeit von 58 bis 50° C.

Erster Abschnitt der Hügelgeschichte.
Die Grundzeit der Erde 75—66 C.

26. Das Luftmeer der Grundzeit.

Die Grundzeit ist die Zeit, wo die ersten Pflanzen und Thiere die Erdoberfläche schmücken und beleben sollen. Das Luftmeer ist zu diesem Zwecke bereits gereinigt und verdünnt, die Kohlenſäure grösentheils entfernt, die Hitze gemildert, das Licht bereits heller geworden, der Fels zertrümmert und in Erdreich verwandelt, das Leben einer Pflanzen- und Thierwelt dadurch vorbereitet und ermöglicht.

Von den $4069_{,2}$ m. Wasserdruck Kohlenſäure, welche im Anfange der Schalenzeit das Luftmeer erfüllten, ſind im Anfange dieſes Abschnittes nach N. 16 nur noch 20 m. im Luftmeere vorhanden, der Rest ist in den kohlenſauren Gesteinen niedergelegt und für das weitere Leben der Erde aufbewahrt. Von den anfänglichen 2400 m. Wasser des Luftmeeres sind bereits $2396_{,2}$ m. im Wassermeere niedergeschlagen und nur noch $3_{,81}$ m. Wasser als Wasserdunst im Luftmeere vorhanden.

Das ganze Luftmeer enthält im Anfange dieſes Abschnittes nur $24_{,41}$ m. Wasserdruck Luft, oder ist nur noch $2_{,51}$ mal ſo gros wie das jetzige Luftmeer; wodurch es ſich aber weſentlich von dem jetzigen Luftmeere unterscheidet, das ist ſein groser Gehalt an Wasserdunst, ſein Uebergewicht an Kohlenſäure und ſein vollständiger Mangel an Sauerstoff.

Der Wassergehalt des Luftmeeres ist im Anfange dieſes Zeitraumes noch ſo gros, dass die Regen 16 mal ſo stark ſind als die jetzigen. Bei 1° C. Abkühlung fallen im Anfange dieſes Zeitraumes noch 163 mm. Regen aus der Luft, während jetzt nur 10 mm. Regen fallen. Die Wolken ſind daher im Anfange dieſes Zeitraumes noch ſo gros, dass das Licht der Sonne namentlich auf den Inseln, welche, wie wir oben ſahen, zuerst im Regengürtel hervortreten, gar nicht durchdringen kann. Die Sonne felbst, der Mond und die Sterne werden noch nicht fichtbar, und herrscht nur ein trübes, durch dicke Wolken gedämpftes Licht.

Die Kohlensäure, welche jetzt $O_{1,01111}$ m. Wasserdruck im Luftmeere beträgt, war im Anfange diefes Zeitraumes noch 308 mal fo stark im Luftmeere vertreten, in dem dafür der Sauerstoff noch ganz fehlte. Ein Thierleben war daher im Anfange diefes Zeitabschnittes noch ganz unmöglich. Erst mussten die Pflanzen die Kohlensäure zersetzen, die Kohle ablagern und den Sauerstoff frei machen, ehe ein Thierleben gedeihen konnte.

Es ist eine bekannte Thatsache, dass Pflanzenzellen, welche Blattgrün-Körner enthalten, im Sonnenlichte Kohlensäure einathmen, die Kohle in den Pflanzenstoffen niederlegen und dafür Sauerstoff ausathmen, und zwar geben 11 Gewichtstheile Kohlensäure hiebei 3 Gewichtstheile Kohle oder $10\frac{1}{2}$ Gewichtstheile Stärke und 8 Gewichtstheile freien Sauerstoff. Sobald daher bei der Hitze die ersten Pflanzen leben können, fo beginnt die Kohlensäure des Luftmeeres sich zu zersetzen und freier Sauerstoff zu entstehen. In dem Grundflötze des Festlandes find, wie wir in N. 20 fahen 2 Meter Kohle mit dem Raumgewichte $1_{,0}$, niedergelegt und haben $1_{,xxx,}$ m. Wasserdruck Sauerstoff erzeugt, von dem $O_{x,111}$ m. zur Bildung von Eifenoxyd verwandt $1_{,1111}$ m. aber in dem Luftmeere zurückgeblieben find.

Da jetzt nur $2\frac{1}{2}$ m. Wasserdruck an Sauerstoff in der Luft find, fo enthält das Luftmeer gegen Ende der Grundzeit 47,1,, des jetzigen Sauerstoffes. Aber das Luftmeer der Grundzeit ist noch fehr viel reicher an Kohlensäure als das jetzige. Die Gesteine, welche fich auf dem Lande unter dem Einflusse des Luftmeeres gebildet haben, find schwarzgrau; alle Sandsteine und Breche der fpäteren Zeitabschnitte, bei welchen der Sauerstoffgehalt der Luft bedeutend ist, find dagegen roth, wie der Altrothe, das Todtliegende und der Neurothe. Die rothen Sandsteine erhalten diefe rothe Farbe von dem rothen Eifenoxyde, welches durch den Sauerstoff aus dem schwarzgrauen kohlenfauren Eifenoxydule gebildet ist. Solange die unter dem Luftmeere gebildeten Schichten noch grau find, d. h. in der ganzen Grauzeit oder Uebergangszeit waltet im Luftmeere der Erde noch die Kohlensäure vor und bildet der Sauerstoff nur einen verhältnissmäsig kleinen Antheil des Luftmeeres.

Alle Sätze diefer Nummer folgen strenge aus den in den frühern Nummern entwickelten Sätzen und haben die Sicherheit einer ersten Annäherung.

Anm. Gustav Bischof leitet den Sauerstoff der Luft aus schwefelsauren Salzen ab, welche er auf der Erde als Urverbindungen annimmt. Aber weder finden sich im Sternbasalte (Meteorsteine) wie im Erdbasalte schwefelsaure Salze, und darf man dieselben daher nicht als ursprüngliche Verbindungen annehmen, noch auch können sich die schwefelsauren Langensalze, welche Bischof annimmt, im feurig flüssigen Zustande erhalten, da sie schon in gewöhnlicher Flamme zerknistern. Die Annahme Bischof's muss daher aufgegeben werden, die ausführliche Widerlegung derselben ist in No. 20 gegeben worden.

27. Die Pflanzen und Thiere der Grundzeit oder Lager und Schwimmer.

In einer Luft, welche überwiegend Kohlensäure, ja im ersten Anfange fast nur Kohlensäure enthält, in einem Luftmeere, welches unter riesenhaften Wolken nur dämmerndes Licht zur Erde gelangen lässt, bei einer mittleren Wärme der Erdoberfläche von 75° C. können nur die niedrigsten Pflanzen, nur die niedrigsten Thierarten gedeihen. In den kohlensauren Quellen des Carlsbader Sprudels von 44 bis 54° C. gedeihen nur die niedrigsten Formen der Pflanzen und Thiere, z. B Leptothrix lamellosa, sowie Arten der Oscillatorien und Mastichocladen.

Höhere Pflanzen und Thiere können ohne einen reichen Gehalt der Luft an Sauerstoff gar nicht bestehen und finden sofort ihren Erstickungstod. Jede Zelle, welche nicht die zu ihrem Leben erforderliche Wärme oder Arbeitskraft durch Einathmen von Sauerstoff gewinnt, geht nothwendig in kurzer Frist zu Grunde. Die ersten Pflanzen können mithin nur kleine Gewächse niederen Baues mit wenigen Zellen gewesen sein, bei denen jede Zelle die zur Ausscheidung des Sauerstoffes erforderlichen Blattgrün-Körner enthielt, und daher jede Zelle die zu ihrem Leben erforderliche Sauerstoffmenge selbst erzeugte. Bringt man lebende Zellen in eine Luft, welche nur Stickstoff oder Kohlensäure enthält im Dunkeln, so gehen sie in schnelle Verwesung über; bringt man dieselben Zellen aber in Licht, so gedeihen sie frisch fort, indem sie Kohlensäure zersetzen, Sauerstoff ausscheiden und in diesem kräftig weiterwachsen.

Auch die ersten Thiere können nur niedere Wesen gewesen sein, welche, aus wenigen Zellen bestehend, den zu ihrem Leben erforderlichen Sauerstoff aus den unmittelbar angrenzenden Pflanzen, von denen sie leben, erhalten. Höhere Thiere gehen schon zu Grunde, wenn die Luft nur arm an Sauerstoff ist.

Die niedrigsten, aus wenigen Zellen bestehenden Pflanzen
find nun allein die Lager oder die Blattlosen, welche in vier
Klassen: Die Zelllager öder Zeller, d. h. die einzelligen Pflanzen,
die Algen, die Flechten und die Pilze getheilt werden. Noch jetzt
dringen diefe Algen, Flechten und Pilze in die dunkeln Räume der
Keller und Flaschen, gedeihen in Hitze, wie in Kälte, wenn nur
der erforderliche Grad von Feuchtigkeit vorhanden ist, scheuen
nicht Säuren, nicht verderbte Lüfte, fondern breiten fich trotz aller
diefer Hindernisse in erstaunenswerthem Grade aus. Noch heute
erfüllen die Zeller und Algen grose Tiefen des Meeres, bedecken
die Flechten weite Räume unverwitterten Felfens der kalten wie
der heisen Zone. Jeder Feldstein, jeder Fels ist mit Flechten bedeckt, welche der brennenden Hitze der Sonnenstrahlen in der
tropischen Gluth der heisen Zone mit mehr denn 70° C. Hitze
ebenfowohl widerstehen, als der fibirischen Kälte der Polländer
mit mehr denn 40° C. Kälte.

Die Lager, d. h. Zeller und Algen, Flechten und Pilze, müssen
alfo auch die ersten Pflanzen gewefen fein, welche auf der Erde
erschienen und das Pflanzenleben entfalteten. Zwar finden fich
in den Gesteinen der Grundzeit keine Abdrücke versteinter Pflanzen, und könnte man daher das Vorhandenfein der Pflanzen für
diefe Zeit bestreiten; aber einmal beweift der Kohlengehalt der
Grundschichten, der für diefelben 2 m. beträgt, dass um diefe Zeit
schon Pflanzen da waren, welche die Kohle aus der Kohlenfäure
ausschieden und in ihren Pflanzenstoffen niederlegten, und dann
finden fich in den Schichten des Grundflötzes zahlreiche Versteinerungen und Gehäufe von Thieren. Nun können wohl Pflanzen
ohne Thiere, nicht aber Thiere ohne Pflanzen leben, da die Thiere
der Pflanzenstoffe zur Nahrung und des von den Pflanzen aus-
geschiedenen Sauerstoffes zum Athmen bedürfen. Das Vorkommen
von Ueberresten der Thiere beweift alfo auch das gleichzeitige
Dafein von Pflanzen.

Es find alfo zur Grundzeit reichlich Pflanzen vorhanden gewefen; aber diefe Pflanzen haben noch fämmtlich der niedrigsten
Stufe der Pflanzenwelt angehört. Alle höheren Stufen der Pflanzenwelt hinterlassen nämlich mehr oder minder deutliche Versteinerungen, fo bereits die Farne der zweiten Stufe. Nur die Zeller
und Algen, die Flechten und Pilze mit ihrem lockern Zellgewebe
und ihrer mangelnden Oberhaut haben mit wenigen Ausnahmen
keine Versteinerungen erzeugt, fondern find allein in Gestalt
von Kohle erhalten. Ueberdies entsprechen auch die Formen

der Lager allein den bisher in dem Grundflötze aufgefundenen
Formen der Thierwelt, welche sämmtlich der untersten Stufe des
Thierreichs, d. h. den Schwimmern, angehören. Die Pflanzen der
Grundzeit haben daher, wie man annehmen darf, sämmtlich der
Stufe der Lager, d. h. der Zeller und Algen, der Flechten und
Pilze, angehört.

Auch die Thiere der Grundzeit gehören ausschliesslich der
untersten Stufe der Schwimmer an. Auch bei ihnen ist der Leib
verwest und nur an dem Ammoniakgehalte der Gesteine erkennbar.
Aber auser dem Ammoniakgehalte finden wir bereits mannigfache
Gebäude und Gehäuse dieser Thiere, welche uns von dem Leben
derselben Kunde geben. Zellthiere (Infusionsthiere), Quallen oder
Polypen, sowohl Korallen bauende als frei umherschwärmende,
Strahlquallen (Echinodermata) mit und ohne Kalkgehäuse, Muscheln,
Schnecken und Sepien, welche meist Kalkgehäuse bauen und dadurch
für die Erforschung der Erdschichten so überaus wichtig geworden
sind, alle diese Ordnungen der untersten Thierstufe oder der
Schwimmer finden sich bereits in den Versteinerungen des Grundflötzes vertreten, wenn auch bisher nur wenige Formen derselben
aufgefunden sind, und bei der unvollkommnen Kenntniss dieses
Flötzes ein anschauliches Bild derselben noch nicht gegeben werden
kann. Alle Thiere dieser untersten Stufe sind aber auch vorzugs-
weise geeignet, in diesen ersten Zeiten des Thierlebens unter dem
reichen Kohlensäuregehalte der Luft zu leben, wie auch jetzt noch
Muscheln und Schnecken in sumpfigen, stark Kohlensäure haltigen
Wassern vortrefflich fortkommen. Die Schalen und Gehäuse dieser
Zeit bilden etwa ein Hundertel des Grundflötzes oder 10 m.

Zwischen Pflanzen und Thieren findet nun ein lebhafter Kreislauf statt. Alle Pflanzen athmen, wie wir sahen, im Lichte
Kohlensäure ein, scheiden Kohle und Sauerstoff, legen die Kohle
im Pflanzengewebe nieder und athmen den Sauerstoff aus. Sobald
das Pflanzenleben beginnt, wird daher eine grose Menge Kohlensäure dem Luftmeere entzogen und dafür eine grose Menge Sauerstoff frei gemacht und in das Luftmeer ausgehaucht. In der Nacht
freilich kehrt sich dies Verhältniss um, die Pflanzen athmen Sauerstoff ein, verbrennen ihre Pflanzengewebe mit demselben und hauchen
nun Kohlensäure aus; aber dieser Vorgang ist, mit dem erstern
verglichen, immer nur unbedeutend, wie dies in der Pflanzenlehre
nachgewiesen ist. Die Thiere athmen den Sauerstoff ein, verbinden ihn im Leibe mit der Spelse, erzeugen dadurch die zum
Leben erforderliche Wärme und athmen die Kohlensäure wieder

aus. Ohne Sauerstoff in der Luft kann daher kein Thier bestehen,
wenn auch die unterste Stufe in einem an Kohlenfäure reichen
Luftmeere oder Wasser gedeihen kann. Alle Thiere bedürfen zu
ihrem Leben ebenso des Sauerstoffes, den die Pflanzen ausathmen,
als der Speise, welche die Pflanzen in ihren Geweben zubereiten.
Pflanzen- und Thierleben stellt daher einen Kreislauf dar, der
Sauerstoff, den die Pflanzen aus der Kohlenfäure bereiten, wird
von den Thieren wieder in Kohlenfäure umgewandelt. In ganz
gleicher Weise wirkt auch die Verwesung der Pflanzen in Sauerstoff haltender Luft, auch bei ihr wird der Sauerstoff der Luft
mit den Pflanzengeweben zu Kohlenfäure verbunden. An dem
Sauerstoffgehalte der Luft ändert dieser ganze Kreislauf nichts.

Nur diejenigen Kohlentheile werden bleibend dem Luftmeere
entzogen, welche in die Erdschichten vergraben werden und noch
jetzt den Kohlenantheil des Grundflötzes bilden; nur diese haben
wir mithin im Obigen in Rechnung gestellt.

Die Thatsachen dieser Nummer sind allgemein anerkannt und
sicher.

28. Die Schichtenbildung des Grundflötzes.

Die Schichten, welche in der Grundzeit gebildet sind, bestehen
meist aus feinkörnigen Thonschiefern, Glimmerschiefern und aus
schiefriger, sehr feinkörniger Grauwacke, welche oft in körnige
Quarzgesteine übergeht und vielfach von Quarzadern durchzogen
ist. Sie beweisen durch ihre blaugraue Farbe und durch den Bau
ihrer Schichten, dass die Kohlenfäure zu dieser Zeit noch einen
grossen Theil des Luftmeeres gebildet, und dass' der Sauerstoff nur
geringen Einfluss auf die zertrümmerten Felsen, auf die gebildete
Erde ausgeübt hat.

Noch mehr geht dies aus dem Umstande hervor, dass die
Gesteine dieser Zeit noch häufig in Gneis übergehen. Starke, mit
Kohlenfäure stark geschwängerte Quellen müssen um diese Zeit
noch häufig aus den Adern und Spalten der Erdschale hervor-
gebrochen sein und das Erdreich auf Tausende von Metern durchzogen haben. Die doppelt kohlensauren, die kieselfauren Salze,
welche dieselben mit sich führten, haben dann spathbildend und
umwandelnd auf die Schichten eingewirkt und so statt Thonschiefern und Grauwacke jene spathigen Schichtgesteine des Gneises
erzeugt. Die folgenden Tafeln geben uns eine Anschauung von
der Zusammensetzung dieser Schichten.

Die Zusammensetzung des Thonschiefers im Grundflötze.

	SiO^2	Al^2O^3	Fe^2O^3	FeO.	MnO.	MgO.	CaO.	Na^2O.	K^2O.	H^2O.	C.	Sonst.	Summa.
1.	59.36	22.97	—	6.87	0.121	3.41	0.28	2.111	3.43	3.47	—	—	101.03
2.	60.03	19.11	—	7.87	0.114	2.18	1.17	3.19	3.78	3.94	—	—	100.04
3.	60.41	24.06	—	5.46	0.37	1.78	0.11	0.19	3.63	3.31	—	—	100.53
4.	63.13	19.73	—	4.14	0.31	1.80	0.39	1.83	4.16	3.94	—	—	99.91
5.	62.41	21.40	—	6.41	0.14	1.97	0.17	2.07	2.60	2.71	—	—	100.36
6.	61.36	20.44	—	6.61	0.24	2.11	0.30	3.27	2.97	1.14	—	—	99.35
7.	62.43	13.41	5.36	4.16	—	0.96	1.30	2.50	2.30	3.10	—	—	97.18
8.	45.1	15.3	—	10.91	—	13.4	11.1	4.91	—	—	—	—	99.4
9.	51.33	13.78	15.44	—	—	6.41	8.33	3.33	1.93	—	—	—	100.70
10.	47.13	14.170	18.41	—	—	9.38	2.43	0.16	6.18	—	—	—	99.91
11.	66.93	17.73	8.13	—	—	2.46	1.16	4.34	—	—	—	—	100.33
12.	79.97	8.47	6.43	—	—	1.47	0.73	0.44	2.40	—	—	—	100.44
13.	53.46	19.05	13.10	—	—	3.71	—	2.33	2.61	4.00	—	—	99.30
14.	65.46	18.40	1.37	—	—	1.41	—	1.34	3.53	3.71	3.31	—	99.53
15.	74.41	11.70	5.14	—	—	0.41	—	2.33	2.41	1.97	4.33	—	100.43
16.	72.41	14.46	3.74	—	—	0.12	—	2.17	1.43	0.73	2.19	—	98.43
17.	53.34	24.40	—	7.90	—	2.09	0.16	0.87	1.40	3.40	—	4.33	100.97
18.	58.73	24.43	—	6.43	—	1.44	0.40	0.34	3.43	2.33	—	1.31	100.33
Mittel	60.99	18.11	4.71	3.44	0.00	3.27	1.70	2.70	2.41	2.13	0.13	0.31	100.07
O	32.03	8.33	1.26	0.42	0.03	1.31	0.48	0.07	0.41	1.93	0.16	0.09	48.00
Körbe	16.90	2.93	0.43	0.93	0.02	1.34	0.19	0.37	0.44	1.93	—	—	25.00

Anm. Fundorte: No. 1—6 Sachsen Voigtland: 1 Elebgrün, Bruch beim obern Langenfelder Vorwerke, 2 westlich von Elebgrün, 3 noch 1000 m. näher zur Schreiersgrüner Mühle, 4 Lange Leithe, nördlich von Schreiersgrün, 5 Schreiersgrüner Mühle, 6 Rebersgrün. No. 7 Schlesien, Altvater, Oppafall. No. 8 Tyrol: Finstermünz. No. 9—12 Schweiz, Graubündten: 9 Molins, 10 zwischen Molins und Marmels, 11 zwischen Molins und Tinzen, 12 zwischen Tinsen und Roffna. No. 13—16 Norwegen, Hardangerfjeld: 13 Haartelgen, 14 Bloomsten, 15 unter Haartelgen, 16 Haarajö bei Röraas. No. 17—18 Schottland: 17 Easdale, 18 Ballahulish.

Quellen: Anderson Pharm. Centralblatt 1853, 582 No. 17—18. Carius Ann. Ch. Pharm. 94, 53 No. 1—6. Kjerulf Bischof Geologie 1. Aufl. 2, 1660 No. 13 u. 14 und J. pr. Chem. 65, 193 No. 15 u. 16. Lechleitner in Kenngott Uebersicht d. min. Forsch. 1859, 229 No. 8. G. vom Rath Zeitschr. d. geol. Gesellsch. 9, 241 No. 9—12. G. Werther Mittheilung 1861 No. 7.

In No. 17 sind CO^3 4.30, in No. 18 0.91. In No. 17 sind FeS^2 0.39, in No. 18 0.79.

Die Zusammensetzung des Glimmerschiefers im Grundflötze.

	SiO^2	Al^2O^3	Fe^2O^3	FeO	MgO	CaO	Na^2O	K^2O	H^2O	$CaCO^3$	Sonst	Summe
1.	82_{36}	11_{45}	—	2_{78}	1_{80}	—	0_{24}	0_{83}	0_{71}	—	0_{19}	99_{82}
2.	79_{54}	13_{54}	2_{47}	—	0_{83}	0_{71}	0_{38}	4_{64}	0_{76}	—	—	103_{31}
3.	50_{38}	35_{80}	2_{58}	—	—	—	8_{43}	—	2_{45}	—	—	99_{38}
4.	69_{44}	14_{24}	—	6_{54}	1_{35}	2_{88}	4_{02}	2_{53}	0_{53}	—	—	101_{80}
5.	40_{70}	18_{15}	6_{15}	—	—	—	1_{28}	11_{16}	0_{80}	22_{74}	—	99_{65}
6.	40_{40}	13_{55}	4_{47}	—	—	—	1_{87}	2_{00}	1_{70}	22_{07}	5_{01}	99_{71}
7.	78_{16}	9_{71}	4_{79}	—	1_{42}	—	1_{28}	3_{12}	1_{41}	—	—	99_{22}
Mittel	63_{77}	16_{40}	2_{91}	1_{28}	0_{66}	0_{48}	2_{42}	3_{57}	1_{16}	6_{45}	0_{87}	100_{20}
O	34_{01}	7_{78}	0_{84}	0_{38}	0_{38}	0_{15}	0_{82}	0_{45}	1_{08}	3_{11}	0_{37}	49_{00}
Körbe	17_{80}	2_{89}	0_{28}	0_{38}	0_{28}	0_{11}	0_{63}	0_{41}	1_{06}	1_{06}	0_{11}	24_{00}

Anm. Fundorte: 1—3 Schweiz: 1 Monte rosa, 2 Zermatt, Vispofer, 3 St. Gotthard „Paragonit". 4—6 Tyrol: 4 Brixen, 5 Zillerthal „Amphilogit", 6 Pusterthal, Prettau. 7 Norwegen: Näfodden bei Christiania.
Quellen: Bunsen Mittheilung 1861 No. 2. A. v. Hubert Jahrb. der Reichsanst. 1, 733. 1850 No. 6. Kjerulf Nyt. mag. f. Naturv. 8, 173. 1855 No. 7. Schafhäutl Ann. Ch. Pharm. 46, 332 No. 3 und 5. Schönfeld und Roscoe Ann. Ch. Pharm. 91, 303 No. 4. Zulkowsky Wien. Akad. Ber. 34, 61 No. 1.
Das Sonst enthält in No. 1 SbS^2 0_{19}, in No. 6 Mn^2O^3 2_{47}, $MgCO^3$ 8_{30}.

Die Zusammensetzung des Talkschiefers im Grundflötze.

	SiO^2	Al^2O^3	Fe^2O^3	FeO	MgO	CaO	H^2O mit Glühv.	Summe
1.	57_{45}	7_{06}	9_{45}	—	25_{59}	—	—	99_{42}
2.	50_{41}	4_{15}	3_{51}	4_{28}	31_{15}	—	4_{12}	98_{99}
3.	53_{25}	4_{45}	6_{41}	—	29_{59}	1_{91}	2_{40}	98_{91}
4.	58_{99}	9_{25}	4_{41}	—	22_{78}	—	4_{69}	100_{15}
5.	57_{30}	4_{49}	0_{71}	1_{77}	30_{41}	—	6_{07}	99_{65}
6.	51_{92}	12_{39}	—	4_{46}	33_{06}	—	—	101_{42}
Mittel	54_{98}	7_{05}	4_{19}	1_{70}	28_{82}	0_{25}	2_{48}	99_{78}
O	29_{20}	3_{29}	1_{20}	0_{07}	11_{52}	0_{07}	2_{41}	48_{25}
Körbe	14_{42}	1_{10}	0_{42}	0_{38}	11_{52}	0_{07}	2_{01}	30_{58}

Anm. Fundorte: 1 Hofgastein, 2 Gastein, 3 Zöptau, 4—6 Fahlun.
Quellen: R. Richter Pogg. Ann. 81, 368 No. 2. Scheerer Pogg. Ann. 84, 345 No. 5. Uhde Mitth. von Prof. Rose 1857 No. 4. G. Werther Mitth. 1861 No. 3 und 6. Wornum Rammelsberg Handw. Suppl. 2, 143 No. 1.

Die Zusammensetzung dieser Schiefer des Grundflötzes ist dem des Granites und Porphyrs noch sehr ähnlich und lässt deutlich die Entstehung dieser Schichtgesteine aus jenen Urgesteinen erkennen. Was aber sogleich als unterscheidend auffällt, das ist einerseits der Gehalt dieser Schiefer an Kohle, das ist bei einzelnen der Uebergang des Eisenoxyduls in Oxyd, das ist das erste Auftreten von Schwefelerzen und der reiche Gehalt einzelner Gesteine an kohlensauren Salzen. Im Thonschiefer beträgt der mittlere Gehalt an Kohle $0_{,11}$ %, diese Kohle hat freigemacht $1_{,12}$ % Sauerstoff. Das Eisenoxyd, welches im Thonschiefer enthalten ist, beträgt $1_{,23}$ % mehr als im Granite, um dieses Mehr aus dem Eisenoxydule zu erzeugen, sind $0_{,11}$ % Sauerstoff erforderlich gewesen, und sind demnach noch $1_{,33}$ % Sauerstoff zur Verfügung frei. Diese haben schwefelsaure Salze erzeugt, die in Wasser löslich und daher in den Flötzen nicht mehr vorhanden sind, aber die Kohle hat einen Theil derselben in unlösliche Schwefelerze zurückgeführt. Beim Thonschiefer No. 17 und No. 18 treten $0_{,14}$ bezüglich $0_{,13}$ % doppelt Schwefeleisen (FeS^2) auf. Von kohlensauren Salzen zeigen die Glimmerschiefer No. 5 und 6 allein $22_{,74}$ bezüglich $25_{,57}$ %. Ebenso deutet der Talkschiefer Vorgänge an, durch welche der Talk in grossen Mengen andern Gesteinen entzogen und im Talkschiefer niedergelegt ist.

Die Thatsachen dieser Nummer sind auf die besten wissenschaftlichen Versuche gegründet, wissenschaftlich sicher und allgemein anerkannt.

29. Die Hebung des Grundflötzes oder der Hanstruck.

Während der ganzen Grundzeit finden wechselnde Hebungen und Senkungen Statt. Die Inseln, welche von den kohlensauren Regen ausgewaschen und zertrümmert werden und das Geschiebe liefern für die am Meerhange gebildeten Schichten des Grundflötzes, verlieren fortwährend an Höhe und Masse und müssen mindestens um so viel in die Höhe steigen, als Masse vom Gipfel abgespült wird. Es ist das unterirdische Feuermeer, welches dies Heben bewirkt und die Inseln, sobald sie durch das Abspülen an Gewicht verlieren, so weit in die Höhe hebt, bis Gleichgewicht hergestellt ist. Andrerseits müssen die neugebildeten Schichten dieser Zeit, durch das Geschiebe der Inseln belastet, bedeutend an Gewicht zunehmen und ihrerseits so weit herabsinken, bis wiederum Gleichgewicht hergestellt ist. Inseln und benachbarter Meeresgrund müssen alfo ihre gegenfeitige Lage während der vorliegenden Zeit um 4650 m. ändern. Unter den Infeln müssen fich grose Feuerrücken bilden, in denen das feurig flüssige Meer des Erdinnern 2438 m. hoch ansteigt.

Die Rückenhebung der Infeln ist übrigens während der Grundzeit verhältnismäsig nur gering. Sie beträgt während 100 Jahren durchschnittlich nur 196 mm., während Schweden jetzt in gleicher Zeit 1000 bis 1066 mm. hoch steigt; aber mit den Steigungen der Meereszeit und Infelzeit verglichen, ist fie doch schon bedeutend, da die Hebungen in 100 Jahren zur Meereszeit nur 7 mm., zur Infelzeit nur 9½ mm. betrugen. Die Hebungen der vorliegenden Grundzeit heben bereits das Land der Infeln bis zu der Höhe von 3138 m. über dem Meeresspiegel; aber diefe Höhen bilden keine kammartigen Gebirge, fie find nur infelartige Hügel, welche zerstreut auf der Erdoberfläche, namentlich in den Ländern nördlich von 45° Breite hervortreten und die Hügel der Erhebung des Hundsrücks bilden.

Die Höhe des Feuerrückens unter den Infeln ist verhältnismäsig noch gering, die Ausdehnung der Infeln noch fo klein, dass eine Längsachfe noch nicht hervortreten und auf längere Strecken fich geltend machen kann. Die Hügelrücken diefer Zeit haben daher felbst in Europa noch die verschiedensten Richtungen.

Die Sätze diefer Nummer folgen strenge aus in den frühern Nummern entwickelten Sätzen und haben die Sicherheit einer ersten Annäherung.

Zweiter Abschnitt der Hügelgeschichte:
Die Wackezeit der Erde 66—58° C.

30. Das Luftmeer der Wackezeit.

Auch zur Wackezeit ist das Luftmeer der Erde noch überwiegend ein Kohlenfäuremeer, das beweist die blaugraue Farbe der Gesteine, der nach diefer Farbe benannten Grauwacke. Das Luftmeer gewinnt aber im Laufe diefes Zeitabschnittes bereits bedeutend an Sauerstoff. Während es im Anfange desfelben nach No. 20 nur 1_{11111} m. Wasserdruck Sauerstoff enthält, hat es gegen Ende desfelben bereits 2_{11111} m., d. h. etwa fo viel wie jetzt; aber diefer Sauerstoff bildete einen geringeren Antheil am Luftmeere, weil dies felbst noch ein viel gröseres Gewicht befas und namentlich noch reich an Kohlenfäure war.

Der Wassergehalt der Luft ist in diesem Zeitabschnitte nach
No. 19 noch 12₄₁ mal so gros wie jetzt, die Wolken lassen daher
das Licht der Sonne noch nicht durchdringen; es bleibt nur ein
dämmerndes, mattes Licht. Aber die Wärme ist dafür auch um
so bedeutender, für höhere Wesen unerträglich. Die Regen sind
noch 10 mal so stark und gewaltig als jetzt und müssen daher
auch bedeutende Einwirkungen ausgeübt haben; aber verglichen
mit den Regen der Grundzeit sind sie doch schon bedeutend ge-
mässigt und sind am Ende dieses Zeitabschnittes nur noch halb so
gros, wie im Anfange der Grundzeit. Die Zertrümmerung des Gesteines ist daher auch nicht mehr so gewaltig wie in der Grundzeit, die Schieferbildung tritt schon mehr zurück, die Bildung der
Breche oder Wacke wird vorwiegend. Der Beweis der Sätze ist
in den frühern Nummern gegeben.

31. Die Pflanzen und Thiere der Wackezeit oder Farn und Krabben.

In den Gesteinen des Wackeflötzes sind die Ueberreste der
Pflanzen und Thiere bereits viel reicher als in dem Grundflötze.

Die Kohle bildet in dem Wackeflötze bereits 4 m., die
Pflanzenreste lassen zum Theile bereits die Sippen und Gattungen
erkennen, welchen die Pflanzen einst angehörten.

Aus der untersten Stufe des Pflanzenreiches find es die Tang-
algen (Fucaceae), welche bereits in den ältesten Schichten des
Wackeflötzes auftreten und sich von hier ab in allen folgenden
Flötzen wiederfinden, doch hat die gallertartige Beschaffenheit
derselben eine gute Erhaltung der Formen verhindert und nur un-
vollkommne Abdrücke übrig gelassen.

Aus der zweiten Stufe des Pflanzenreiches sind uns Abdrücke
aus den verschiedensten Sippen der Farne erhalten, so von den
Schaftfarnen (Equisetaceae) die Gattungen Calamites Suck. und
Asterophyllites Brongn., so von den Lappfarnen (Lycopodiaceae)
die Gattung Knorria Strnb., so von den Laubfarnen (Polypodiaceae)
die Gattung Sphenopteris Brongn., so endlich von den Cycadeen-
farnen (Cycadeae) die Gattung Noeggerathia Strnb.

Auser den genannten Pflanzen haben auch die andern Klassen
des untern Pflanzenreiches, die Zeller und Flechten, die Pilze und
Moose bedeutende Ausbreitung gefunden und auf dem Festlande
grose Strecken bedeckt. Aber alle diese Pflanzen sind Luftpflanzen,
welche an der Luft wachsend, auch von der Luft wieder zerstört
werden und verwesen. Nur die Kohle der Schichten giebt uns

noch Kunde von dem einstigen Leben diefer Gewächfe. Das ganze Reich der Sporenpflanzen (Cryptogamae) ist alfo zur Wackezeit bereits entwickelt gewefen, namentlich ist die höchste Klasse der Sporenpflanze, die der Farne, bestimmt nachweisbar. Dagegen hat es die Blüthenpflanzen (Phanerogamae) zur Wackezeit noch nicht gegeben. Einmal hat man diefelben in den Verfteinerungen diefes Flötzes nicht gefunden, und dann erfordern die Blüthepflanzen auch zum Blühen bereits ein Licht, zum Ausbreiten des Pollens und zur Befruchtung eine Trockenheit der Luft, welche in diefer Zeit unter den dicken Wolken noch nicht vorhanden war. Die Blüthenpflanzen konnten alfo zur Wackezeit noch nicht gedeihen.

Von den Thieren find in den Schichten des Wackeflötzes schon reiche Verfteinerungen geblieben. Namentlich ist die un-terfte Stufe des Thierreiches fehr stark vertreten. Quellen der verfchiedensten Sippen bilden grofe Stöcke. Von den Strahlquallen (Echinodermata) find namentlich die Stielquallen oder Enkriniten, welche einer Blume auf langem Stiele gleichen, fehr stark vertreten, und einzelne Gesteine fast ganz aus den Stielplättchen derfelben zusammengefetzt. Von den Häuslern (Mollusca) finden wir Arten aus fast allen Ordnungen derfelben. Kiemenmuscheln (Conchifera), namentlich zweimusklige, wie Avicula lineata, find nicht felten und für die Erdgeschichte überaus wichtig, da diejenigen, welche Athemröhren haben, stets fenkrecht im Schlamme stehen, das Maul unten, die Athemröhre nach oben; man kann alfo, wenn die Athemröhre in den Verfteinerungen nicht mehr fenkrecht steht, genau wissen, dass und um wie viel Grade die Schicht gehoben ist. Die Armmuscheln (Brachiopoda) mit ihren Mundarmen bilden die wichtigste und bedeutendste Gruppe diefer Zeit, aber auch Bauchschnecken (Gasteropoda), Flossenschnecken (Pteropoda) und Kopffchnecken (Cephalopoda) finden fich in den Verfteinerungen des Wackeflötzes, von letzteren find namentlich die Orthoceras — die Lituites — Nautilus — und Ammoniden zu erwähnen.

Aus der zweiten Stufe des Thierreiches find die Krabben (Crustaceae) namentlich durch die Sippe der Trilobiten vertreten. Diefe stehen dem bekannten Taschenper (Apus cancriformis) ziemlich nahe. Der Leib ist von einer dünnen, meist körnigen Schale bedeckt, welche mit Höckern oder auch mit Stacheln befetzt ist und besteht aus einem mittlern Wulste und zwei flachen feitlichen Ausbreitungen. Er zerfällt in drei Theile: Kopf, Rumpf und Hinterleib. Der Kopf trägt meist zwei grose, zusammengefetzte, gegitterte Augen, welche mit glatter Hornhaut bekleidet find. Der Rumpf besteht aus 5 bis 20 Ringen, im Hinterleibe oder Schwanzschilde find die Ringe weniger deutlich ausgebildet. Von den höheren Thieren, den Halsthieren mit freiem, beweglichem Kopfe, d. h. von den Infecten und Wirbelthieren findet fich im Wackeflötze noch keine Spur. Diefelben können in dem kohlen-fäurereichen Luftmeere der Wackezeit auch noch nicht leben.

Gemeinfam ist der Wackezeit mit der Grundzeit alfo das Leben der Gliederlofen, d. h. der Lager und der Schwimmer, gemeinfam das Fehlen der Blüthenpflanzen und Halsthiere, neu ist der Wackezeit das Auftreten der Gliederer, d. h. der Farne und Moofe, der Krabben und Spinnen.

Die Thatfachen diefer Nummer find auf fichere Beobachtungen gegründet und allgemein anerkannt.

32. Die Schichtenbildung des Wackeflötzes.

Die Schichten des Wackeflötzes oder die untern filurischen Schichten bestehen aus Grauwacke, welche durch ihre Farbe noch den bedeutenden Kohlenfäuregehalt des Luftmeeres in diefer Zeit beweist. Ebenfo ist der Reichthum des Bindemittels an Quarz-gehalt ein Beweis, dass die Kohlenfäure noch vorwaltend gewirkt und die Kiefelfäure aus ihren Verbindungen ausgetrieben hat. Die Zerstörungen des Gesteines durch die Einwirkungen des herab-fallenden Regens haben am Rande des Gebirges die Grauwacke mit zum Theile noch grosen Bruchstücken, auf den Ebenen des Landes demnächst Sand, am Meerhange endlich Kalkstein abgefetzt. Zu Zeiten ist aber auch die Grauwacke und der Sand bis unter den Meeresspiegel gefunken und hat im Meere den bindenden Kitt erhalten.

Die grosen Bruchstücke der Grauwacke liefern uns wichtige Belege für das Gestein, welches die Stoffe für die Grauwacke diefer Zeit hergegeben hat. Nur felten enthalten diefelben Trüm-mer von Thonschiefer oder andern Gesteinen des Grundflötzes, fast immer erweifen fie fich als Trümmer aus spathigem Gesteine, aus Granit oder Gneis. Die Urgesteine oder Spathgesteine alfo find es, welche den Stoff für die neuen Schichten hergeben, die ältern Schichtgesteine haben für die jüngern Schichten nur wenige Stoffe gegeben. Und fo muss es ja auch fein.

Denken wir uns einmal, es feien alle Theile der Infeln gleich stark zerstört, und feien jedesmal die im Meere neugebildeten

Schichten an Flächenraum den Infeln gleich, fo müssten, da das Wackeflötz eine Mächtigkeit von 1000 m. befitzt, die fämmtlichen Gesteine des Grundflötzes zur Bildung des Wackeflötzes verbraucht fein. Sollten dennoch die Schichten des Grundflötzes auserdem noch geblieben fein, fo müsste man eine fo gewaltige anfängliche Mächtigkeit diefer Gesteine annehmen, dass diefelben urfprünglich eine Dicke von 10000 m. gehabt hätten, eine folche Annahme aber ist fchlechthin unmöglich.

Die Wackegesteine, wie alle fpäter gebildeten Schichten, find alfo fast auschliesslich aus den Urgesteinen der Erde gebildet, und find die Schichtgesteine dazu wenig oder gar nicht verwandt.

Auch heute noch werden die Gerölle, welche die Flüsse mit fich führen, zum grösten Theile von den Urgesteinen der Gebirge geliefert. Nicht nur geben die Winde, indem fie an den Gebirgen auffteigen, die reichlichsten Niederschläge; nicht nur empfangen fast alle Flüsse ihre Bäche und grösten Zuflüsse aus den Gebirgen; nicht nur find die Wasser der Erdspalten, welche im Innern der Erde zum Meere strömen, in den Gebirgen am reichlichsten vorhanden und finden in den vielen Spalten des Urgesteines treffliche Wege, wie durch den grösern Druck in den hohen Gebirgen ein stärkeres Gefälle: fondern die Gewässer der Gebirge, und namentlich der Urgesteine, find auch viel reicher an aufgelöster Steinmasse, welche fie mit fich führen. So gehören alle Säuerlinge oder Mineralquellen den Urgesteinen an, fo find alle Gebirgsquellen reich an Kalk und Talk, fo führen die Gebirgsströme grose Sand- und Thonmengen mit fich, und rührt auch heute noch die Hauptmasse, welche fich in Binnen-mulden und in Meeresbecken ablagert, aus den Gesteinen der Gebirge her. Starke Regen, steile Abhänge, mächtige Zerklüftung und grösere Erhebung über dem Meeresspiegel, alles wirkt zu-fammen, um die Gebirge zu einer Quelle reicher Zertrümmerungen, mannigfachen Stoffes für neue gefchichtete Gesteine zu machen.

Diefelben Urgesteine, welchen das Grundflötz feine Entstehung verdankt, haben alfo auch für die Gesteine des Wackeflötzes die Stoffe geliefert. Die Zufammenfetzung der Thonschiefer aus der Wackezeit ergiebt fich aus der folgenden Tafel.

Die Zusammensetzung des Alaunschiefers im Wacke-flötze.

	SiO²	Al²O³	Fe²O³	FeO	MgO	CaO	Na²O	K²O	H²O u. Glühverl.	C.	Sonst.	FeS²	Summe.
1.	52,30	21,47	5,42	—	2,14	1,00	—	—	5,08	0,40	—	10.12	99,08
2.	50,18	10,73	2,75	—	1,00	0,40	—	2,31	2,31	22,52	—	7,43	97,42
3.	64,12	17,50	7,15	—	2,41	0,46	—	2,75	3,12	—	0,42	—	100,30
4.	63,73	16,14	7,00	—	2,72	2,10	—	2,46	4,44	1,05	—	—	100,30
5.	67,60	15,00	5,35	—	3,47	2,24	2,11	1,12	—	—	1,91	—	100
6.	57,00	20,10	—	10,50	3,10	1,12	1,20	1,72	4,40	—	—	—	100,12
7.	56,41	22,07	—	8,10	0,21	0,07	0,50	3,41	5,42	—	—	—	96,40
8.	54,43	18,53	—	8,42	3,10	0,14	3,11	7,16	0,54	—	—	—	97,40
9.	57,60	16,71	—	8,30	4,41	4,00	2,11	3,73	2,41	—	—	—	96,50
10.	61,72	14,50	—	9,00	3,43	2,72	1,48	5,10	1,71	—	—	—	99,72
11.	54,37	10,44	—	6,40	6,73	13,72	1,42	3,47	1,00	—	0,15	—	98,42
12.	51,30	18,43	17,50	—	2,41	2,21	1,44	4,22	1,41	—	—	—	99,20
13.	52,24	10,44	—	6,46	1,10	1,43	—	7,40	1,10	4,37	—	7,14	100
14.	58,43	18,41	2,71	9,44	3,41	0,10	0,27	4,42	3,44	—	—	—	100,40
15.	60,00	19,10	—	7,53	2,20	1,12	2,20	3,10	3,34	—	—	—	100,42
16.	54,00	23,15	—	9,18	2,18	1,00	2,22	3,57	3,00	—	—	—	100,34
17.	65,43	18,43	—	5,31	2,04	1,43	3,71	3,10	—	—	—	—	98,10
Mittel	57,43	17,33	2,18	5,24	2,00	2,13	1,07	3,30	3,71	1,72	0,15	1,19	99,31
O	30,53	8,00	0,44	1,19	1,15	0,61	0,01	0,31	2,43	—	0,07	—	46,44
Körbe	15,31	2,70	0,78	1,19	1,16	0,61	0,34	0,33	2,13	—	—	—	25,04

Anm. Fundorte: 1—4 Thüringen: 1 Wetzelstein bei Saalfeld, 2 Garnsdorf bei Saalfeld, 3—4 Lehesten, Dachschiefer. 5 Böhmen, Prag. 6 Frankreich, Angers. 7—12 Norwegen: 7 Ladegaards Oe, 8 beim Landhause Incognito, 9 bei Hjortenes, 10—11 Fus das Vettakollen, 12 Alunfö bei Christiania. 13—14 Schweden: 13 Kinnekulle, 14 Fjell, Dalaland. 15 Wales, Dachschiefer. 16—17 Canada, Dachschiefer, eastern Townships: 16 Kingsey, 17 Westbury.

Quellen: Dahl Nyt. Magaz. f. Naturv. 5, 317 No. 12. Erdmann O. L. Journ. techn. Chem. 13, 112 No. 1—2. Frick Pogg. Ann. 35, 193 No. 3. Hunt T. S. Phil. Mag. (4) 7, 238 No. 6 No. 15—17. Kjerulf Christ. Silurb. 1855 S. 34 No. 7—11. Pleischl Journ. pr. Chem. 31, 45 No. 5. Sackow Rammelsberg Handw. Supplem. 4, 234 No. 4. Svanberg in Roth Gesteinsanalyse 1661, 58 No. 14. Wilson Phil. Mag. (4) 9, 422 No. 13.

In No. 3 ist 0,42 CaCO³, 0,00 CaO, in No. 6 ist 0,88 Mn²O³, 0,30 SrO, 1,42 Fl, PO⁵, in No. 11 ist 0,44 CO².

Die Zusammensetzung weist abermals auf den Granit hin, aus dem das Gestein entstanden ist. Uebrigens zeigt uns das Gestein ganz dieselben Einwirkungen des Pflanzenlebens wie das Grundflötz, nur noch in erhöhtem Mase. Die Kohle bildet in dem Alaunschiefer selbst 1,76 %, das doppelte Schwefeleisen 1,48 %. Der Sauerstoff der Luft ist in diesem Zeitraume schon bedeutend gewesen, die schwefelsauren Salze sind bereits zahlreich gebildet; durch die

Einwirkung der Kohle find allein 1_{44} % des Gesteines an doppeltem Schwefeleisen (FeS^2), aus den schwefelsauren Salzen entsäuert und als Schwefelerz niedergelegt. In No. 20 haben wir bereits ausführlich die Bildung dieser Verbindung im Alaunschiefer besprochen und können hier darauf verweisen.

· Die Thatsachen der Nummer find auf sichere Versuche gegründet und allgemein anerkannt.

33. Die Hebung der Wackezeit.

Die Wackezeit ist durch keine plötzliche Gebirgserhebung ausgezeichnet; wohl aber haben auch zu dieser Zeit eine Menge allmäliger Hebungen und Senkungen stattgefunden. Im Meere find etwa 1422 m. neuer Schichten gebildet, die Massen dazu find von den Urgesteinen der Inseln hergegeben. Diese Urgesteine bedecken aber auf der Erdoberfläche nur halb so großen Raum als die Grund- und Wackegesteine. Von den Urgesteinen find mithin 2253 m. verbraucht, vom Grundflötze, so weit es frei liegt, außerdem 451 m. Das Urgestein mußte mithin in der Wackezeit abermals in je 100 Jahren um 100 mm. steigen, um diese Stoffe zu liefern· Die Schichten des Grundflötzes find durch dies stete Aufsteigen des Urgesteines fast senkrecht aufgerichtet, eine Erscheinung, welche ohne dieses Verhältnis der Hebungen und Senkungen unerklärbar bleiben müsste.

Die Sätze der Nummer ergeben sich streng aus den Sätzen der früheren Nummern und haben die Sicherheit einer ersten Annäherung.

Dritter Abschnitt der Hügelgeschichte:
Die Riffezeit der Erde 58—50° C.

34. Das Luftmeer der Riffezeit.

In der Riffezeit bildet die Kohlensäure noch ganz wie in der Wackezeit den Hauptbestandtheil des Luftmeeres, und behalten daher die in dieser Zeit gebildeten Schichten noch die blaugraue Farbe der Grauwacke. Der Sauerstoff wird zwar allmälig reichlicher ausgeschieden und beträgt nach No. 20 am Ende der Riffezeit bereits 4 m. Wasserdruck, ist aber gegen den Kohlensäuregehalt der Luft immer noch gering.

Der Wasserdunst wird in der Luft gleichfalls geringer, finkt

nach No. 19 von $1_{,156}$ auf $1_{,72}$: m., auch die Wolken werden dem
entsprechend dünner, die Regen finken von 84 auf 57 mm. bei
1° C. Abkühlung. Die Wolken zertheilen fich bereits und laſſen
den heitern Himmel fichtbar werden; das Licht der Sonne gelangt
unmittelbar bis zur Erde; Sonne, Mond und Sterne erscheinen an
der Feſte des Erdhimmels. Die Trockenheit der Luft wird dem
entsprechend größer. Die Sonnenstrahlen trocknen bereits die Erde
und erzeugen bei der Wärme, die noch herrscht, bedeutende Hitze.

Die Wärme iſt auf der Oberfläche der Erde im Mittel abermals nicht unbedeutend gefunken und beträgt zwischen 58 und
50° C. Korallen und Kopfschnecken (Orthoceras), welche jetzt
nur in Gegenden mit einer mittlern Wärme von 22° C. bauen,
finden ſich zur Riffezeit in den jetzt vereif'ten Gegenden der Mel-
ville-Inſel und Baffins-Bai. Zur Riffezeit hatten diese Gegenden
alſo 22° C., da diese Gegenden jetzt aber 28 bis 36° C. unter der
mittlern Erdwärme beſitzen, ſo war die mittlere Erdwärme zur
Riffezeit 50 bis 58°, wie wir ſie oben angegeben haben.

35. Die Pflanzen und Thiere der Riffezeit oder Blüher und Schwinger.

Die Riffezeit iſt noch reicher an Pflanzen- und Thierleben als
die Wackezeit, das beweiſt der größere Gehalt der Schichten an
Kohle, welche in dem Riffeflötze allein 6 m. beträgt.

Von den Pflanzen findet man in diesen Schichten dieselben
Formen, wie im Wackeflötze, doch ſind diese Schichten auch noch
viel zu wenig unterſucht, um schon jetzt ein ſicheres Urtheil abgeben zu können, ob nicht noch höhere Formen ſich im Riffeflötze
finden laſſen. Die höchsten Formen, welche wir im Wackeflötze
fanden, gehörten den Farnen oder der zweiten Stufe des Pflanzenlebens an. Jedes folgende Flötz zeigt uns jedesmal im Pflanzen-
bezüglich Thierleben die nächst höhere Stufe. Im Riffeflötze
müſſten wir demnach die dritte Stufe des Pflanzenlebens, die Blüher
(Monocotyledoneae) finden. In dem folgenden, dem Kohlenflötze,
werden wir demnächſt die Markpflanzen (Dicotyledoneae) finden.

Bis jetzt ſind nun freilich die Blüher (Monocotyledoneae) im
Riffeflötze nicht aufgefunden. Aber einmal ſind die Versteinerungen
derselben überaus ſelten, da die Blüher faſt alle Luftpflanzen ſind,
welche, von Luftgängen durchzogen, einer schnellen Verwesung
ausgesetzt ſind und daher in den Versteinerungen ſelten getroffen
werden, und dann ſind die Blüher lange nur in den jüngern Schichten gefunden, in den ältern Flötzen, namentlich im Kohlenflötze,

erst viel später, in neuerer Zeit aufgefunden. Auch für das Riffeflötz kann man daher noch auf das Auffinden der Blüher in den
Versteinerungen rechnen. Denn dagewesen müssen sie zur Riffezeit
sein. Denn einerseits ist die Luft so rein, der Himmel so klar
geworden, dass die Blüthen sich entfalten und dem Lichte der
Sonne entgegen wachsen können, ist die Luft so trocken geworden,
dass das Ausbreiten des Pollens und die Befruchtung ungestört vor
sich gehen können, andrerseits ist der Sauerstoffgehalt der Luft
schon so gross, dass die Wurzeln und Stammzellen den zu ihrem
Gedeihen erforderlichen Sauerstoff überall vorfinden. Die Bedingungen für das Erscheinen der Blüher sind demnach vorhanden,
also sind sie auch erschienen. Sollten die Blüher zur Riffezeit nicht
erschienen sein, so hätte das Riffeflötz keine neue Stufe des Pflanzenlebens aufzuweisen, während sonst jedes Flötz eine neue Stufe auf-
weist, andrerseits hätte die Stufe der Blüher kein eigenes Flötz,
das ihr eigenthümlich wäre, während sonst jede Stufe ein solches
Flötz besitzt. Sollten die Blüher zur Riffezeit nicht erschienen
sein, so müssten in dem nächsten Flötze gleichzeitig zwei neue
Stufen des Pflanzenreiches erscheinen, was sonst in keinem Flötze
geschieht. Zur Riffezeit ist also die dritte Stufe des Pflanzenreiches, die der Blüher (Monocotyledonae) neu erschienen.

Von den Thieren bilden die Stockquallen oder Polypen zur
Riffezeit grosse Korallenbänke und Riffe, welche dem Flötze den
Namen gegeben haben, namentlich die Syringopora und die Cate-
nipora mit ihren senkrecht stehenden und das Oyathophyllum mit
seinen sternförmigen Röhren. Die Muscheln und die Schnecken sind
im Wesentlichen dieselben wie bisher. Von den Krabben erscheinen
neue Arten der Trilobiten, welche wieder für dieses Flötz sehr
eigenthümlich sind.

Auch vom Thierreiche muss in diesem Flötze eine neue Stufe,
und zwar die dritte Stufe, die der Schwinger (Insecta) erschienen
sein. Freilich sind dieselben bisher im Riffeflötze nicht nachgewiesen,
aber die Schwinger sind, wie alle Luftthiere, sehr selten versteint
zu finden und daher sehr schwer nachzuweisen. Werden doch
auch die höhern Luftthiere, die Vögel, in dem Flötze, wo sie
zuerst auftreten, allein an den Eindrücken erkannt, welche ihre
Tritte in den weichen Schichten zurückgelassen haben, sie selbst
sind verwest und spurlos verschwunden. Bei den Schwingern (Insecta) durchziehen überdies eigene Luftröhren (Tracheae) den
ganzen Leib, lassen die Luft in das Innere eintreten und befördern

dadurch die Verwefung in kürzester Zeit. Die Versteinerungen der Schwinger find daher Oberaus sparfam. Dennoch hat es zur Riffezeit unzweifelhaft Schwinger gegeben. Nicht nur find Sonnenlicht und Trockenheit, nicht nur zahlreiche Blüthen der Blüher und damit alle Dedingungen für die Entwicklung und das Gedeihen der Schwinger gegeben, fondern die Blüher (Monocotyledoneae) diefer Zeit können ohne Schwinger (Insecta) gar nicht gedeihen. Jede Blüthenpflanze nämlich bedarf, um zu gedeihen, eines gelockerten und für den Zutritt der Luft geöffneten Bodens. Alle Bodenbearbeitung, alles Pflügen, Eggen, Graben und Harken will nur den Boden lockern und für den Zutritt der Luft empfänglich machen. Bei allen wildwachfenden Pflanzen find es nun die Schwinger oder ihre Larven und die diefen anchstellenden Thiere, welche den Boden öffnen, lockern, beackern. Wie ohne Ackerbauer keine Ackerpflanzen, fo ohne Schwinger keine wildwachfenden Blüthenpflanzen. Jede Blüthenpflanze hat daher auch ihre begleitenden Schwinger, welche zwar einerfeits von der Pflanze leben, aber auch andrerfeits für die Pflanze den Boden ackern und lockern. Sobald daher die Blüthenpflanzen auftreten, müssen auch die Schwinger vorhanden fein, und kann man aus dem Vorhandenfein der Versteinerungen von Blüthenpflanzen ebenfo ficher auf das gleichzeitige Vorhandenfein von Schwingern schliessen, als wenn man die Versteinerungen der Letzteren felbst gefunden hätte. Da es nun nach Obigem zur Riffezeit Blüher gegeben hat, fo hat es zu gleicher Zeit auch Schwinger (Insecta) gegeben.

Auch von den Thieren ist im Grundflötze die erste, im Wackeflötze die zweite Stufe des Thierreiches zuerst auf Erden aufgetreten. Im Riffeflötze muss alfo die dritte Stufe des Thierreiches, die der Schwinger, auftreten, im folgenden Flötze, dem Kohlenflötze, tritt bereits die vierte Stufe, die der Wirbelthiere, auf. Wollte man alfo das Auftreten diefer dritten Stufe des Thierreiches in der Riffezeit bestreiten, fo würde man damit einerfeits das Auftreten der Schwinger in einem eigenen Zeitabschnitte leugnen und andrerfeits das Auftreten einer eigenen Thierstufe in der Riffezeit verneinen müssen. Will man alfo nicht annehmen, dass in dem nächsten Zeitabschnitte zwei neue Stufen neu gebildet feien, in dem vorliegenden aber keine, fo wird man für die Riffezeit das Auftreten der Schwinger (Insecta) zugestehen müssen, und darf man hoffen, dass spätere Forschungen diefe Annahme auch durch Versteinerungen bestätigen werden.

Dagegen fehlen zur Riffezeit, wo in der Luft noch die Kohlenſäure vorwaltet, ſowohl die Wirbelthiere als die Markpflanzen. Bei den Wirbelthieren würde in den Kiemen und Lungen die erfor-derliche Aufnahme von Sauerstoff durch die Athmung, würde im Blute die Umwandlung von kohlenſaurem Eiſenoxydule in Eiſen-oxyd unmöglich werden; ſchon bei geringem Kohlenſäuregehalte der Luft erleiden die Wirbelthiere den Erstickungstod. Ebenſo würde bei den Markpflanzen während der Nacht die Aufnahme von Sauerstoff, würde die für das Leben der Pflanze nothwendige Verbrennung im Innern der Pflanze unmöglich werden, die, wie die Pflanzenlehre beweiſt, zur Wurzelthätigkeit und zur Säftebewegung der Markpflanzen nothwendig ist.

Gemeinſam ist der Riffezeit mit der Weckezeit alſo das Leben der Bluthenloſen und Halsloſen, gemeinſam auch das Fehlen der Markpflanzen und der Wirbelthiere; neu ist der Riffezeit das Auf-treten der Blüher (Monocotyledoneae) und der Schwinger (Inſecta).

Die Schichten ſind in der Riffezeit nahe dieſelben wie zur Weckezeit. Die Hebungen ſind immer noch bedeutend. Von dem Urgesteine ſind in dieſer Zeit 2005 m. oder in 100 Jahren 83 mm. verbrannt, ſo gros muss mithin die Steigung der Gebirge ſein, allein, um den entstandenen Verlust zu erſetzen.

Dritter Zeitraum der Erdgeschichte: Die Gebirgsgeschichte.

36. Die Gebirgsgeschichte der Erde.

Die Gebirgsgeschichte der Erde umfast die Zeit, wo ſich die Gebirge*) auf den Inſeln erhoben, die rothen Sandsteine ſich bildeten, die Markpflanzen die Inſeln mit Wäldern und Kräutern ſchmückten und die Nichtſäuger die Länder bewohnten.

Es beginnt dieſer Zeitraum mit dem Zeitpunkte, wo die ersten Markpflanzen und Wirbelthiere auf Erden erſchienen. In den untersten Schichten des Kohlenflötzes finden wir nun die ersten Schuppen, bezüglich Abdrücke groser Fiſche, d. h. der niedrigsten Wirbelthiere, und in demſelben Flötze finden wir auch die ersten

---

*) Gebirge ist der Häufungsname von Berg. Dies Wort stammt vom Urverb bhargh, ſskr. barh, gr. phrig-nymi befestigen, umschlieſen, goth. bairg-an, barg, an. byrg-ia, ahd. berg-an, nhd. berg-en. Davon abgeleitet gr. pýrg-os, maked. býrg-os, dial. phoûrk-os, goth. bourg-s, nhd. die Burg und goth. bairgs, nhd, der Berg, als der Feste.

Versteinerungen von Nadelhölzern, d. h. von den niedrigsten Markpflanzen. Mit dem Kohlenflötze beginnt alfo die Gebirgszeit. Die
Nadelhölzer gedeihen nun höchstens bei einer Wärme von 10° C.
Die Breiten, in denen man die Versteinerungen der Nadelhölzer
aus der Kohlenzeit findet, haben bis 10° C. unter der mittlern
Wärme der Erdoberfläche, die Gebirgszeit beginnt alfo mit dem
Zeitpunkte, wo die Erdoberfläche die mittlere Wärme von 50° C.
erreichte. Die Gebirgszeit endet demnächst mit dem Zeitpunkte,
wo die ersten Säuger auf Erden auftreten. Die ersten Versteinerungen derselben finden fich im Juraflötze. Die Gebirgszeit endet
alfo mit dem Zeitpunkte, wo fich das Juraflötz zu bilden beginnt.
Das Juraflötz ist aber zum grösten Theile durch Korallen erbaut,
welche den jetzigen Korallen in der Südfee fehr ähnlich find.
Diefe Korallen bedürfen jetzt zu ihrem Leben mindestens 22° C.
mittlere Jahreswärme. Da nun die Korallen der Jurazeit in Breiten
bauten, welche 4 bis 9° C. unter der mittlern Erdwärme haben,
fo musste die Wärme zur Jurazeit 26 bis 31° C. fein. Die Gebirgszeit endet alfo mit dem Zeitpunkte als die Oberfläche der Erde
die mittlere Wärme von 31° C. erreichte.

Die Gebirgszeit herrscht alfo während des Zeitraumes, dass fich die Oberfläche der Erde von
50° auf 31° C. abkühlt.

Die Sandsteine der Gebirgszeit, welche fich auf dem Festlande
unter dem Einfluffe des Luftmeeres bilden, find fämmtlich kenntlich
durch ihre rothe Farbe. Ein an Sauerstoff reiches Luftmeer muss
fich nämlich durch die Einwirkung des Sauerstoffs auf das fich
bildende Erdreich verrathen. Das blaugraue kohlenfaure Eifenoxydul wird durch den Einfluss des Sauerstoffes zu rothem Eifenoxyd. Die blaugraue Lava, der Granit wird, wenn er in Sand
zerfällt, zu rothem Sande, der am Grunde des Meeres in rothen
Sandstein übergeht. Der rothe Sandstein ist daher ein hervortretendes Kennzeichen jedes Flötzes, das unter einem fauerstoff-
reichen Luftmeere gebildet ist.

Die Erhebungen werden in diefer Zeit bereits bedeutend. Die
Gebirge erreichen 1000 bis 1500 m. Höhe über dem Meeresspiegel,
während die Tiefe des Meeres gleichzeitig 2600 bis 2400 m. beträgt. Unter dem Meere aber schlagen fich die neuen Schichtgesteine nieder und bilden in jedem Zeitabschnitte etwa 1000 m.
Schichten, welche mit dem Meeresgrunde nach unten finken. In
den Gebirgen werden die Urgesteine durch die Regen mächtig verwittert und abgespült und verlieren in jedem Zeitabschnitte einige

1000 m. an Stoßen. Die Gebirge werden dadurch leichter und steigen vom Feuermeere gehoben in die Höhe. Fassen wir dies zusammen, so bildet also der Meeresgrund grose Mulden, welche tief in die flüssige Lava des Erdinnern eintauchen, während unter dem Gebirge hohe Lavarinnen oder Rücken sind, auf denen die Erdschale der Inseln wie ein Sattel aufliegt. Jede Erschütterung des Innern wird nun stets in der Richtung dieser Rinne auf die Abhänge des Gebirges wirken. Das Gebirge wird dadurch in einer bestimmten Richtung gehoben, es bildet eine Bergkette. Die Linie, welche die Gipfel der Berge verbindet, heist der Kamm, und zwar, wenn die Gipfel breit und rund sind, ein Rücken, wenn sie spitzig und scharfkantig sind, ein Grat, die Berge heisen im ersten Falle Kuppe, Kopf (ballon, puy), im zweiten Nase, Thurm, Zahn (dent), Horn (pico), Nadel (aiguille). Die niedern Stellen des Kammes zwischen zwei Bergen heisen Sattel (col), Joch, Pass (puerto).

Auser diesen Gebirgen haben sich zur Gebirgszeit aber auch zahlreiche Feuerberge erhoben. Die Basalte haben die Schichten der Gebirgszeit durchbrochen und mannigfache Hebungen veranlasst. Nicht selten hat sich der Basalt in Lavaströmen aus dem Feuerkrater ergossen und bildet weitgehende Lager auf der damaligen Oberfläche, welche dann von spätern Schichten wieder bedeckt sind. Häufig freilich sind auch diese Basaltströme, wenn sie an der Oberfläche der Erde liegen blieben, mit dem anliegenden Gesteine durch die Einwirkung des Luftmeeres verwittert und gänzlich von der Oberfläche der Erde verschwunden. Nur die freistehenden Basaltkuppen sind dann noch die Ueberreste jener alten Krater und Feuergänge. Diese freistehenden Basaltkuppen sind nicht selbst die Spitzen jener Feuerberge, wie hätte auch die feurig flüssige Masse frei in der Höhe stehen bleiben können, sondern die Spitzen der Feuerberge, ihre Krater und Lavaströme sind ebenso wie die umschliesenden und mürbe gewordenen Wände der Feuergänge durch die Einwirkung des Luftmeeres längst verwittert, nur die Feuergänge sind übrig geblieben.

Der Basalt wird übrigens in diesem Zeitraume nicht mehr Granit; nur in der Tiefe des Erdinnern, wo die kohlensauren Gewässer noch ihre Macht üben und der Sauerstoff der Luft nicht so einzudringen vermag, nur in Spalten und Adern, in denen kohlensaure Gewässer ihren Lauf nehmen, kann auch zur Gebirgszeit noch der Heerd von Granitbildung sein, und ist derselbe nach den Beobachtungen von Bischof auch heute noch vorhanden. An der

Oberfläche der Erde behalten Basalt und Lava ihr ursprüngliches
spathiges Gefüge, wenn sie nicht durch die Einwirkung der Luft
verwittern und zerfallen.

Die Gebirgszeit wird, wie die Uebergangszeit, in drei Zeitabschnitte getheilt.

Im ersten Zeitabschnitte, der Kohlenzeit, bildet sich das erste
Gebirge, das Kohlenflötz, die Markpflanzen, Bäume wie Kräuter,
schmücken die Inseln mit ihrem reichen, tropischen Wuchse, während in den Meeren sich zahlreiche Fische tummeln, die niedrigsten
Formen der Wirbelthiere.

Im zweiten Zeitabschnitte, der Kupferzeit, bildet sich das
Kupferflötz mit dem Kupferschiefer und Zechsteine und beginnen
die Gewässer sich mit Lurchen (Amphibia) zu füllen, d. h. der
zweiten Klasse der Wirbelthiere.

Im dritten Zeitabschnitte, der Salzzeit, bildet sich das Salzflötz mit feinem Steinsalze und Gypstöcken. Jetzt erheben sich
auch die ersten Vögel in die Lüfte, d. h. es erscheint die dritte
Klasse der Wirbelthiere.

Da der ganze Zeitraum 19° C. umfasst und die Abkühlung
allmälig langsamer wird, so kann man auf den ersten Zeitabschnitt
7, auf den zweiten und dritten je 6° C. Abkühlung rechnen.

Die Gebirgszeit zerfällt in drei Zeitabschnitte:
die Kohlenzeit von 50 bis 43° C., die Kupferzeit
von 43 bis 37° C., die Salzzeit von 37 bis 31° C.

Erster Abschnitt der Gebirgsgeschichte:
Die Kohlenzeit der Erde 50—43° C.

37. Das Luftmeer der Kohlenzeit.

Mit der Kohlenzeit treten wir ein in die Zeit der Markpflanzen
und Wirbelthiere, in die Zeit der Gebirgserhebungen, wo der
Sauerstoff auf Erden wirkte und alle Bildungen beherrschte, wo
unter seiner Einwirkung die Sandsteine ihre rothe Farbe erhielten
und die Herrschaft des Sauerstoffes im Luftmeere unzweifelhaft
bekunden.

Die Wetterverhältnisse sind in diesem Zeitabschnitte den früheren Verhältnissen höchst ähnlich. Die Zonen, die Gürtel der
Winde und Regen bleiben unverändert, der Kreislauf der Winde
und Regen ist derselbe, wie wir ihn in No. 9 kennen lernten, nur

daß die Regen schwächer und arm an Kohlenfäure geworden find. Aber ein wichtiges Ereigniß unterscheidet diefen Zeitraum wefentlich von den früheren, das ist, daß Sonne, Mond und Sterne fichtbar geworden und durch das Licht der Sonne die Bedingungen für ein höheres Pflanzen- und Thierleben gegeben find. Die dicken Nebel früherer Zeiten, die dichte Wolkenkappe der letzten Zeiten ist durchbrochen, der belebende Strahl der Sonne gelangt bis auf die Erde und erzeugt in der tropischen Wärme einen mächtigen Pflanzenwachs, dessen Wirkungen wir im Folgenden ausführlich werden kennen lernen.

Das Land der Erde bildet auch in dem vorliegenden Zeitraume noch Infeln; aber diefe Infeln gewinnen bereits mehr und mehr an Umfang und erheben fich mehr und mehr über den Spiegel des Meeres, bilden bereits Gebirge und werden bereits die Wetterfcheiden und trennenden Werkstätten der Erde, an welche fich die Flachländer der Erde mit ihren Schichten nur anlehnen, von denen aus fie Flüsse und schichtenbildendes Gerölle erhalten.

Die Schichten des Kohlenflötzes befitzen eine Mächtigkeit von 2000 Metern und bedecken etwa ein Viertel der Erde, ihr Kohlengehalt kann auf 20 m. geschätzt werden. Außer diefem Gehalte der Schichten finden wir aber in dem Steinkohlenflötze noch Lagen reiner Steinkohle, welche bei einer mittlern Mächtigkeit von im Ganzen 8 Metern, einem mittlern Raumgewichte von $1_{,4}$, und einem Kohlengehalte von $0_{,84}$, etwa ein Achtel der Erdoberfläche bedecken. Alle diefe Kohle des Kohlenflötzes kann nur durch das Wachsthum der Pflanzen aus der Kohlenfäure des Luftmeeres genommen fein. Den gleichen Ursprung kann aber auch nur die Kohlenfäure genommen haben, welche in den aus kohlenfaurem Kalke gebildeten Kalkschalen und den Kalkgesteinen des Kohlenflötzes enthalten ist.

Die Kohlenfäure des Luftmeeres genügt zu diefen Bildungen nicht, bedeutende Wafferströme mit großer chemischer Thätigkeit müssen in das Innere der Erde eingedrungen fein und die erforderliche Kohlenfäure emporgetragen haben. Zu der Kohle des Festlandes 24 m. mit dem Raumgewichte $1\frac{1}{4}$ ist, da das Festland $\frac{1}{4}$ der Erdoberfläche beträgt, $27\frac{1}{2}$ m. Wafferdruck Kohlenfäure, für die 600 m. kohlenfaurer Salze mit dem Raumgewichte $2_{,7}$ und mit 44 % Kohlenfäure ist, da die Salze wieder etwa $\frac{1}{4}$ der Erdoberfläche bedecken, nochmals $191_{,0}$ m. Wafferdruck, im Ganzen alfo $218_{,5}$ m. Wafferdruck an Kohlenfäure erforderlich, d. h. $21_{,858}$ Luftfäulen allein an Kohlenfäure, während das Luftmeer jener Zeit höchstens 4 m. Wafferdruck an Kohlenfäure enthielt. Diefe Koh-

lenfäure ist aber durch die Einwirkung der Pflanzen felbst aus
dem Innern der Erde emporgehoben. Die 24 m. Kohle, welohe
die Pflanzen im Kohlenflölze auf ¼ der Erdoberfläche niedergelegt
haben, haben 20 m. Wasserdruck Sauerstoff frei gemacht. Diefer
Sauerstoff ist in das Innere der Erde eingedrungen, hat das kohlenfaure Eifenoxydul in den kohlenfauren Gesteinen in Eifenoxyd verwandelt und doppelt kohlenfaures Eifenoxydul aufgelöft, von dem
fich das einfach kohlenfaure Eifenoxydul am Grunde des Meeres
niederschlägt, die Hälfte der Kohlenfäure aber frei wird. Sobald
aber einmal freie Kohlenfäure vorhanden ist, fo steigt die freie
Kohlenfäure wiederholt ins Innere der Erde, löft die einfach
kohlenfauren Salze auf zu doppelt kohlenfauren, welche mit den
Quellen ins Meer wandern, schlägt am Grunde des Meeres wieder
einfach kohlenfaure Salze nieder und kann dies vielfach wieder-
holen. Wir werden bei den einzelnen Schichten des Kohlenflölzes
diefe Bildung mehrfach wiederholt finden. Von dem Sauerstoffe
der Luft wird die Hälfte verbraucht, um das kohlenfaure Eifenoxydul in Eifenoxyd zu verwandeln, $80_{u,,,}$ m. Eifenoxyd werden
dadurch auf dem Festlande gebildet und geben dem unter dem
Luftmeere gebildeten Sandsteine die bezeichnende rothe Farbe.

    Der Rest des Sauerstoffes aber dringt in die Gesteine des
Festlandes ein und verwandelt hier die Schwefelerze in auflösliche
schwefelfaure Salze, welche in den Gewässern fortgespült, von der
Kohle wieder in Schwefelerze zurückgeführt werden. Wir werden
diefe Erze daher stets in Begleitung der Kohle finden. Das Genauere des Vorganges ist in No. 20 ausführlich dargestellt, worauf
hier verwiesen werden kann. Alle Sätze der Nummer find gleichfalls in den frühern Nummern bewiesen.

    Wir wenden uns nunmehr unmittelbar zur Betrachtung der
einzelnen Schichten. Die Pflanzen und Thiere diefer Zeit werden
bei den betreffenden Schichten ihre Besprechung finden.

38. Der Altrothe (Old red sandstone).

    Sogleich mit dem Auftreten der ersten Fischreste treten wir
in die Kohlenzeit ein. Es ist der Altrothe (old red sandstone),
welcher die untersten Schichten diefes Flölzes, die devonischen
Schichten Englands, bildet. Sowohl durch die grofen Bruchstücke
von Gneistrümmern und durch Rollsteine jeder Gröse, welche in
Sandstein von dem feinsten Korne übergehen, als auch durch die
Lagerung auf der Grauwacke steht er diefer im Baue fehr nahe

und unterscheidet sich von ihr nur durch seine rothe Farbe und durch seinen Mangel an Versteinerungen, während die Grauwacke sehr reich an letzteren ist.

Die rothe Farbe des Altrothen rührt von reichlichen Beimengungen von Eisenoxyd her und beweist, dass der Altrothe lange Zeit das Festland der Erde gebildet hat, auf dem die Gerölle der Trümmergesteine am Abhange der Gebirge, der Sand in den Ebenen abgelagert ist, sowie dass der Sauerstoff schon im Anfange dieser Zeit mächtig auf die Felsen eingewirkt und das kohlensäure Eisenoxydul derselben bereits in Eisenoxyd umgewandelt und dadurch dem Altrothen die rothe Farbe gegeben hat.

Wäre der Altrothe am Grunde des Meeres gebildet, so könnte er diese rothe Farbe nicht haben und müsste in allen Schichten reiche Versteinerungen zeigen; dem ist aber nicht so. Der Altrothe ist daher stets der Luft ausgesetzt gewesen und, wie noch heute alle Wesen im Sandboden schnell verwesen, so sind auch zu jener Zeit die auf dem Altrothen entwickelten Pflanzen- und Thierformen schnell wieder zu Grunde gegangen. Nur zu Zeiten ist der Altrothe auch unter die Oberfläche des Meeres gesunken, und finden sich dann in ihm die reichen Lager versteinter Fische und der Rückenstacheln (Ichthyodorulithen), namentlich in den feinkörnigen Sandsteinen und Mergeln. Zu anderen Zeiten ist der Altrothe wiederum über das Meer gehoben und der Boden für einen reichlichen Pflanzenwuchs gewesen, welcher auf Thonschiefern und auf Grauwackeartigem Gesteine gewurzelt ist, und die Glanzkohle (Anthracitkohle) gebildet hat, die an vielen Orten mit Vortheil ausgebeutet wird.

Die Urgesteine des Hundsrücks, welche durch die Einwirkungen des Regens und der Luft verwittert und in Trümmer von gröberem oder feinerem Korne zerlegt sind, sind in jener Zeit durch Bäche und Flüsse aus den Gebirgen fortgespült und haben die benachbarten Ebenen mit Sand bedeckt, wie wir diese Entstehung der Sandfelder heute noch an den Sandmassen Schlesiens und der Lausitz beobachten können. Erst später haben diese Sandmassen durch Untersinken unter das Meer einen bindenden Kitt erhalten und sind dadurch in Sandstein umgewandelt.

Der Altrothe hat lange Zeit die Oberfläche des Festlandes gebildet, das beweist die Stärke seiner Lagen. Die Witterung der Erde ist während dieser langen Zeit eine andere, die Thiergattungen und Arten, welche die Erde beleben, sind neue gewor-

den. Die Versteinerungen des Altrothen weichen daher von denen
des Riffeflötzes wesentlich ab.

Die Zufammenfetzung der Gesteine des Altrothen ergiebt fich
aus den folgenden Tafeln.

Der Grauwaoke-Sandstein aus den untern Schichten des Altrothen.

	SiO_2	AlO_2	MgO	CaO	NaO	KO	HO	RCO^2	Summe.
1.	76,12	5,57	0,12	0,10	0,36	0,46	0,22	17,00	100,78
2.	84,33	8,53	0,16	—	0,26	1,20	—	6,45	100,13
Mittel	79,00	5,57	0,29	0,00	0,29	0,60	0,18	13,10	100,45
O	42,51	2,57	0,12	0,02	0,07	0,13	0,14	6,25	52,30
Körbe	31,30	2,57	0,12	0,02	0,07	0,15	0,14	—	22,57

Anm. Fundorte Westphalen: 1 Volme Chausee zwischen Boll-
werk und Brügge, bei Berghaufer Ohle, 2 Grube Bastenberg bei Ramsbeck.
Quellen: Amelung Verhandl. d. naturh. Vereins preuss. Rheinl. 10, 229
No. 2. v. d. March W. desgl. 8, 56 No. 1.

Im Grauwackenfandsteine betragen von den kohlenfauren Verbindungen
$FeCO^3$ in No. 1 6,90, in No. 2 7,12, Mittel 6,50, $MgCO^3$ in No. 1 2,36, in No. 2
0,45, Mittel 1,90, $CaCO^3$ in No. 1 9,36, in No. 2 1,77, im Mittel 5,21.

Die kohlenfauren Schalsteine des Altrothen.

	SiO_2	AlO_2	FeO_2	FeO	MgO	CaO	NaO	KO	HO	RCO^2	Sonst.	Summe.
1.	38,53	16,15	3,15	7,46	5,19	—	4,10	0,54	3,16	18,66	—	69,00
2.	17,19	10,15	1,04	0,55	1,17	—	1,25	0,50	2,77	64,50	0,53	89,70
3.	24,17	5,44	11,16	1,16	2,46	0,46	2,72	0,17	2,15	46,12	1,47	99,47
4.	30,47	11,01	6,67	—	0,45	—	1,16	2,14	2,00	43,22	0,35	98,40
5.	52,47	15,35	2,67	—	0,15	0,63	4,18	4,15	2,73	16,16	0,64	99,43
6.	32,01	14,19	0,30	5,61	—	—	3,57	1,53	3,61	30,52	1,15	89,00
7.	41,57	19,26	6,15	0,72	1,10	0,92	2,74	5,00	3,51	11,54	0,00	98,57
Mittel	34,26	13,22	5,15	2,31	1,57	0,31	2,19	2,33	3,00	33,04	0,11	99,40
O	16,12	8,16	1,78	0,52	0,43	0,09	0,12	0,16	2,73	16,01	0,10	47,12
Körbe	9,14	2,06	0,50	0,57	0,43	0,00	0,17	0,10	2,72	—	—	16,44

Anm. 1. Die kohlensauren Verbindungen
und Sonst des Gesteins.

	$FeCO^3$	$MnCO^3$	$MgCO^3$	$CaCO^3$	CO^2	Na^2O^2	PO^4
1.	1,46	0,42	0,63	16,40	—	—	—
2.	0,14	0,33	1,46	62,04	—	—	0,42
3.	0,47	0,18	1,61	43,49	—	—	1,47
4.	0,34	—	0,46	42,40	—	—	0,48
5.	0,30	—	0,15	16,23	—	0,36	0,36
6.	—	—	15,31	15,31	0,18	0,33	0,71
7	0,20	0,16	0,38	10,47	—	0,44	0,47
Mittel	0,47	0,21	2,96	29,43	0,09	0,13	0,47
O	0,17	0,08	1,48	14,72	0,72	0,63	0,38
Körbe	0,00	0,00	0,83	4,74	0,06	0,04	0,47

Anm. 2. Fundorte: Nassau: 1 Amt Diez, Balduinstein, 2 Amt Herborn, Fleisbach, 3 Limburg, 4 Amt Dillenburg, Grube Molkenborn bei Banzenbach, 5 Amt Limburg, Bergerbrücke bei Oberbrechen, 6 Niedershausen bei Weilburg, 7 Amt Runkel, Villmar.

Quellen: Dollfuss J. pract. Chem. 65, 210 No. 3–5. Eglinger Jahrbuch d. Vereins f. Naturk. in Nassau 1856 No. 7. Neubauer J. pract. Chem. 65, 210 No. 1–2, 6.

Der Thonschiefer des Altrothen.

	SiO^2	Al^2O^3	Fe^2O^3	FeO	MgO	CaO	Na^2O	K^2O	H^2O u. Glühv.	C.	RCO^3	Sonst	Summe.
1.	54,37	21,41	—	—	0,50	—	0,11	3,71	—	0,70	18,41	—	100,10
2.	65,03	21,13	2,41	7,71	0,63	0,10	0,31	2,77	2,10	—	—	—	102,43
3.	50,01	34,74	—	3,73	0,47	—	0,04	7,31	3,71	—	—	—	99,47
4.	47,40	38,01	—	4,36	0,09	—	0,37	6,27	5,13	—	—	—	100,41
5.	67,43	12,45	—	10,43	0,41	—	1,15	0,47	7,90	—	—	—	100,41
6.	62,40	17,11	8,33	—	1,90	0,43	—	4,47	4,44	—	—	0,71	100
7.	60,00	14,91	8,79	—	4,77	2,06	—	3,37	5,41	—	—	0,31	100
8.	54,42	24,93	11,44	—	3,46	0,30	0,40	2,09	5,61	—	—	—	102,47
9.	55,44	15,43	4,46	8,35	1,38	0,50	1,70	6,14	5,18	—	—	—	99,49
10	60,72	15,94	1,11	4,94	2,41	2,30	6,73	2,49	2,13	—	—	1,44	100,40
11.	50,91	15,90	1,41	5,63	4,56	1,41	6,79	2,44	2,43	—	—	0,44	99,41
12.	70,40	13,77	0,34	3,01	0,37	0,41	3,16	4,31	1,90	—	—	0,44	99,43
13.	72,47	13,71	—	3,15	0,41	—	1,90	5,79	3,70	—	—	—	100,43
14.	67,35	18,13	1,07	4,11	3,41	—	—	2,41	1,71	—	—	0,30	100,40
15.	63,41	18,41	—	7,38	3,94	1,10	0,39	2,77	2,11	—	—	—	100
16.	61,05	24,30	4,41	—	1,41	0,96	0,94	1,91	4,15	—	—	0,09	100,09
17.	75,79	13,43	1,44	—	1,19	—	0,37	4,14	2,13	—	—	—	99,71
Mittel	61,41	19,43	2,11	3,91	2,03	0,37	1,42	3,44	3,45	0,03	1,14	0,18	100,23
O	32,43	9,10	0,43	0,43	0,71	0,18	0,41	0,43	3,09	—	0,43	0,91	49,40
Körbe	16,45	3,03	0,37	0,33	0,41	0,14	0,37	0,43	3,09	—	—	—	25,41

Anm. Fundorte: 1–5 Westphalen: 1 Bastenberg bei Ramsbeck, 2 unterhalb Lüdenscheid, Strasse nach Halver, 3–4 Grube Pferd bei Siegen,

5 Grube Friedrich Wilhelm bei Siegen. 6 Rheinland: Bendorf bei Coblenz. 7 Harz: Goslar. 8 Fichtelgebirge: Wurlitz. 9—13 Taunus: 9—10 Nerothal bei Wiesbaden, 9 violett, 10 grün, 11 Naurod bei der alten Kupfergrube, 12—13 Sonnenberger Steinbruch. 14—16 Ardennen: 14 Deville, 15 Rimogne, 16 Monthermé. 17 Ungarn, Zipser Comitat: Göllnitz.

Quellen: Amelung Verh. d. naturh. Vereins preuss. Rhein. u. Westph. 10, 229 No. 1. Bischof Lehrb. d. chem. Geologie 1851. 2, 991, 1611 No. 3—5. Bunsen Mittheilung 1861 No. 8. Chandler Miscellaneous researches Gött. 1856, 24 No. 17. Frick Pogg. Ann. 35, 193 No. 6—7. List Ann. Ch. Pharm. 81, 192, 274, 259 No. 9—12. v. d. Marck W. Verh. d. naturh. Vereins preuss. Rhein. u. Westph. 8, 58 No. 2. Sauvage Ann. miner. (4) 7, 420 No. 14—16. Wildenstein R. Ann. Ch. Pharm. 81, 259 No. 13.

Es enthält No. 1 in den kohlensauren Gesteinen $7_{,51}$ $FeCO^3$, $2_{,11}$ $MgCO^3$, $8_{,32}$ $CaCO^3$. Von CuO ist enthalten in No. 6 $0_{,271}$, in No. 7 $0_{,18}$, in No. 10 $0_{,26}$, in No. 11 $0_{,65}$. Von TiO^2 ist enthalten in No. 9 $0_{,11}$, in No. 10 $1_{,45}$, in No. 11 $0_{,43}$, in No. 12 $0_{,11}$. Von PO^5 ist enthalten in No. 10 $0_{,84}$, von MnO in No. 14 $0_{,39}$, in No. 16 $0_{,49}$.

Die Gesteine zeigen uns in ihrer Zusammensetzung bereits die bedeutende chemische Thätigkeit dieser Zeit.

Die Sätze der Nummer sind auf die besten Versuche gegründet und allgemein anerkannt.

39. Die Hebung des Altrothen: Der Harz und der Belchen, 1000 m. hoch.

Nach der Bildung des Altrothen hat eine Hebung stattgefunden, durch welche die Grauwacke und der altrothe Sandstein gleichmäsig gehoben sind. Da wir vor dieser Hebung und nach derselben nahe die gleichen Pflanzen und Thiere auf Erden finden, so hat diese Hebung nur kurze Zeit gedauert, sie muss während der Bildung des Altrothen stattgefunden haben, da die spätern Ablagerungen nicht durch dieselbe betroffen sind.

Mit dieser Hebung tritt nun der erste Gebirgskreis auf Erden hervor, in Europa der Harz und der Belchen mit etwa 1000 Meter Höhe über dem Meere. Die Gebirge dieses Kreises mussten auf das Wetter um so grösere Wirkung ausüben, da ihre Richtung von West nach Ost ging, mithin senkrecht auf der Richtung der Winde stand und diese nöthigte, an dem Rande der Gebirge aufzusteigen.

Jeder Wind, der an dem Rande eines Gebirges in die Höhe steigt, giebt, sofern er mit Wasserdunst gesättigt ist, Regen. An den Rändern der Gebirge entstehen in Folge dieser gewaltigen Regen grose Wälder, wie das Tarai am Fuse des Himalaja, die Kolla am Fuse der Gebirge von Habesch, die Urwälder am Fuse des brasilischen Hochlandes. Namentlich werden diese Urwälder um fo mächliger fein, je näher dem Meere die Gebirge auftreten. Es werden fich daher von dieser Zeit an beslimmte Waldgürtel in den Erdschichten fehr wohl unterscheiden lassen.

Der Altrothe ist durch den Harz und den Belchen nor zum Theile gehoben und aufgerichtet, andere Theile desselben find felbst gefunken und werden von Lagen kohlenfaurea Kalkfalzes bedeckt, das erst nach der Hebung des Harzes entstanden ist und fich wagerecht abgelagert hat. Es ist diefer Kohlenkalk am Grunde des damaligen Meeres gebildet, wie die zahlreichen Versteinerungen zur Genüge beweifen. Der Altrothe ist ulfo theilweife felbst bis unter die Oberfläche des Meeres gefunken.

Die Lagen des Altrothen, welche zum Theile eine Mächtigkeit von 1000 bis 2000 Metern, jetzt noch 700 bis 1000 Meter besitzen, erhielten ja auch durch die Anschwemmung ihrer Massen ein größeres Gewicht und mussten unter die Oberfläche des Meeres finken; nur die der Hebungslinie nächsten Theile desfelben, welche durch die hebenden Massen mit gehoben wurden, und deren Schichten durch die stärkeren Regen in der Nähe der Gebirge mehr ausgewaschen und raumleichter geworden waren, find mit den Gebirgen gehoben und aufgerichtet.

Die Thatfachen der Nummer beruhen auf fichern Beobachtungen und find allgemein anerkannt.

40. Der Kohlenkalk (Mountain limestone) und die Fische der Kohlenzeit.

Der Kohlenkalk, auch Bergkalk genannt, welcher auf dem Altrothen unmittelbar aufliegt, umgürtet die ganze damalige Küste und ist grosentheils durch die diefe Küste bewohnenden Meeresthiere gebildet; weshalb er auch ungemein reich an Versteinerungen aller Art ist. Quallen und Häusler (Mollusca) wie Krabben (Crustaceae), namentlich Trilobiten, kommen in grosen Mengen vor und müssen das damalige Meer stark bevölkert haben. Die Stielglieder (Entrochiten) der Stielquallen (Eukriniten) find fo häufig, dass einzelne Lagen des Kalkes fast nur aus zusammengebackenen Stielgliedern (Entrochiten) zu bestehen scheinen und den Namen des Stielkalkes (Entrochitenkalkes) führen.

Grose Schaaren haiartiger Knorpelfische, die Malmfische (Cestracionten), haben fich von diefen Schalthieren genährt und die damaligen Meere bevölkert. Die Zähne dieser Malmfische haben alle breite, mit starkem Schmelz überzogene, flache Kronen, welche

von ausgedehnten schwammigen Sockeln getragen werden, und
beweisen durch ihre stumpfen Flächen, wie dadurch, dass ihre Ober-
flächen oft stark abgerieben find, dass fie nicht zum Zerreissen,
fondern zum Kauen und Zermalmen der Schalthiere eingerichtet
waren. Auch heute noch lebt in der Bai von Port Jackfon ein
Vertreter diefer Sippe, der fich von kleinen Schalthieren nährt
und fich durch Rückenstacheln in den Floffen vor andern Fischen
auszeichnet. Diefe Rückenstacheln (Ichthyodorulithen), welche
ohne Zweifel den Malmfischen der Kohlenzeit eigenthümlich waren,
bilden grose Theile des Kohlenkalkes und find zahlreich in die
Schichten der Gesteine eingebacken.

Auser diefen findet man aber in den Schichten des Kohlen-
kalkes auch zahlreiche Schuppen und Zähne aus den Sippen der
Reissfische (Celacanthen), gewaltiger Fische von 3 bis 7 m. Länge,
mit harten Knochenschuppen und scharfen Reisszähnen, und der
Krokodilfische (Sauroiden) mit Krokodilzähnen, welche Fische vom
Raube anderer Fische gelebt zu haben scheinen.

Der Kohlenkalk enthält auser diefen Versteinerungen der
Meeresthiere noch zahlreiche kohlenfaure Gesteine und Schwefel-
erze, welche fich in Folge der regen chemischen Thätigkeit am
Grunde des Meeres niedergeschlagen haben. Von kohlenfauren
Salzen finden wir Kalkspath ($CaCO^3$) und Bitterspath ($CaCO^3$
+ $MgCO^3$), kohlenfaures Bleifalz, Kupferfalz und Zinkfalz oder
Galmei ($PbCO^3$, $CuCO^3$ + CuH^2O^2, $ZnCO^3$), von Schwefelerzen
Eifenkies (FeS^2), Eifenspath (Fe^2S^3), Bleiglanz (PbS), Kupferglanz
(Cu^2S), Blende (ZnS), auserdem Schwerspath ($BaSO^4$) und Fluss-
spath ($CaFl$).

Alle Thatfachen der Nummer find ficher und allgemein anerkannt.

41. Der Kohlenfandstein (Millstone grit).

Ueber dem Kohlenkalke ist abermals ein Sandstein, der
Kohlenfandstein, abgelagert. Derfelbe zeichnet fich durch feinen
Mangel an Versteinerungen aus. Schalthiere und Fische fehlen und
beweifen, dass der Kohlenfandstein die Oberfläche des Festlandes
bedeckt hat, nicht aber am Meeresgrunde gebildet ist. Nur einzelne Schachtelhalme, die Calamiten, finden fich in demfelben versteint.

Wieder find von den gehobenen Kämmen aus durch die
mächtig herniederstürzenden Regen und die strömenden Bäche und

Flüsse die Gesteinmassen zerfetzt und fortgespült und haben auf der Oberfläche der Erde eine Sandschicht gebildet, welche bald mehr, bald minder stark den Boden für einen mannigfachen Pflanzenwuchs, für ein vielseitiges Thierleben gegeben hat. Auch diejenigen Theile, welche früher als Meeresboden von Kohlenkalk bedeckt waren, find grossentheils in späteren Zeiten wieder Festland geworden und hier von den Schichten des Kohlenfandes bedeckt.

Denn im Meere kann diese Beschüttung mit Sand nicht stattgefunden haben, da nicht nur der Kohlenfandstein frei ist von Versteinerungen der Seethiere, fondern auch der Sand, wenn er mit dem Flusswasser in das Meer gelangt wäre, in dem ruhigen Meereswasser sofort niedergefallen wäre und nur einen Mündungskegel, nicht aber Meilen weit verbreitete Schichten gebildet hätte. Der Kohlenfand bedeckte alfo das Festland, sowohl die Schiefergesteine und die Grauwacke, als auch den Altrothen und die etwa aus dem Meere gehobenen Schichten des Kohlenkalkes. Aber nicht aller Sand ist später auch Sandstein geworden, fondern nur diejenigen Schichten, welche später unter die Oberfläche des Waffers gefunken find und von den unter ihnen oder später auch von den über ihnen liegenden Schichten einen bindenden Kitt empfangen haben. So namentlich bei dem Kohlenfandsteine nur diejenigen Schichten, welche aus dem über demfelben lagernden Kohlenschiefer ein erdiges Bindemittel erhalten haben.

Aller Sand, welcher nicht zu Sandstein erhärtet ist, ist später fortgespült oder verwittert und damit von der Oberfläche der Erde verschwunden, die auf demfelben gewachfenen Pflanzen, die denfelben bewohnenden Thiere find gleichfalls vollständig verweft, ohne eine Spur ihres einstigen Dafeins zu hinterlassen. Nur einzelne Schichten lockern, nassen Rollfandes find in den Kohlenbildungen Polens noch bewahrt und bilden hier die dem Bergmanne fehr unwillkommenen Schwimmfand-Lager.

Alle Thatfachen der Nummer find ficher und allgemein anerkannt.

42. Der Kohlenschiefer mit der Steinkohle.

Auf dem Kohlenfandsteine lagern die Schichten des Kohlenschiefers. Diefelben enthalten die für die Menfchengattung fo überaus wichtige Steinkohle, welche mit Schichten feinkörnigen Sandsteines und Thonschiefers mannigfach wechfellagert.

Die Steinkohle felbst ist ein Pflanzenerzeugnis. Dies beweift

nicht nur ihr Gehalt an Kohlenstoff, Wasserstoff und Sauerstoff,
fondern auch das in den Zellen der Kohle enthaltene flüchtige
Steinöl oder Petroleum, der zellige Bau der Steinkohle und die
zum Theile trefflich erhaltenen Abdrücke der Früchte, Blätter und
Stämme, fofern eine bildfame Masse vorhanden war, um die Ein-
drücke zu bewahren.

Was zunächst die chemische Zusammensetzung der Steinkohle
betrifft, fo ist diefelbe um fo ärmer an Sauerstoff und Wasserstoff,
je älter die Ablagerung derselben ist; fo enthält:

	Kohlen-stoff.	Sauer-stoff.	Wasser-stoff.
Glanzkohle (Anthracit) des Altrothen: Kolduc	1000	17	560
Mayenne	1000	26	522
Penfylvanien	1000	20	329
Fette harte Steinkohle: Alais	1000	38	660
Rive de Gier	1000	37	684
Fette Haupth. (Houille maréchale): Rive de Gier	1000	49	719
Grand Croix	1000	51	678
Newcastle	1000	47	729
Steinkohle mit langer Flamme (Cannel coal): Mons	1000	72	765
dgl.	1000	61	782
Rive de Gier	1000	85	786
dgl.	1000	59	808
dgl.	1000	84	830
dgl.	1000	75	748
Larayac	1000	70	787
Lancashire	1000	74	834
Epinac	1000	106	769
Commentry	1000	117	783
Keuper: Steink.: Noroy in den Vogefen	1000	159	841
Kreide: Steink.: St. Girons	1000	184	916
Belestat	1000	182	941
Kragüöta: Braunk.: Dax	1000	207	970
Dep. der Rhonemündungen	1000	217	878
Meissner in Hessen	1000	231	827
Dep. der niedern Alpen	1000	238	910
Unvollkommne Braunk.: Griechenland	1000	309	1000
Cöln	1000	318	964
Uznach (Schweiz)	1000	492	1247

Die Zellen der Kohle kann man fehr gut beobachten, wenn
man von der Kohle, auch von der dichtesten Glanzkohle, welche

dem bloßen Auge durchweg dicht erscheint, dünne Schliffe bildet und diese mittelst des Mikroskopes unterfucht. Der zellige Bau des Pflanzengewebes tritt dabei unzweifelhaft hervor.

Noch lehrreicher sind die in dem überlagernden feinkörnigen Sandsteine enthaltenen, auf den Schichten senkrecht stehenden Baumstämme. Diefelben wurzeln meist in kleinen Lagen Schlefer-thones, gehen durch mehre Schichten von Schieferthon und Sand-stein und sind oben wie abgeschnitten. Der Stamm felbst ist ver-kiest, der feste Ringtheil diefer Farnbäume ist in kiesige Masse verwandelt, der innere zellige Theil ist durch Sandstein erfetzt und die Rinde in ein dünnes, leicht abfallendes Kohlenblättchen verwandelt. Die Mehrzahl der Stämme findet sich jedoch um-gestürzt, wagerecht auf den Schichten lagernd und meist breit-gedrückt.

In den Schieferthonlagen endlich, deren Masse bei der Erzeu-gung der Schicht bildsam war und als feiner Schlamm die Blätter und Aeste umgoss und abformte, finden wir die Formen der Blätter, ihre Nerven und die Gliederung derfelben; an den Aesten die Narben der Blattstiele so vollständig erhalten, dass es möglich geworden ist, dadurch die Formen der damaligen Gewächse zu erkennen und die Sippen, denen sie angehörten, zu bestimmen.

Die Hauptmasse der damaligen Gewächse besteht hienach aus riesigen Schachtelhalmen, Bärlapparten, Farn und Nadelhölzern. Von den Schachtelbahnen find riesige Calamiten von mehr als ein Drittel Meter Durchmesser erhalten, deren Stamm alle 200 mm. etwa einen Knoten und regelmäßige gleichlaufende Streifen zeigt. Von Farn find die mannigfachsten Formen in Blättern und Stämmen erhalten. Auch die Sigillarien-Stämme von 15 Meter Länge und von mehr als ½ Meter Durchmesser, deren höchst zahlreiche Blatt-narben wie bei den Farn in Längsreihen gestellt find, gehören wahrscheinlich den Farn zu, ebenfo wie die Stigmarien, welche vermuthlich die Wurzelstöcke der Sigillarien gewefen find. Da-gegen gehören die ebenfo großen Lepidodendron-Stämme mit ihren schraubenförmig um den Stamm gestellten Blattstielnarben unzweifel-haft den Bärlapparten an. Von Markpflanzen (Dikotyledonen) ist es nur die unterste Klasse der Hölzer (Apetalae), welche in diefer Zeit durch die Nadelhölzer (Coniferae) vertreten ist.

Die Steinkohle findet sich in zwei verschiedenen Lagerungs-weifen. Einerfeits bildet diefelbe in England von Newcastle bis Bristol und auf dem Festlande von Bergen in Belgien bis Unua bei der Ruhr und auf dem Festlande von Nordamerika zufammen-

hängende Meeresgürtel, die auf dem Kohlensandsteine am Ufer des
Meeres gebildet, allmälig unter das Meer gesunken und im Meere
begraben sind. Andere Thon- und Sandschichten haben dieselben
bedeckt, auf denen neue Wälder erwachsen und bestanden, später
gleichfalls gesunken und versenkt und abermals von andern Schichten
bedeckt sind. Andrerseits ist die Steinkohle in Binnenmulden mitten
auf dem Festlande gebildet und füllt hier bedeutende Becken, so
das pfälzische Becken bei Saarbrück, so das niederschlesische bei
Waldenburg, so das sächsische bei Zwickau, so das böhmische bei
Pilsen, so das französische bei St. Etienne.

Die Meeresgürtel der Steinkohle zeichnen sich durch die gleichmäßige Lagerung der Steinkohle in Schichten von bestimmter Streichungslinie und von nahe gleicher Dicke aus und ruhen auf Schichten,
welche selbst wieder auf dem Kohlenkalke der damaligen Meere
lagern. Sie ergeben sich hiedurch unzweifelhaft als Bildung der
Meereskäste zu erkennen. Bei den Binnenmulden dagegen fehlt
stets dieser Kohlenkalk des Meeresgrundes. Die kohlenführenden
Schichten ruhen unmittelbar auf älteren Schichten, sei es auf Granit
oder auf Uebergangsgesteinen, die untern Schichten sind meist
grobe Trümmergesteine aus den benachbarten Schichten, gehen
aber bald in mehr oder minder feine Sandsteine über, welche mit
Thonschiefern wechseln. Die Steinkohle nimmt nach der Mitte
des Beckens an Mächtigkeit mehr zu und hat weniger bestimmte
Streichungslinien als die Meeresgürtel. Auch bei den Binnenmulden
ist die Steinkohle erst durch Versinken der Wälder unter die
Wasserfläche der Binnenseen gebildet, wie die zahlreichen Abdrücke
von Fischen in den Thonschieferschichten beweisen. Es gehören
diese Fische, die Paläonisken und Amblypteren, aus der Sippe der
Lepidoiden zu den Süswasserfischen und zeichnen sich durch dünne,
bürstenförmige Zähne und plumpere Körperformen vor den Meeres-
fischen jener Zeit aus.

Ueber die Entstehung der Steinkohlen ist unter den Geologen
mannigfacher Streit gewesen. Die Einen haben sie von Torflagern
abgeleitet, die Andern von Holzflößen, welche zusammengetrieben,
noch Andere von Wäldern, welche umgesunken seien. Dass die
Entstehung aus Holzflößen unmöglich sei, hat E. de Beaumont hinlänglich bewiesen, indem z. B. die 33 m. starke Steinkohlenschicht
im Becken des Aveyron ein Flos von 835 m. Höhe voraussetzen
würde, welches unmöglich angenommen werden kann. Andrerseits
hat man darauf aufmerksam gemacht, dass Torfmoore und Pflanzen-
Anhäufungen jetzt nur der kühlen gemäßigten Zone eigenthümlich

Gnd, während die Wärme der Tropen fo rasoh und gewaltig zerfetzt, dass trotz des üppigen Pflanzenwuchfes derfelben die pflanz-
lichen Ablagerungen in der heissen Zone nur höchst unbedeutend
find, und dass das Wetter zur Steinkohlenzeit mindestens dooh ein
tropisches zu nennen fei. Die Entstehung der Steinkohle erscheine
hienach noch unerklärt, zumal der zellige Bau derselben vielmehr
für Entstehung derselben durch Wälder als durch Torf spreche.

Zur Löfung diefer Schwierigkeiten ist es nothwendig, auf
folgende Umstände aufmerkfam zu machen. Es ist schon oben
mehrfach erwähnt, dass die sämmtlichen Schichten des Festlandes
damaliger Zeit mit Sand- und Thonschichten bedeckt gewefen find,
welche in spättern Zeiten verwittert oder weggespült find, und
dass nur diejenigen Schichten erhalten und aufbewahrt find, welche
später unter die Oberfläche des Wassers gefunken find und hier
einen bindenden Kitt erhulten haben, der fie in Sandstein oder
Thonschiefer umwandelte.

Auch die zahlreichen Wälder, welche damals die Oberfläche
des Festlandes bedeckten, auch die zahlreichen Thiere derfelben,
namentlich die Schwfiger (Insecta), die Spinnen u. f. w. find in
jenen Erdschichten verwcft und vermodert und einer ebenfo
raschen und gewaltigen Zerfetzung unterworfen worden, als die
Wälder unfrer heutigen tropischen Zone. Nur diejenigen Stämme
und Wälder find in den Steinkohlen erhalten, welche unter die
Oberfläche des Wassers gefunken, durch das Wasser vor den verwefenden Einflüssen des Luftmeeres bewahrt und durch die Auflöfungen des Wassers mit einem schützenden Kitte getränkt und
versteint find. Auch jetzt noch erhält sich das Holz in der Tiefe
des Wassers ungemessene Zeiten, auch heute noch erhalten sich
Torf- und Holzablagerungen, wo fie beständig vom Wasser durchtränkt find, während Holz und Torf in Ackererde schnell verwefen
und namentlich in Gegenden, wo das Erdreich bald vom Wasser
durchtränkt, bald in den trocknen Monaten ausgedörrt und dem
Luftzutritte geöffnet ist, schnell zu Grunde gehen.

Ist diefe Anschauung der Sache die riohtige, fo stellen die
Steinkohlenschichten nur einen geringen Theil der in der Kohlenzeit gewachfenen Pflanzen dar, der grösste Theil muss verweft und
damit in das Luftmeer der Erde zurückgekehrt fein, fo namentlich
fämmtliche Wälder des Festlandes, welche nicht der Meereskücte
oder den Ufern von Binnenfeen angehörten und daher nicht unter
Wasser finken konnten, fo ferner ulle die Theile der Waldungen
an der Seen- oder Meereskücte, welche nicht durch Senkungen unter

die Oberfläche des Waffers gefunken, oder nicht unter der Oberfläche des Meeres gewurzelt und nur mit den Zweigen aus dem
Meere hervorgeragt haben.

Nach Chevandier compt. rend. 1844 No. 3 und 5 liefert der
Pflanzenwuchs in den Wäldern unferer Breiten in 100 Jahren eine
Schicht von 16 Millimetern Steinkohle, und mit diefem Ergebniffe
ftimmen vollkommen die Angaben von Liebig in feiner Agricultur-
chemie, wie dies in der Pflanzenlehre nachgewiefen wird. Da nun
die Kohlenzeit 2'260420 Jahre gewährt hat, fo würden die Wälder
unfrer Breite in diefer Zeit eine Steinkohlenschicht von 361³/₄ m.,
die tropischen Farnwälder der Südfeeinfeln, deren Stämme fo dicht
ftehen, dass man nicht zwischen denfelben, fondern nur auf den
Kronen der Bäume gehen kann, felbst eine dreifach fo starke
Schicht, d. h. eine Schicht von 1085 Metern gebildet haben. Da
nun im Mittel die Steinkohlenschichten der Meeresgürtel und Binnenmulden nur eine mittlere Dicke von 8 Metern befitzen, fo ist alfo
auch von den Wäldern der Meeres- und Seeufer nur ¹/₁₃ in den
Steinkohlenschichten erhalten geblieben, ¹²/₁₃ find wiederum verweft und in das Luftmeer zurückgekehrt.

Die Thatfachen der Nummer find ficher und allgemein anerkannt. Die Erklärung über die Bildung der Steinkohle ist neu,
folgt aber streng aus den Sätzen der frühern Nummern.

43.   Die Hebung des Kohlenflötzes: Nordengland, 1200 m. hoch.

Die Kohlenzeit schliesst mit der Hebung des Kohlenflötzes.
Man hat fich vielfach darüber gestritten, ob die Hebungen der
Gebirge plötzlich und ruckweife eingetreten, oder ob fie nur das
Ergebniss einer während der ganzen Zeit anhaltenden allmäligen
Hebung gewefen feien.

Es ist schon oben darauf hingewiefen, dass die Oberfläche
der Erde in einer fortdauernden, wechselnden Hebung und Senkung
begriffen fei, und dass, während im Allgemeinen der Meeresgrund
und die Küste gefunken find, das gehobene Festland, namentlich
aber die Urgesteine der Gebirge, welche durch die Regen am
meisten an Maffe verlieren, in einem fortwährenden, fehr bedeutenden Steigen begriffen find, und dass nur hieraus der Ursprung
der bedeutenden Sand-, Thon- und Kalkmaffen in den Ablagerungen
der geschichteten Gesteine erklärt werden könne, ohne dass doch
die Gebirge an Höhe abgenommen haben oder wohl felbst verschwunden find.

Die allmälige Veränderung der Höhen und Tiefen der Erdoberfläche ist hienach unzweifelhaft. Jedenfalls find am Ende der
Kohlenzeit die Schichten des Kohlenflötzes, fo weit fie jetzt nicht
von Kupferschiefer bedeckt find, aus dem Meere emporgehoben
und Festland geworden, und find diejenigen Schichten, welche nicht
vom Todtliegenden bedeckt find, felbst fo weit gehoben, dass fie
aus der wagerechten Lage gerückt, gebirgig, mit steilerem Abhange
anfsteigend, den Gewässern einen schnellen Abfluss gewähren, fo
dass diefe erst am Fuße derselben ihre Sandmassen ablagern können.

Da wir nach dieser Hebung eine ganz andre Pflanzen- und
Thierwelt finden, fo hat die Hebung eine sehr lange Zeit in An-
spruch genommen. Während dieser ganzen Zeit haben fich Gerölle
am Abhange der Gebirge, Sandmassen auf den Ebenen des Landes
abgelagert und find allmälig mit gehoben. Sobald aber der He-
bungswinkel bedeutender geworden ist, fo haben auch die Sandmassen und Gerölle ihre Lage verlieren und weiter rücken müssen,
bis die Gerölle wieder am Fuße der neuen Gehänge, der Sand in
den neu gebildeten Ebenen fich gelagert hat. Zur Zeit, als die
Ebenen unter das Meer sanken, hier ihren Kitt erhielten und in
Sandstein fich wandelten, waren jedenfalls die Ebenen wieder
wagerecht gelagert. Alle Gerölle und Sandmassen, welche nicht
unter den Meeresspiegel wieder gesunken find, find lose Erde geblieben und haben den Boden für den weitern Pflanzenwuchs und
das Thierleben gegeben. Das Todtliegende und die Sandsteine des
Weisliegenden zeigen uns die Theile des Festlandes, welche während der Hebung des Kohlenflötzes gebildet und dann unter das
Meer gesunken find.

Zweiter Abschnitt der Gebirgsgeschichte:
Die Kupferzeit der Erde, 43—37° C.

44. Das Luftmeer der Kupferzeit.

Das Luftmeer der Kupferzeit zeigt uns im Ganzen dieselben
Erscheinungen, wie das Luftmeer der Kohlenzeit. Der Sauerstoff
herrscht im Luftmeere vor und bedingt die Bildung der Gesteine,
welche wir im Kupferflötze finden. Der Sandstein des Kupferflötzes, das Todtliegende, hat von dem durch den Sauerstoff erzeugten Eisenoxyde feine rothe Farbe, der Kupferschiefer hat von
den durch den Sauerstoff erzeugten schwefelfauren Kupfersalzen,

welche von der Kohle des Kupferschiefers wieder entsäuert und
in Schwefelkupfer verwandelt find, feinen Kupfergehalt. Die Wirkungen des Sauerstoffes treten in diesem Zeitabschnitte, wo die
Kohle nicht mehr so vorwaltet, sogar mehr sichtbar hervor, als in
der Kohlenzeit.

Die Schichten des Kupferflötzes von 1000 m. Mächtigkeit treten
übrigens, so wichtig sie auch für den Bergmann sein mögen, doch
nur in geringer Ausdehnung zu Tage und verschwinden auf den
Gesteinskarten (geognostischen Karten) fast gänzlich; nur in Russland, wo sie meist noch wagerecht gelagert sind, bedecken sie
weite Räume, so namentlich das Gouvernement Perm, weshalb das
Kupferflötz auch häufig das permische Flötz genannt wird.

Die genauern Verhältnisse der Kupferzeit und die neue Thier-
klasse, welche derselben entspricht, werden wir bei den einzelnen
Schichten des Kupferflötzes kennen lernen.

45. Das Todtliegende und das Weisliegende.

Unmittelbar nach der Hebung des Kohlenflötzes haben sich in
den Ebenen am Fuse der Gebirge und der gehobenen Gestein-
schichten durch die Gerölle, welche die Flüsse mit sich führen,
grose Mengen von Sandsteinen, das Todtliegende, gebildet,
welche in der rothen Farbe ihrer Sandkörner die Einwirkung des
sauerstoffreichen Luftmeeres nachweisen, unter welchem sie entstanden sind.

Grobkörnige und feinkörnige Sandsteine wechsellagern und
zeigen in ihren Trümmermassen den Ursprung, woher sie stammen
So findet man in den Steinbrüchen von Langen zwischen Darm-
stadt und Frankfurt Trümmer in groser Menge aus den Urgesteinen
des nachbarlichen Odenwaldes. Die Grundmasse des Sandsteines
ist weniger quarzig als thonig und geht theilweise in Schichten
reinen Thones über, in dem nur einzelne Quarz- oder Glimmerblättchen vertheilt sind.

Zahlreiche Porphyre haben das Gestein durchbrochen und
Trümmermassen gebildet, welche selbst wieder schichtenförmig
lagern und mit den Sandsteinen wechseln. Je nach dem Laufe der
Flüsse und je nach der Nähe des zersetzten Gesteines ist denn auch
die Mächtigkeit dieses Todtliegenden sehr verschieden von wenigen
Metern bis zu 1100 Metern Dicke ansteigend.

Mächtige Baumstämme bis 1 Meter Durchmesser und 10 Meter
Höhe sind theilweise noch in aufrechter Stellung erhalten und durch

die kiefelige Masse des Hornfelfes oder des Quarzes, welche in fie
eingedrungen ist, fo trefflich erhalten, dass ihre Gewebe unter dem
Mikroskope vollständig erkannt werden können. Diefe, wie zum
Theile reichliche Steinkohlen in diefer Schicht beweifen, dass auch
in diefer Zeit ein reichlicher Pflanzenwuchs stattgefunden, und dass
das Todtliegende dem damaligen Festlande angehört hat.

Das Todtliegende geht in den obersten Schichten in das
Weisliegende über, einen feinkörnigen Sandstein mit vorherr-
schendem Kalkgehalte, der zwar auch Pflanzenreste (z. B. Lyco-
podiolithes hexagonus) enthält, aber durch die reichliche Kalk-
ablagerung und durch die mannigfachen chemischen Niederschläge
von Gyps die Einwirkungen des Meeres schon nachweist.

Alle Thatfachen der Nummer find ficher und allgemein anerkannt.

46. Der Kupferschiefer und Zechstein und die Saurer der Kupferzeit.

Auf das Weisliegende folgen zwei äuserst beständige Schichten,
welche trotz ihrer geringen Mächtigkeit fast nie fehlen: der Kupferschiefer von 2 bis 12 Neuntel Meter und der Zechstein von 6 bis
20 Meter Mächtigkeit.

Der Kupferschiefer ist ein fehr harzreicher Thonschiefer.
Auf dem fruchtbaren Thone find einst zahlreiche Pflanzen gewachfen und haben den Harz der Schicht zurückgelassen, der bis 10 %
der Schicht bildet. Die Kohle der Schicht dagegen ist fast ganz
zur Bildung von Kupfererzen verbraucht, welche 2 bis 4 % der
Schicht ausmachen. Diefe Kupfererze find ganz auf diefelbe Weife
entstanden, wie die Eifenerze in der Kohlenzeit. Das Schwefelkupfer, welches fich in den Urgesteinen findet, ist durch den Sauerstoff der Luft in schwefelfaures Kupferfalz verwandelt. Die doppelt kohlenfauren Salze, namentlich das doppelt kohlenfaure Natron,
zersetzen diefes schwefelfaure Salz; es entsteht schwefelfaures Natron
und doppelt kohlenfaures Kupferfalz. Beide werden vom Wasser der
Quellen bis in die Schichten des Kupferschiefers geführt. Hier
schlägt fich ein Theil des kohlenfauren Kupferfalzes als Kupferlafur
($2 CuCO^3 + CuH^1O^2$) und Malachit ($CuCO^3 + CuH^2O^2$) oder auch
als Rothkupfererz (Cu^2O) oder als gediegen Kupfer im Thone des
Kupferschiefers nieder, das schwefelfaure Natron wird durch die
Kohle des Kupferschiefers in Schwefelnatrium verwandelt, und dies
zersetzt fich mit dem doppelt kohlenfauren Kupferfalze. Schwefel-

kupfer schlägt sich nieder, während doppelt kohlensaures Natron von den Gewässern weiter geführt wird. Auch hier sind es also die zelligen Gewebe der Pflanzen und Thiere, welche die Erzeugung des Schwefelkupfers bewirken; die Körpermasse der versteinten Fische ist daher auch häufig ganz mit Kupferkies oder Kupferglanz überzogen. Die Schwefelerze, welche sich auf diese Weise im Kupferschiefer bilden, sind Kupferglanz (Cu^2S), Bunt-Kupfererz ($Cu^4Fe S^3$) und Kupferkies ($Cu^2Fe^2S^4$).

An Versteinerungen ist der Kupferschiefer nicht nur reich, sondern liefert auch ausgezeichnete Abdrücke, namentlich im Kupferschiefer von Mansfeld. Zahlreiche Quallen und Häusler (Mollusca) und Fische, welche noch ganz denen der Kohlenzeit entsprechen, haben die Meere dieser Zeit belebt; daneben aber erscheinen in der Kupferzeit bereits die ersten Gattungen der Lurche (Amphibia), die Saurer[*]). Grosse Protorosaurer, den Krokodilen ähnlich, mit langen, dünnen, walzenförmigen Zähnen, welche in abgesonderte Zahnhöhlen eingepflanzt sind, bevölkern die Gewässer jener Zeiten und sind uns im Kupferschiefer von Mansfeld aufbewahrt.

Ueber dem Kupferschiefer lagert der Zechstein, ein grauer, dichter Kalk mit grösserm oder geringerm Thongehalte; er ist theils ganz frei von Versteinerungen, theils ist er reich an Häuslern und Stielquallen (Enkriniten) und beweist hiedurch, wie durch seine Gänge von Kalkspath ($CaCO^3$) und Schwerspath ($CaSO^4$) und durch seine Eisenstein-Lager, dass es alter Meeresboden ist.

Alle Thatsachen dieser Nummer sind sicher und allgemein anerkannt.

47. Der Rauchkalk.

Ueber dem Zechsteine lagern die Schichten des Rauchkalkes, Schichten, welche in ihrem Vorkommen ebenso veränderlich sind, als der Kupferschiefer und Zechstein beständig ist. Die Schichten dieses Rauchkalkes sind: der Bitterkalk, die Bitterasche, der Stinkkalk und der Gyps.

Der Bitterkalk oder Dolomit ($CaCO^3 + MgCO^4$) ist wie alle

---

[*]) Saurer ist entlehnt aus dem griech. sauros, saura die Eidechse, ein Seefisch, und dies ist vom Urwort sars, sskr. sara das Meer abgeleitet, woher auch gr. salamandra der Salamander, salpe, sargos, sarda, sardine alles Namen von Meerfischen, stammen.

Bitterkalke rauh im Anfühlen, dabei spathig und porig, voll dru-
figer, nach der Schichtfläche gestreckter Löcher, welche Bitterkalk-
Gespathe enthalten. Er hat je nach den Höhlen, welche er enthält, eine Mächtigkeit von 1 bis 2 oder von 10 bis 20 Meter und
ist, wo er dicht ist, oft harzreich. Die chemische Beschaffenheit
beweist, dass er im Meere niedergeschlagen ist aus den kohlensauren Salzen, welche die unterirdischen Gewässer mit sich führen.
Der Harzgehalt, die in das Gestein in der Nähe von Bristol ein-
gebackenen Rollsteine und Trümmer des Kohlenkalkes und die
länglichen, der Schichtfläche gleichlaufend gestreckten Löcher, in
denen sich Bitterspath-Krystalle abgesetzt haben, beweisen, dass
der Bitterkalk aber zu Zeiten auch gehoben und Festland gewesen
ist und dass das Wasser der Quellen zwischen den gehobenen
Schichten hinabgelaufen ist.

Ueber dem Bitterkalke, bisweilen aber auch unmittelbar über
dem Zechsteine lagert die Bitterasche, ein talkhaltiger, harz-
führender Kalk von pulvrigem, sehr geringem Zusammenhange, der
Bitterkalk-Stücke enthält und unzweifelhaft durch Verwitterung des
Bitterkalkes entstanden ist zu der Zeit, als dieser aus dem Meere
gehoben war und einen Theil des Festlandes bildete.

Der Stinkkalk, welcher über der Bitterasche lagert, und in
welchen diese allmälig übergeht, zeigt durch seinen reichen Gehalt
an Gehäusen und an zelliger Masse, welche beim Reiben einen ähnlichen Geruch giebt, als wenn Horn geraspelt würde, dass er eine
Meeresbildung ist. Auch finden sich in ihm Nieren von Bitterkalk
und beweisen, dass noch ähnliche Bedingungen vorhanden sind, wie
zur Zeit der Bitterkalk-Bildung; aber der Kalkgehalt tritt gegen
den Talkgehalt bereits stark hervor, und in den obern Schichten
wechselt selbst Kalk mit mächtigen Gypslagern.

Der Gyps ($CaSO^3 + 2 H^2O$), welcher hier zum ersten Male
in grosen Stücken bis zu 70 Meter Mächtigkeit und darüber auftritt, ist körnig und enthält viel Gypsspathe. Salzquellen treten
aus demselben hervor und beweisen die Gegenwart von Steinsalz,
das aber, wie auch die geräumigen Höhlungen oder Schlotten im
Gypfe zeigen, zum grösten Theile bereits ausgewaschen und fortgeführt ist, da es an dem bindenden Thone gefehlt hat.

Die mannigfach wechselnde Mächtigkeit des Gypfes und sein
stellenweises Fehlen, sowie andrerseits sein Gehalt an Eisenoxydhydrat beweisen, dass er einzelnen örtlichen Ursachen seine Entstehung verdankt.

Die Thatsachen der Nummer sind sicher und allgemein anerkannt.

48.   Die Hebung des Kupferflötzes: der Hennegau, 1400 m hoch.

Nach der Bildung des Kupferflötzes ist wieder eine bedeutende und wichtige Hebung eingetreten, die des Hennegaues, welche das Kupferflötz gehoben hat, während die folgenden Schichten von diefer Hebung nicht berührt find. Die Thiere der Kupferzeit erreichen mit diefer Hebung ihr Ende. Nach der Hebung finden wir ganz andere Pflanzen und Thiere auf der Erde. Die Hebung des Kupferflötzes ist mithin für das Erdleben von grofer Wichtigkeit und zeigt uns den Eintritt eines neuen Zeitabschnittes an. Der Vogefenfandstein hat während der Hebung des Kupferflötzes die Ebenen des Feltlandes als lofer Sand bedeckt und dann erst fpäter, als er wieder unter die Meeresfläche gefunken ist, feinen bindenden Kitt erhalten.

Dritter Abschnitt der Gebirgsgeschichte:
Die Salzzeit der Erde, 37—31° C.

49.   Das Luftmeer der Salzzeit.

Das Luftmeer der Erde ist auch zur Salzzeit vorwiegend ein Sauerstoffmeer. Der Sauerstoff, der aus den in den Schichten der Gebirgszeit vergrabenen Pflanzen ausgeschieden ist, bildet den Hauptbestandtheil des Luftmeeres und dringt in die Erdschichten, fowie mit den Quellen in die Spalten und Gänge der Felfen ein und verwandelt einerfeits das kohlenfaure Eifenoxydul in Eifenoxyd und giebt dadurch dem Sande des Feltlandes feine rothe Farbe, andrerfeits löft er die Schwefelerze in schwefelfaure Salze auf, welche, ihre Bafe gegen Natron austauschend, schlieslich als schwefelfaures Natron ins Meer treten und hier den Chlorkalk (CaCl) vorfinden, aus Wahlverwandtschaft mit ihm die Bafen tauschen und schwefelfauren Kalk oder Gyps*) (CaSO' + 2 H²O), fowie Chlornatrium oder Kochfalz (NaCl) niederfchlagen. Der überflüssige Sauerstoff, welcher in der Gebirgszeit alle Bildungen beherrschte, wird hierdurch verbraucht und aus dem Luftmeere entfernt. Die Bildungen rothen Sandsteins erreichen ihr Ende. Mit der Salzzeit schliest daher auch die Gebirgszeit.

---

*) Gyps ist aus dem gr. gýpsos, lat. gypsum Gyps, Kreide entlehnt. Abstammung unbekannt.

Die Schichten des Salzflötzes haben 1500 m. Mächtigkeit und bestehen aus drei von einander abweichenden Gesteinen: dem Neurothen, dem Muschelkalke und dem Keuper. Das Salzflötz wird deshalb auch das Dreiflötz oder die Trias genannt. Die Einzelnheiten, sowie die Thiere dieses Zeitabschnittes werden wir bei den einzelnen Schichten kennen lernen.

50. Der Vogefenfandstein.

Am Fuße der Vogesen lagert auf dem Todtliegenden ein rother Sandstein mit weniger Thongehalt, der fogenannte Vogesenfandstein. Das Todtliegende bildet im Norden und Westen der Vogesen einen zufammenhängenden Gürtel, während es im Süden und Osten mannigfach zerrissen ist durch tiefe Querthäler, welche bis zu dem Urgesteine hinabgehen.

Der Vogesenfandstein, der auf diesem Todtliegenden lagert, ist ein Sandstein mit feinen, meist eckigen, spathigen Quarzkörnern, welche mit einer dünnen Rinde von Eifenoxyd bedeckt find und daher eine lebhaft ziegelrothe Farbe haben, die zuweilen ins Veilchenfarbene oder ins Braune übergeht und oft mit grünem, kohlenfaurem Eifenoxydul abwechfelt. Die Bruchflächen des Sandsteines glänzen und spiegeln lebhaft in der Sonne; die Größe des Kornes, wie die Menge des thonig eifenhaltigen Bindemittels und der zerstreuten Glimmerblättchen wechfeln mannigfach, ja es zeigen fich namentlich an der Grenze der Urgesteine felbst Puddinge und Trümmermassen, welche ihrer Härte wegen an den Thalrändern hervorspringen.

Versteinerungen fehlen dem Gesteine gänzlich.

51. Die Hebung des Vogefenfandsteines: Vogesen und Schwarzwald, 1800 m. hoch.

Der Vogesenfandstein ist durch den Schwarzwald und die Vogesen, d. h. durch die beiden an den Seiten des mittlern Rheinthales gleichlaufenden Gebirge gehoben. Der Neurothe, der nach der Hebung entstanden ist, ist übrigens mit dem Vogesenfandsteine ganz gleichen Kornes und gleichen Baues. Die Hebung des Vogefenfandsteines ist mithin für die Erde kein Ereigniss von großer, schneidender Bedeutung, wodurch ein Abschnitt im Leben der Erde gebildet wird. Die Schichten des Vogefenfandsteines find bei der

Hebung fast wagerecht geblieben und bilden hohe Gipfel, welche
seitwärts in steile Abstürze enden.

52. Der Neurothe (New red sandstone) und die Vögel der Salzzeit.

Am Fuse der Gipfel, welche den Vogesensandstein tragen,
lagert wiederum ein rother Sandstein, der Neurothe, auch der
bunte Sandstein genannt. Der Vogesensandstein ist nur durch seine
Hebung vom Neurothen unterschieden; das Korn und die Farbe ist
die gleiche, doch wird der Neurothe nach oben reicher an Thon
und Glimmer und geht in den obersten Schichten häufig in Schieferletten oder rothen geschichteten Thon über, seine Farbe wird gleichzeitig nach oben dunkler. Vogesensandstein und Neurother sind
hienach eine und dieselbe Gesteinmasse. Der Vogesensandstein
bildet die untern, der Neurothe die obern Schichten desselben; den
Namen bunter Sandstein führt er von den weisen oder grauen
Streifen, welche er führt, und welche häufig der Schichtung nicht
gleichlaufend gehen, sondern den Lauf alter Quellen zu bezeichnen
scheinen, von denen das Eisen aufgelöst und fortgeführt ist.

Der Neurothe besitzt zum Theile eine Mächtigkeit von 400 Metern und darüber: er füllt das Becken östlich vom Schwarzwalde,
Odenwalde und niederrheinischen Schiefergebirge und südlich vom
Harze: Schwaben, Hessen und Thüringen und ebenso die Gehänge
westlich von den Vogesen. Ueberhaupt ist der Neurothe ein sehr
ausgebreitetes Gestein und füllt in Nordamerika das ganze Becken
von 95° westlicher Länge von Greenwich bis zu den Quellen des
Colorado in 111° westlicher Länge und von dem obern See und den
Quellen des Missisippi oder von 50° bis 32° nördlicher Breite.
Alle Ebenen dieses Gebietes haben von ihm die röthliche Farbe,
und die Flüsse, welche es durchströmen, den röthlichen Schlamm
und grosentheils auch ihren Namen, wie der Rio Colorado, Red
River, Rivière rouge, Rivière vermillon und Rio pueroo.

Von Basalten ist der Neurothe häufig durchbrochen und hat
durch dieselben mancherlei Aenderungen, Entfärbung oder dunklere
Färbung, Frittung, Verglasung und Verschlackung erfahren. Von
Versteinerungen zeigt derselbe mehrfache Pflanzen, so Calamites,
Voltzia, Albertia und andere und beweist hiemit, dass er zur Zeit
seiner Bildung Festland gewesen ist.

In den Thonschiefern dieses Neurothen hat man nun in der
Nähe von Hildburghausen Spuren von vierfüsigen Thieren entdeckt,
welche man zuerst für Spuren von Säugethieren hielt. Die Spuren

zeigen vier nach vorne gerichtete Zehen mit großen Nägeln und
einen feitwärts gerichteten, nagellofen Daumen. Die Vorderfüße
find bedeutend kleiner als die Hinterfüße, und ist der Daumen den
Zehen mehr genähert. Diefe Spuren find jedoch keine Spuren von
Säugethieren, fie gehören großen Lurchen (Amphibia), und zwar
froschartigen Thieren, den Labyrinthodonten, an, deren Schädel und
Zähne man in den Schichten des Muschelkalkes findet.

Im Neurothen find aber, und zwar im Thale des Connecticut
im Staate Massachusets vom Professor Hitchcock noch die Spuren
eines andern Thieres entdeckt. Diefe Spuren gehören offenbar
einem Thiere an, welches auf 2 Beinen ging, indem ein rechter
und ein linker Fußtritt immer in derselben Linie wechseln, während
bei vierfüßigen Thieren die Spuren stets auf 2 gleichlaufenden Linien zu finden find, fich auch meist Vorderfuß und Hinterfuß in
Größe und Gestalt unterscheiden. Die Spuren jener zweibeinigen
Thiere zeigen deutlich drei nach vorne gerichtete Zehen und einen
schief nach hinten, felten nach vorn gerichteten Daumen, zuweilen
auch zeigen fie hinten Spuren, wie von einem Federbüschel. Es
find dies unzweifelhaft Vogelspuren. Die Größe der Spuren und
die Länge der Schritte find fehr verschieden, alle aber fo groß,
daß fie nur hochbeinigen Vögeln aus der Klasse der Sumpfvögel
angehören konnten. Die Spur des größten, des Ornithichnites gigan-
teus hat ⅟₁₀ Meter, der Schritt desselben 1½ bis 2 Meter Länge
und ist mithin weit größer als der des größten jetzt lebenden Vogels.
In dem Neurothen ist alfo abermals eine neue Klasse des Thierreiches entdeckt, und diesmal schon eine Klasse der Land- und
Luftthiere, die Vögel.

Die Leiber und Knochen diefer Vögel find unter dem Einflusse
des an Sauerstoff reichen Luftmeeres verweft, und würde man
ohne jene Spuren keine Nachricht von dem Dafein der Vögel in
der Salzzeit haben. Sind doch auch die Wälder, welche während
diefer Zeit gewiß ebenfo zahlreich gewefen find, wie die heutigen,
gänzlich bis auf wenige kümmerliche Ueberrefte verschwunden.

Die obersten Schichten des Neurothen zeigen schon durch
ihren bedeutenden Thongehalt, daß zur Zeit ihrer Bildung diefe
Schichten unter die Oberfläche des Meeres gefunken waren (nur
einzelne Theile des Neurothen, welche bis oben hin ihr Sandstein-
Gefüge behalten haben, machen hievon eine Ausnahme). Jene
obersten Schichten des Neurothen zeigen denn auch in dem Salzgehalte ihrer Thone und in den Gypfen, fowie in den Talk führenden Kalksteinen, welche fie stellenweife enthalten, die Einwir-

kungen des Meeres und umschliessen bereits mannigfache Versteinerungen von Meeresthieren, welche dem Muschelkalke, d. h. den
Meeren damaliger Zeit, eigen sind. Ueber die Art der Bildung
dieser Schichten kann demnach kein Zweifel obwalten:

53. Der Muschelkalk.

Der Muschelkalk, welcher unmittelbar über den Schieferletten
des Neurothen lagert, ist ein dichter, oft Talk führender Kalk von
muschligem Bruche und rauchgrauer Farbe, reich an Muscheln
und Quallen, namentlich Enkriniten. Er zerfällt in drei Lagen,
den untern oder den Wellenkalk, den mittlern oder den Salzkalk
und den obern oder den rauchgrauen Kalk.

Der Wellenkalk besteht am Rande des Schwarzwaldes aus
rauchgrauem, sehr dünn geschichtetem Kalke, dessen Schichten
eine merkwürdige Wellenform haben und mit Thonen von schwarzgrauer Farbe häufig wechsellagern, welche letztern viel reicher
an Steinsalz und Gyps sind, als der Schieferletten. An andern
Orten wird der Wellenkalk durch Bitterkalke ($CaCO_3 + MgCO_3$)
ersetzt, welche wie der Wellenkalk mit dem Salzthone, so mit
talkführenden Mergeln wechseln und nur wenige Versteinerungen
bieten.

Der Salzkalk enthält mächtige Lager von Steinsalzthonen,
in denen das Steinsalz zum Theile dichtere Massen bis über 30 Meter
Mächtigkeit bildet, und welche meist dunkelgrau und sehr weich
sind. Anhydrit ($CaSO_4$) und Gyps ($CaSO_4 + 2H_2O$) wechseln mit
dem Salzthone, mit schwärzlich grauem Stinkkalke, der sehr viele
thierische Stoffe enthält, und mit Talkmergel, in welchem, wie im
Gypse, durch das Auswaschen des Steinsalzes oft zahlreiche Höhlen
entstanden sind. Die Schichtung der Gruppe, welche meist chemischen Vorgängen ihren Ursprung verdankt, ist höchst unvollkommen.

Das Steinsalz hat folgende Zusammensetzung:

	CaSO⁴	MgSO⁴	Summe.	NaCl.	CaCl.	MgCl.	Summe.
1.	—	—	—	$99_{,85}$	—	$0_{,15}$	$100_{,00}$
2.	—	—	—	$99_{,43}$	—	$0_{,57}$	$100_{,00}$
3.	$0_{,20}$	—	$0_{,20}$	$99_{,43}$	$0_{,23}$	$0_{,13}$	$99_{,90}$
4.	$1_{,50}$	—	$1_{,50}$	$88_{,11}$	—	—	$99_{,11}$
5.	—	—	—	$99_{,63}$	$0_{,50}$	$0_{,25}$	$100_{,00}$
6.	$0_{,07}$	—	$0_{,07}$	$99_{,07}$	—	—	$99_{,01}$
7.	$0_{,10}$	—	$0_{,10}$	$99_{,30}$	—	—	$99_{,30}$
8.	$1_{,45}$	—	$1_{,45}$	$98_{,04}$	$0_{,43}$	$0_{,05}$	$85_{,61}$
9.	$0_{,14}$	—	$0_{,14}$	$98_{,33}$	$0_{,04}$	$0_{,01}$	$99_{,33}$
10.	$3_{,00}$	—	$3_{,00}$	$97_{,00}$	—	—	$97_{,00}$
11.	$0_{,61}$	$0_{,03}$	$0_{,63}$	$98_{,34}$	—	$0_{,03}$	$99_{,30}$
12.	—	—	—	$98_{,40}$	—	$1_{,11}$	$100_{,00}$
Mittel	$0_{,61}$	$0_{,00}$	$0_{,67}$	$98_{,23}$	$0_{,14}$	$0_{,11}$	$99_{,11}$

Anm. Fundorte: 1—2 Berchtesgaden, 3 Hall, Tyrol, 4 Hallstadt,
6 Schwäbisch Hall, 6 desgl. (Wilhelmsglück), 7 Erfurt, 8 Vic, Lothringen,
9 Cardona, 10 Djebel Melah, Algerien, 11 Djebel Sahari, 12 Ouled-Kebbab.
Quellen: Berthier Ann. mines 10, 259 No. 6. G. Bischof Geologie
1855. 2, 1869 No. 1—5. Fehling Journ. f. pr. Chem. 45, 276 No. 6. Fournet
Ann. min. (4) 9, 546 No. 10 und 12. Simon Ann. min. (5) 12, 674 No. 11.
Söchting Ztschr. f gef. Nat 7, 404 No. 7 und 9.

Der rauchgraue Kalk oder der Kalk von Friedrichshall
besteht in den untern Schichten aus Kalk, der reich an Enkriniten
ist; über demselben lagern nach der Reihe erst dünne Lagen Rogen-
kalkes (oolithischen Kalkes), dann mächtige Lager rauchgrauen
Kalkes, deren einzelne Schichten von dünnen Mergellagern getrennt sind und die nach oben in erdige Bitterkalke übergehen.

54. Der Keuper.

Der Keuper bildet Schichten im Mittel von 350 m. und besteht
aus drei Schichten: dem Keuperthone, dem Keupermergel und dem
Keupersandsteine.

Der Keuperthon besteht aus harzreichen, dunkelgrauen,
schieferigen Thonen, welche auf dem Muschelkalke lagern und
nach oben in schwarze, fettige Kohlen mit vielem Thongehalte und
mattem, erdigem Bruche, die Lettenkohle, übergehen. Mergel-
lager, welche Gyps führen, wechseln mit ihnen; über letztern lagern
schwarzgraue Sandsteine mit Eisennieren und Pflanzenabdrücken
(von Calamites arenaceus minor, Marantoidea arenacea u. f. w.),
die Sandsteine enthalten Glimmerblättchen in Menge und sind selten

durh kohlenſaures Kupferſalz grün oder blau gefleckt, während die
Pflanzenabdrücke häufig mit einer dünnen Rinde von Eiſenocker
bekleidet ſind.

Der Keupermergel beginnt mit einem ſchmutzig gelben
oder rauchgrauen Bitterkalke ($CaCO^3 + MgCO^3$) mit zahlreichen
Verſteinerungen, der nach oben in eine Knochenbreche von 2 Metern Mächtigkeit aus Kothſteinen (Coprolithen), Zähne, Schuppen
und Knochen von Fiſchen und Saurern, bisweilen auch in Gyps
übergeht.

Bunte Mergel von vorherrschend blaurother Farbe mit scharf
abgeschnittenen grünen, gelben und blauen Adern wechseln ſodann
mit dünnen Thon- und Lettenlagen, mit Bitterkalk- und Sandschiefer-
lagen und führen viele Gypsstöcke von lebhaften Farben und mit
geringen Mengen von Steinſalz.

Der Keuperſandſtein bildet zunächſt feinkörnige Sandſteine
mit röthlich thonigem Bindemittel und von gelblicher Farbe, welche
bisweilen flammig gezeichnet ſind, in meterdicken Schichten, viele
Pflanzenabdrücke von Calamiten und Farn enthaltend. Nach oben
werden dieſe Sandſteine grobkörniger und kieſeliger und enthalten
Neſter von Pechkohle, die meiſt mit Eiſenkies und Bleiſand geſellt
ſind. Bisweilen gehen dieſe Sandſteine in Trümmermaſſen über,
welche Bruchſtücke und Rollſteine von Quarz, Hornſtein, Kalkstein
und Mergel bis Metergröſe enthalten. Die Schichten des Salzflötzes
ſind hiemit geſchloſſen.

Alle Thatſachen der 5 letzten Nummern ſind ſicher und allgemein unerkannt.

56. Die Hebung des Salzflötzes: der Thüringer und der Böhmer Wald, 1800 m. hoch.

Nach der Bildung des Salzflötzes hat auf der Erde wieder
eine mächtige Hebung ſtattgefunden. Alle Thiere, welche in der
Sulzzeit gelebt haben, finden mit dieſer Hebung ihr Ende, ganz
neue Thiergattungen treten nach derſelben auf, die Hebung ist alſo
eine wichtige, einen Abschnitt im Erdleben bildende und ſehr
lange dauernde.

Die Gebirgszeit erreicht mit dieſer Hebung ihr Ende. Nehmen
wir daher von ihr Abſchied; werfen wir noch einen Blick auf die
vergangenen Zeiten zurück. Die Schalenzeit und die Hügelzeit
haben uns die Erde gezeigt unter der Herrſchaft der Kohlenſäure.
Die Lava der Erdschale iſt zur Schalenzeit durch das kohlenſaure

Gewässer ihrer Bafen beraubt, der kiefelfaure Granit und Gneis
ist zurückgeblieben und aus der Tiefe des Meeres in Form von
Infeln emporgestiegen, die kohlenfauren Gesteine find am Grunde
des Meeres niedergeschlagen, die Kohlenfäure ist aus dem Luftmeere entfernt. Die Infeln find zur Hügelzeit mit Pflanzen bekleidet, die Meere von Thieren bewohnt; aber die Gesteine find
bei dem Vorwiegen der Kohlenfäure nur unvollkommen zerfetzt,
das Gestein bildet die blangraue Grauwacke diefer Zeit. In der
Gebirgszeit dagegen herrscht der Sauerstoff. In der Gebirgszeit
find die Granite und Gneise durch die Einwirkung des Sauerstoffes
in die durch die Tagesgewässer fortgeschwemmten Sand- und
Thonmassen der Schichtgesteine und in die durch die Spalten-
gewässer aufgelöften chemischen Meeresstoffe zerlegt, aus denen
fich durch Thätigkeit der Pflanzen und Thiere die Kohlen- und
Kalkschalen, die Schwefelerze und Phosphorfalze gebildet haben
und in den Schichtgesteinen niedergelegt find. In der Gebirgszeit
haben fich unter dem Einfluse des Sauerstoffes die rothen Sandsteine mit vorwaltendem Eifenoxyde gebildet, und treten zuletzt
felbst schon Trümmergesteine des Sand- und Kalksteines in den
Mergeln hervor. In der Gebirgszeit endlich haben fich über dem
Festlande hohe Gebirge erhoben, welche, obwohl fie die Massen
für die geschichteten Gesteine liefern, dennoch fich viele Hunderte
von Metern über dem Meeresspiegel erhoben haben.

Die Hebungen und Senkungen des Bodens werden bei der grösern
Ausdehnung des Festlandes bei den mannigfachern Wechfeln von Höhe
und Tiefe bereits zahlreicher. Dasselbe Land ist bald Ebene des Festlandes, bald Küste, bald Meeresgrund gewefen. In der Gebirgszeit
haben fich, wie wir fahen, im Ganzen 4500 m. Schichtgesteine gebildet und Räume bedeckt, welche in der Kohlenzeit das Vierfache,
in der Kupferzeit das Fünffache, in der Keuperzeit das Sechsfache
der in den Gebirgen zu Tage tretenden Urgesteine gebildet haben.
Da fich nun in der Kohlenzeit 2000 m., in der Kupferzeit 1000 m.,
in der Salzzeit 1500 m. Schichtgesteine gebildet haben, fo muss
das Urgestein der Gebirge, blos um die Massen für diefe Schichtgesteine zu liefern, in je 100 Jahren zur Kohlenzeit 351 mm., zur
Kupferzeit 242 mm., zur Salzzeit 410 mm. emporgestiegen fein.
Das scheint erstaunlich, ist aber, mit den Hebungen Schwedens in
der Jetztzeit verglichen, doch nur gering; denn Schweden steigt
jetzt in je 100 Jahren 1 bis 2 Meter in die Höhe.

An Feuerbergen ist in der Gebirgzeit kein Mangel, wie die
vielen Bafalte diefer Zeit beweifen, aber die Gebirgsart ist nicht

mehr in Granit umgewandelt, da die zu diesen Bildungen erforderliche Kohlensäure fehlt, sondern ist wie die jetzige Lava bereits
unverändert geblieben.

Vierter Zeitraum der Erdgeschichte: Die Alpengeschichte.

56.   Die Alpengeschichte der Erde.

Die Alpengeschichte der Erde umfasst die Zeit, wo sich die
Hochgebirge der Erde, die Alpen*) erhoben und dem Festlande
der Erde ihre Gestalt gaben, wo die Säugethiere die Erde bewohnten und die Erde sich zum Empfange ihrer Herrscher, der
Menschen, schmückte und vorbereitete.

Es beginnt dieser Zeitraum mit dem Zeitpunkte, wo die ersten
Säugethiere auf Erden erschienen. Im Juraflötze finden wir nun
die ersten Knochen eines Säugethieres, mit der Bildung des Jura
beginnt daher auch die Alpenzeit. Das Juraflötz zeigt uns aber
neben den Säugern auch zahlreiche Korallen, welche den jetzigen
Korallen der Südsee sehr ähnlich sind, zeigt uns auch Stämme und
Blätter alter Zamien und Zyken (Cycas). Diese Korallen, diese
Zamien und Zyken bedürfen jetzt zu ihrem Leben mindestens eine
mittlere Jahreswärme von 22° C., sie finden sich aber im Juraflötze in Gegenden, welche 4 bis 9° C. unter der mittlern Erdwärme haben. Die Erde muss mithin zur Jurazeit 26 bis 31° C.
mittlere Erdwärme gehabt haben, oder die Alpenzeit beginnt mit
dem Zeitpunkte, als die Oberfläche der Erde die mittlere Erdwärme von 31° C. erreichte.

Die Alpenzeit schliesst mit dem Zeitpunkte, wo der erste
Mensch auf Erden erscheint. Nach den Ueberlieferungen der Men-
schengeschichte wie nach den Steinurkunden der Erdoberfläche ist
der Mensch erst kurze Zeit, einige tausend Jahre, auf der Erde.
Zwar hat Lyell das „Alter des Menschengeschlechtes 1867" nach-

---

*) Alp, oberdeutsch die Alb, auch die Alm, bezeichnet die hoch-
gelegenen, über dem Waldgürtel erhabenen Berge mit ihren reichen Matten
und Kräutern. Alp ist ein sehr altes Wort, ahd. alpa, mhd. albe, ins Lat.
und Griech. übernommen alpes und álpeis und ist ein uraltes Wort ardhva,
zend. eredhwa, lat. arduus, ilt. ardva-s hoch, erhaben vom Urverb ardh
erheben. Das dhv ist im Deutschen regelrecht in b übergegangen und dies
in p verschoben. Die Bezeichnung ist daher für die Hochgebirge höchst
passend.

gewiefen, dass einige Menschenschädel und einige Menschenknochen nebst Sleingeräthen angeschwemmt in Höhlen neben den Knochen von Thieren der Schwemmzeit gefunden find, und zwar in angeschwemmtem Lehme vergraben, und folgert daraus, dass die Menschen schon Millionen von Jahren auf Erden gelebt haben. Aber diefe Folgerung ist unberechtigt. Denn einerfeits können durch Zufall Knochen verschiedenster Zeit, welche in demfelben Boden begraben lagen, in diefelbe Höhle zufammengeschwemmt fein und find durch Zufall zufammengeschwemmt. Das Zufammenfinden der angeschwemmten Knochen in den Höhlen ist nur ein Beweis, dass auch Menschen in dem Erdboden verunglückt oder begraben find, welcher die Knochen der Thiere enthält, wobei die Menschen aber ganz später, felbst jetziger Zeit angehören können. Wer wohl wird zwei Münzen gleichen Alters halten, blos weil fie zufällig zufammengeschwemmt angetroffen werden. Umgekehrt vielmehr, hätten zur Schwemmzeit Menschen auf Erden gelebt, fo müsste man überall mit den Knochen der Schwemmgebilde auch steinerne oder eherne Menschengeräthe, wie Menschenknochen finden. Da man diefe nicht überall im Schwemmgebilde findet, fo haben zur Schwemmzeit keine Menschen auf Erden gelebt; denn verwefen können ihre Geräthe nicht, wie die Knochen der Thiere, und ein Menschenleben von Millionen Jahren ist ohne Zeugen der menschlichen Thätigkeit schlechthin unmöglich. Die Folgerung Lyells ist alfo wissenschaftlich schlechthin zu verwerfen.

Die Menschengattung lebt erst kurze Zeit, einige taufend Jahre, auf Erden, mag man die Zeitbestimmung der menschlichen Ueberlieferung gelten lassen oder nicht. Die Erdoberfläche kann fich während der Menschenzeit nicht abgekühlt haben, wie dies in No. 6 bewiefen ist. Die Wärme der Erdoberfläche zur Menschenzeit ist mithin die·jetzige oder 15 ° C. Die Alpenzeit endet alfo mit dem Zeitpunkte, wo die Erdoberfläche 15 ° C. erreicht.

Die Alpenzeit herrscht mithin während des Zeitraumes, dass fich die Oberfläche der Erde von 31 ° C. auf 15 ° C. abkühlt.

Die Erhebungen werden während diefer Zeit bedeutend. Die Hochgebirge erreichen die Höhe von 2000 bis 5000 m. über dem Meeresspiegel; die Erdfeste erhält ihre höchsten Gipfel, die in den Himmel aufsteigenden Alpenspitzen, die Wetter scheidenden Alpenkämme, und zerfällt dadurch erst in mannigfache Becken · mit eigenthümlichen Pflanzen- und Thierreichen, die Thierwelt entfaltet ihre höchsten Formen, die die Erde bevölkernden

und beherrschenden Säugethiere, die ganze Erde aber schmückt
sich wie eine Braut zum Empfange ihres künftigen Gebieters, des
Menschen, der sie heben und beherrschen, der sie bewohnen und
schmücken, der mit ihr gemeinsam sein irdisches Leben durch-
wandern, Leid und Freude theilen soll, bis der Tod sie scheidet.
Die chemischen Vorgänge treten in der Alpenzeit zurück; die Thiere
bauen die Felsen im Meere, das durch seinen Salzgehalt von den
Süsswasserbildungen sich streng unterscheidet, die Erde belebt sich
mit mannigfachen Geschlechtern der Sänger, welche den jetzt
lebenden je länger je mehr ähnlich werden.

Die Alpenzeit zerfällt in vier Zeitabschnitte:

Im ersten Zeitabschnitte, der Jurazeit, bildet sich das erste
Alpenflötz, das Juraflötz, von den Korallen des Juras erbaut. Die
ersten Säugethiere, die Flosser, d. h. die Walle und Robben, bevölkern die Meere dieser Zeit.

Im zweiten Zeitabschnitte, der Kreidezeit, bildet sich das
Kreideflötz. Wieder sind es kleine Thierchen, welche durch ihre
Panzer die Schichten bauen. Die Hufer bewohnen bereits als erste
Säugethiere die Ebenen der Erde.

Im dritten Zeitabschnitte, der Kragzeit, bildet sich das
Kragflötz und erscheint bereits die dritte Ordnung der Säugethiere,
die Pfoter, auf der Erde.

Im vierten Zeitabschnitte, der Fluthzeit, bildet sich das
Fluthflötz und erscheint die oberste Ordnung der Säugethiere, die
Hände oder die Affen, auf der Erde.

Da der ganze Zeitraum 16 ° C. umfasst, so kann man auf den
ersten 5, auf den zweiten und dritten je 4 und auf den vierten
Zeitabschnitt 3 ° C. rechnen.

> Die Alpenzeit zerfällt in vier Zeitabschnitte: die
> Jurazeit von 31 bis 26 ° C., die Kreidezeit von 26
> bis 22 ° C., die Kragzeit von 22 bis 18 ° C., die
> Fluthzeit von 18 bis 15 ° C.

Erster Abschnitt der Alpengeschichte:
Die Jurazeit der Erde, 31—26 ° C.

57. Das Luftmeer und die Thiere der Jurazeit.

Der Jura führt uns der Gegenwart um einen grossen Schritt
näher und lässt uns in den Versteinerungen seiner Gebilde grossen-

theils diefelben Vorgänge erkennen, welche wir heute wahrnehmen. Befonders gilt dies von den Bauten der Korallenthiere, welche den Korallenbauten der Gegenwart fo vollständig entfprechen, daß uns der deutfche Jura ebenfo große Auffchlüffe über diefe Vorgänge giebt, wie die Beobachtung jetziger Bildungen.

In der Gegenwart ist die Bildung folcher Korallenriffe fehr fchön von Ehrenberg im rothen Meere und von Darwin im indifchen Meere und im Weltmeere beobachtet worden. In dem Weltmeere findet man die lebenden Korallen stets nur in einem Gürtel von fehr geringer fenkrechter Ausdehnung, nie höher, als der niedrigste Wafferstand ist, da die Korallen fofort sterben, fobald fie aus dem Waffer kommen, und nie tiefer als 20 Meter nach Darwin, oder als 70 Meter nach Quoy und Gaimard unter dem Meeresspiegel. Alle tiefer gefundenen Korallenbauten find verlaffen, oder die Bewohner derfelben ausgestorben.

Die Korallen bilden theils Küstenriffe, welche unmittelbar der Küste anliegen, theils Dammriffe, welche in ½ bis 20 Meilen Entfernung gleichlaufend mit der Küste hinziehen und die Küste Australiens in mehr als 200 d. Meilen Länge umkränzen, theils endlich Lachenriffe oder Atolls, bei denen die Küste, welche fie urfprünglich umkränzten, verfchwunden und nur das umgebende Korallenriff übrig geblieben ist.

Alle diefe Riffe oder Atolls fallen nach dem Meere zu faft fenkrecht ab; erst in Tiefen von 130 bis 400 Meter findet man ebnern Meeresgrund, aus Bruchstücken von Korallen, Mufchelfchalen, Knochen und Sand gebildet. Innerhalb der Riffe nimmt die Tiefe von 100 Meter bis zu gänzlicher Seichtheit ab. Alle Küsten- und Dammriffe haben ferner dort, wo Flüffe münden und füßes Waffer in das Meer führen, Oeffnungen, durch welche die äußere braufende See mit dem ruhigen Binnengewäffer in Verbindung steht und beim Wechfel der Ebbe und Fluth mächtige Wafferströme ein- und ausfließen. Auch die Lachenriffe oder Atolls befitzen eine oder mehre folcher Oeffnungen.

Je nach der Art bewohnen die Korallen nun verfchiedene Striche der Riffe. Außen im tobenden Meere wohnen die stärksten und kräftigsten, innen im Binnengewäffer oder in den Zwifchenräumen der Korallenstöcke die zarteren. Seesterne und Holothuriae, Krabben und Mufcheln stellen diefen Korallen nach und fiedeln fich an dem Riffe an, die Maffe deffelben durch ihre Schalen vermehrend.

Da die Korallen felbst nie tiefer als 70 Meter unter der Ober-

fläche des Meeres bauen, so müssen alle die Küsten, bei denen wir
verlassene Korallenstöcke in größerer Tiefe finden, einst höher
gewesen sein als jetzt. Der Meeresgrund, auf welchem die Damm-
und Lachenriffe aufgebaut sind, und der jetzt 130 bis 400 Meter
unter der Oberfläche des Meeres liegt, muss also zu der Zeit, als
die ersten Korallen ihre Riffe anbauten, 60 bis 330 Meter höher
gelegen haben als jetzt. Denken wir uns aber den Meeresgrund
um soviel erhöht, so verwandeln sich alle Damm- und Lachenriffe
in ursprüngliche Küstenriffe; nur die allmälige Senkung des Meeresgrundes ist daran Schuld, dass Küste und Riffe sich allmälig von
einander entfernten und ein mehr oder minder breiter Meeresarm
zwischen sie trat.

Ueber der Meeresfläche können die Korallen, wie bereits erwähnt, nie bauen; alle Inseln, welche durch die Thätigkeit von
Korallen entstanden sind, müssen daher in ihren obern Schichten
aus Gerölle bestehen, welches aus zertrümmerten Korallen, Muschel-
schalen und Sand zusammengebacken ist. Die Thätigkeit der Korallen bleibt allein darauf beschränkt, weiter zu bauen, wenn das
Land tiefer unter die Meeresoberfläche sinkt. Nehmen wir bei den
Inseln der Südsee eine ebenso grosse Senkung an, als die Hebung
in Schweden beträgt, so würden die Korallen in je 100 Jahren
1 Meter hoch zu bauen haben. Nun aber haben die Korallen des
indischen Meeres nach Darwin's Beobachtung den Kupferbeschlag
eines Schiffes bereits in 20 Monaten mit einer $\frac{1}{2}$ Meter dicken
Korallenschicht bekleidet und auf dem Keeling-Atoll einen Graben,
welchen die Bewohner zum Durchbringen eines neu gebauten
Schooners aufgebrochen hatten, in 10 Jahren fast gänzlich wieder
ausgefüllt, und ist daher nicht zu bezweifeln, dass die Korallen
auch bei noch schnellerer Senkung sehr wohl im Stande sein würden,
die fehlende Masse zu ergänzen.

In der Jurazeit hat sich nun an der Küste Europas ein grosses
Korallenriff von 150 d. Meilen Länge gebildet und bei der allmäligen
Senkung des Bodens die Höhen des deutschen und des schweizer
Jura aufgebaut, welche im Meere bis 1400 Meter hoch über der
Ebene gebaut und später mit der ganzen Ebene aus dem Meere
emporgehoben sind. Da die Korallenthiere nicht in süssem Wasser
leben, da sie selbst im Meere die Ströme des Flusswassers mit
geringem Salzgehalte fliehen, so können sie vor der Salzzeit, wo
das Meer seinen Salzgehalt erhielt, nicht bestanden haben, und
findet ihr massenhaftes Auftreten in der Jurazeit hiedurch seine
Erklärung.

Auser den Bauten der Korallen zeigt uns der schweizer Jura
aber auch deutlich die andern Bildungen des jetzigen Meeresufers.
Deutlich kann man an ihm die Dünenbildung, den Uferschlamm
erkennen, deutlich die Striche nachweisen, welche zur Jurazeit die
Quallen, namentlich die den Seeigeln ähnlichen (Cidaris-) Arten,
die Muscheln und Schnecken in den verschiedenen Tiefen der
Meereskäste einnahmen. Deutlich kann man in den Gesteinen die
Stämme und Blätter der alten Zamien und Zyken (Cycas) nach-
weifen, welche wie die Korallenbänke auf eine Jahreswärme von
22° C. in den Gegenden des Jura hinweifen. Die lithographischen
Steine Solenhofen's liefern uns überdies aus dieser Zeit die zartesten
Abdrücke von Pflanzen und felbst von Schwingern (Insecta).

-Unter den Wirbelthieren der Jurazeit treten neben den drachen-
artigen, abenteurlichen Gestalten der Saurer jener Zeit: den Ich-
thyofauren (halb Fisch, halb Krokodil), den Plesiofauren (halb
Fisch, halb Schlange) und den Pterodactylen (halb Lurch, halb
Vogel), welche noch an die frühern Zeiten erinnern, zuerst die
unfern gegenwärtigen Thieren entsprechenden Gestalten auf. So
unter den Fischen die Megalnren mit gleichlappigen Schwanzflossen
und die Aspidorhynchen mit schnabelförmig verlängerter Sohnauze,
so unter den Lurchen die Mystriofauren mit ächtem Krokodils-
rachen, so vor Allem im Plattenschiefer von Stonesfield die ersten
Ueberreste aus der höchsten Klasse der Wirbelthiere, die ersten
Reste von Säugern.

Die Ueberreste der Säuger, welche man im Jurallöze bis
jetzt gefunden hat, bestehen freilich nur aus zwei Unterkiefern und
lassen die Stellung der Gattungen zweifelhaft, welchen fie angehören. Beide zeigen den Gelenkknopf der Säuger, beide die doppelten Zahnwurzeln, beide 6 getrennte Schneidezähne, einen mittel-
grosen Eckzahn und dreispitzige Hackenzähne. Der Unterkiefer
des Thylacotherium trägt übrigens 6 falsche und 6 wahre Backen-
zähne, der des Phascolotherium 3 falsche und 4 wahre Backen-
zähne. Die Thiere scheinen hienach der Sippe der Robben angehört und im Wasser gelebt zu haben; bis Weiteres ermittelt ist,
wird es demnach erlaubt sein, fie zur untersten Ordnung der Säuger,
zu den Flossern, zu rechnen.

58. Die Schichten des Jurafözes.

Die Schichten des Jurallözes betragen im Mittel 1000 m. Tiefe.
Sie nehmen zwar auf den Gesteinskarten (geologischen Karten) nur

einen geringen Raum ein, find aber dennoch theils wegen der
Eigenthümlichkeit ihrer Versteinerungen, theils wegen der Eigenthümlichkeit ihrer Schichten stets ein bequemer Ausgangspunkt
gewesen, um einerseits zu den ältern Schichten hinab, andrerseits
zu den jüngern hinaufzusteigen.

Die rothen Sandsteine, welche in der Gebirgszeit die einzelnen
Zeitabschnitte einleiteten, traten in der Jurazeit bereits zurück.
Kalkschichten, welche am Grunde des Meeres niedergeschlagen
find, mit ihren zahlreichen Versteinerungen von Muscheln und
Fischen wechseln mit Mergelschichten, welche aus der Verwitterung
und Zertrümmerung von Kalkfelsen und Urgesteinen entstanden find
und grossentheils als Erde des Festlandes den Sitz damaligen
Pflanzen- und Thierlebens bildeten.

Das Erste, was bei diesen Bildungen in die Augen fällt, ist
der grosse Antheil, den die Thiere dieser Jurazeit an dem Baue
der Schichten nehmen. Die Korallenthiere des Jura bauen, wie
wir gesehen haben, Felsen von 1400 m. Höhe. Nach den Beobachtungen von Bischof wiegt nun eine der jetzigen Austern im Mittel
$0_{,144}$ Gramm und ihre Gehäuse im Mittel $2_{,113}$ Gramm oder das
$4_{,11}$fache ihres Leibesgewichtes. Um diese Menge kohlensauren
Kalksalzes auszuscheiden, musste eine Auster mithin aus $487_{,11}$ Pfund
oder aus dem 14273fachen ihres eigenen Leibesgewichtes Meerwasser sämmtlichen kohlensauren Kalk ausscheiden.

Noch bedeutender find die Mengen Meerwasser, welches die
Zellthierchen zur Kreidezeit aufnehmen mussten, um ihre Panzer
zu bilden. Von den Kämmrern (Polythalamien), deren Panzer die
Kreide zusammensetzen, gehen nach Ehrenberg über 10 Millionen
auf 1 Pfund. Es wiegt der Panzer eines solchen Thierchens mithin
höchstens $0_{,0001}$ Gramme, da nun die Zellthierchen fich sehr schnell,
oft in 24 Stunden entwickeln, so muss das Thier in 24 Stunden
mindestens aus dem 10000fachen feines Gewichtes an Meerwasser
allen kohlensauren Kalk ausscheiden, um feinen Panzer zu bilden.

Diese grosse Zeugungskraft der thierischen Lebensthätigkeit muss
uns in Erstaunen versetzen, fie zeigt, wie Grosses auch mit kleinen
Kräften im Leben der Erde erreicht werden kann.

Der häufige Wechsel der Schichten, die verschiedene Beschaffenheit derselben und die Verschiedenheit ihrer Versteinerungen
find nicht minder auffällig, fie beweisen, dass die Küsten der Meere
in der Jurazeit mehrfach gehoben und gesenkt, bald auf dem
Meere aufgetaucht, bald unter dasselbe versenkt fein müssen, und
lassen es als nothwendig erscheinen, dass manche von diesen Ge-

bilden nur in einzelnen Gegenden erscheinen, in andern aber nicht niedergeschlagen und entwickelt find. Uebrigens ist Europa-Aſien-Afrika mit Amerika und Auſtralien zu dieſer Zeit noch verbunden, und zeigen alle drei Feſtländer noch dieſelben Thiere und Pflanzen.

Rechnen wir nach der Tafel in No. 19 auf die Jurazeit 1'942780 Jahre, und nehmen wir an, daß ſich die Küſten damaliger Zeit im Mittel nur ebenſo viel gehoben oder geſenkt haben als Schwedens Küſten im Mittel in der Jetztzeit, d. h. in 100 Jahren einen Meter, ſo würde, wenn wir gleich viel auf Hebungen und auf Senkungen rechnen, die Summe aller Hebungen in der Jurazeit 11262 m. und die Summe aller Senkungen in derſelben Zeit 8166 m. betragen haben, oder wenn wir für dieſen Zeitabſchnitt 10 Hebungen und 10 Senkungen annehmen, ſo würde jede derſelben 816 bis 1126 m. betragen haben.

59. Die Hebung des Juraflötzes: das Erzgebirge, 2000 m. hoch.

Das Juraflötz iſt am Ende der Jurazeit durch eine gewaltige Hebung bedeutend gehoben. Hohe Feuerrücken haben ſich unter dem Feſtlande von den Sevennen in Frankreich bis zum Erzgebirge gebildet. Die Gebirge ſind dadurch hoch, mehr als 3000 m. über den Meeresſpiegel gehoben. Das ganze Juraflötz hat die Einwirkung dieſer Hebung erfahren, die eine wichtige, Abſchnitt bildende für das Erdleben geworden iſt. Die Pflanzen und Thiere der Jurazeit ſind mit der Hebung ausgeſtorben, andre Arten und Gattungen treten nach der Hebung hervor.

Die Thatſachen der drei letzten Nummern ſind ſicher und allgemein anerkannt, die Rechnungen ſtreng aus den frühern Sätzen dieſes Buches abgeleitet.

Zweiter Abſchnitt der Alpengeſchichte:
Die Kreidezeit der Erde, 20—22° C.

60. Das Luftmeer und die Thiere der Kreidezeit.

Die Kreideſchichten, welche unmittelbar auf dem Juraflötze lagern, bedecken weite Räume des Feſtlandes in Europa, Afrika und Amerika mit einer mittlern Tiefe von 500 m. Der Gegenſatz des Wetters, der Einfluß der Oertlichkeiten tritt in ihnen bereits weit kräftiger hervor als zur Zeit des Jura und macht eine Neben-

ordnung gleichzeitiger Niederschläge höchst schwierig. Europa-
Asien-Afrika trennt sich bereits einerseits von Amerika, andrerseits
von Australien, jedes dieser drei Festländer zeigt bereits verschiedene Thierarten. Uebrigens sind die Verhältnisse doch noch viel
einfacher als heute. Die Alpen und die Cordilleras sind noch nicht
emporgestiegen; das Wetter ist daher noch ein gleichmässiges, lange
nicht so mannigfach, wie in der Gegenwart.

Von Thieren müssen zur Kreidezeit die Hufer, d. h. die zweite
Ordnung der Säuger, neu erschienen sein. Aber sowohl die Vögel
wie die Säuger der Kreidezeit, d. h. alle Luftthiere der Kreidezeit,
sind sämmtlich von der Erde wieder verschwunden, ohne Zeichen
ihres Daseins hinterlassen zu haben. Wären uns nicht in dem Salz-
flötze die Abdrücke der Vogelspuren, wären uns nicht im Juraflötze
die beiden Unterkiefer von Säugern erhalten, wir hätten vor dem
nächsten Zeitabschnitte keine Spur von dem Dasein der Vögel und
Säugethiere gefunden und müssten das schrittweise Auftreten der
höhern Ordnungen leugnen. Durch die vorliegenden Thatsachen
ist aber das schrittweise Auftreten der jedesmal nächst höhern
Stufe in dem jedesmal nächst folgenden Zeitabschnitte festgestellt,
und müssen wir daher behaupten, dass auch in der Kreidezeit, die
nächst höhere Ordnung, die der Hufer, auf Erden aufgetreten sei,
wenn auch bis jetzt keine Spur derselben entdeckt ist. Der nächst
folgende Zeitabschnitt, die Kragzeit, wird uns dann bereits die
zweithöhere Ordnung, die der Pfoter, zeigen.

Die Einzelnheiten werden wir bei den einzelnen Schichten des
Kreideflötzes kennen lernen.

61. Die Blaukreide (Wealden rocks und Neocomien).

In den Schichten der Blaukreide treten uns zum ersten Male
Erscheinungen der Flussdelten ansehnlich entgegen. Die Schichten des Blaukalkes (Purbeck beds) geben uns zuerst die Belege
einer unzweifelhaften Süsswasserbildung: Reste von Flussschnecken
(Paludinen) und von Cypriskrabben, welche nur in süssem Wasser
leben konnten, Reste von Eidechsen und Schildkröten, welche sich
noch heute in der heissen Zone in den Niederungen und Flussdelten
versammeln, um dort ihre Eier in dem Sande des Strombettes zu
vergraben. Dazwischen vereinzelte Austerbänke, welche sich bildeten, sobald die Delten unter die Oberfläche des Meeres ver-
sanken.

Von Wirbelthieren findet man die Knochen der Fische und

Larche, welche fich in dem Schlamme der Blaukreide vergraben haben, fo die Zähne von Haifischen, fo die Abdrücke von Thunfischen, z. B. das Palaeorhynchum in den Schiefern von Glarns, fo mannigfache Eidechfen und Krokodile. In England, das jetzt nur 12° C. mittlere Wärme, d. h. 3° C. unter der mittlern Erdwärme, hat, herrscht zur Zeit der Blaukreide alfo noch tropische Wärme, d. h. 21 bis 23° C., die Erdoberfläche hatte zu jener Zeit mithin noch im Mittel 24 bis 26° C.

Für die ganze Zeit der Blaukreide müssen übrigens die Schichten im Norden der Alpen, in England und Deutschland von denen im Süden der Alpen geschieden werden, da fie durchaus verschieden gebildet find. Die Scheidung Europas durch die Alpen beginnt fich bereits bemerklich zu machen.

62. Die Grünkreide und ihre Hebung: der Monte Viso, 3500 m. hoch.

Zur Zeit der Grünkreide wird die Gestaltung zunächst wieder einfacher. Diefelben Verhältnisse herrschen zunächst nördlich und füdlich der Alpen, wie dies die Ueberficht in No. 21 zeigt, erst gegen Ende der Grünkreide beginnen wieder beide Theile Europas ihre eigenthümlichen abweichenden Schichten zu bilden. Die Grünkreide wird durch eine bedeutende Hebung, die des Monte Viso, emporgehoben; die Zeit der Grünkreide erreicht damit ihr Ende.

63. Die Weiskreide und ihre Hebung: die Pyrenäen, 3000 m. hoch.

Die Weiskreide zeigt uns abermals die erstaunenswerthe Zeugungskraft der kleinsten Zellthierchen. Die Kreidekämmrer (Polythalamien) und die Kiefelpanzerer von $0_{,01}$ bis $0_{,0015}$ mm. Länge und von $0_{,3}$ Milligramme Gewicht, von denen mehr als 10 Millionen auf 1 Pfund Kreide gehen, bauen ganze Gebirge und erzeugen Massen, gegen welche alle Reste höherer Thiere, aller Bauwerke der Menschen verschwindend klein find. Auch hier find es wieder, wie bei den Korallenstöcken, die gefelligen Thiere, die Kreidekämmrer (Polythalamien), welche gemeinfam in den Kammern eines und desfelben Gehäufes wohnen und, indem fie ihre Arme aus den mannigfachen Löchern des Gehäufes herausstrecken, ihre Lebensmittel herbeischaffen. Auch die Münzer (Nummuliten) gehören trotz ihrer bedeutenden Größe zu dieser selben Sippe mikroskopischer geselliger Thierchen.

Gesellig mit den Kreidekümmern (Polytalamien) der Kreide, aus denen die ganze weise Kreide besteht, leben viele Kieselpanzerer. Die winzig kleinen Panzer dieser Thierchen gruppen fich in der feuchten, noch wenig starren Masse, wie man dies bei Gemengen von fein gepulvertem Thone und Kiefel, die zu Porzellanteig benutzt werden, nach jahrelangem Lagern beobachtet hat, und bilden durch gegenseitige Anziehung knotige, nur aus Kiefelpanzern bestehende Massen, die späteren Feuersteinmassen, welche in der Kreide meist regelmäßige Lager bilden. Von größern Thieren ist bei der Weißkreide das große Thier von Mastricht, Mosasaurus Hofmanni, eine Eidechse von mehr als 8 Metern Länge, zu erwähnen, welche in den Flussmündungen lebte.

Die Weißkreide ist durch eine gewaltige Hebung, die der Pyrenäen, gehoben, welche die ganze Kreidezeit beendet und damit einen großen Abschnitt im Leben der Erde bildet. Das gesammte südliche Europa, die drei Halbinseln der Pyrenäen, der Apenninen und des Balkans verdanken dieser Hebung ihr Emporsteigen aus dem Meere.

Alle Thatsachen der vier letzten Nummern find sicher und allgemein anerkannt, die Beobachtungen streng aus den Sätzen der früheren Nummern abgeleitet.

Dritter Abschnitt der Alpengeschichte:
Die Kragzeit der Erde, 22—18° C.

64. Das Luftmeer und die Pflanzen und Thiere der Kragzeit.

Die Schichten des Kragflötzes, welche auf dem Kreideflötzelagers, haben 500 m. Mächtigkeit im Mittel, bieten in den verschiedenen Gegenden der Erde bereits große Verschiedenheiten dar, und nöthigen uns, die Schichtenbildung der einzelnen Länder gesondert zu verfolgen, da auch selbst die Versteinerungen nach den verschiedenen Oertlichkeiten verschieden ausfallen. Beim Beckenkrage müssen wir allein in Europa 3, beim Klippen- und Bernkrage felbst 7 verschiedene Landschaften unterscheiden.

In den Schichten der Kragzeit finden fich die Stämme und Knochen der damaligen Gattungen zum Theile trefflich erhalten und zeigen uns die mannigfachsten Formen.

Von den Pflanzen finden wir in diesen Sebichten zuerst die Bletzen (Monopetalae) und die Blumen und Nelken (Polypetalae). Es erscheint dies um so auffallender, als die nächst niedern Pflanzen, die Werse (Apetalae), bereits in der Koblenzeit auftreten und das Auftreten der nächst höhern Klasse, der Bletzen (Monopetalae), daher in der Kupferzeit, das der zweithöhern Klasse, der Blumen (Polypetalae calyciflorae), in der Salzzeit, endlich das der dritthöhern Klasse, der Nelken (Polypetalae thalamiflorae), in der Jurazeit vermuthet werden musste. Beachtet man jedoch, dass diese Pflanzen meist Luftgewächse sind, und die Luftthiere jener Zeiten ebenso verschwunden sind, wie die Luftgewächse, so kann uns dies späte Auftreten der Versteinerungen höherer Pflanzen nicht Wunder nehmen. Unter den Pflanzen finden wir übrigens zur Kragzeit Palmen in unsern Breiten, welche 7—11° C. unter der mittlern Jahreswärme haben. Da nun Palmen nur in Gegenden vorkommen, welche mindestens im Januar 5° C., im Juli 17° C., im Mittel also 11° C. haben, so muss die Erde zur Kragzeit 18 bis 22° C. gehabt haben.

Von den Säugern treten in der Kragzeit zuerst die dritte Ordnung, d. h. die Pfoter, hervor. Unter den Hufern herrschen die Dickhäuter, unter den Pfotern die Nager, während die eigentlichen Raubthiere noch wenig vertreten sind. Eine genauere Untersuchung zeigt uns überdies eine Entwicklung auch innerhalb dieses Zeitabschnittes.

Keine Zeit der Erdgeschichte ist so reich an gewaltigen Hebungen und Erdbewegungen als die vorliegende Kragzeit. Denn während uns die frühern Zeitabschnitte durchschnittlich nur eine Hebung, und zwar von untergeordneter Bedeutung, zeigten, und während die Kreidezeit 2 Hebungen aufzuweisen hatte, so bietet uns die Kragzeit deren 3, und überdies die gewaltigsten auf der ganzen Erde. Alle Hochgebirge der Erde, in Europa namentlich die Alpen und die Kjölen, in Asien der ganze Gebirgsgürtel vom Kaukasus bis zum Himalajah und Sineschan, scheinen diesen Hebungen ihren Ursprung zu verdanken. Die Macht derselben ist so gros, dass sich die Gipfel dieser Gebirge in Europa bis 5000 Meter, in Asien sogar bis 9000 Meter erheben.

Während zur Gebirgszeit jede folgende Hebung die nächst vorhergehende in Europa um 200 Meter übersteigt, so übertrifft während der Kragzeit sogar die letzte Hebung die nächst vorhergehende in Europa um 1000 Meter an Höhe.

65. Der Beckenkrag (Eocene) und feine Hebung: Corsica, 3500 m. hoch.

Die Kragzeit bietet unter allen Zeitabschnitten die sichersten Beweise einer abwechfelnden Hebung und Senkung ihrer verschiedenen Schichten. Allein im Parifer Becken lagern viermal abwechfelnd Meeres- und Süswassergebilde über einander.

Unter den Thieren des Beckenkrags fehlen die Wiederkäuer noch gänzlich. Die Dickhäuter find im Beckenkrage die Paläotherien und Anoplotherien, welche etwa in der Mitte stehen zwischen Tapir und Nashorn, und deren gröste Art die Gröse eines Pferdes erreicht; fie gehören fämmtlich ausgestorbenen Gattungen an. Von den Pfotern erscheinen in diefen Gebilden aus den Deutelthieren die Beutelratte, aus den Negern der Siebenschläfer, aus den Raubthieren eine Hundeart und eine Zibethkatze, aus den Flederthieren die Fledermaus; die Raubthiere diefer Zeit erreichen etwa die Gröse unfers Wolfes.

Die verschiedenen Oertlichkeiten üben zu diefer Zeit noch nicht bedeutenden Einfluss auf das Vorkommen der Thiere aus, wie namentlich das Auftreten einer ächten Beutelratte im Grobkalke Europas beweif't, während die Beutelthiere jetziger Zeit nur in Amerika und Australien leben.

Die Hebung des Beckenkrags durch die Hebung von Corsica macht diefem Leben ein Ende und ruft neue Thiergeschlechter hervor.

66. Der Klippenkrag und der Bernkrag und ihre Hebungen: die Alpen, 4000—5000 m. hoch.

In dem Klippenkrage und im Bernkrage treten bereits die Wiederkäuer auf mit eigentlichen Hirsch-, Mofchus- und Antilopen-Arten. Unter den Dickhäutern treten die Paläotherien mehr zurück; dagegen erscheinen die Lophiodonten, die Tapire jener Zeit, die Nashörner verschiedener Gattungen, die Mastodonten, welche den Elephanten gleich grose Rüssel tragen und erreichen beträchtliche Gröse. Von den Pfotern bleiben die Nager in bisheriger Zahl, dagegen werden die Raubthiere zahlreicher und gröser, Pantherarten, Amphicyon und Hyänodon bewohnen Europa.

Der Klippenkrag und der Bernkrag zeigen uns die bedeutendsten Hebungen der Erde. Der Klippenkrag wird durch die Westalpen, der Bernkrag durch die Hauptalpen emporgehoben, erstere steigen 4000 m., letztere 5000 m. über den Meeresspiegel. Die klassischen Untersuchungen Bernhard Studer's über die westlichen Alpen haben diese Verhältnisse trefflich aufgeklärt.

Die Massen der Urgesteine, aus denen die Hauptkette der Alpen besteht, sind deutlich in Schichten gesondert; aber diese Schichten lagern nicht wagerecht, nicht unter einem mehr oder weniger grossen Neigungswinkel; senkrecht stehen sie aufgerichtet und bilden in diesen senkrechten Platten die höchsten Gipfel der Alpen, die kühnen Gipfel eines Montblanc und Monterosa, die spitzen Formen ihrer Nadeln (Aiguilles), die scharfen Hörner und mannigfach ausgezackten Kämme und Grate.

Die Mitte der Urgesteine steht auch jetzt noch senkrecht; je weiter nach beiden Seiten hin man sich aber entfernt, um so mehr haben sich die senkrechten Platten nach aussen geneigt, hängen über und haben die Lage der Stäbe eines Fächers, der nach oben auseinandergeschlagen ist. Die senkrechten Wände der mittlern Masse haben noch nahe das Gepräge von Graniten, wogegen die äussern, überhängenden mehr in Gneis- und Glimmerschiefer und zuletzt in reinen Talgschiefer übergehen.

Auch die Schichtgesteine haben in der Schweiz durch diese Hebung ihre Lagerung wesentlich verändert. Die Sandmole (Molasse) und Nagelflue liegen zu äusserst von den Alpen und bilden hohe Berge, welche wie der Rigi nach aussen hin hohe Abstürze mit fast senkrechten Wänden zeigen, und deren Schichten sich nach den Alpen zu allmälig senken und unter die Gebilde der Kreideschichten einzuschiessen scheinen.

Die Kreidegebilde haben zwar unter sich ihre regelrechte Lagerung behalten, indem Blaumergel (Neocomien) und Grünsand, Grünkalk (Seewerkalk), Sandmole (Macigno) und Münzkalk (Nummulitenkalk) von unten nach oben auf einander lagern. Aber die Steilabfälle der Kreidegebilde sind wieder nach aussen gerichtet und erheben sich hier fast senkrecht, während die Schichten sich abermals nach den Alpen hin senken und der Grünkalk und die Sandmole wiederum unter den Alpenkalk des Juraflötzes einzuschiessen scheinen.

Der Alpenkalk des Juraflötzes endlich trägt auf seinem Gipfel den Münzkalk (Nummulitenkalk) und Sandmole (Macigno) der jüngsten Kreidezeit und zeigt nach aussen wie nach innen jähe Abstürze mit fast senkrechten Wänden, so dass tiefe Thäler ihn auch beiden Seiten hin begrenzen. Die Schichten desselben sind wagerecht gelagert, aber nach der Mitte der Kalkmasse hin muldenförmig eingesenkt und nur nach den beiden Rändern hin aufsteigend.

Es lässt sich diese Lagerungsweise der Schichten nur dadurch erklären, dass man ein starkes Auswaschen und Zusammensinken der unter den geschichteten Gesteinen lagernden Granite annimmt, welches um so gewaltiger ist, je näher man dem Urgesteine der Alpen und seinen senkrechten Wänden kommt. Die geschichteten Gesteine sinken daher nach dem Kamme der Alpen zu ein, das Gewicht der Alpenmasse wird dadurch zugleich bedeutend geringer, und steigen daher die Massen mit den geschichteten Gesteinen in die Höhe, deren senkrechte Abstürze nun nach aussen heraustreten, während die Schichten sich nach dem Kamme zu senken.

Am stärksten wird das Auswaschen und zugleich die Hebung in der Mitte der Alpen, der Granit verschwindet förmlich unter den Gneissmassen, und der Druck der benachbarten Lagen, wie die hebende Kraft des von unten drängenden Gesteines richtet die Gneisschichten auf, dass sie senkrecht aus den Spalten hervortreten.

Alle Thatsachen der drei letzten Nummern sind sicher und allgemein anerkannt.

Vierter Abschnitt der Alpengeschichte:
Die Fluthzeit der Erde, 18—15° C.

67. Das Luftmeer und die Thiere der Fluthzeit.

Keine Zeit zeigt uns die bauende Gewalt des Wassers so deutlich als die Fluthzeit, mit welcher wir es jetzt zu thun haben. Im ersten Abschnitte, zur Zeit der Wasserfluth, haben grosse Wassermassen die Ebenen der Erde bedeckt und Gerölle gebildet, welche die Knochen der damaligen Thiergeschlechter vergraben und versteint haben. Im zweiten Abschnitte, zur Zeit der Gletscherfluth, dagegen sind es die Gletscher, welche durch ihre Eismassen zertrümmernd und bauend auftreten und die neuesten Bauten auf Erden aufführen.

Die Hebung des Tenare trennt diese beiden Zeitabschnitte von einander. Das Festland von Europa-Asien-Afrika, das von Amerika und das von Australien zeigen jedes schon die entsprechenden Thiere, welche sie jetzt noch besitzen.

Während in Europa zur Schwemmzeit dieselben Arten vertreten sind, welche wir heute noch in Europa, Asien und Afrika finden, treten uns in den Höhlen Brasiliens und den Pampasthonen der Rio de la Plata zahlreiche Reste riesenhafter Faulthiere, Mega-

16

therien und Mylodonten, Gürtelthiere und Ameifenfreffer entgegen, nebst vielen amerikanifchen Affen und Katzen, Tapir's und Pecari's, Nagern und Heutelratzen, Vögeln, Schlangen und Krokodilen, wie fie noch jetzt in Amerika leben. Von europäifch-afifchen Gattungen finden wir nur eine eigenthümliche Mastodon- und eine Pferdeart in den amerikanifchen Gebilden der Schwemmzeit. Ebenfo zeigen die Schwemmgebilde Australiens nur diefem Festlande eigenthümliche Formen. Die Heutelthiere, welche auch heute noch fämmtliche einhelmifche Säuger Australiens bilden, mit Ausnahme des tief stehenden Schnabelthieres, umfassen auch zur Schwemmzeit fast fämmtliche Säuger Australiens und zeigen Gestalten, welche den verschiedensten Zünften der Säuger, den Wiederkäuern und Nagern, den Raubthieren, Infectenfreffern und Affen entsprechen. Befonders zeichnen fich die versteinten Knochen der Känguruh, zum Theile von riefiger Grüse, fowie die der Wombat und Deutelwölfe aus. Das einzige Thier, welches zur Schwemmzeit in Australien europäifch-afifche Formen zeigt, ist wiederum eine Art des Mastodon.

Alle Thatfachen der Nummer find ficher und allgemein anerkannt.

68. Das Wetter und die Thiere der Schwemmzeit.

Die Schwemmgebilde bedecken die ganze obere Schweiz, West-Frankreich, Nord-Italien, die norddeutfchen, russifchen, afifchen, die amerikanifchen und die australifchen Niederungen; fie bestehen aus Schichten rothen Thones, welche mit Geröllen von der Grüse einer Faust, mit Gries- und Sandschichten wechfeln, wie folche noch jetzt von Flüssen in den Ebenen niedergelegt werden. Reichliche Knochenmengen finden fich in denfelben, am schönsten erhalten, wenn die Thonfchichten mit den Knochen durch die Gewässer in Höhlen der Kalkgebirge geführt, hier abgelagert, durch den Tropfkalk (Stalaktitenkalk), welcher von den Wänden der Höhlen herabtröpfelt, vor den Einflüssen der Luft bewahrt und in eine Breche zufammengebacken find, wie man dies in den Höhlen des Jura und Harzes, in denen die Bärenknochen überwiegen, in der Höhle von Kirkdale in Yorkshire, wo Hyänen vorwalten, in den Höhlen Brafiliens und Australiens fo übereinstimmend findet.

Von Flossern beleben Seehunde, Wallfische und Delphine die Meere der Schwemmzeit. Gewaltige Elephanten, Mammuthe und Mastodonten, Flusspferde und Rhinocerosarten weiden auf den

Ebenen und stellen uns die Dickhäuter diefer Zeit dar. Von
Wiederkäuern finden wir Heerden von Hirschen und Reben, von
Antilopen und Rindern, von Einhufern zahlreiche Pferde auf den
reichen Ebenen. Hiefenhafte Raubthiere, Bären und Hyänen, ·
Katzenarten, welche unfre jetzigen Löwen und Tiger weit an Größe
übertreffen, stellen denfelben nach und finden in ihnen reichliche
Nahrung, während die zahlreichen kleinen Nagethiere des Füchfen
jener Zeit Speife gewähren.

Zugleich find die Gattungen der Pflanzen und Thiere um diefe
Zeit viel weiter nach Norden verbreitet, als fie es jetzt find. Die
Palmen wachfen zur Schwemmzeit noch in der Schweiz. Löwen
und Hyänen, Tiger, Elephanten und Nashörner bewohnen noch in
Menge die Gegenden des nördlichen Europas, ja das mit dichtem
Wollhaare bedeckte Mammuth, der Elephant jener Zeit und das
Naehorn find in fo grosen Schaaren in Sibirien verbreitet, dass
der Boden Sibiriens mit Mammuthsknochen wie durchfäet ist und
mit dem gegrabenen Elfenbeine ein ausgedehnter Handel getrieben
wird. Auch das Wetter jener Gegenden muss alfo um diefe Zeit
noch ein mildes gewefen fein.

Zur Schwemmzeit treten nun auch die ersten Affen, d. h. die
ersten Arten aus der vierten Ordnung der Säuger, auf. Vom Pi-
thecus antiquus find die Knochen zu Sansaus im Departement Gers
und zu Kyson in Suffolk gefunden. Derfelbe lebte noch in 50°
Breite, während die Affen der Jetztzeit nur bis 37° Breite reichen.

Alles dies beweist eine verhältnismäßig hohe Wärme im
nördlichen Europa und in Sibirien. Andrerfeits kann die mittlere
Wärme der Erdoberfläche zur Schwemmzeit nur 3° höher gewefen
fein als jetzt. Woher alfo diefe bedeutende Wärme im nördlichen
Europa und Sibirien zur Schwemmzeit? Es nöthigt uns dies zu
einer eingeheuderen Unterfuchung.

Auch jetzt noch haben Punkte von gleicher nördlicher Breite
fehr verfchiedene Wärme, je nachdem das Meer nahe liegt oder
nicht, je nachdem Hochgebirge im Süden und Westen vorliegen
und die warmen Lüfte abhalten oder nicht. So haben die Gegenden
von 60° nördlicher Breite im Jänner auf dem atlantischen Meere
über 0° C., dagegen in dem Innern Nord-Amerikas und Sibiriens
felbst unter — 40° C. mittlere Wärme; fo haben ferner die Gegenden von 40° nördlicher Breite im Jänner auf dem atlantischen
und stillen Meere 13° C., dagegen in den Ebenen Turans und Nord-
Amerikas 0° bis — 5° C. mittlere Wärme. So haben andrerfeits
im Juli die Gegenden von 60° nördlicher Breite auf dem atlantischen

Meere 8° C. und in den Ebenen Sibiriens 17° C. mittlere Wärme, so die Gegenden von 40° nördlicher Breite auf dem atlantischen Meere 20°, auf den Ebenen Turans 28° mittlere Wärme.

Eine andre Lage des Meeres, eine andre Stellung der Gebirge ist also vollkommen hinreichend, um in der Schwemmzeit eine höhere Wärme in den nördlichen Gegenden zu bewirken. Noch heute kommen in Nizzas gesegneten Gefilden amerikanische Agaven und Palmen zur Entwicklung und Blüthe; denken wir uns nun die Alpen fort oder nur ganz niedrig, und die ganze Erde um 3° C. wärmer, als sie jetzt ist, so hindert nichts, dass die Palmen in der Schweiz zur Schwemmzeit gedeihen konnten. Noch heute streift der Tiger auf den Steppen Hinterasiens bis an die Ufer des Ob und Jenisei, bis in die Gefilde Sibiriens; auch die Katzen der Schwemmzeit, die Hyänen und Bären konnten daher, wenn die Alpen nur niedrige Höhen boten, sehr wohl in deutschen und englischen Gauen zusammentreffen.

Ebenso ist die jetzige Dürre, ist der heutige kärgliche Pflanzenwuchs Sibiriens nur eine Folge des hemmenden Einflusses der Hochländer von Vorder- und Hinterasien, welche die Winde der heißen Länder hindern, nach Sibirien vorzudringen; denken wir uns diese Hochländer und ihre Gebirgswälle zur Schwemmzeit fort, so tragen die rückkehrenden Mittagswinde die Feuchtigkeit vom Gleicher bis in die sibirischen Ebenen, tränken diese reichlich und erzeugen einen Pflanzenwuchs, welcher dem Mammuthe und dem Nashorne zu reichlicher Weide dienen kann.

Nun finden wir, wie gesagt, in der Schwemmzeit Palmen in der Schweiz, Hyänen und Tigerkatzen in England, Mammuthe und Nashörner in Sibirien, während die Gesammtwärme der Erde in jener Zeit nur 3° C. höher sein kann als jetzt, die Alpen, die Hochgebirge Vorder- und Hinterasiens sind also in jener Zeit von nur ganz untergeordneter Bedeutung, Meere jenen Ländern viel näher gewesen. Uebrigens sind auch in jener Zeit die Winter des mittlern Europas und Sibiriens keineswegs tropisch oder auch nur italisch gewesen, das beweist einerseits das Vorkommen der Bären neben den Hyänen in Deutschland und England und andrerseits das lange und dichte Wollhaar, womit das Mammuth bedeckt und gegen Kälte geschützt war, während der jetzt lebende Elephant der Tropen nur eine kahle Haut zeigt. Sibirien ist also auch zur Schwemmzeit im Winter schon ein kaltes Land gewesen, und darf es uns nicht Wunder nehmen, wenn einzelne Mammuthe, von

Schneestürmen oder Kälte überrascht, im Eise des Eismeeres zu
Grunde gegangen find.
Die Thatfachen der Nummer find ficher und allgemein anerkannt. Die Erklärung der Thatfachen ist zwar neu, ergiebt fich
aber mit Nothwendigkeit aus den Sätzen der frühern Nummern und
den Thatfachen felbst und ist daher ficher.

69. Das Wetter und die Gebilde der Gletscherzeit.

Die Gletscherzeit, in welche wir nun eintreten, steht von allen
Zeiten der Weltgeschichte der Gegenwart am nächsten. Die Wärme
diefer Zeit ist nur 1 bis 2° C. wärmer gewefen als die gegen-
wärtige, die Thiere stimmen mit den heutigen nahe überein, die
Bildungen der Flüsse und Meere diefer Zeit finden noch heute un-
gestört ihren Fortgang, kurz es deutet alles darauf hin, dass der
Uebergang zur Gegenwart ein allmäliger, durch keine heftige Er-
schütterung unterbrochener gewefen ist.
Um fo auffallender musste es erscheinen, als eine Reihe von
Thatfachen bekannt wurden, welche für weite, jetzt warme Länder,
eine eifige, alles Leben vernichtende, erstarrende Kälte in diefer
Zeit beweifen. Während zur Schwemmzeit noch Löwen und
Hyänen bis England, Nashörner und Mammuthe felbst bis nach
Sibirien, bis an die Küsten des nördlichen Eismeeres reichen,
d. h. letztere bis in Gegenden, welche jetzt in ewigem Eife begraben
liegen; fo find in der Gletscherzeit ganze Länder, wie die Schweiz
und die Gestade der Ostfee in tiefem Eife begraben, und ist aller
Pflanzenwuchs und alles Thierleben in diefen Ländern erstorben.
Woher diefe plötzliche Kälte, woher diefe mächtige Eisbildung, die in
der ganzen Weltgeschichte nicht ihres Gleichen findet? Es nöthigt uns
dies abermals zu einer eingehenden Unterfuchung der Verhältniffe.

1. Die Bildung der Gletscher in der Gegenwart.

Die geistvollen Unterfuchungen, welche Agassiz „Unterfuchungen über die Gletscher, 1841“ an den Gletschern der Schweiz angestellt hat, ergeben; dass das Auftreten der Gletscher jedesmal
von einer Reihe von Erscheinungen begleitet ist, welche keine keine
andre Kraft, namentlich keine Gewalt des Wassers oder der
Schlammströme hervorbringen kann, und dass, wo diefe Reihe von
Erscheinungen auftritt, mit Sicherheit auf ein früheres Dafein von
Gletschern geschlossen werden kann.
Die Gletscher find regelmäßige Erzeugniffe von Hochgebirgen

oder von Gebirgen der Polzone, welche fich bis in das Gebiet des ewigen Schnees erheben. Der Schnee, welcher durch die aufsteigenden Winde in diefen Höhen in grofer Mächtigkeit niederfällt, bildet grofe Schneefelder, und in den tieferen, von ftellen Wänden umgebenen Becken und Thälern mächtige Schneelager von 30 bis 300 Meter Mächtigkeit, in welchen der Schnee durch den Druck der obern Maſſen backend und körnig, demnächſt durch das in diefen tiefern Thälern thauende Waſſer, welches in den Nächten und Wintern wieder friert, eisartig wird. Aus dem Schneelager ist der Firn geworden. Noch tiefer gehen die Schneelager und Firne durch das reichlicher thauende und wieder gefrierende Waſſer in poriges, mit vielen Blafenräumen und zarten Haarspalten durchzogenes, glashelles Eis über, die Form des Gletschers.

Die Oberfläche diefer Gletscher thaut unter dem Einfluſſe der Sonne und der wärmern Lüfte in den tiefern Thälern fortwährend; Lagen und Gerölle, welche zuerst tief im Innern des Gletschers lagen, treten dadurch an die Oberfläche des Gletschers, ja erheben fich, wie die Gletschertische, hoch über die Oberfläche. Noch stärker schmilzt das Eis an den Rändern des Gletschers, wo die benachbarten Gesteine Wärme verbreiten, der Gletscher ist daher in der Mitte gewölbt und erhöht. Das schmelzende Waſſer dagegen tränkt die feinen Haarspalten, bildet Bäche und kleine Seeen auf der Oberfläche und in den Spalten des Gletschers, bis das in der Tiefe 4° C. warme Waſſer durch den Gletscher hindurchschmilzt und fich in den unter dem Gletscher fortſtrömenden Bach ergieſt.

In der Nacht nun friert dies Waſſer in den Spalten und dehnt fich dadurch wie 0 zu 10 aus. Das Eis des Gletschers dehnt fich daher aus und zwingt den Gletscher, fich zu bewegen und in die tiefern Thäler vorzudringen. Diefe Bewegung ist um fo gröſer, je steiler die Sohle, auf der der Gletscher aufliegt, je tiefer die Eismaſſe ist und je wärmer die Tage find, d. h. je mehr Waſſer in die Spalten des Gletschers eindringt, fie ist ferner in der Mitte des Gletschers, wo die wenigste Reibung Statt findet, schneller als an dem Rande und beträgt in der Mitte in 9 Jahren 1000, in einem Jahre mithin 111 Meter bei einer mittlern Tiefe des Gletschers von 7 bis 300 Metern.

Die Sohle des Gletschers ist durch den Druck der mächtigen Eismaſſes, welche über diefelben fortrücken, geschliffen, die hervorragenden Felfen werden an der Seite, von der das Eis kommt, in runde, kreifelartige Formen: Rundhöcker, das rauhe und

zackige Thal in eine glatte Fläche: Schlifffläche verwandelt,
und zwar werden die harten Stellen ganz ebenso stark abge-
schliffen, als die benachbarten weichen. Von dem Gerölle, welches
mit dem durchthauenden Wasser herabkommt, find ausserdem
Furchen und Ritzen in der Richtung der Gletscherbewegung in
die Sohle eingegraben, und find dieselben wieder in harten und
weichen Gesteinen gleich stark. Auch die Gerölle selbst, welche
diese Ritzen hervorbringen, find in ganz gleicher Weise geritzt
und gefurcht.

Wasser kann nie derartige Furchen erzeugen, vielmehr zerstört dasselbe sowohl an den Felsen wie an den Geröllen die durch
die Gletscher erzeugten Furchen und nagt die weichern Theile aus,
während es die festern stehen lässt. Schliffflächen und Rundhöcker
mit bestimmt gerichteten Ritzen und Furchen beweisen mithin,
dass auf den Flächen einst Gletscher gelegen haben.

Der Rand des Gletschers ist mit Sandgerölle und grosen
Blöcken bedeckt, welche theils durch den Druck des Gletschers
von den Seitenwänden abgerieben werden, theils durch Verwitterung aus höhern Felfen auf den Gletscher herabstürzen. Es bilden
diese Blöcke an jedem Rande des Gletschers einen Damm: den
Seitenguffer (Seitenmoräne), welcher stets aus den Gesteinen
gebildet ist, welche an der entsprechenden Seite des Gletschers
anstehen. Auch sie tragen unverkennbar das Kennzeichen ihrer
Entstehung an sich, indem dieselben durchaus frische Bruchflächen
und scharfe Kanten bewahren.

Münden mehre Thäler in einander und vereinigen sich dadurch
2 Gletscher, so vereinigen sich die beiden mittlern Seitenguffern
in einen Mittelguffer oder Mittelmoräne. Am Ende des
Gletschers, wo die Macht der Wärme so bedeutend ist, dass das
Eis vollständig schmilzt, lagern sich nun die Gerölle der Sohle, die
scharfkantigen Blöcke der Mittel- und Seitenguffern, wenn letztere
nicht an den Rändern des Gletschers auf ebneren Felfen liegen
geblieben find, ab und bilden die nach der Mitte des Thales thal-
abwärts gebogenen, hohlen Endguffern (Endmoränen).

Wasser kann nie derartige Guffern bilden. Alle Gesteine,
welche das Wasser absetzt, find gerundet und abgerieben und je
nach der Gröse gelagert, die grösten Blöcke zunächst, die kleinsten
am weitesten fortgetragen. Alle Ablagerungen des Wassers liegen
ferner in der Tiefe des Thales in unregelmässigen Lagerungen und
die Gerölle von beiden Seiten des Thales bunt durch einander
gemengt. Die regelmässig bauchigen Endguffern und die in 250 und

mehr Metern Höhe an den Seiten des Thales abgelagerten Seitenguffern mit ihren scharfkantigen Blöcken und daher ebenso sichere
Kennzeichen, dass einst Gletscher dieselben bildeten und das Thal
bis zu jener Höhe ausfüllten, als die bis zu den Guffern reichenden
Schliffflächen, Rundhöcker und Furchen.

Schmilzt die Wärme des Thales mehr Eis, als von oben durch
die Bewegung des Gletschers nachrückt, so zieht sich das Ende des
Gletschers zurück und lässt die von ihm bisher bedeckten Schliff-
flächen frei. Die Blöcke und Gerölle, welche bei dem Stillstande
des Gletscherendes die Endguffern bildeten, breiten sich bei diesem
Rückzuge des Gletscherendes über die vom Gletscher verlassene
Fläche aus und bedecken diese um so dünner, je schneller das
Gletscherende zurücktritt.

2. Die Ausbreitung der Gletscher zur Gletscherzeit.

Alle Thäler der Alpen zeigen nun nicht nur auf der Oberfläche des Thales jene Rundhöcker und Schliffflächen, jene Ritzen
und Furchen, welche wir als sicheres Kennzeichen ansahen, dass
jene Thäler einst die Sohle mächtiger Gletscher gewesen sind, auch
die Seitenguffern an den Seiten der Thäler, im obern Theile des
Thales in 3000, bei der Mündung des Thales in 1700 bis 2000
Meter Höhe über dem Meere, beweisen, dass die Thäler dereinst
bis zu dieser Höhe mit Gletschern erfüllt waren.

Ebenso geben die bis zu jener Höhe in dem ganzen Thale
zerstreuten Blöcke mit scharfen Kanten und frischen Bruchflächen,
welche stets aus Gesteinen derselben Seite abgebrochen sind, an
welcher sie jetzt noch liegen, die gefurchten Gerölle und die von
Zeit zu Zeit quer durch das Thal streichenden, bauchigen Endguffern Zeugniss von der Thätigkeit der Gletscher, welche einst
jene Thäler erfüllten und bei ihrem Rückzuge jene Trümmer zurück-
liessen.

Auch die Ebenen der Schweiz zeigen uns an einzelnen Stellen,
wo ein hartes Gestein ansteht, deutliche Schliffe und Ritzen, vor
allem aber ist die den Alpen zugewandte Seite des Jura vollständig
geschliffen und mit den bezeichnenden Ritzen und Furchen versehen,
sowie auch die Gerölle jene Ritzen deutlich zeigen. Ferner sind
die Ebenen der Schweiz mit vereinzelten, grossen, scharfkantigen
Blöcken bedeckt, welche aus den an den Seitenwänden der Alpenthäler anstehenden Gesteinen herstammen; auch die den Alpen benachbarten Berge zeigen bis nahe 1300 Meter, die den Alpen zu-

gewandte Seite des Jura bis zu geringern Höhen bedeutende Blöcke
derselben Art.

Alle diese Blöcke bezeichnen so bestimmt das Thal, aus dem
sie stammen, dass es möglich gewesen ist, die ganze Schweiz je
nach den Thälern in bestimmte Gebiete zu theilen.

Die Blöcke des Rhonethales erfüllen die ganze Ebene zwischen den Linien, welche von St. Maurice aus einerseits nach Genf
und andrerseits nach Solothurn gezogen werden. In der Mitte
dieser Ausbreitung waren die Gletschermassen am höchsten, ihre
Blöcke stiegen hinter Yverdun an den Abhängen des Jura bis
700 Meter über die Schweizer Ebene oder bis über 1000 Meter
über den Meeresspiegel auf, während sie am Rande bei Genf und
Solothurn nicht viel über den Spiegel der Ebene ansteigen. Ebenso
bestehen die Blöcke in der Mitte dieser Ausbreitung bei Yverdun
aus Gesteinen der Mittelguffern, aus Talkgraniten (Protogynen),
welche von den Hochthälern des Rhonethales herabkamen, während die Gesteine aus den Seitenrändern des Rhonethales, die
Diallagebasalte oder Euphotide von Saas und die Puddinge von
Valorsine näher den Rändern der Ausbreitung auftreten und sich
kaum über den Spiegel der Ebene erheben.

Die Blöcke des Aarthales füllen den deutschen Theil des
Kantons Bern, östlich der Linie von St. Maurice nach Solothurn,
die des Reusthales die Kantone Luzern, Zug, Aargau und den
westlichen Theil von Schwyz. Die des Linththales den Kanton
Glarus und die Abhänge des Linthkanales und Züricher Sees, endlich die Blöcke des Rheinthales erfüllen Graubündten, St. Gallen,
den nördlichen Theil von Zürich, den Thurgau und einen grosen
Theil Baierns und Schwabens.

Die Thäler der Pyrenäen, der Vogesen und des Schwarzwaldes
zeigen ganz ähnliche Erscheinungen, wie die Alpenthäler, nur dass
ihre Gletscher nicht bis in die Ebenen vorgedrungen sind. Auch
in Südamerika sind in der Nähe der Cordilleren auf den Pampas
von Patagonien, auf Feuerland und Chiloe ähnliche Gletscherblöcke
gefunden worden bis zur Höhe von 70 Metern über dem Meere.
Die Gletscher haben zur Gletscherzeit mithin ganze Länder mit
Eis bedeckt und in Eis begraben.

Nicht minder wichtige Thatsachen liefert der Norden Europas.
Die Gneishügel Schwedens und Finnlands zeigen ebenso wie die
Alpenthäler Rundhöcker und Schlifflächen mit Ritzen und Furchen,
welche, von den Kjölen ausgehend, in bestimmten, höchst bezeichnenden Richtungen streichen. Gleichlaufend mit denselben dehnen

fich die Afar, d. h. die Sandwälle mit Sand, Kies und Blöcken, die meist abgerieben find, aus, welche Spuren späterer Schichtung zeigen. Auch die Hochthäler von Schottland und Wales zeigen ähnliche Schliffe, Furchen, Blöcke und Wälle.

In weiter Entfernung von diefen geftreiften Fläohen finden fich nun an den Südgestaden der Ostfee und des Finnischen Meerbusens grose Geschiebe von Sand, Thon und Kalkmassen, welche eine fehr grose Zahl von Blöcken tragen und die Höhen des baltisch-uralischen Landrückens bilden. Die mittlere Entfernung der Höhen diefes Landrückens von den Schlifflächen Schwedens und Finnlands ist 40—60 Meilen. Dagegen gehen die äusersten Grenzen, bis zu welchen einzelne Blöcke gefunden werden, noch 60 Meilen weiter nach Süden bis zu einer Linie vom nördlichen Ural nach Tula, Breslau, Gröningen in Holland, Harwich in England und zur Ost-küste Schottlands. Alle diefe Blöcke zeigen noch mehr oder we-niger scharfe Flächen und lassen an ihrer Zusammenfetzung die Orte bestimmen, von wo fie hergekommen find. Die des nörd-lichen Russlands stammen danach aus Finnland, die in Preusen und Polen theils aus Finnland, theils aus Schweden, die in Pom-mern, Holstein, Friesland und Holland aus Schweden und Norwegen, die in England und Schottland endlich fämmtlich aus Norwegen.

Es kann keinem Zweifel unterliegen, dass die Schlifflächen Schwedens, Finnlands und Schottlands die Unterlagen für gewaltige Gletscher der Gletscherzeit gewesen find. Dagegen kann man über die Kraft, welche die Blöcke in die füdlichen Gegenden getragen hat, zwiefacher Ansicht fein, indem man entweder annimmt, es feien jene Gegenden vom Meere überschwemmt und die in das Meer hineinragenden Gletschermassen Schwedens mit ihren Geröllen bis in die füdlichen Gegenden gelangt, wo fie die Geschiebe haben fallen lassen, oder es haben die schwedisch-finnischen Gletscher, die im Mittel nur 70 Meter tiefe Ostfee ausgefüllt, und feien die Hügel des baltisch uralischen Landrückens nur die Endguffern jener Gletscher. Die weite Ausbreitung der Gerölle und das Vorkommen versteinter Muscheln in Russland, Schweden und Schottland, welche jetzt nur noch den Eismeeren angehören, scheinen die erste An-ficht, die Gestaltung der Hügel in Pommern und Preusen, die nie geschichtete Lagerung ihrer Gerölle, welche in buntestem Durch-einander lagern, scheinen die zweite Ansicht zu bestätigen, eine Entscheidung ist bei der jetzigen Kenntuis der Sachlage nicht möglich. Welcher Anficht man aber auch beistimmen mag, die

Thatsache, dass die Eismassen auch in Nordeuropa zur Gletscherzeit weite Länder bedeckt haben, kann niemand bestreiten.

3.. Die Witterung der Gletscherzeit.

Die Frage bleibt nun: Woher diese gewaltigen Eismassen welche zur Gletscherzeit ganze Ebenen und Länder bedecken, in denen kurz zuvor während der Schwemmzeit noch tropische Palmen gediehen und Löwen und Tiger hausten? Es wird nothwendig sein, genau die Ausbreitung jener Erscheinungen zu verfolgen, um die Ursache dieser Eismassen zu entdecken.

Zunächst also ist es Thatsache, dass in Europa zur Gletscherzeit die ganze Ebene der Schweiz bis 700 Meter hoch mit Eis bedeckt gewesen, ist es Thatsache, dass zur Gletscherzeit die Thäler der Pyrenäen, der Vogesen und des Schwarzwaldes grossentheils unter Gletschern begraben, dass ganz Schweden und Finnland, sowie der grösste Theil von Schottland und Wales die Sohle gewaltiger Eismassen gewesen sind, welche, weithin getragen, das ganze Norddeutschland und nördliche Russland mit schwedischen und finnischen Steinblöcken und Geröllen bedeckt haben: aber jebenso ist es auch sichere Thatsache, dass in Europa viele andre, a die Mehrzahl der Gebirge, so namentlich der Böhmerwald, das Erz- und Riesengebirge, der Harz, der Thüringer und Frankenwald, die ungrischen und die französischen Hochgebirge keine Gletschermassen erzeugt haben.

Die eisige Kälte hat also zur Gletscherzeit nur in einzelnen Ländern Europas geherrscht, ist nur eine örtliche Erscheinung gewesen, welche sich nicht einmal über den kleinen Erdtheil Europa, nicht einmal über ganz Deutschland erstreckt hat, geschwelge denn eine allgemeine Erscheinung auf der ganzen Erde gewesen ist. Wäre die Kälte in dieser Zeit allgemein gewesen, so hätten alle Gebirge ohne Ausnahme bis zu der Ebene hin mit Eis bedeckt sein und die Blöcke derselben weithin zerstreut gewesen sein müssen. Namentlich könnten nicht die Gebirge zwischen den riesigen Eismassen Schwedens und der Schweiz, namentlich könnte nicht der Jura, der zwischen den Alpen und den Gletscher tragenden Vogesen wie eingekeilt liegt, frei vom Eise geblieben sein. Ja, wäre die Kälte eine allgemeine gewesen, dann müssten auch die Gletscher der Pyrenäen weit in die Ebene hineingereicht haben, wie dies bei den Alpen der Fall ist.

Das Auftreten eisiger Kälte, gewaltiger Eismassen in der Gletscherzeit ist also eine rein örtliche Erscheinung, das eine Ge-

birge wird davon betroffen, das benachbarte nicht, das eine stark,
das andre in geringem Grade. Auch heute noch treten aber gewaltige Eismassen örtlich auf, gleichviel in der kalten wie in der
heisen Zone, in der alten wie in der neuen Welt. Es sind die
Gipfel der Hochgebirge, der Alpen und Kjölen in Europa, der Cordilleren in Amerika, der Hochgebirge Asiens und Afrikas, welche
durch ihre riesige Höhe bis in das Reich des ewigen Schnees
emporragen und auf ihren Höhen eine eisige Kälte entwickeln, nicht
minder furchtbar als die eisige Kälte unsrer Polländer. Noch heute
werden auf ihren Höhen, wie wir sahen, die Schneefelder gebildet,
noch heute senken sich von ihren Höhen die Gletscher bis in die
Tiefe des Thales, tiefer als die Getreidefelder und Obstgärten, als
die Hütten und Kirchen der benachbarten Dörfer hinab.

Nur die Höhe, bis zu welcher die einzelnen Gebirge in der
Gletscherzeit aufgestiegen sind, kann es mithin gewesen sein, welche
zu dieser Zeit ganze Länder in Eis begraben hat. Eine Erhebung
von 1300 Metern genügt bereits, um die ganze Schweiz mit Eismassen zu bedecken, eine Erhebung von 1700 Metern, um ganz
Schweden in ein Gletschermeer zu verwandeln. Was aber sind
1700 Meter gegen die Hebung, welche die Erde zu verschiedensten
Zeiten aufzuweisen gehabt hat?

Nehmen wir die Hebung zur Gletscherzeit nur so stark an,
wie sie heute noch in Schweden ist, d. h. 1 bis 1½ m. in 100
Jahren, rechnen wir ferner auf die Gletscherzeit nur die Hälfte
der Fluthzeit, d. h. 674365 Jahre, so ergiebt dies für die Gletscherzeit eine Hebung von 6743 m. bis 11239 m., d. h. Höhen, wie sie jetzt
nicht einmal die höchsten Berge der Erde besitzen. Die Gebirge
der Gletscherzeit können also sehr wohl so hoch gehoben sein, dass
ihre Länder in Eis begraben wurden, ja viele Gebirge sind in der
Gletscherzeit so hoch gehoben, während andre ihre bisherige
geringere Höhe behalten haben oder auch gesunken sind.

Die Thatsachen, welche wir aus der Gletscherzeit kennen,
finden hierdurch ihre genügende Erklärung. Das Auftreten grosser,
weit verbreiteter Gletscher nimmt uns danach nicht Wunder. Die
Abhänge der Gebirge müssen überdies zu jener Zeit um vieles
steiler und für die Bewegung der Gletschermassen geeigneter gewesen sein. Wenn ferner die Gletschermassen Schwedens und
Finnlands bis in ein südlich gelegenes Meer getaucht haben und
ihre Eismassen mit ihren Blöcken an ferne Gestade geführt sind,
so kann es uns nicht Wunder nehmen, auch in den Ablagerungen

diefes Meeres Mufcheln zu finden, welche jetzt nur dem Eisblöcke
führenden Polmeere angehören.

Zur Schwemmzeit hatten alfo die grosen Gebirgsgürtel Afiens
und Europas ihre Wetter fcheidende Höhe noch nicht erreicht,
noch konnten die tropifchen Lüfte unbehindert bis in die Ebenen
des nördlichen Deutschlands und Sibiriens vordringen und hier
Wärme und reichliche Regen abfetzen, welche herrliche Weide-
plätze für Mammuthe und Nashörner, treffliche Tummelplätze für
Bären, Tiger und Hyänen bilden mussten. Erst zur Gletscherzeit
traten die gewaltigen Hebungen hervor; aber auch fofort mit
folcher Kraft, dass ganze Gebirge, ganze Gaue bis in das Eis- und
Schneereich gehoben und unter riefenhaften Gletschermassen begraben wurden. Erst fpäter ist diefe Höhe wieder gemindert, find
die Gletscher geschwunden, jene Länder für die Thiere wieder
bewohnbar geworden.

Alle Thatfachen diefer Nummer find ficher und allgemein anerkannt. Die Erklärung der Thatfachen ist zwar neu, ergiebt fich
aber mit Nothwendigkeit aus den Thatfachen und ist daher ficher.

70. Das Ende der Erdgeschichte.

Die Erdgeschichte ist mit der Gletschergeschichte beendet.
Sobald der erste Mensch die Erde betritt, tritt auch für die Erde
eine neue Zeit ein, die Zeit des Menfchenlebens und der Staaten-
bildung. Aus der Erdgeschichte wird die Völkergeschichte, statt
der Bauten der Schichten und der Gebirge erfcheinen die Häufer
und Tempel der Menfchen, welche von jetzt ab die Erde beherrschen und fie zu einem Sitze der Bildung und der Gefittung, der
Kunst und Wissenschaft machen. Die Erdgeschichte berichtet uns
davon nicht, fie hat, wie gefagt, mit dem Erfcheinen des ersten
Menschen ihr Ende erreicht.

Anhang.

Die Erdgeschichte nach dem Bibelberichte.

Wir haben in diesem Werke die Geschichte der Erde kennen gelernt, wie sie sich aus den Steintafeln und Knochen-Urkunden der Erde ergiebt, ohne dass wir auf die Ueberlieferungen der Menschen Rücksicht genommen haben. Es giebt aber für die Geschichte der Erde noch eine zweite Urkunde, welche aus grauem Alterthume überliefert, in kindlicher Sprache und Ausdrucksweise uns die Geschichte der Erde erzählt. Es wird Aufgabe der Wissenschaft sein, ehe wir die Geschichte der Erde schliessen, noch einmal zu untersuchen, wie sich die Ergebnisse der beiden Urkunden zu einander verhalten und ob sie einander bestätigen oder widersprechen.

Freilich kann das wissenschaftliche Ergebniss, welches wir aus den Steindenkmälern gewonnen haben, durch die Ueberlieferungen des Alterthums nicht umgestossen oder auch nur verändert werden. Dennoch ist und bleibt die Vergleichung für jeden gebildeten, wissenschaftlichen Menschen von höchstem Reize und Werthe und darf in einem wissenschaftlichen Werke um so weniger fehlen, als die Vergleichung zu höchst überraschenden und dankbaren Ergebnissen führt. Bei einer gründlichen Erforschung der Sache, wenn man die Urkunden der Erde, niedergelegt in den Graniten und kohlensauren Gesteinen der Erde, gründlich untersucht und in die Tiefe der Erde bis zur vollen Auflösung der Räthsel der Erdbildung eindringt, gewahrt man nämlich mit Erstaunen, wie überraschend der Bibelbericht trotz seiner kindlichen Sprache und Ausdrucksweise bis in die kleinsten Einzelheiten hinab mit den Ergebnissen übereinstimmt, welche eine späte Wissenschaft erst mühsam aus den Steindenkmälern der Erdschale entziffert und festgestellt hat.

Freilich bedarf auch der Bibelbericht, wenn man ihn zur Vergleichung heranziehen will, einer neuen streng wissenschaftlichen

Auslegung, bei welcher man auf den Urtext zurückgehen, oder
diesen doch durch eine wortgetreue Ueberfetzung erfetzen muss.
Im Folgenden gebe Ich diefe neue wortgetreue Ueberfetzung und
Auslegung im Vergleiche mit den obigen Ergebnissen der Wissenschaft.

Am Anfange schuf Gott den Himmel und die Erde,
und die Erde war wüste und leer, und es war
finster auf der Tiefe, und der Geist Gottes
schwebte auf dem Wasser. (I. Mose 1, 1—2.)
Der Bibelbericht bestimmt hiermit genau den Zeitpunkt, mit
dem er einfetzt. Die Erde ist bereits geschaffen, fie ist bereits
abgekühlt, nicht mehr feurig flüssig, nicht mehr glühend und leuchtend wie die Sonne, sondern bereits mit einer festen Schale um-
kleidet, denn es war finster auf der Tiefe. Die Erde ist bereits
unter 376° C. abgekühlt, das Wasser hat fich bereits theilweife
tropfbar niedergeschlagen und ein Meer gebildet, denn der Geist
Gottes schwebte auf dem Wasser. Alle frühern Begebenheiten
werden von dem Berichte zu dem Anfange gerechnet, da Gott die
Erde schuf.

Auser der Erde ist aber bereits auch der Himmel von Gotte
geschaffen. Diefer Himmel bezeichnet aber nicht die Feste des
Himmels, nicht das eherne blaue Gewölbe, welches fich die Alten
am Himmel vorstellten, denn dies wird nach dem Bibelberichte v. 7
erst weit später errichtet, es ist vielmehr das Weltall auser der
Erde, das ganze Heer der Gestirne, Sonne, Mond und Sterne. In
der That kann die Erde nicht entstehen ohne die Sonne, deren
Theil fie ist, kann nicht ihre Bahn wandeln, wenn keine Sonne
da ist, welche fie leitet, kann nicht zur Kugel fich gestalten,
wenn nicht zuvor der Mond abgefondert ist. Ebenfo wenig kann
die Sonne aus fich Ringe gestalten oder Planeten entlassen, wie
die Erde, wenn nicht zuvor das ganze Reich der Milchstrase gebildet und in einzelne Sonnenreiche zerlegt ist. Die Schöpfung des
Himmels umfasst mithin bereits die ganze Geschichte der Sternwelt,
wie wir fie in der Sterngeschichte kennen lernen, fie tritt bereits
ein vor der Schöpfung der Erde, wie auch die biblische Erzählung
erst den Himmel und dann die Erde erschaffen lässt.

Aber wie stimmt hiemit, werden die Theologen fragen, der
fernere Bericht der Bibel in v. 14, wo es heist: „Und Gott sprach:
Es feien Lichter an der Feste des Himmels, dass fie scheinen auf
Erden. Und es geschahe alfo. Und Gott machte zwei grose
Lichter, ein groses Licht, das den Tag regiere, und ein kleines

Licht, das die Nacht regiere, dazu auch die Sterne, und setzte sie
an die Feste des Himmels, dass sie schienen auf die Erde". Danach sind ja die Sterne, wie es scheint, erst am vierten Schöpfungstage geschaffen. Die Frage ist berechtigt, kann aber erst später
ihre Erledigung finden und wird sie dort in strengster Weise finden.
Einstweilen bitte ich die geehrten Leser, diese Frage noch zu ver-
tagen und unbeirrt durch diese Frage dem Berichte der Schöpfungs-
urkunde zu folgen.

Nachdem also Gott den Himmel und die Erde geschaffen hatte,
war die Erde wüste und leer, war es finster auf dem Wassermeere, und der Geist Gottes schwebte auf den Wassern. Nach
diesem Berichte war also die Erde von einem grosen Wassermeere
bedeckt, aus dem noch kein Festland hervorschaute, denn dieses
entsteht nach dem Berichte v. 9—10 erst am dritten Tage.

Und es war finster auf dem Wassermeere. Mit Recht fragen wir hier, war es zu jener Zeit überall finster in der Welt,
war es auch finster im Himmel bei Gotte, oder war es nur finster
in der Tiefe auf dem Wassermeere, am Grunde des gewaltigen
Luftmeeres, welches die Erde und ihr Wassermeer einhüllte?
Wäre es überall finster gewesen, wäre es namentlich auch im
Himmel bei Gotte finster gewesen, wozu hebt dann die Bibel ausdrücklich hervor, auf der Tiefe, auf dem Wassermeere sei es
finster gewesen. Nein, nach der Anschauung der Bibel ist es nie
im Himmel bei Gotte finster gewesen, denn Gott ist ein Licht und
ein Vater des Lichtes, bei welchem ist keine Veränderung des
Lichtes und der Finsterniss, der da wohnet im Lichte, da niemand
zukommen kann, und Licht ist sein Kleid. Bei Gotte im Himmel
also ist es licht, nur auf der Tiefe, nur auf dem Wassermeere der
Erde ist es finster, bei Gotte im Himmel herrscht ewig Gesetz und
Fülle, nur auf der Erde ist es wüste und leer.

Erster Schöpfungstag.

Und Gott sprach: Es sei Licht, und es ward Licht.
Da schied Gott das Licht von der Finsterniss und
nannte das Licht Tag und die Finsterniss Nacht.
(I. Mose 1, 3—5.)

Ist nun die obige Anschauung der Sache die allein richtige
und biblische, so bedeutet das: „Und Gott sprach: Es sei Licht,
und es ward Licht", nicht einen neuen Schöpfungsakt Gottes, wodurch überhaupt erst das Licht erzeugt wäre, sondern nur einen
Akt der Weltleitung, wodurch der bisher finstern Tiefe der öden

Erde das himmlische Licht gegeben ist. In der That, das Licht
ist, wie wir in der Körperlehre sahen, eine Schwingung von
Epunkten, welche von feurig glühenden Körpern ausstrahlt. Das
Licht entsteht alfo überhaupt nicht durch einen Schöpfungsakt
Gottes, fondern ist die von Gotte geordnete Folge des ersten
Schöpfungsaktes. Mit der Schöpfung des Himmels und der Erde
ist auch fofort das Licht entstanden und leuchtet schon lange am
Himmel, ehe das Wassermeer fich auf der Erde bildete. Aber auf
der Erde unter dem Luftmeere von 625 Luftfäulen war es finster,
da das Licht nicht durch diefes Luftmeer zu dringen vermag, wie
es auch jetzt nicht durch das Luftmeer der Sonne dringt, und daher
der Kern der Sonne in den Sonnenflecken uns dunkel erscheint.
Nach dem Bibelberichte alfo spricht Gott: Es fei Licht auf
Erden, und es ward Licht. Die Bibel unterscheidet fehr wohl das
Schaffen Gottes (אָרָא bārā), den Befehl, dass etwas geschehe
(צוה hūjāh) und das Anordnen und Bereiten (עָשָׂה üsäh). Das
Schaffen felbst wird nur erwähnt im ersten Verfe bei der Schöpfung
des Himmels und der Erde, v. 21 bei der Schöpfung der grosen
Thunfische und v. 27 bei der Schöpfung des Menschen; nur in
diefen Fällen haben wir es alfo mit eigenen Schöpfungsakten zu
thun, in den andern Fällen find es nur Anordnungen, ist es die
Weltleitung Gottes, ist es die von Gotte vorgeschriebene Welt-
ordnung, nach welcher zu einer bestimmten Zeit ein Ereignis eintritt. Gott befiehlt, dass es geschehe, und es geschieht. So klärt
fich alfo am ersten Schöpfungstage die Dicke der Erdluft auf, das
Luftmeer wird dünner, die Finsternis weicht, das Licht leuchtet
auf der Erde, wenn auch Sonne, Mond und Sterne noch nicht auf
Erden fichtbar find.

Das am ersten Schöpfungstage für die Erde geordnete Licht
wechfelt täglich. Des Tages herrscht auf der Erde das Licht,
des Nachts die Finsternis. Da die Erde fich, wie wir fahen,
um diefe Zeit schon täglich einmal um ihre Achfe dreht, und zugleich Licht und Finsternis täglich einmal wechfeln, fo kommt das
Licht der Erde aus einer bestimmten Stelle des Himmels und (da
es nicht des Nachts, fondern des Tages leuchtet) kann es nichts
andres als das Sonnenlicht fein, welches Tages die Erde erleuchtet.
Die Sonne ist alfo schon da, ihr Licht leuchtet am Himmel bereits,
ehe Gott es auf der Erde Licht werden lässt, aber für die Erde
ist fie noch nicht da. Die Erde ist am Morgen des ersten Schöpfungstages noch in finstre Nacht gehüllt; das Licht der Sonne bricht
erst im Laufe des ersten Schöpfungstages auf Gottes Geheis durch

die dicken Luftmassen der Erde und lässt zunächst Tag und Nacht
unterscheiden, wenn es auch bei Tage noch so dunkel ist wie
unter der dicksten Gewitterwolke und die Sonne noch nicht sichtbar ist.

Denn noch liegt die Erde in ein dichtes Nebel- und Wolken-
meer gehüllt, die Regen sind am Abende des ersten Schöpfungs-
tages noch riesenhaft, die Wasser über der Feste und unter der
Feste sind noch nicht geschieden. Aber je mehr sich nun Wasser
niederschlägt und das Meer erfüllt, um so reiner wird die Luft.
Die Wolken, welche zuerst dicht über dem Meere hängen, beginnen
sich zu heben, von den 232 Luftsäulen Wassers, welche das
Luftmeer im Anfange enthält, sind am Abende des zweiten
Schöpfungstages nur noch zwei in der Luft. Die Urkunde der
Bibel erzählt dies also:

Zweiter Schöpfungstag.

„Und Gott sprach: Es werde eine Feste (ein Gewölbe) zwischen den Wassern und sei eine Scheidung zwischen den Wassern. Und Gott machte
(עשה näib) die Feste und schied das Wasser unter
der Feste von dem Wasser über der Feste. Und
es geschah also. Und Gott nannte die Feste Himmel." (I. Mose 1, 6—8.)

Wiederum könnte es auf den ersten Blick so erscheinen, als
habe Gott erst an diesem zweiten Tage den gesammten Himmel
geschaffen. Aber dies wäre ganz wider die Anschauung der Bibel-
Erzählung. Nach dieser ist der gesammte Himmel bereits vor der
Erde geschaffen und kann daher nicht noch einmal geschaffen
werden. Am zweiten Schöpfungstage schafft Gott überhaupt nicht,
er befiehlt nur, dass etwas geschehe, er ordnet es nur an, und
siehe, es geschieht nach seinem Willen. Auf der Erde sondern
sich die Wasser der Luft oder die Wolken von den Wassern des
Meeres, die erstern erheben sich vom Meere, und je höher sie stei-
gen, um so höher erhebt sich das Gewölbe der Luft, auf der Erde
Himmel genannt und erscheint den Menschen auf Erden wie eine
Feste (רקיע rakia, gr. stereōma), wie ein ehernes Gewölbe über der
Erde, welches die Wasser der Wolken trägt.

Ebenso verhält es sich aber auch am vierten Tage mit dem
Erscheinen von Sonne, Mond und Sternen. Auch diese sind mit
dem Himmel und dem Lichte bereits vor dem Sechstagewerke ge-

schaffen und können daher am vierten Tage nicht nochmals geschaffen werden. Auch schafft Gott am vierten Tage überhaupt
nicht, er befiehlt nur, dass etwas geschehe, er ordnet nur an, und
es geschieht. Die Ausdrücke der Bibel sind am vierten Tage
genau dieselben, wie bei der Einrichtung der Feste am zweiten
Tage. „Und Gott sprach, heist es: Es werden Lichter an der Feste
des Himmels, die da scheiden Tag und Nacht und geben Zeichen,
Zeiten, Tage und Jahre, und seien Lichter an der Feste des Himmels, dass sie scheinen auf Erden. Und es geschah also. Und
Gott machte (ת֫֫֫֫ asah) zwei grose Lichter, ein grose Licht, das
den Tag beherrsche, und ein kleines Licht, das die Nacht beherrsche, dazu auch die Sterne. Und Gott setzte sie an die Feste
des Himmels, dass sie schienen auf die Erde und den Tag und die
Nacht beherrschten und schieden Licht und Finsterniss" (v. 14—18)
Gott befiehlt also, dass an der Feste des Himmels Lichter erscheinen, die da auf Erden Tag und Nacht scheiden. Es ist wieder
nur von der Erde die Rede. An dem Gewölbe über der Erde,
auf welchem die Wolken ruhen, sollen Lichter erscheinen, sollen
Zeichen geben für Tage, Monate und Jahre und sollen auf Erden
scheinen. Im weiten Himmelsraume sind also längst Sonne, Mond
und Sterne gewesen, aber auf der Erde waren sie unter dem dicken
Wolkenmeere nicht sichtbar, und erfordert es lange Zeit, ehe das
dichte Luftmeer, ehe die Wolken, welche am Abende des zweiten
Schöpfungstages noch 30 mal so dick sind wie heute, ehe diese
Massen sich soweit aufklären, dass Sonne, Mond und Sterne sichtbar werden. Erst am Abende des vierten Schöpfungstages wird
die Luft soweit geklärt, wie wir dies im Verlaufe dieser Untersuchung sehen werden, erst zu jener Zeit werden Sonne, Mond
und Sterne auf Erden sichtbar, werden sie an die Feste des Erdhimmels gesetzt und scheinen auf Erden, beherrschen hier Tag und
Nacht, scheiden Licht und Finsterniss, wie dies die Bibel berichtet.

Die ersten beiden Schöpfungstage der Bibel entsprechen genau
der Meereszeit. Das Ende des zweiten Schöpfungstages ist auch
genau das Ende der Meereszeit. Bibelurkunde und Steindenkmäler
der Erde stimmen also bis in alle Einzelheiten überein, ergänzen
und bestätigen sich gegenseitig. Dass freilich die Tage der Schöpfung nicht Menschentage sind, sondern Tage vor Gottes Angesichte,
in denen er sein Tagewerk vollbringt und vor dem Tausend Jahre
sind wie ein Tag, der gestern vergangen ist, und wie eine Nachtwache, das wird kein Bibelkundiger bestreiten.

Dritter Schöpfungstag.

„Und Gott sprach: Es sammle sich das Wasser unter dem Himmel an besondre Oerter, dass man das Trockne sehe. Und es geschah also. Und Gott nannte das Trockne Land, und die Sammlung der Wasser nannte er Meer." (I. Mose 1, 9—10.)

Die Bibel berichtet hier, wie nach der Meereszeit die Inseln aus dem Meere hervorgestiegen sind. Neben den Höhen im Meere haben sich grosse Meeresthäler gebildet, besondere Oerter, in denen sich das Wasser des Meeres sammelt, so dass die Inseln aus dem Meere hervorragen, und man das Trockne sieht. Der Gegensatz, der dadurch entsteht, ist der von Land und Meer. Der Zeitabschnitt der Erdgeschichte, der dieser Erzählung entspricht, ist die Inselzeit.

„Und Gott sprach: Es lasse die Erde aufgehen Grüngras und Fruchtgras, das sich besame, und Frucht-tragende Bäume, da ein Jeglicher nach seiner Art Frucht trage und habe seinen eignen Samen bei sich selbst auf Erden. Und es geschah also. Und die Erde liess aufgehen Grüngras und Fruchtgras, das sich besamete, ein jegliches nach seiner Art, und Bäume, die da Frucht trugen und ihren eigenen Samen bei sich selbst hatten, ein Jegliches nach seiner Art" (I. Mose 1, 11—13.)

Die Bibel berichtet hier von der ersten Hervorbringung der Pflanzen. Die Inselzeit, wo das Land aus dem Meere auftauchte, aber noch wüste und leer war (I. Mose 1, 9—10), ist vorüber, ein neuer Abschnitt, die Zeit der ersten Pflanzen, bricht an. Wieder ist es nicht ein Schöpfungsakt Gottes, mit dem wir es zu thun haben, sondern eine Anordnung Gottes. Gott befiehlt, dass die Erde Pflanzen aufgehen lasse, und die Erde lässt sie aufgehen.

Die Pflanzen, von denen die Bibel an diesem Tage berichtet, sind dreierlei Art:

1. Grüngras (דֶּשֶׁא desche), d. h. junges Gras, dessen Same nicht genossen wird.

2. Fruchtgras (עֵשֶׂב ēsebh), das sich besame. Luther übersetzt dies durch Kraut, die Septuaginta durch botánē chórtou, Futterpflanze. Beide Uebersetzungen sind jedoch fehlerhaft. Der hebräische Ausdruck bezeichnet, wie Gesenius in seinem thesaurus nachweist, unzweifelhaft ein Gras, d. h. einen

Monocotyledonen oder Spilzkeimer, jedenfalls einen Marklofen.

3. Fruchtragende Bäume (פְּרִי עֹשֶׁה עֵץ *ēz ōseh-p'rī*), da ein
jeglicher nach feiner Art Frucht trage und habe feinen eignen
Samen bei fich felbst auf Erden. Der Ausdruck ist freilich
nicht genau und kann ebenfowohl die Markbäume (Dicotyledonen) als die Palmen (Monocotyledonen) bezeichnen. Beachtet man jedoch, dass die Dattelpalme in Egypten und Palästina der König der Bäume ist, deſſen Same weit und breit
berühmt, deſſen Beſtimmung, da fie zum Theile künstlich
herbeigeführt wurde, allgemein bekannt ist; beachtet man,
dass Gräſer und baumartige Palmen die niedrigsten Gewächſe
find, welche einen Samen tragen und die Beſtimmung erkennen laſſen, fo kann es meiner Anſicht nach keinem Zweifel
unterliegen, dass die Bibel hier nur von der Entstehung der
Spitzkeimer oder Monocotyledonen berichten will. Jedenfalls
find die Markpflanzen oder Dicotyledonen in diefem Verfe
mit keinem Worte erwähnt.

Die Markpflanzen oder Dicotyledonen konnten aber auch an
diefem Tage noch gar nicht hervorkommen; denn die Markpflanzen
find Lichtpflanzen, welche eines hellen Lichtes bedürfen und nicht
eher erscheinen können, als die Sonne am Himmel fichtbar wird.
Zur Zeit der Uebergangsgebilde oder der Grauwacke, als noch die
Kohlenfäure im Luftmeere vorwaltete, und das Licht der Sonne
nicht durchdringen konnte, hat es noch keine Markpflanzen gegeben. Erst zur Steinkohlenzeit, als die Kohlenfäure aus dem Luftmeere verschwunden war und der Sauerstoff hervortrat, auch die
Sonne durch die Wolken hindurchbrach, erschienen auch die ersten
Markpflanzen, und zwar aus der untersten Stufe derſelben, die
Nadelhölzer.

Vierter Schöpfungstag.

„Und Gott sprach: Es werden Lichter an der Feste
des Himmels, die da scheiden Tag und Nacht und
geben Zeichen, Zeiten, Tage und Jahre, und feien
Lichter an der Feste des Himmels, dass fie scheinen auf Erden. Und es geschah alfo. Und Gott
machte (עֲשָׂה, *ūrāh*) zwei grose Lichter, ein groses
Licht, das den Tag beherrsche, und ein kleines
Licht, das die Nacht beherrsche, dazu auch die
Sterne. Und Gott setzte fie an die Feste des Him-

mels, dass fie fchienen auf die Erde und den Tag
und die Nacht beherrfchten und fchieden Licht
und Finfterniss." (I. Mofe 1, 14—19).

Sonne, Mond und Sterne find, wie wir oben nachwiefen, bereits vor dem erften Schöpfungstage gefchaffen, aber fie find noch
nicht auf Erden fichtbar geworden, da die dicken Wolken fie ver-
hüllen, fie find noch nicht an der Fefte des Erdenhimmels erschienen und geben auf Erden noch nicht die Zeichen für die Zeiten
des Tages und des Jahres, wobei zu bemerken ist, dass alle alten
Völker: Egypter, Juden und Babylonier, die Tages- und Jahreszeiten nur nach dem Stande der Gestirne bestimmten. Jetzt erst
bricht die Sonne durch am Ende der Uebergangszeit, und beginnt
damit ein neuer Zeitabschnitt. Der dritte Tag zweite Hälfte und
der vierte Tag entsprechen genau der Uebergangszeit oder der
Zeit der Marklofen.

Fünfter Schöpfungstag:

„Und Gott fprach: Es wimmle das Waffer von
Lurchen und lebenden Wefen, und Vögel fliegen
auf Erden unter der Fefte des Himmels. Und
Gott fchuf (אָרָב bārā) grose Thunfifche und allerlei
lebende Wefen, die Lurche, welche das Waffer
bewegen, jedes nach feiner Art, und allerlei ge-
fiederte Vögel, jeden nach feiner Art." (I. Mofe
1, 20—23.)

Die Bibel berichtet hier von dreierlei Arten von Thieren:

1. Die Thunfifche (תַּנִּין tannin). Luther überfetzt tannin durch
Wallfifche; aber das ist ein Irrthum. Der Wallfifch ist ein
Fifch des nördlichen Eismeeres, der den Juden ganz unbekannt
war, für den es in der hebräifchen Sprache gar keinen
Namen giebt. Der tannin dagegen ist der Thunfifch des
mittelländifchen Meeres, der gröste Fifch, den die Juden
kannten, bis 5 m. lang und bis 12 Zentner fchwer, derfelbe heist hebräifch תַּנִּין tannin, gr. thýnnos, lat. thynnus,
ital. tonno, franz. thon, deutfch thunfifch, Thynnus vulgaris
Linné, vom Urverb dhū, dhun, sskr. dhū, gr. thýn-ō, kal.
dun-ati rafch hin und her bewegen, ftürmen.

2. Die Lurche (שֶׁרֶץ fcheres, רֹמֶשֶׂת romefeth), welche das
Waffer bewegen. Die hebräifchen Worte bezeichnen beide
Kriecher, Reptile, die Septuaginta überfetzt beide gleichfalls
durch hérpeton, Kriecher. Es find dies alfo unzweifelhaft die

Lurche oder Reptilia Linné. Den Hebräern find aber die Krokodile des Nils, Crocodilus vulgaris Cuv., die grösten Reptilia der Erde, fehr wohl bekannt, diefe bewegen das Wasser des Nils in auffallendster Weife und find mit der obigen Beschreibung offenbar bezeichnet.

3. Die gefiederten Vögel, die auf Erden unter der Feste des Himmels fliegen.

Die Bibel berichtet hier alfo unzweifelhaft von der Schöpfung der Nichtfäuger, welche zur Gebirgszeit geschaffen find, und zwar erwähnt fie die drei Stufen derfelben: die Fische der Kohlenzeit, die Lurche der Kopferzeit und die Vögel der Salzzeit. Der Bibelbericht entspricht alfo ganz genau den Ergebnissen der Erdgeschichte. Der fünfte Tag ist genau der Gebirgszeit entsprechend.

Sechster Schöpfungstag.

„Und Gott sprach: Die Erde bringe hervor Säugethiere, ein jegliches nach feiner Art, Hufer, Nager und Raubthiere, ein jegliches nach feiner Art. Und es geschah alfo. Und Gott machte (עָשָׂה āsäh) die Hufer nach ihrer Art und die Nager nach ihrer Art und die Raubthiere, ein jegliches nach feiner Art." (I. Mofe 1, 24—25.)

Nach dem Berichte der Bibel macht Gott alfo am fechsten Tage die Säugethiere. Im Hebräischen steht חַיַּת הָאָרֶץ chajath häärez, d. h. genau überfetzt Landthiere. Im Gegenfatze zu den am fünften Tage geschaffenen Wasser- und Luftthieren werden diefe Thiere Landthiere genannt, d. h. Thiere, welche das Land bewohnen. Es find dies die Säugethiere; denn die niedern Thiere, die Wirbellofen, werden weder in der Schöpfungsgeschichte noch bei der Sündfluth erwähnt, ebenfo wenig wie die niedern Pflanzen erwähnt werden.

Die Bibel berichtet wieder von dreierlei Arten von Säugethieren:

1. Die Hufer (בְּהֵמָה b'hēmäh). Der hebräische Name bezeichnet in der Einheit das Vieh des Haufes, und zwar Pferde und Efel, d. h. die Einhufer, Schafe und Ziegen, Rinder und Kameele, d. h. die Zweihufer, in der Mehrheit (בְּהֵמוֹת b'hēmöth) bezeichnet er das Flusspferd, d. h. den grösten Vielhufer; im Ganzen die Hufer überhaupt.

2. Die Nager (רֶמֶשׂ הָאֲדָמָה remesch häädämäh). Der hebräische Name bezeichnet wörtlich die Landkriecher, welche auf der

Erde entlang schlüpfen und hinein kriechen, d. h. Mäuse und Ratten, kurz die Nager.

3. Die Raubthiere (הַחַיְתוֹ־אֶרֶץ chaj'thö-erez), eigentlich die wilden Thiere des Landes, d. h. die Raubthiere, wie Gesenius dies im thesaurus beweist. Nager und Raubthiere aber bilden die beiden Ordnungen der Pfoter, welche in dem Abschnitte der Kragzeit so mächtig vorwalten.

Die niedrigste und die höchste Ordnung der Säugethiere: die Flosser und die Händer oder Affen find in dem Berichte der Bibel nicht erwähnt, da sie den Hebräern gar nicht bekannt sind.

Der sechste Tag der Bibel entspricht also genau der Alpenzeit der Erdgeschichte.

Fassen wir alles zusammen, so entspricht der Bibelbericht genau und bis in alle Einzelheiten hinein der Geschichte der Erde, wie sie eine späte Forschung wissenschaftlich erforscht hat und verdient in dieser Hinsicht die gröste Bewunderung. Ein Schöpfungstag der Bibel beträgt in der Erdgeschichte im Mittel 6. Millionen Jahre. Da aber nach der Bibel (Pf. 90, 4) Millionen Jahre (der hebr. Ausdruck אֶלֶף eleph bezeichnet 1000, äthiop. 10000, kurz eine sehr grose Zahl) vor Gotte sind wie eine Nachtwache, d. h. wie der sechste Theil eines Tages und hier von Gottestagen die Rede ist, so kann dies nach der biblischen Anschauungsweise keinen Anstos erregen.

Wortverzeichniss.

———

www.ingramcontent.com/pod-product-compliance
Lightning Source LLC
Chambersburg PA
CBHW021515210326
41599CB00012B/1266